データ・スマート

Excelではじめる
データサイエンス入門

ジョン・W・フォアマン 著

トップスタジオ 訳

エムディエヌコーポレーション

Data Smart: Using Data Science to Transform Information into Insight
by John W. Foreman

Copyright © 2014 by John Wiley & Sons, Inc., All Rights Reserved.
This translation published under license with the original publisher John Wiley & Sons, Inc.
through Japan UNI Agency, Inc., Tokyo
Japanese language edition copyright © 2017 by MdN Corporation.
All rights reserved.

No part of this book may be reproduced or transmitted in any form or by anymeans, electronic
or mechanical, including photocopying, recording or by anyinformation storage retrieval system
without permission from the publisher.

■本書は株式会社エムディエヌコーポレーションが翻訳したもので、日本語版に関する権利、責任はエムディエヌコーポレーションが有します。
■本書のいかなる部分についても、株式会社エムディエヌコーポーションとの書面による事前の同意なしに、電気、機械、複写、録音、そのほかのいかなる形式や手段によっても、複写および検索システムへの保存や転送は禁止されています。
■本書に掲載されているすべてのブランド名、製品名、商用および登録商標はそれぞれの帰属者の所有物です。

妻リディアへ。いつも本当に感謝している。君がいなければ
髪も（そして心も）大昔になくしてしていただろう。

Credits

Executive Editor
Carol Long

Senior Project Editor
Kevin Kent

Technical Editors
Greg Jennings
Evan Miller

Production Editor
Christine Mugnolo

Copy Editor
Kezia Endsley

Editorial Manager
Mary Beth Wakefield

Freelancer Editorial Manager
Rosemarie Graham

Associate Director of Marketing
David Mayhew

Marketing Manager
Ashley Zurcher

Business Manager
Amy Knies

Vice President and Executive Group Publisher
Richard Swadley

Associate Publisher
Jim Minatel

Project Coordinator, Cover
Katie Crocker

Proofreader
Nancy Carrasco

Indexer
Johnna van Hoose Dinse

Cover Image
Courtesy of John W. Foreman

Cover Designer
Ryan Sneed

著者紹介

ジョン・W・フォアマンは、MailChimp.com の主任データサイエンティストです。リカバリマネジメントのコンサルタントでもあるジョンは、コカ・コーラ、ロイヤル・カリビアン、インターコンチネンタル・ホテルズといった大企業や、政府機関（アメリカ合衆国国防総省、内国歳入庁、国土安全保障省、FBI）のために、多くの解析業務を行ってきました。また、頻繁に講演を行い、ビジネスにおける解析ソリューション実施の試みや苦労について語っています。講演予定は、John-Foreman.com で確認できます。

データをいじっていない時は、ハイキングに出かけたり、テレビを散々見たり、ありとあらゆる体に悪い食べ物を食べたり、体臭漂う3人の男の子を育てたりして過ごしています。

テクニカルエディター紹介

グレッグ・ジェニングスは、データサイエンティスト、ソフトウェア技術者で、エイペックス・ビスの共同設立者でもあります。バージニア大学で物質科学の修士号を取得した後、ブーズ・アレン・ハミルトンの解析班でキャリアを開始し、計画とスケジューリングの問題に対して予測解析とデータ可視化のソリューションを提供するチームを育てました。

ブーズ・アレン・ハミルトンを退社後、1つめのスタートアップとなるデシジョン・フォージを共同設立し、最高技術責任者となったグレッグは、政府関係の顧客に向けた Web ベースのデータマイニングプラットフォームを開発することに貢献しました。また、ある主要報道機関と共同で、教師が生徒のための対象項目へアクセスするのに役立つ教育用製品の開発を行ったり、マクリーンを拠点としたスタートアップ企業と協力し、Web 広告キャンペーンを最適化するため、対象者モデリングアプリケーションの開発を支援したりもしました。

デシジョン・フォージを去った後、グレッグはエイペックス・ビスを共同設立しました。グレッグの現在の事業である同社は、カスタムデータ可視化と解析ソフトウェアのソリューションを通じて、企業が自らのデータから最大の価値を得られるよう支援することに焦点を当て、設立されました。グレッグは、妻と2人の娘と共に、バージニア州アレクサンドリアで暮らしています。

エバン・ミラーは、2006年にウィリアムズ大学で物理学の学士号を取得し、現在はシカゴ大学の博士課程で経済学を学んでいます。エバンの研究テーマの1つとして、計量経済学における特定化検定及び計算方法があります。エバンは、Mac の人気統計解析プログラムである Wizard の作成者です。また、統計の問題や実験計画法についてのブログ（http://www.evanmiller.org）も書いています。

謝辞

　本書の始まりは、信じがたいほど多くの人々が、解析学に関する私のブログ『Analytics Made Skeezy（俗解析論）』を読んでくださったことでした。ブログ読者の皆様はもちろんのこと、大いに私を支えてくれたツイッター上のデータサイエンス仲間にも、感謝いたします。また、私のくだらないブログを基に、本書のアイデアをワイリー社に提案してくださったアーロン・ウォルター氏、クリス・ミルズ氏、ジョン・ダケット氏に御礼申し上げます。

　本書を実現させてくれた MailChimp の仲間にも、感謝しています。MailChimp で培われた協力的かつ大胆な文化なくして、仕事をし、3人の息子を育てながら技術書を執筆するという愚行を実現する自信は生まれなかったでしょう。殊に、ニール・ベイントン氏とミシェル・リギン＝ランサム氏による日々の援助があったからこそ、やり遂げることができました。また、本書の表紙とマーケティング動画を作成してくださったロン・ルイス氏、ジョシュ・ローゼンバウム氏、ジェイソン・トラビス氏にも御礼申し上げます。

　私に賭けてくださったワイリー社のキャロル・ロング氏と、労を惜しまず働いてくださった熟練編集者の皆様に、感謝の意を表します。表計算ソフトの作業を担当してくださったグレッグ・ジェニングス氏、どうもありがとうございました！

　私が書いた SF 小説を読み、物書きをやめなさいと言わなかった私の両親に、大いに感謝します。

はじめに

↗ 本書で学ぶこと

「データサイエンス」という言葉は耳にしたことがあるはずです。最近メディアや、ビジネス関連の書籍または雑誌、さらに会議などでよく使われます。データサイエンスによって、大統領選挙を予想し、ショッピングの動向について母親が知っている以上のことを言い当て、さらにチリチーズブリトーによって何年寿命が縮まるかを予測できます。

データサイエンスの専門家は、この技術のまさにエリートであり、最近のハーバードビジネスレビューの記事では、「セクシー」とまで形容されています。ただし、この表現は明らかに言い過ぎで、希少価値があるからといってセクシーとは限りません。本当にセクシーかどうかを確認する方法はありませんが、私がこの本を書いているところを見たなら、無精ひげを生やし3人の息子の子育てに疲れている様子から、セクシーはちょっと言い過ぎだと思うでしょう。

話が本題からそれましたが、言いたいことは、最近、データサイエンスについて何かとうわさが絶えず、そのうわさは多くの企業でプレッシャーとなっています。データサイエンスを取り入れていなければ、競争に付いていけないかもしれません。また、だれかが、「XXXX ビッグデータグラフツール」というような新しい製品を持ってきて、業務を混乱させるかもしれません。

落ち着いてください。

実際には、ほとんどの人のデータサイエンスの取り組みは間違っています。それらの人は、新しいツールを購入し、コンサルタントを雇い始めています。何が必要かを理解する前に、お金をつぎ込んでいます。これは、最近多くの会社では進歩そのものについての発注書には許可が下りやすくなっているためのようです。

本書を読まれることで、そのような愚かな人たちに差をつけることができます。データサイエンスのさまざまな手法が実際にはどのようなもので、どのように使用すれば良いかを学べるためです。計画、採用、および購入を行う際には、組織内のどこにデータサイエンスを導入したらよいか、その機会を特定する方法が既にわかっています。

本書の目的は、実践的なデータサイエンスの手法をわかりやすく、くだけた表現で説明することです。本書を読み終えれば、データサイエンスに関する不安感の大部分が、期待感や、データを活用して業務をレベルアップするアイデアに置き換わるでしょう。

↗ データサイエンスの有効な定義

データサイエンスは、ある意味でビジネス分析、オペレーションズリサーチ、ビジネスインテリジェンス、競争力のある情報、データ解析とモデリング、知識抽出（データベースからの知識発見またはKDD とも呼ばれます）などと同義語、または関連する用語として位置付けられています。これは、多くの人たちが長い時間をかけて築き上げたものを新しい言い方にしたにすぎません。

それらの別の用語が定着していた頃からテクノロジの変化がありました。ハードウェアとソフトウェアの進歩によって、簡単かつ低費用で、大規模なデータの収集、保存、および分析を行えるようになり、さらにデータの種類も、営業およびマーケティングデータ、Web サイトからの HTTP リクエスト、カスタマーサポートデータなどさまざまなものに対応できるようになりました。中小企業や非営利団体でも、このような分析を実施できるようになりました。これは、以前は大企業のレベルでしか行えないものでした。

もちろん、データサイエンスは、今日のさまざまな分析技法をひとまとめにした用語として使われていますが、最も頻繁に関連して使われるのは、人工知能、クラスタリング、外れ値検出などのデータマイニング手法です。これらのコンピューター手法は、以前は、業務環境で使用するには面倒でしたが、廉価なテクノロジに対応する業務取引データが普及したおかげで、最近は、ビジネスでの採用が増加しています。

本書では、データサイエンスの技術について幅広く説明していきます。今後の説明は、次のデータサイエンスの定義に従っています。

> データサイエンスは、数学や統計学を利用してデータを有効な知識、決定、および製品に変換するものです。

これはビジネスを中心に考えた定義で、データに由来する利用価値の高い最終製品について述べています。この理由は、本書は研究目的で書いたものではないためです。またデータには美的な側面もあると思うためです。私は、データサイエンスを活用し、組織の業務向上を支援し、利益を創出しています。本書を読まれることで、読者も同じような役割を果たすようになるのではないかと思います。

本書では、この定義を念頭に置いて、主要な分析手法である最適化、予測、およびシミュレーションについてと、より新しい手法である人工知能、ネットワークグラフ、クラスタリング、外れ値検出などについて説明します。

これらの手法のいくつかは、第二次世界大戦頃に開発されたものです。またそれ以外は、ここ5年間で導入されたものです。本書を通して、手法の世代が難しさや実用性と関係ないことを理解いただけると思います。これらのすべての手法は、現在流行しているかどうかに関係なく、それらの手法に適したビ

ジネスの状況で等しく役に立ちます。

このため、各手法のしくみ、問題に合わせて適切な手法を選ぶ方法、およびプロトタイプを作成する方法を理解する必要があります。これらの手法の1つや2つを理解している人は数多くいますが、それ以外については詳しくありません。自分の道具箱に金づちしかない場合、どのような問題でも強くたたいて解決しようとするでしょう。それでは私の2歳の息子とさほど変わりません。

その他にもいくつかの自由に使える道具を持つべきです。

↗ 待ってください。ビッグデータについてはどうですか。

多分、読者はデータサイエンスよりもビッグデータという用語をよく耳にするでしょう。本書はビッグデータについての書籍でしょうか。

それは、どのようにビッグデータを定義するかによります。ビッグデータを構造化されていない不要データについてのコンピューターによる単純な要約的統計データで、大規模で水平的に拡張性があるNoSQL データベースに格納されたものと定義しているのであれば、本書はビッグデータについての書籍とは言えません。

しかし、もしビッグデータが（データの格納場所に関係なく）最先端の分析手法を使用して業務取引データを決定や知識に変換するものと定義しているのではあれば、本書はビッグデータについての書籍と言えます。

本書は、MongoDB や HBase などのデータベース技術について説明する書籍ではありません。また、Mahout、NumPy、各種 R ライブラリなどのデータサイエンスコーディングパッケージについて説明する書籍でもありません。それらの題材については、他にも多くの書籍があります。

ただし、それらの手法自体はとても有効なものです。本書では、ツール、ストレージ、およびコードの説明については省略しています。その代わりに、できる限り技術や手法の説明に重点を置いています。多くの人がビッグデータについて知るべきことは、データストレージと検索機能で、さらにデータの整理と集計をほんのちょっと加えれば、それですべてだと思っています。

これは間違いです。本書では、ビッグデータのソフトウェアセールスマンから聞いたり、ブログで目にしたりする誇大表現ではなく、実際にデータを使ってどのようなことができるかを示します。それらの手法の多くが持つ優れた点として、大小にかかわらず任意のサイズのデータセットを使用できることがあります。顧客ベースの利子を予測するために、ペタバイト（テラバイトの1,000倍）のデータを用意したり、それに伴う費用を負担したりする必要はありません。大量のデータセットがあるに越したことはありませんが、すべての組織がそのような大きなデータセットを所有しているわけでもなく、また必要ともしていません。さらに、将来そのような大きなデータセットを生成することもないでしょう。たとえば近所の肉屋さんなどです。でも、その肉屋さんの電子メールマーケティングで、ベーコンとソーセー

ジのクラスター検出によって利益を上げられないということはありません。

データサイエンスの本をエクササイズに例えると、本書で行うのはすべてストリートワークアウトです。トレーニングジムのマシンウェイトやボート漕ぎの器具は使用しません。それらの手法について、必要最小限のツールだけで実装する方法を理解すれば、それらをさまざまなテクノロジに実装したり、プロトタイプを作成したり、コンサルタントから適切なデータサイエンス製品を購入したり、開発者に正しい手法を委託したりすることも容易にできるようになります。

↗ 著者について

ここで、私の経歴についてお話しさせてください。私が今のようにデータサイエンスを教えるようになった経緯には、長い過程があります。かなり以前に、私は経営コンサルタントを務めていました。組織の分析問題を担当し、FBI、米国防総省、米コカ・コーラ社、インターコンチネンタルホテルズグループ、ロイヤルカリビアンインターナショナルなどの顧客の問題を取り扱っていました。そしてこの経験を通じて1つのことを学び、その仕事を辞めました。それは科学者だけでなく、多くの人がデータサイエンスを理解することを必要としている、ということでした。

私と一緒に働いていたマネージャーは、最適化モデルが必要なときにシミュレーションを購入していました。また、同僚の分析担当者には、ガントチャートしかわからない人もいました。このためすべての問題の解決にガントチャートが必要でした。厚手の手書き用紙と高級な PowerPoint 再生装置を使う顧客相手に、コンサルタントとして成功することはさほど難しくはありませんでした。それらの顧客は AI と BI（Business Intelligence）の違いもわからなかったためです。

本書の目的の1つは、データサイエンスの手法を理解し、実装できる読者を増やすことです。私は、読者の意に反してデータサイエンスの専門家に転職させようとしているわけではありません。読者が、既に得意としている職務に、できるだけ優れたデータサイエンスの手法を統合できるようになることを望んでいるだけです。

このため、どのような方が読者であるかにも興味があります。

↗ 対象となる読者

私は、データサイエンスを使って読者のスパイをしていたわけではありません。読者がどのような方かはわかりませんが、本書にお金を支払っていただき感謝しております。または、地元の図書館に支援してくださりありがとうございます。もちろん本書を借りて読まれてもかまいません。

本書を書いているときには次のような人物像（またはマーケティング関連の方の場合はペルソナ）を思い描いていました。

- マーケティング担当の管理職。業務取引データをより戦略的に製品の値段決定や顧客のセグメンテーションに活用したいと考えていますが、ソフトウェア開発者や、高額のコンサルタントが試すように勧める手法を理解できません。
- 需要予測の分析担当者。自社の購入履歴データには、次の四半期の予測だけでなく、顧客に関する潜在的な情報が含まれていることがわかっていますが、その潜在的な情報の抽出方法を知りません。
- ベンチャーのオンライン小売り企業のCEO。顧客の過去の購入履歴から、顧客がいつ商品の購入に興味を持つかを予測したいと考えています。
- ビジネスインテリジェンスの分析担当者。組織で発生するインフラストラクチャやサプライチェーンのコストに無駄があることに気づいていますが、システマティックにコスト節約の決定を下す方法を知りません。
- オンラインマーケティング担当者。電子メール、Facebook、Twitter などによる、フリーテキストの顧客との情報交換をよりよく活用したいと思っていますが、現在は単純に読んで保存しているだけです。

　私の想像では、読者は、データサイエンスの知識を深めることで直接利益を得ることができますが、それらの手法を習得するための足掛かりがまだ見つかっていない方です。本書の目的は、データサイエンスの学習の妨げとなるあらゆるもの（コード、ツール、および誇大広告）を排除し、実際的な使用事例を使って各種手法を説明することです。この事例は線形代数学の単位取得者や大学で線形代数学の受講経験がある方が理解できるレベルのものです。あなたが線形代数学の単位を取得していない場合には、ウキペディアライブラリーを使用して、ゆっくりと内容を確認しながらお読みください。

↗ 惜しむことなく、表計算ソフトを最後まで使用する

　本書はコーディングに関する書籍ではありません。もっとはっきり言えば、第10章までとにかく「コードを使わない」と保証します。

　なぜなら本書の初めの100ページを割いて、Git（バージョン管理システム）に言及し、環境変数を設定し、Emacs や Vi での操作手順を説明することは望んでいないためです。

　もっぱら Windows と Microsoft Office だけを実行している方、官公庁に勤めており、オープンソースのアプリケーションをダウンロードしてコンピューターにインストールすることが許されていない方、さらに大学時代に、MATLAB（数理計算アプリケーション）や TI-83（関数電卓）にひどく悩まされた方がいたとしても、不安になる必要はありません。

　ところで、これらの手法のほぼすべてについて、自動化が進んだ業務環境に組み込むためにはコードの記述方法を知る必要があるのでしょうか？　もちろんあります。または、少なくとも同僚にコードや大

量のデータを処理するストレージテクノロジを扱える人がいなければなりません。

　では、これらの手法を理解し、区別し、さらにプロトタイプを作成するためには、コードの記述方法を理解する必要があるでしょうか？　まったくありません！

　この理由により、すべての手法を表計算ソフトウェアで実現しています。

　ただし、これには少しだけ嘘があります。本書の最後の章は、実際にはデータサイエンス用のプログラミング言語である R への移行について説明しています。これは、本書を使用してより高度な手法を習得したい読者のための章です。

≫ でも表計算ソフトは時代遅れでは

　表計算ソフトは最も魅力的なツールとは言えません。実のところ、分析ツールの分野では表計算ソフトは、ウィルフォード・ブリムリー(米国男優)が売るコロニアルペン生命の保険のようなものです。まったく魅力的ではありません。ウィルフォードさんすみません。

　でも、これがメリットなのです。表計算ソフトはデータサイエンスに好んで使われてはいません。しかし、表計算ソフトではデータを参照し、データに触る (または少なくともクリックする) ことができます。そこには自由があります。これらの手法を学ぶには、標準的でだれもが理解でき、さらに学習するにつれて高速かつ軽量に移行できるものが必要です。それは表計算ソフトです。

　では、私と一緒に唱えてください。「私は人です。私には尊厳があります。データサイエンスを学ぶために、マップリデュースジョブを記述する必要はありません」。

　また、表計算ソフトはプロトタイプの作成に優れています。オンライン小売り業務用の AI モデルを Excel 以外では実行しませんが、これは購入データの確認、製品の利益を予測する特徴の検証、さらにターゲティングモデルのプロトタイプ作成などができないということではありません。実のところ、Excel のスプレッドシートは、これらを簡単に行うのに適したツールです。

≫ Excel または LibreOffice の使用

　これから取り組む例題はすべて Excel のブックで表示します。

●ダウンロードデータについて

本書のサンプルデータをダウンロードできる URL は次のとおりです。

```
http://dl.MdN.co.jp/3217203001/
```

　本書で使用している Excel ファイルをまとめてダウンロードできます。ファイルは ZIP 形式で圧縮されており、解凍すると章ごとにフォルダーが分かれています。ファイルは2種類を収録しており、たとえば

「CHAPTER01」フォルダー内のファイルは次のとおりです。

- 売店の売買.xlsx ―――――解説の初期状態のファイルです
- 売店の売買_完成.xlsx ――作業が終了した状態のファイルです

本書の解説に沿って自分で手を動かしながら読み進めたいときは初期状態のファイルをご利用ください。ファイルの最終状態を確認したいときは、「_完成」のファイルを開いてみてください。

●本書の対応バージョン

本書は、Windows 版 Excel 2016（Office 365 版）をもとに解説しています。Mac 版 Excel 2016 での挙動や操作の違いについては、そのつど触れています。また、Excel の過去のバージョン（2010 以降）については、第 1 章で違いについて説明します。

● Mac 版 Excel 2016 での動作の不備について

本書の第 4 章には、Mac 版の Excel 2016 と後述する OpenSolver の組み合わせでは解決できない課題がいくつか出てきます。これは Excel 2016 のセキュリティ仕様への OpenSolver の対応が、本書刊行時点ではまだ限定的であるためです。

Mac 版の Excel 2016 以外の Excel を利用できない場合は、LibreOffice（https://ja.libreoffice.org/）の表計算ソフト「Calc」を使用すると解説内容を試すことができます。

LibreOffice はオープンソースのソフトウェアで、無料でダウンロードできます。なお、本書で活用する「ソルバー」の機能を利用するためには、Java SE の JDK（Java Developers Kit）をインストールする必要があります。JDK のダウンロードについては、詳しくは http://www.oracle.com/technetwork/jp/java/javase/downloads/ をご覧ください。

LibreOffice には Excel のほぼすべての機能と同じものが搭載されており、ソルバー機能は、実のところ Excel のソルバーのものよりも優れています。

↗ 表記規則

本書を最大限に利用し、さらに内容を追跡できるように、本書ではいくつかの表記規則を使用しています。

コラム

コラムです。本文に関連する事項について詳しく説明しています。

> **⚠ 警告**
> 警告は、前後の文章に直接関係する、重要で忘れてはならない情報を示しています。

> **✓ 注意**
> 注意は、現在の説明に関連するヒントやコツ、または余談などを示しています。

本書では、次のような短い Excel コードを頻繁に参照します。

```
=CONCATENATE("これがExcelの", "数式です")
```

新しい用語や重要な用語を紹介するときには「強調表示」します。文内、URL や式は次のように表示します。

```
http://www.john-foreman.com
```

↗ それでは始めましょう

最初の章では、読者の Excel の知識の抜けている部分を埋める作業をします。その後は、すぐにケーススタディに進みます。本書を終えることで、次の手法についての知識を得るだけでなく、それらの手法をゼロから実装する経験も積めます。

- 線形および整数プログラミングを使用した最適化
- 時系列のデータを使用した傾向や季節特有のパターンの検出、および指数スムージングを使用した予測
- 最適化と予測シナリオでのモンテカロルシミュレーションを使用したリスクの定量化とその対処
- 通常の線形モデル、ロジスティックリンク関数、アンサンブル法、およびナイーブベイズを使用した人工知能
- コサイン類似度の使用、kNN グラフの作成、モジュール性の計算、および顧客のクラスタリングに

よる顧客間の距離の測定
- 1次元でテューキーの箱ひげ図を使用するか、複数次元で局所外れ値係数を使用した外れ値の検出
- R パッケージを利用し、ほかのアナリストの肩に乗りながら、これらのタスクを処理する

興味のあるトピックがあったら目を通してください。気が進まない項目があっても安心してください。できるだけわかりやすく楽しい内容にしていることをお約束します。

実際に、数学的正確性よりもわかりやすさを優先しています。ですから、学識者の方が本書を読まれたら、耐えるために目を閉じて故郷のことを思い浮かべなければならないこともあるでしょう。説明はこれくらいにして、それでは実際に数値演算を始めましょう。

目 次

第 1 章　今さら人に聞けない
スプレッドシートについて必要な知識　　1

第 2 章　クラスター分析パート I：
k 平均法を使用した顧客ベースの区分　　33

第3章 ナイーブベイズと その単純さゆえの驚くべき軽量性 85

第 6 章　初期の教師あり人工知能―回帰　　　221

第 7 章　アンサンブルモデル：大量のまずいピザ　　　271

第 8 章　予想：当たらなくても一息ついて落ち着こう　307

第 9 章　外れ値の検出：
外れているからといって重要でないわけではない　357

第 10 章　スプレッドシートから R に移行する　　385

今さら人に聞けない
スプレッドシートについて
必要な知識

本書は、Excel に関する実用的な知識を持った読者を対象としており、Excel の基本事項について理解されていることを前提に説明を進めています。今まで数式を使ったことがなければ、本書を理解するために多少の努力が必要になるでしょう。本書を読み始める前に、Excel の入門書や初心者レベルのチュートリアルを参照されることをお勧めします。

なお長年 Excel を使用した上級者でも、今まで使ったことのない機能が本書の説明に出てくることはしばしばあります。これは難しい機能ということではなく、だれもが Excel で使ったことのある機能ではないという意味です。本章では、これらのさまざまな補助的な機能について説明します。多様な機能を説明しているため、紹介する例にはあまり関連性がないと思われるかもしれません。ひとまず本章でこれらの機能について学び、後からこれらを組み合わせる段階でわからなくなったら、ここに戻ってきて参照するようにしましょう。

サミュエル・L・ジャクソンによる『ジュラシックパーク』での台詞を借りましょう。「さあ気を引き締めてスタートだ！」

Excel のバージョン間の違い

本書では Windows 版の Excel 2016 をもとに解説を進めています。本書で紹介している機能自体は、Excel 2010 以降のバージョンで実行可能ですが、過去のバージョンと Excel 2016 とは操作が多少異なることがあります。その多くはメニューバー上にある機能の位置の違いです。ご利用のバージョンで何らかの機能が見つからない場合は、Excel のヘルプや Google で検索して探してみてください。

また、Mac 版での Excel 2016 での操作については、Windows 版と異なる場合に () 内で補足しています。

↗ いくつかのサンプルデータ

> **✔ 注意**
> 本章で使用する Excel ファイルは「CHAPTER01」フォルダーにある「売店の売買 .xlsx」です。完成状態のファイルは「売店の売買 _ 完成 .xlsx」となります。ダウンロード URL は「はじめに」の xii ページをご覧ください。

　想像してください。今まで人生がまったく上手くいかず、現在は成人し、依然として実家で暮らしており、母校の高校でバスケットボールの試合のあいだに売店を開いているとします（誓って言いますが、大半は自分の経歴です）。

　昨夜の売買をすべて入力したスプレッドシートがあります。図1-1を参照してください。

	A	B	C	D
1	品目	カテゴリー	価格	利益
2	Beer	Beverages	$4.00	50%
3	Hamburger	Hot Food	$3.00	67%
4	Popcorn	Hot Food	$5.00	80%
5	Pizza	Hot Food	$2.00	25%
6	Bottled Water	Beverages	$3.00	83%
7	Hot Dog	Hot Food	$1.50	67%
8	Chocolate Dipped Cone	Frozen Treat	$3.00	50%
9	Soda	Beverages	$2.50	80%
10	Chocolate Bar	Candy	$2.00	75%
11	Hamburger	Hot Food	$3.00	67%
12	Beer	Beverages	$4.00	50%
13	Hot Dog	Hot Food	$1.50	67%
14	Licorice Rope	Candy	$2.00	50%
15	Chocolate Dipped Cone	Frozen Treat	$3.00	50%

図1-1：売店の売買

　図1-1 は、販売ごとの品目、飲食物などのカテゴリー、価格、および販売の利益率を示しています。

↗ [Ctrl] キーですばやく移動

　記録を詳しく調べる場合は、スクロールホイール、トラックパッド、下矢印などを使ってシートを下にスクロールできます。スクロールしているときには、見出し行がシートの一番上で固定されていると、それぞれの列の意味がわかります。見出し行の固定には、[表示] タブの [ウィンドウ枠の固定] や [先頭行の固定] を利用します。

図1-2：先頭行の固定

シートの一番下まですばやく移動して、いくつの取り引きを行ったのかを確認するには、値が入力されているいずれかの列の値を選択して、[Ctrl]+[↓] キーを押します（Mac では [Ctrl] キーの代わりに [command] キーを使用します。以降、同様に読み替えてください）。その列の値が入力されている最後のセルに、瞬時に移動します。このシートの最後の行は200です。また、[Ctrl] キーを使用することで、同じようにシートの左端から右端へジャンプできます。

その夜の売り上げ価格の平均を求めたい場合は、価格の列、すなわち列 C の下の方に次の式を入力します。

```
=AVERAGE(C2:C200)
```

平均は2.83ドルなので、いつでもすぐに引退できるほど裕福にはなれないでしょう。また、列の最後のセル C200 を選択し、[Shift]+[Ctrl]+[↑] キーを押して列全体を強調表示し、次にスプレッドシートの右下のステータスバーで ［平均］ の計算値を見れば、簡単な統計値を確認できます（図1-3を参照）。平均が表示されていない場合は、ステータスバーを右クリックして表示項目を選択します。

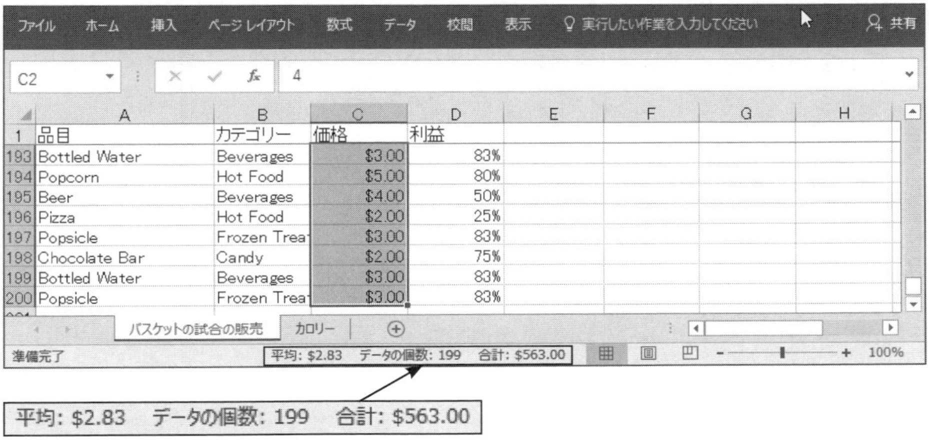

	A	B	C	D	E	F	G	H
1	品目	カテゴリー	価格	利益				
193	Bottled Water	Beverages	$3.00	83%				
194	Popcorn	Hot Food	$5.00	80%				
195	Beer	Beverages	$4.00	50%				
196	Pizza	Hot Food	$2.00	25%				
197	Popsicle	Frozen Treat	$3.00	83%				
198	Chocolate Bar	Candy	$2.00	75%				
199	Bottled Water	Beverages	$3.00	83%				
200	Popsicle	Frozen Treat	$3.00	83%				

平均: $2.83　　データの個数: 199　　合計: $563.00

図1-3：ステータスバーに表示される価格列の平均値などの統計値（C1セルの選択は外しています）

↗ 式とデータをすばやくコピー

　利益は、パーセンテージではなく実際の金額で表示したい場合もあります。列 E に「実利」という見出しを追加します。E2では、実利を求めるために、単純に価格と利益率の列を次のようにかけ合わせます。

```
=C2*D2
```

　Beer（ビール）の場合は2ドルです。この式は、列のすべてのセルに再度入力する必要はありません。代わりに、セルの右下の■を目的の位置までドラッグすれば式をコピーできます（図1-4を参照）。列 C および D の参照先セルは、式をコピーした位置から相対的に同じ位置関係にあるセルに更新されます。この売店のデータのように左側の列がすべて入力されている場合は、セルの右下の■をダブルクリックすれば、列全体に入力されます。このダブルクリックの操作を試してみてください。これは本書のあらゆる箇所で使用されているため、ここでコツを覚えれば、多くのわずらわしい操作を省けます。

　さて、式のセルをドラッグまたはコピーするとき、コピー先のセルの式が相対的に変わってほしくない場合はどうしますか？　変わってほしくないときには、その式の参照の前に単に $ を追加します。

図1-4：角をドラッグして式を入力

たとえば、E2の式を次のように変えたとします。

```
=C$2*D$2
```

次に式を下にコピーしても何も変わりません。この式は、行2を参照し続けます。

でも、この数式を右側にコピーすると、CはDになり、DはEになり、以降同じように変わります。この振る舞いを望まない場合は、列の参照の前にも同じように $ を付ける必要があります。これを絶対参照と呼びます。セルの位置に応じて参照先を変える場合は相対参照と呼びます。

↗ セルの書式

Excel では、値の書式設定について静的および動的なオプションを選択できます。今作成した、[実利]の列を見てください。灰色の [E] の列ラベルをクリックして、列 E を選択します。次に、選択した列を右クリックして、[セルの書式設定]を選択します。

[セルの書式設定]メニュー内で、列 E に表示する数字の種類を指定できます。この場合は [通貨] を指定すべきです。さらに、小数点以下の桁数を設定できます。図1-5のように、小数点以下2桁のままにします。さらに [セルの書式設定] には、フォントの色、テキストの配置、塗りつぶしの色、罫線などのオプションがあります。

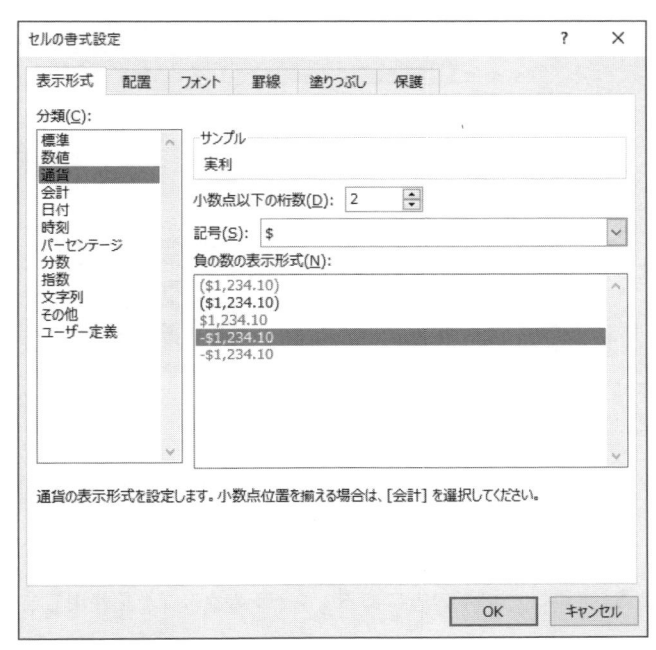

図1-5： ［セルの書式設定］メニュー

　ここで、ちょっと難しい問題に挑戦してみてください。「4ドル」といった特定の値や、「1ドル〜2ドル」といった特定の範囲の値があるセルのみ、目立つようにセルの色などの書式を設定したい場合はどうしますか？　さらに、その書式設定が値とともに変わるようにしたい場合にはどうしますか？

　これは条件付き書式と呼び、本書では数多く使用しています。

　［ホーム］タブを選択すると、［条件付き書式］ボタン（図1-6を参照）が表示されます。［条件付き書式］ボタンをクリックして、オプションのドロップダウンメニューを表示します。本書で最もよく使用する条件付き書式は、［カラースケール］です。列 E のスケールを選択し、どのように列内で色付けするかを指定します。これは、各セルの値が高いか、または低いかを基準にします。

図1-6：実利に条件付き書式を適用

　条件付き書式を削除するには、［条件付き書式］メニューの下の方にある［ルールのクリア］を使用します。

↗ 値の形式を選択して貼り付け

　図1-4の列Eのように数式をそのままにしておくことが得策ではないこともよくあります。たとえば、RAND()式を使用して乱数値を生成している場合、スプレッドシートの自動再計算のたびに値が変化します。これは優れた機能ではありますが、わずらわしい場合もあります。これを解決するには、それらのセルをコピーしてシートに静的な値として貼り付けます。

　式を値のみに変換するには、式が入力されている列Eをコピーし、右クリックして［形式を選択して貼り付け］のオプションを選択します（Macでは［形式を選択してペースト］）。［形式を選択して貼り付け］ウィンドウで、［値］（Macでは［数値］）を選択します（図1-7を参照）。本書ではこの操作を「値貼り付け」と呼びます。なお、［形式を選択して貼り付け］では、貼り付けるときにデータを垂直方向から水平方向、またはその逆に置き換えることができます。以降の章では、この機能を数多く使用します。

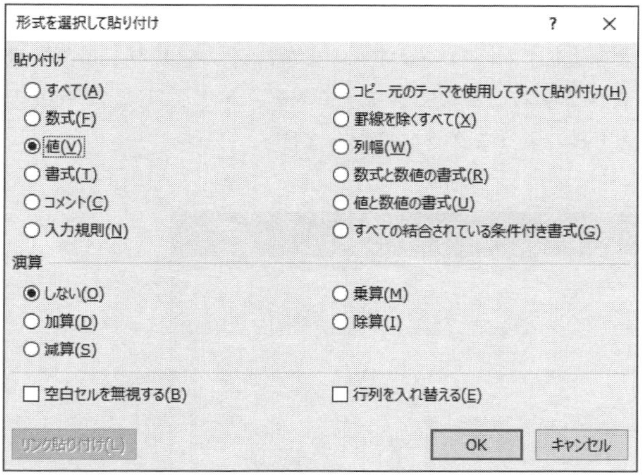

図1-7：Excel 2016の［形式を選択して貼り付け］ウィンドウ

↗ グラフの挿入

　売店の売買ブックには［カロリー］というシートもあり、小さなテーブルには売店で販売されている各品目のカロリー値が示されています。このようなデータは、Excel で簡単にグラフとして表示できます。［挿入］タブには、グラフのセクションがあり、棒グラフ、折れ線グラフ、円グラフなど、さまざまな視覚化オプションが提供されています。

✔ 注意

本書で使用するグラフは、ほとんどが棒グラフ、折れ線グラフ、および散布図です。円グラフは絶対に使用しません。特に、Excel で提供されている 3D 円グラフはどんなに脅されても使いたくありません。それらの円グラフは見た目に優れておらず、データとの連携も良好ではありません。さらに 3D エフェクトは私が通っている歯医者の壁に飾られた貝の絵よりも美的価値に乏しいものです。

　［カロリー］シートの列 A1 ～ B5 を選択し、集合縦棒グラフを選んで、データをグラフにします。グラフでいろいろ試してみてください。グラフのそれぞれの箇所は、右クリックして書式設定メニューを表示できます。たとえば、縦棒を右クリックすると［データ系列の書式設定］を選択でき、ここで棒グラフの塗りつぶしの色を変更できます。Excel のデフォルトの青色から、黒などのしっくりくる色に変えることが可能です。

Windowsの場合、グラフの右に表示される［＋］ボタンで軸ラベルや凡例の表示・非表示を切り替えられます（Macの場合は画面左上の［グラフ要素を追加］から行います）。また、グラフ上のさまざまなテキスト部分を選択して、フォントのサイズを大きくすることもできます（フォントサイズは、Excelの［ホーム］タブで設定できます）。これにより、図1-8のようなグラフになります。

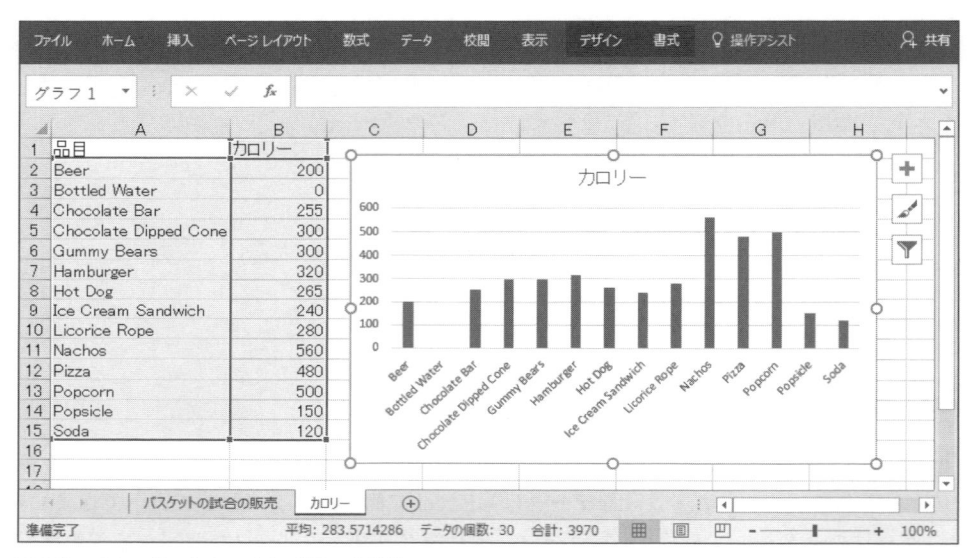

図1-8： ［カロリー］シートにグラフを挿入

↗ 検索と置換メニューへのアクセス

　検索と置換は本書で数多く使用します。[Ctrl]+[F]キーを押して［検索］ウィンドウ（置換の場合は[Ctrl]+[H]キー）を開くか、［ホーム］タブに移動し、［編集］セクションの［検索と選択］ボタンを使用します（Macではウィンドウの右上に検索フィールドがあります。置換の場合は虫眼鏡のアイコンをクリックしてメニューから選びます）。

　この簡単なテストを行うために、［カロリー］シートで置換メニューを開きます。「カロリー」という単語の出現箇所をすべて「エネルギー」という単語に置換できます（図1-9を参照）。検索と置換ウィンドウにこれらの単語を入力して、［すべて置換］をクリックします。

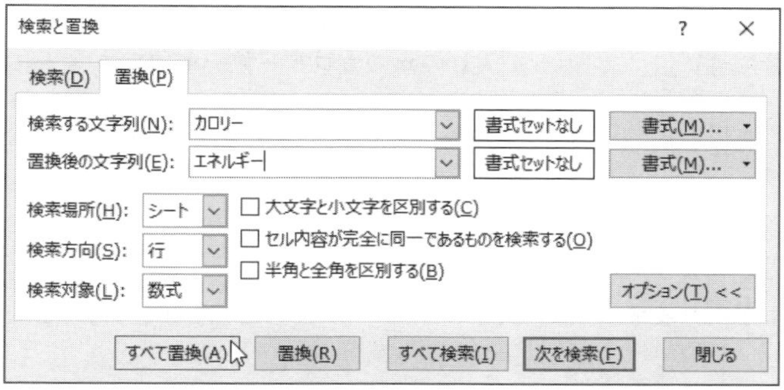

図1-9：検索と置換の実行

↗ 値の検索と取得の式

あなたが Excel のいくつかの式（SUM、MAX、MIN、PERCENTILE など）に関する知識をお持ちでない場合は、あらかじめこれらの数式について確認することをお勧めします。その上でこの節に取りかかりましょう。本書で頻繁に使用する式の中には、あなたが使用したことがないものがいくつかあるでしょう。スプレッドシートの画期的な機能について熱心に調べたことがあれば別ですが。これらの式は、特定の範囲の値を検索し、その位置を返すか、逆に特定の範囲の位置を検索し、その値を返します。

［カロリー］シートではそれらのいくつかの機能を使用します。

状況によっては、列または行内の特定の要素について、その位置を調べたい場合があります。1番目、2番目、または3番目などです。この処理には MATCH 式が適しています。カロリーデータの下の A18 にラベルとして「**一致**」と入力します。1つ右の B18 に MATCH の式を記述し、上の品目のリストのどこに「Hamburger」（ハンバーガー）という単語が出現するかを検索します。この式を使用するには、検索する値と検索する範囲を指定する必要があります。さらに、0を指定すると、キーワードそのものの位置を返すように強制できます。

```
=MATCH("Hamburger",A2:A15,0)
```

「Hamburger」はリストの6番目の品目なので、6が返されます（図1-10を参照）。

次は INDEX 式です。A19にラベルとして「**インデックス**」と入力します。

この式は、値の範囲や行 / 列の番号を取り、範囲内のその位置の値を返します。たとえば、INDEX 式に、カロリーテーブルの A1:B15 を渡し、3行2列目を指定して、ボトル入りの水のカロリー値を取得できます。

```
=INDEX(A1:B15,3,2)
```

これにより、期待どおりカロリー値0が返されます（図1-10を参照）。

本書で、頻繁に出てくる式は他に OFFSET があります。続いて、A20にラベルとして「**オフセット**」と入力します。式は B20 に入力して実行します。

この式では、範囲を指定します。これは行と列のオフセットを移動するカーソルとして機能します（値が1つの場合の INDEX と似ています。ただし、この式が0を基準としている点を除きます）。たとえば、OFFSET にシートの左上への参照 A1 を指定し、次に3セル下の値を取得する場合、3の行オフセット、0の列オフセットを指定します。

```
=OFFSET(A1,3,0)
```

これにより、リストの3番目の品目「Chocolate Bar（チョコレートバー）」が返されます。図1-10を参照してください。

ここで説明する最後の式は SMALL です（LARGE はこれの対になる関数で、同じ形式で動作します）。値のリストがあり、3番目に小さな値を取得したい場合、SMALL でこの処理を実行できます。この処理を確認するために、A21にラベルとして「**小さい値**」と入力し、B21にカロリー値のリストとインデックス3を指定します。

```
=SMALL(B2:B15,3)
```

これにより、値150が返されます。これは0（ボトル入り水）と120（ソーダ）に続く3番目に小さな値です。図1-10を参照してください。

最後に、もう1つ値を調べるために使用する式について確認します。それは MATCH が強化されたような式で、VLOOKUP と言います。これは大物なので、セクションを変えて改めて解説しましょう。

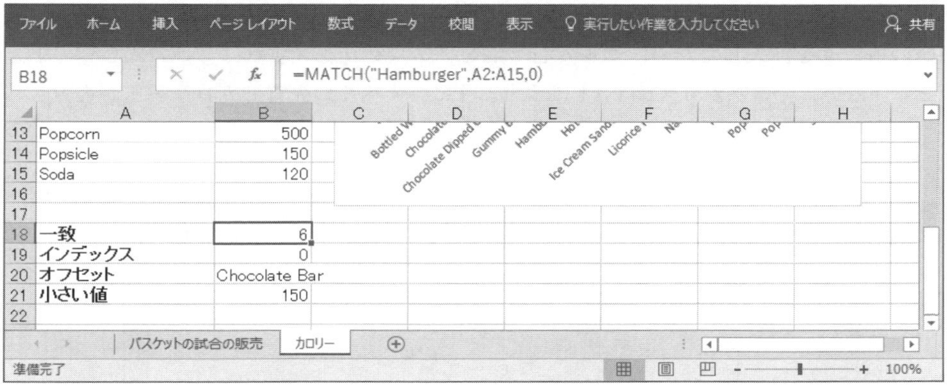

図1-10：覚えておくべき数式

↗ VLOOKUP を使用したデータの統合

まず［バスケットの試合の販売］シートに戻ります。このシートからでも、前の［カロリー］シートの特定のセルを参照できます。単純に、シート名と「!」（感嘆符）をセルの参照の前に置きます。たとえば、カロリー!B2 は、どのシートを開いているかに関係なく、Beer（ビール）のカロリーを参照します。

ここで問題です。販売シートで販売済みの各品目の横に適切なカロリー値を表示できますか？ このためには、なんとかして販売した各品目のカロリー値を参照し、実利の横の列に配置する必要があるでしょう。そして、この処理のために VLOOKUP という式があります。

販売シートの列 F に、「カロリー」のラベルを入力します。セル F2 には、最初の売買のビールのカロリー値が［カロリー］のテーブルから抽出します。VLOOKUP の式を使用するには、セル A2 の品目の名前、カロリー!$A$1:$B$15 テーブルへの範囲参照、さらに読み取る戻り値の相対列オフセット（= 範囲の何列目か）を指定します。この場合は2番目の列です。

```
=VLOOKUP(A2,カロリー!$A$1:$B$15,2,FALSE)
```

VLOOKUP 式の最後の FALSE は、「Beer」の文字のあいまい一致を許可しないことを意味します。この式で、カロリーテーブルに「Beer」が見つからない場合は、エラーが返されます。

式を入力すると、［カロリー］シートのテーブルから200カロリーが読み取られることがわかります。式のテーブル参照の前に $ を挿入したため、セルの右下隅をダブルクリックすれば、この式を列の下方向にコピーできます。はい、できあがり。図1-11に示すように、すべての売買にカロリー値が入力されます。

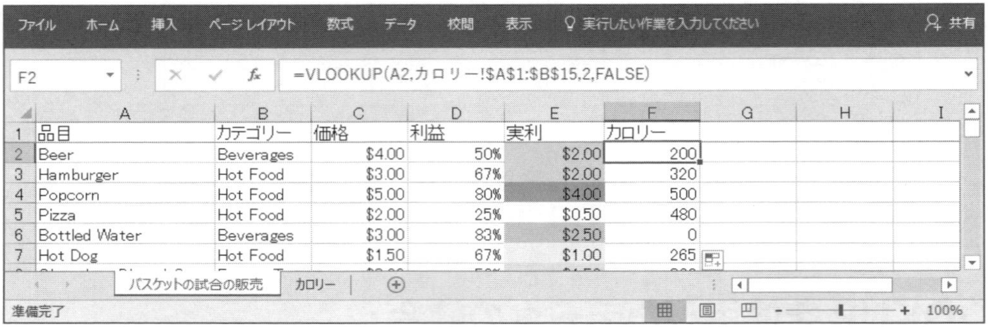

図1-11：VLOOKUPを使用してカロリーを取得

　なお、VLOOKUP では検索に一致した際に「何番目の列の値を読み取るか」指定しますが、仮にこのテーブルの形の行列が入れ替わっていた場合は、「何番目の行の値を読み取るか」を指定しなくてはなりません。このような場合は HLOOKUP 関数を使用します（本書では使用しません）。

↗ フィルターと並べ替え

　カロリーを入力したら、次に「Frozen Treats」（冷凍スイーツ）カテゴリーの売買のみを表示する必要があるとします。したがって、次にシートにフィルターを適用しなければなりません。これにはまず、A1〜F200の範囲のデータを選択します。A1にカーソルを置いて、[Shift]+[Ctrl]+[↓] キーを押し、次にそのまま [→] キーを押します。さらに簡単な方法として、列 A の先頭をクリックし、そのままマウスカーソルを列 F までドラッグして6つの列をすべて選択します。

　次に、自動フィルターをこれらの6つの列に適用するために、［データ］タブの［フィルター］ボタンをクリックします。このボタンは、図1-12のとおり、グレーのじょうごの絵が表示されています。

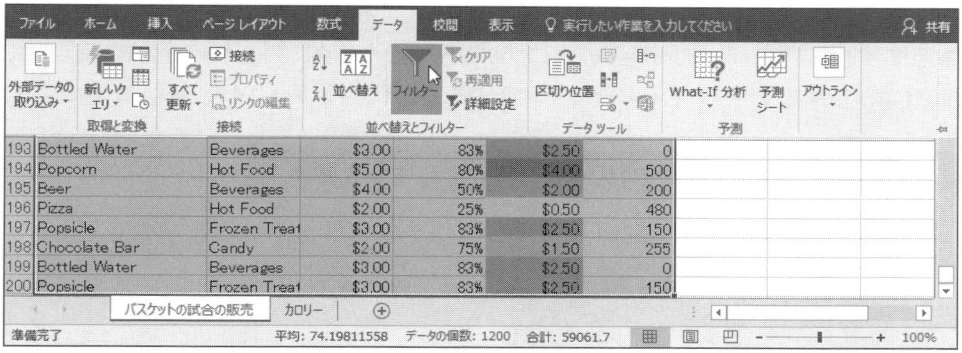

図1-12：選択した範囲にフィルターを適用

　フィルターを有効にすると、セル B1 に表示されたドロップダウンメニューをクリックできるようになり、特定のカテゴリーのみを表示するように選択できます（この例では、[Frozen Treats]（冷凍スイーツ）の売買のみが表示されます）。図1-13を参照してください。

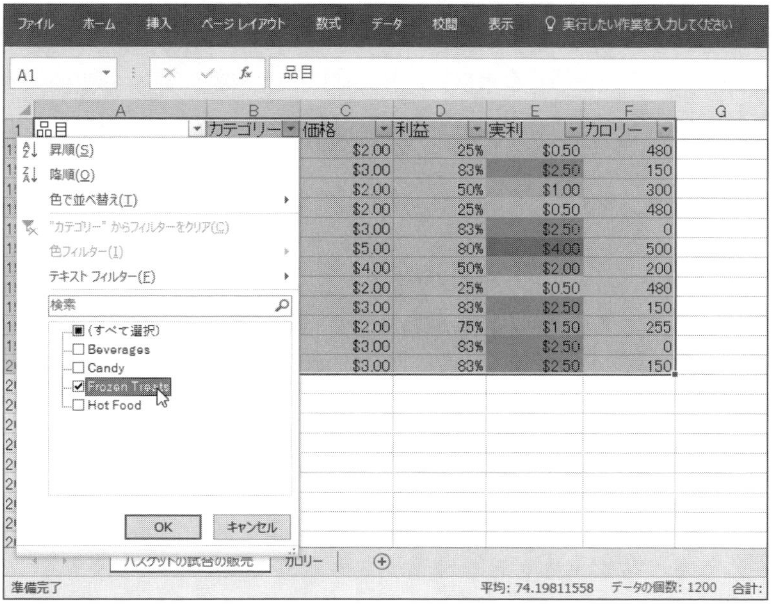

図1-13：カテゴリーをフィルター

フィルターを適用したら、強調表示している列のデータについて、残ったセルだけの概要情報を Excel の集計バーで参照できます。[Frozen Treats] のみにフィルターした場合、列 E の値を強調表示して、集計バーを使用すれば、冷凍スイーツの利益の合計を簡単に確認できます。図1-14を参照してください。

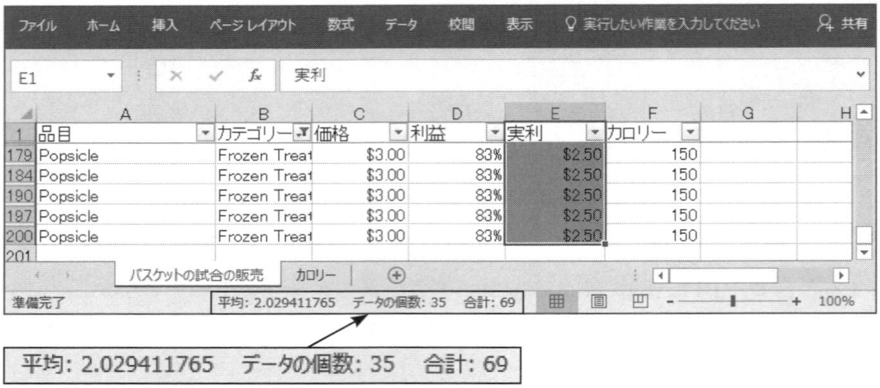

図1-14： フィルターされた列の合計

　フィルターでは、並べ替えもできます。たとえば、利益を基準に並べ替えたい場合、単純に [利益] セル (D1) のフィルターメニューをクリックして、[昇順] を選択します。図1-15を参照してください。

　適用したフィルターをすべて解除するには、[カテゴリー] フィルターメニューに戻って、他のチェックボックスもオンにするか、[データ] タブの [フィルター] ボタンを再度クリックします。すべてのデータがまた表示されますが、並べ替えを行った場合は、並べ替えた結果がフィルターを解除しても反映されます。

　さらに、Excel には [並べ替え] インターフェイスがあり、フィルターよりも複雑な並べ替えを行えます。この機能を使用するには、並べ替えるデータを強調表示し (列 A〜F を再度選択)、Excel の [データ] タブで [並べ替え] をクリックします。これにより並べ替えウィンドウが表示されます。

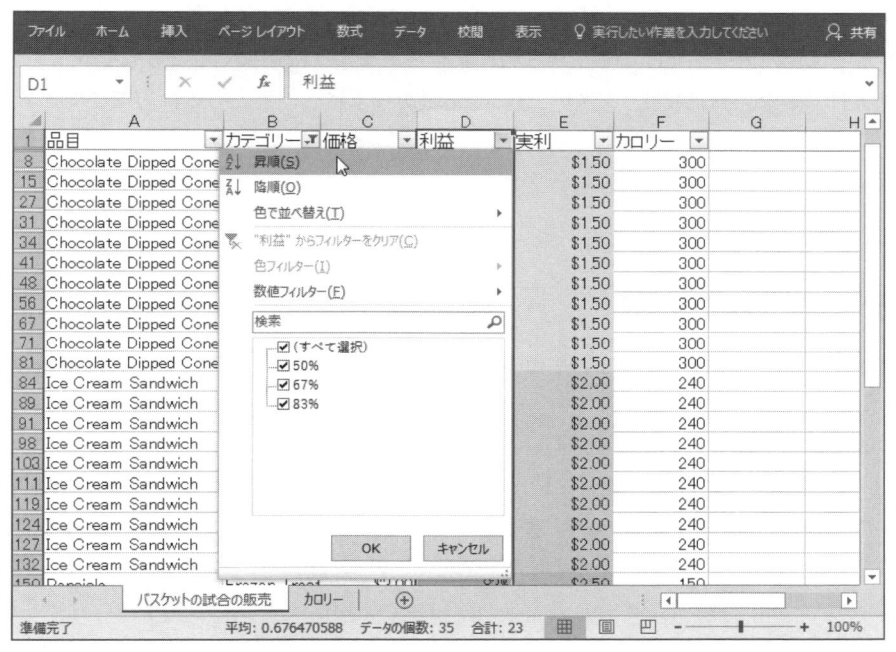

図1-15：利益を基準に昇順で並べ替え

　図1-16に示す並べ替えウィンドウでは、データの先頭行に列見出しがあるかどうかを指定できます。この例のように列見出しがある場合は、並べ替える列を名前で選択できます。

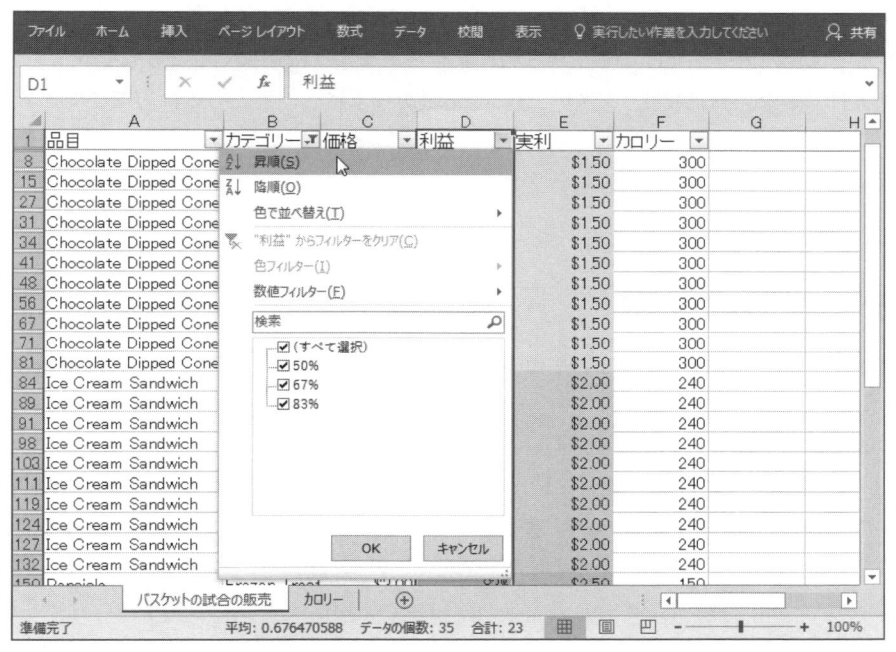

図1-16：[並べ替え] ウィンドウの使用

この並べ替えインターフェイスの優れた機能のほとんどは、[オプション ...] ボタンをクリックすると表示されます。並べ替えでは、列データではなく左から右に並べ替えるように選択することもできます。これはフィルターでは実行できない機能です。このブックの先頭から末尾へ、列と行の両方でランダムにデータを並べ替えることが必要になります。並べ替えインターフェイスでは、これをすばやく2手順で実行できるためとても役に立ちます。現時点では、データが目的の順序にすでに並べられているため、単純にキャンセルしてください。

↗ ピボットテーブルの使用

販売した各品目の収益が知りたい場合にはどうしますか？　また、カテゴリーごとの収益の合計が知りたい場合にはどうしますか？

これらの質問は、ピボットテーブルで解決できます。

データをフィルターしたときと同様に、まず操作するデータを選択します。ここでは、A1～F200の範囲の購買データになります。[挿入] タブで [ピボットテーブル] ボタンをクリックし、ピボットテーブルを新規ワークシートに作成するように選択します。ピボットテーブルは、特に理由がない限り新規シートに作成するのが一般的です。

ピボットテーブルの設定ウィンドウは、この新規シートで、テーブルの右端に表示されます（Mac ではフローティング状態になります）。ピボットテーブルの設定ウィンドウで項目にチェックを入れると、項目に応じて、[列]［行]［値]のどこかに配置されます。意図と異なる場合はドラッグすれば移動できるので、列・行・値に適切に配置しなおしましょう。また、[フィルター] は、先ほどのフィルターと同様の抽出機能です。

ここで、品目ごとの収益の合計を把握する必要があるとします。ピボットテーブルの設定ウィンドウで、[品目] タイルにチェックを入れて [行] セクションに、[価格] タイルにチェックを入れて [値] セクションに設定します。これで、品目名ごとに価格がグループ化され、各品目の収益が表示されます。

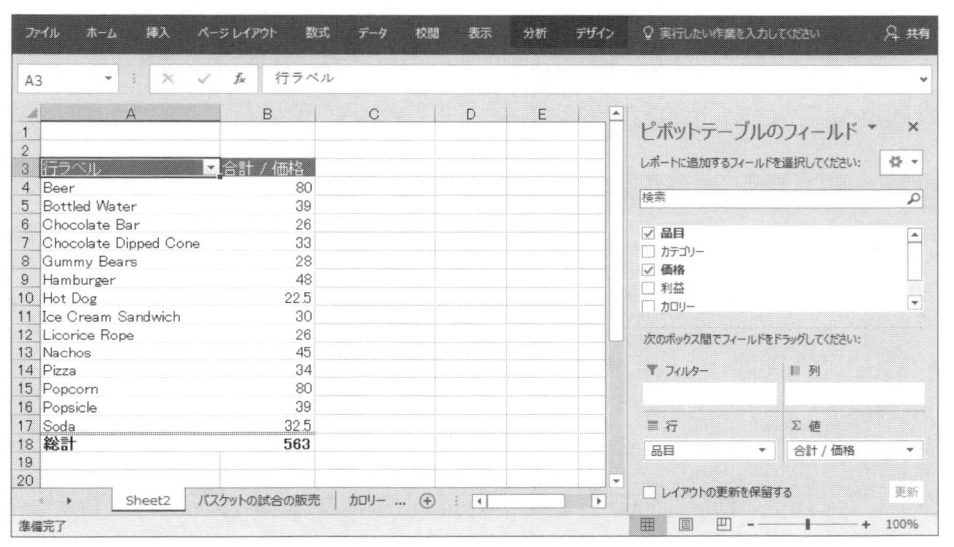

図1-17：ピボットテーブルビルダーと品目ごとの販売数

　なお、Windows 版の Excel 2016では初期状態で［価格］の合計金額が表示されていますが、ほかのバージョンでは初期状態で［値］に［価格］の個数が表示される場合があります（Beer の箇所が20など）。このようなときは［価格］タイルをクリックし、［値フィールドの設定］を選択します（Mac では小さな［i］ボタンをクリック）。「集計の方法」が［個数］や［データの個数］となっていたら、［合計］に変更しましょう。

　さて、これらの合計をカテゴリー別に細分化する必要があるときはどうしますか？　この場合は設定ウィンドウで［カテゴリー］の項目にチェックを入れ、［列］セクションにドラッグします。これで図1-18に示されているようなテーブルになります。図のピボットテーブルでは、自動的に行と列の合計が計算されています。

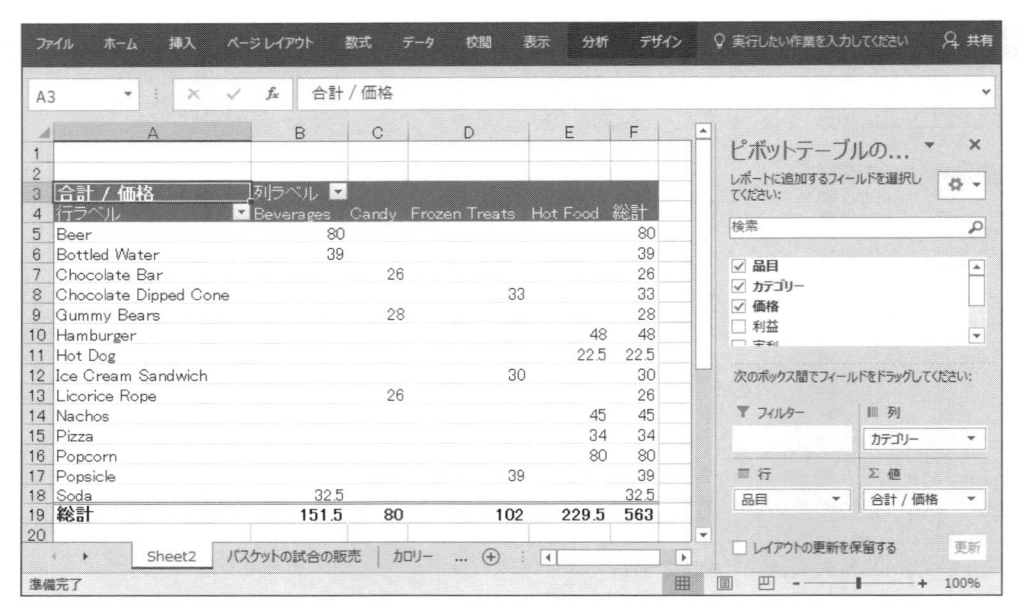

図1-18：品目と分類別の収益

　また、テーブルから削除する項目がある場合は、単純にチェックを外すか、タイルが入っているセクションでタイルをシートの外まで放り出すようにドラッグします。

　ピボットテーブルで必要なレポートを作成したら、いつでも値を選択して、他のシートに貼り付けることができます。そしてその後に、詳細な設定を行えます。ここでは［列］にある［カテゴリー］を削除して図1-17の状態に戻したあと、テーブル（A3:B17）をコピーし、［品目別の収益］という新規シートを作成、［形式を選択して貼り付け］で値貼り付けしました（図1-19を参照）。

　ピボットテーブルでどのように処理されるかを理解できるまで、自由に行と列のラベルを入れ替えてください。たとえば、ピボットテーブルを使用して、販売済みの合計カロリー値をカテゴリー別に求めてみてもよいでしょう。

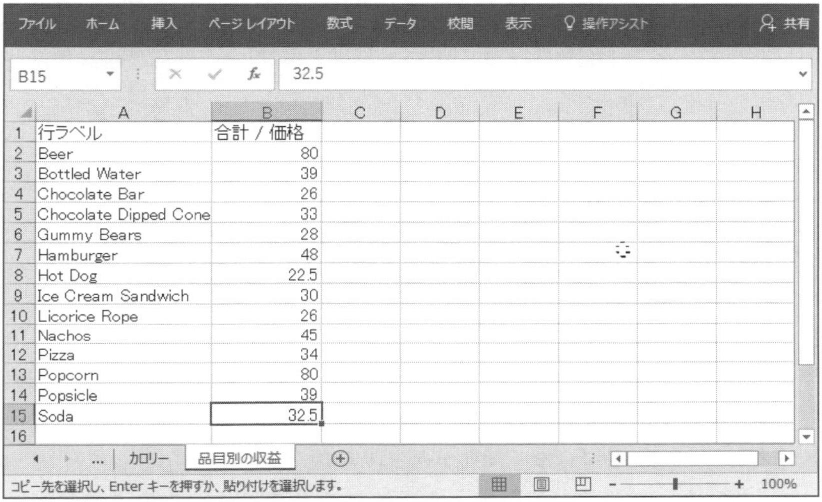

	A	B
1	行ラベル	合計 / 価格
2	Beer	80
3	Bottled Water	39
4	Chocolate Bar	26
5	Chocolate Dipped Cone	33
6	Gummy Bears	28
7	Hamburger	48
8	Hot Dog	22.5
9	Ice Cream Sandwich	30
10	Licorice Rope	26
11	Nachos	45
12	Pizza	34
13	Popcorn	80
14	Popsicle	39
15	Soda	32.5

図1-19：ピボットテーブルから値貼り付けして作成した［品目別の収益］シート

配列数式の使用

売店の売買.xlsxには、［予定手数料］というシートが隠されています。なんらかのシートを右クリックして、［再表示］を選択すると表示できます。実は、コーチのオーショーネシーは、利益の何割かをリベートとして支払わない限り、軽食スタンドを開店させてくれません（おそらく彼は、趣味の靴下集めの足しにでもするのでしょう）。［予定手数料］シートは、販売した各品目にかかる歩合の手数料を示しています。

では、昨夜の試合ではどの程度彼に支払わなければならないでしょうか？　この質問に答えるには、ピボットテーブルの各品目の合計収益に、コーチへ支払う歩合をかけて合算する必要があります。

この演算には、すべての乗算と合計を1ステップで処理する最適な式があり、ちょっとしゃれたSUMPRODUCTという名前が付けられています。［品目別の収益］シートのセルD1に、ラベルとして「**コーチへの手数料合計**」と入力します。D2で、次の式を追加してSUMPRODUCT（積和）により収益と手数料を求めます。

```
=SUMPRODUCT(B2:B15,予定手数料!B2:O2)
```

おっと、エラーが発生しました。セルには「#VALUE!」と表示されるだけです。どこに問題があるのでしょうか。

2つの同じサイズの範囲を選択して SUMPRODUCT に入力しましたが、この式ではこれらの範囲が同じサイズとみなされません。［品目別の収益］シートの範囲は縦方向で、［予定手数料］シートの範囲は横方向であるためです。

　幸い Excel には、配列を正しい方向に回転させる関数があり、TRANSPOSE と呼びます。この式は、次のように記述する必要があります。

```
=SUMPRODUCT(B2:B15,TRANSPOSE(予定手数料!B2:O2))
```

　だめです。まだエラーが出ます。

　この理由は、Excel のすべての式がデフォルトで1つの値しか返さないためです。TRANSPOSE も、転置された配列の最初の値を返します。配列全体を返すようにしたい場合は、TRANSPOSE を「配列数式」に変える必要があります。配列数式により、1つの値ではなく配列が返されます。

　これを実現するために、SUMPRODUCT の入力方法を変える必要はありません。式の入力を完了するとき、[Enter] キーを押す代わりに、[Ctrl]+[Shift]+[Enter] キーを押すだけです（Mac の場合は [command]+[shift]+[return] キーを押します）。

　やりました。図1-20のとおり、これで計算値が $57.6 と表示されました。ただし、端数を切り捨てて $50 にした方がよいでしょう。コーチに靴下は何足も必要ありませんから。

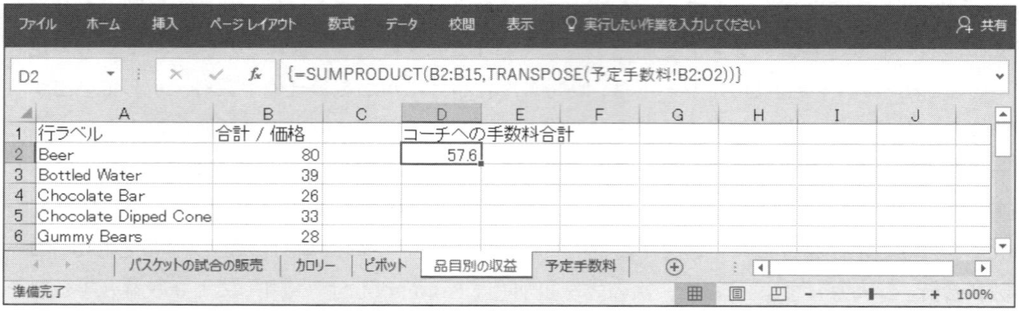

図1-20：配列数式のSUMPRODUCTの入力（{ }で囲まれる）

↗ ソルバーで値を求める

本書で学ぶテクニックの多くは、端的に言うと最適化モデルです。最適化の命題は、最良の決定をすることです（最高の投資、企業の経費の最小化、午前中のクラスを最小数にするクラスの時間割など）。そして、最適化モデルでは、目的を明確に表すときに、「最小化」や「最大化」という用語が頻繁に使われます。

データサイエンスにおける多くの技術は、人工知能、データマイニング、予測などのどれでも、実際にはデータを準備して、モデルを近似しているだけです。これらは実際には最適化モデルの一種です。したがって、最初に最適化について理解しておくことが賢明です。ただし、最適化のすべてを短時間で理解することは、容易ではありません。最適化については第4章で詳しく学びますが、その前に第2章と3章でより興味を引く機械学習の課題に取り組みます。ここでは知識の不足を埋めるために、最適化について簡単な練習を行うことが一番でしょう。ほんのさわりです。

Excel では、最適化の問題は、Excel に付属するソルバーというアドインを使用して解決できます。

- Windows では、まず［ファイル］タブ→［オプション］とクリックして「Excel のオプション」ダイアログを表示します。次にダイアログで［アドイン］をクリックし、［管理］のドロップダウンで［Excel アドイン］を選択して、［設定］ボタンをクリックします。最後に［アドイン］ダイアログで［ソルバーアドイン］にチェックを入れて［OK］をクリックします。
- Mac では、メニューから［ツール］→［Excel アドイン］と選び、ダイアログで［Solver Add-In］にチェックを入れて［OK］をクリックします。

これで、［データ］タブに［ソルバー］ボタンが表示されます。

それでは、ソルバーがインストールされたので、最適化の問題について検討します。人間は1日で2,400キロカロリーの摂取が必要と言われています。軽食の売店から購入できる品目で、これを満たすために必要な最も少ない品目の数はいくつでしょう。1個240キロカロリーのアイスクリームサンドイッチを10個買えば簡単ですが、これよりも少ない個数で、満足する方法はないでしょうか。

これはソルバーで解決できます。

最初に［カロリー］シートを複製し、そのシート名を「**カロリーソルバー**」という名前にします。このシートでは、カロリーのテーブル以外はすべて削除します（シートを複製するときは、単純に複製するシートを右クリックして、［移動またはコピー］を選択します）。これにより、図1-21 に示されている新しいシートが作成されます。

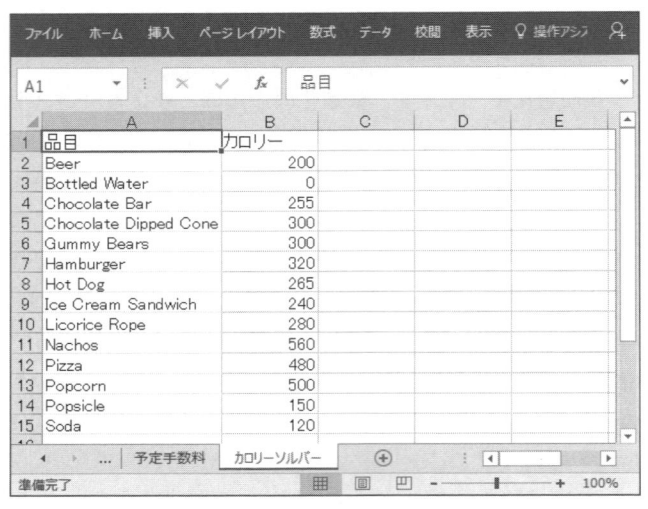

図1-21：［カロリーソルバー］シート

　ソルバーを機能させるには、ソルバーから決定を入力できるセルの範囲を指定する必要があります。このケースでは、ソルバーによって各品目を何個購入するかを決定しなければなりません。カロリー値の横の列Cに、ラベルとして「**個数**」（または適当なテキスト）を入力します。

　空のセルは0個とみなされるため、これらのセルに最初に何らかの数を入力する必要はありません。ソルバーによって入力されます。

　セルC16では、次の式で購入するアイテムの数を合計します。

```
=SUM(C2:C15)
```

　その下のセルでは、SUMPRODUCT 式を使ってこれらの品目のカロリー値を合計できます。カロリー合計値は最終的には2,400になることが望まれます。

```
=SUMPRODUCT(B2:B15,C2:C15)
```

これにより、初期のシートは図1-22に示されているようになります。

これでモデルを作成する準備は完了です。［データ］タブの［ソルバー］ボタンを押すことで、［ソルバー］ウィンドウが表示されます。

図1-22：カロリー値とアイテムの数を求める設定

問題を解決するためにソルバーに入力する主な要素は、目的セル、最適化の方向（最大または最小）、いくつかの決定変数（ソルバーで変更可能）、および制約条件です。図1-23を参照してください。

図1-23：入力前の［ソルバー］ウィンドウ

　現在のケースでは、目標は合計品目を最小化することで、セル C16 に表示します。変更可能なセルは、C2:C15 の品目の個数です。制約条件は C17 の合計カロリー数が2,400と等しくなることです。さらに、品目の個数が自然数になるように制約を追加する必要があります。このため、非負数のボックスをオンにして、整数の制約を決定に追加します。やはりソーダ1.7個を買うことはできません。この整数制約については第4章で詳しく説明します。

　まず、合計カロリーの制約を組み込んでみましょう。［追加］ボタンをクリックして、C17が2,400と等しくなるように設定します。図1-24を参照してください。

図1-24：カロリーの制約の追加

　同様に、C2:C15が整数になるように設定する制約を追加します。図1-25を参照してください。

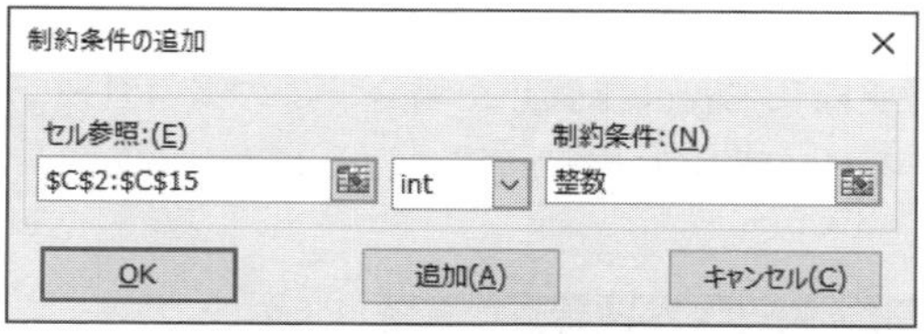

図1-25：整数の制約の追加（中央のメニューを［int］に設定）

［OK］をクリックします。

［解決方法の選択］を［シンプレックス LP］に設定します。この課題は線形であるためシンプレックス LP が適しています（LP の「L」は線形を表します。後ほど第4章で説明します）。線形であるため、この課題は C2 から C15 の決定の線形結合以外含みません（合計、積、およびカロリー値などの定数）。

モデルで非線形計算を行う場合は（多くの場合は決定の平方根、対数、指数関数など）、Excel のソルバーで提供されている他のアルゴリズムの1つを使用します。第4章では、この方法について特に詳しく説明します。設定は最終的に図1-26 のようになるはずです。

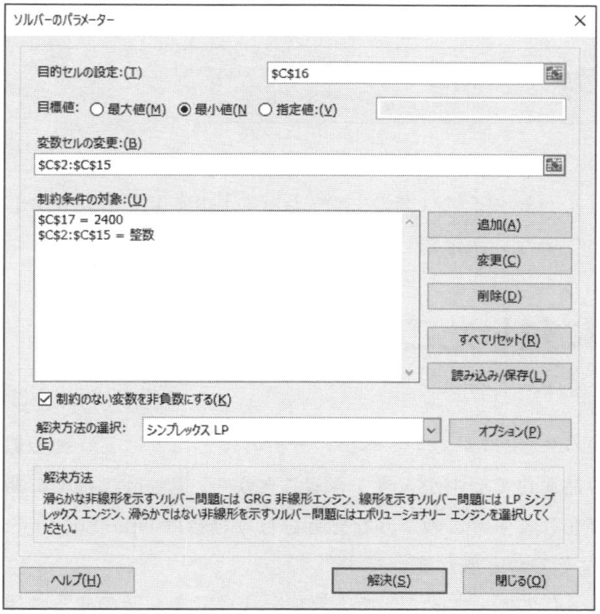

図1-26：2,400キロカロリー以上の最小品目数を求める最終的なソルバーの設定

それでは、最後に［解決］ボタンをクリックします。Excelによって、ほぼ瞬時に解が求められます。この課題の解は、図1-27に示されているとおり5です。実際にExcelで試した場合、このスクリーンショットと異なる5つの品目が選択される可能性がありますが、最小値はそれでも5になります。

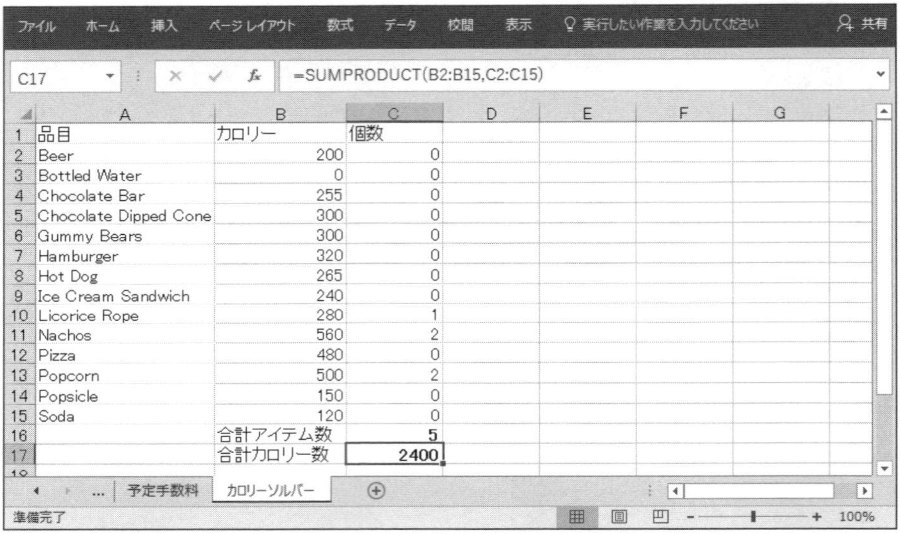

	A	B	C
1	品目	カロリー	個数
2	Beer	200	0
3	Bottled Water	0	0
4	Chocolate Bar	255	0
5	Chocolate Dipped Cone	300	0
6	Gummy Bears	300	0
7	Hamburger	320	0
8	Hot Dog	265	0
9	Ice Cream Sandwich	240	0
10	Licorice Rope	280	1
11	Nachos	560	2
12	Pizza	480	0
13	Popcorn	500	2
14	Popsicle	150	0
15	Soda	120	0
16		合計アイテム数	5
17		合計カロリー数	2400

図1-27：最適化された品目の選択

なお、個数が小数になってしまった場合は、ソルバーダイアログの［オプション］ボタンをクリックして、「整数制約条件を無視する」にチェックが入っていないか確認してみましょう。

OpenSolver：使わないに越したことはありませんが、ここでは必要です

OpenSolverは、Excelで利用できる無償のソルバーツールです。本書の分析のほとんどはExcelの標準ソルバーで事足ります。しかしながら、線形の最適化モデルが大きすぎることから、Excelに標準で組み込まれたソルバーでは処理しきれないものも存在します。このような分析を行う場合はOpenSolverを利用します（本文中でOpenSolverを利用する際はそのつど触れています）。

OpenSolverを使用する場合も、標準のソルバーインターフェイスでモデルを作成でき、そのまま使用することができます。OpenSolverのボタンが追加されるので、必要に応じてそちらの［Solve］ボタンをクリックすれば、非常に高速なシンプレックスLPアルゴリズムを使用できます。

■ OpenSolver のインストール

OpenSolver をセットアップしてみましょう。まず、次の URL にアクセスします。

http://OpenSolver.org

「Download&Install」のページからご利用の OS に合った ZIP ファイルをダウンロードして、わかりやすいフォルダーに解凍します。OpenSolver の組み込み方は Windows と Mac では異なります。

■ Windows でのインストール手順

①ダウンロードした ZIP ファイルを右クリックし、［プロパティ］を選びます。

②「プロパティ」ダイアログの「セキュリティ」の項目で「ブロックの解除」にチェックを入れて［OK］をクリックします。

③Excel を起動し、標準のソルバーの組み込み方と同様に［ファイル］タブ→［オプション］とクリックして「Excel のオプション」ダイアログを表示します。

④［アドイン］をクリックし、［管理］のドロップダウンから［Excel アドイン］を選択して、［設定］ボタンをクリックします。「アドイン」ダイアログが表示されます

⑤［参照］ボタンをクリックすると「ファイル参照」ダイアログが表示されるので、先ほど解凍したフォルダーを開き、ファイル名の右のドロップダウンを［すべてのファイル (*.*)］に設定します。「OpenSolver.xlam」が表示されるので、選択して［OK］をクリックします。

⑥「アドイン」ダイアログで「OpenSolver」にチェックを入れて［OK］をクリックすれば OpenSolver が有効になります。Excel を終了すると OpenSolver が無効になるので、使用する際はこの手順を再度繰り返してください。

■ Mac でのインストール手順

①Excel のメニューから［ツール］→［Excel アドイン］と選び、「アドイン」ダイアログを表示します。

②［参照］ボタンをクリックするとファイル選択のダイアログが表示されるので、先ほど解凍したフォルダーを開き、「OpenSolver.xlam」を選択して［開く］をクリックします。

③「アドイン」ダイアログで「OpenSolver」にチェックを入れて［OK］をクリックします。

④解凍したフォルダーをもう一度開き、「Solvers」→「osx」とさらにフォルダーを開きます。

⑤「OpenSolver Solvers.pkg」をダブルクリックしてインストールします。

以上の操作で、Excel の［データ］タブに OpenSolver セクションができます。違いは、標準のソルバーの設定を終えたら閉じて、OpenSolver の［Solve］ボタンをクリックする点です。Excel 2016で先ほどのモデルを利用して OpenSolver を実行した結果が図1-28です。5枚のピザを購入するように推奨されました。

✔ **注意**

本書日本語版刊行時点（2017年7月）では、OpenSolver の最新版である OpenSolver 2.8.6、さらに2.8.3〜2.8.5のバージョンにおいて、第4章の後半の課題を解決することができません。このため、2017年7月時点では、下記のように対処していただく必要があります。

● **Windows 版 Excel（2010以降）および Mac 版 Excel 2011の場合**
OpenSolver の2.8.2のバージョンをインストールします。まず下記の URL にアクセスします。

```
https://sourceforge.net/projects/opensolver/files/
```

このリストの中から「OpenSolver2.8.2_LinearWin.zip」をクリックしてダウンロードします。Mac Excel 2011 をご利用の場合は「OpenSolver2.8.2_LinearMac.zip」です。その後のインストール手順は本文にある手順と同様です。

● **Mac 版 Excel2016の場合**
Mac 版 Excel 2016 では、上記の2.8.2 は動作しないため、本文にある手順で最新版をインストールします。
ただし、本書刊行時点の OpenSolver は、最新版の2.8.6においても Mac 版の Excel 2016への対応がまだ十分でなく、動作も安定していません。つきましては、第4章の P147、P151 の課題のみ、OpenSolver の代わりに、「はじめに」の xiii ページで紹介している LibreOffice を使用して操作を試してみることをお勧めします。それ以外の箇所については、Mac 版 Excel 2016の標準ソルバーで課題を解決できます。

なおこれらの問題は、本書刊行以降の OpenSolver や Excel のバージョンアップにより、解消される可能性があります。

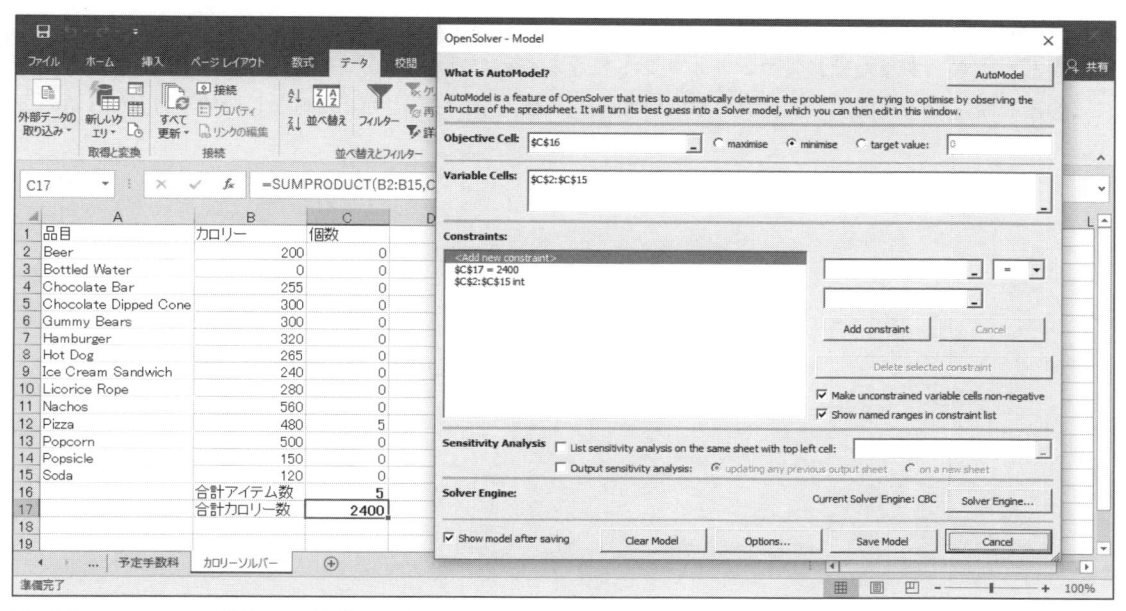

図1-28：OpenSolverは執拗にピザを購入する

↗ Wrapping Up

お疲れさまです。ここで学んだのは、すばやい移動や範囲選択の方法、絶対参照の利用方法、形式を選択して値貼り付けする方法、VLOOKUP やその他の照合数式の使用方法、データの並べ替えおよびフィルターの使用方法、ピボットテーブルやグラフの作成方法、配列数式の実行方法、ソルバーを使用するタイミングと使用方法などでした。

これらを憂鬱に感じるか、面白いと感じるかは読者しだいです。私は有名な会社に勤める経営コンサルタントとずっと付き合いがありますが、彼らは「2段階のコンサルティング」と私が呼ぶ次の手法を用いて高額な給料を手にしていました。

1. クライアントと雑談をする（スポーツ、余暇、バーベキューなど…燻製肉についてのくだらない話ならばなんでもよいというわけではありません）。
2. Excel でデータにまとめる。

あなたは、カレッジフットボールについてここで求められる知識をすべて持ち合わせてはいないと思

います（もちろん私も詳しくありません）。でも、本章を習得すれば、このポイント2は達成できます。

　しかしながら、あなたは経営コンサルタントになるためではなく、データサイエンスを深く知るためにこの本を読んでいたはずです。次の章はいよいよ本番、ちょっとした「教師なし機械学習」から始めます。

第 2 章

クラスター分析
パート1：k平均法を使用した
顧客ベースの区分

私は、電子メールマーケティング業界の MailChimp.com という Web サイトで働いています。電子メールニュースレターを購読者へ送信する顧客を支援しているため、だれかが「電子メール爆弾」という用語を口にするたびに心が痛みます。

なぜなら、電子メールアドレスは、もはや閃光弾のような「爆弾」を投げつけるブラックボックスではないためです。そう、電子メールマーケティングは（その他のツイート、Facebook 投稿、Pinterest キャンペーンなど、さまざまなオンラインマーケティング活動と同様に）、顧客がどのように興味を持っているかについて、クリック追跡、オンライン購入、SNS でのシェアなどを通じて、個人単位のフィードバックを受け取ることができます。それらのデータは大量のゴミではありません。対象者の特徴付けに利用できます。ただし、経験のない人にとって、これはギリシャ語やエスペラント語と似たようなものでしょう。

顧客（または、読者、ユーザー、登録ユーザー、市民など）から大量の売買データを取得して、それらの人々を理解するためには、そのデータをどのように活用すればよいでしょうか。多くの人に応対する業務に携わっているときには、それぞれの顧客を個別に理解することは難しく、特に各顧客が思い思いの方法で問い合わせてくる場合にはなおさらです。すべての人を個人レベルで理解できたとしても、それを行動に移すのは容易ではありません。

顧客ベースを獲得したら、適当な妥協点を見つける必要があります。つまり、名前のない同一の存在として全員に「爆弾を投げつける」やり方から、すべての人のすべての要素を把握して、個々の受信者にパーソナライズしたマーケティングを展開するやり方の間を取ります。このバランスを満足する方法の1つに、クラスタリングという手法を使用して顧客をいくつかのマーケットセグメントに分割するやり方があります。これにより、顧客ベースのセグメントごとに、的を絞ったコンテンツやキャンペーン情報などを提供するマーケティングを行えます。

クラスター分析は、大量の対象者のデータを収集して、類似する対象者ごとにグループに分ける手法です。これらの各グループを調べて、類似点と相違点を見つけることで、それまでは無意味な数字の堆積だったデータについて多くのことを理解できます。さらにこの洞察の手法により、以前よりも詳しいレベルで、より適切な決定を行うことができます。

このためクラスタリングは、探索的データマイニングと呼ばれています。クラスタリングの手法によって、大規模なデータセットから関係性を抽出することができます。これを目視で見つけるのは到底困難です。さらに調査対象から関係性を抽出することは、あらゆる業界で役に立ちます。ある趣向をもつクラスターの人々がもつ傾向に基づいて映画を推奨したり、都市エリアで犯罪多発地域を特定したり、収益に関係性がある財務投資をグループ化して複数に分散することで、ポートフォリオの多様性を確保するなどです。

教師あり機械学習と教師なし機械学習

探索的データマイニングの定義では、調査対象についての予備知識はないものとされています。みなさんは、オズの魔法使いのドロシーのような探求者です。2人の顧客が同じように振る舞うときと、異なった振る舞いをするときを明確に述べることができても、顧客ベースをセグメント化する最良の方法はわからないでしょう。このため顧客のセグメント化をコンピューターに任せる場合は、教師なし学習と呼ばれます。これは、どのようにジョブを処理するかをコンピューターに指定しないため「教師」による指導はありません。

これと、対になるものに教師あり機械学習があります。人工知能が新聞の一面を作成するときにしばしば利用されます。顧客を「購入する見込みがある」グループと「購入する見込みがない」グループの2つに分ける必要があることがわかっている場合、コンピューターに該当する顧客の履歴サンプルを与え、これらの2つのグループの1つにすべての新しい案内を割り当てるように指定する場合、これは「教師あり」になります。

一方、「これが顧客について知っていることで、これが顧客が異なるか類似するかを測定する方法です。何に興味があるかを教えてください」と指示する場合は「教師なし」です。

私のお気に入りのクラスタリングの用途の1つに、画像のクラスタリングがあります。コンピューターで「同じに見える」画像ファイルをひとまとめにします。たとえば、写真共有サービスの Flickr のように、ユーザーが多くのコンテンツを作成し、あまりにも写真が多すぎて簡単に探せなくなってしまうことがあります。クラスタリング技術を使用すれば、類似する画像をまとめてクラスター化でき、さらにユーザーはクラスター間を移動してから詳細レベルを調べることができます。

本章では、k平均法クラスタリングと呼ばれる最も一般的なクラスタリングについて説明します。この手法は1950年代に登場し、産業界や官公庁でデータベースからの知識発見（KDD：Knowledge Discovery in Databases）を行う際の主要なクラスタリング手法となりました。

k平均法は、数学的にはさほど厳密な手法ではありません。これは、ソウルフードのようにその実用性や妥当性から生まれています。ソウルフードは、フランス料理のような高貴な伝統はありませんが、ときに最高のおもてなしとなります。k平均法によるクラスター分析は、この後すぐに紹介しますが、一部分は算術的で、残りの部分は説明的です。その直感的なシンプルさが1つの魅力でもあります。

どのように機能するかを確認するために、簡単な例から始めましょう。

↗ 女子は女子と踊り、男子は肘に傷を作る

k平均法クラスタリングの目標は、データの空間にいくつかのポイントを設定し、k個のグループ内にそれらを適切に配置することです（k は設定する任意の数です）。例え話で見てみましょう。k個のグルー

プはそれぞれ、中心のポイントによって定義され、「ここが私のグループの中心です。他の旗よりもこの旗が近いなら合流してください」と書いた旗を月で掲げるのと似ています。このグループの中心は、正式にはクラスター重心と呼び、平均を表します。k 平均法の名前はこれに由来します。

ここで中学校のダンスの時間を例にとります。中学校のダンスの時間の恐怖を心の中で封印していた方には、痛ましい記憶を思い出させたことをお詫びします。

ロマンチックな「海底ナイト」と呼ばれるマクアーキン中学校のダンスに参加している生徒は、ダンスフロア上に図2-1 のように散らばっています。見間違いを防ぐために、一部の寄木張りの床を Photoshop で加工しました。

次のタイトルリストは、この自由世界の若きリーダーたちがぎこちなく踊る曲のサンプルです。Spotify で聞きたい場合には参考にしてください。

- スティクス：永遠の航海
- エヴリシング・バット・ザ・ガール：ミッシング
- エイス・オブ・ベイス：オール・ザット・シー・ウォンツ
- ソフト・セル：汚れなき愛
- モンテル・ジョーダン：ジス・イズ・ハウ・ウィ・ドゥ・イット
- エッフェル65：ブルー

図2-1：ダンスフロア上に散らばったマクアーキン中学校の生徒

k平均法クラスタリングでは、出席者を配置するクラスターをいくつにするか指定する必要があります。手始めに、3つのクラスターにしましょう（本章で、後からkの選択方法について説明します）。このアルゴリズムによって、3本の旗がダンスフロアに立てられます。最初に、図2-2のような適当な解から始めます。最初の3つの平均が床の上に並び黒い丸で示されています。

図2-2：初期のクラスターの中心の配置

　k平均法クラスタリングでは、踊り手たちは最も近いクラスターに割り当てられます。床の上にある任意の2つのクラスターの中心の間に境界の線を引くことができ、踊り手が線の一方にいれば、1つのグループに属します。ただし、反対側にいる踊り手たちは違うグループになります（図2-3を参照）。

　この境界線を使用して、踊り手をグループに割り当てて、図2-4のようにグループに模様を付けます。この図は、空間を複数の面に分けています。それらの領域はクラスターの中心までの距離に基づいて割り当てられており、ボロノイ図と呼ばれます。

　この初期の割り当ては適切ではないと感じるでしょう。奇妙なやり方で空間を分割したため、左下のグループは空のままで、右上の境界上には多くの人がいます。

　k平均法クラスタリングアルゴリズムは、最適になるまでこれらの3つのクラスターの中心をダンスフロア上で移動します。

では、「最適」とはどのような基準で決定されるのでしょうか。各参加者は、各自のクラスターの中心から特定の距離だけ離れています。参加者から各自の中心までの平均距離が最小になるクラスターの中心の配置が、最適な配置です。

図2-3：クラスターの境界を表す斜線

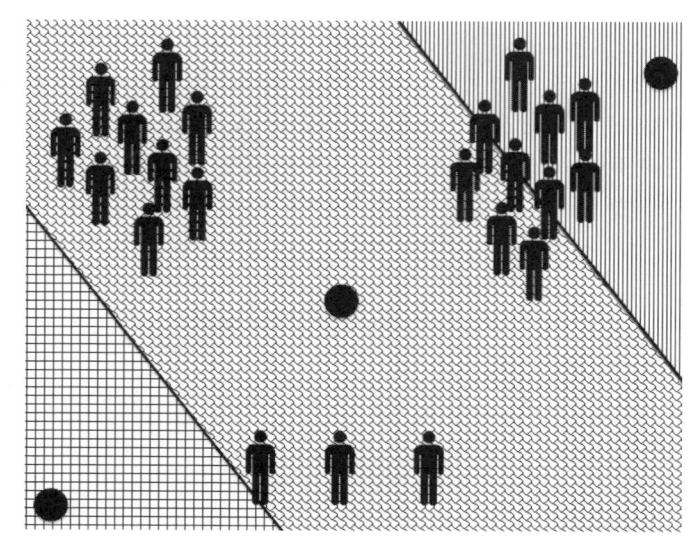

図2-4：ボロノイ図の網掛け領域で表現されたクラスターの割り当て

第1章でも出てきた「最小化」という用語は、クラスターの中心を最高の場所に配置するには、最適化モデリングが必要になることを暗示しています。したがって本章では、クラスターの中心を移動するためにソルバーを導入します。ソルバーによって中心が正しい位置に配置される方法では、中心が合理的に繰り返し移動され、導き出された多くの適切な配置が記録され、さらにそれらの配合より（競走馬のように文字どおりそれらが配合されます）最高の位置が求められます。

　図2-4の略図はまったく的を射ていませんでしたが、ソルバーによって中心はようやく図2-5のように配置されます。この配置では、各参加者と各自の中心との平均距離が多少小さくなっています。

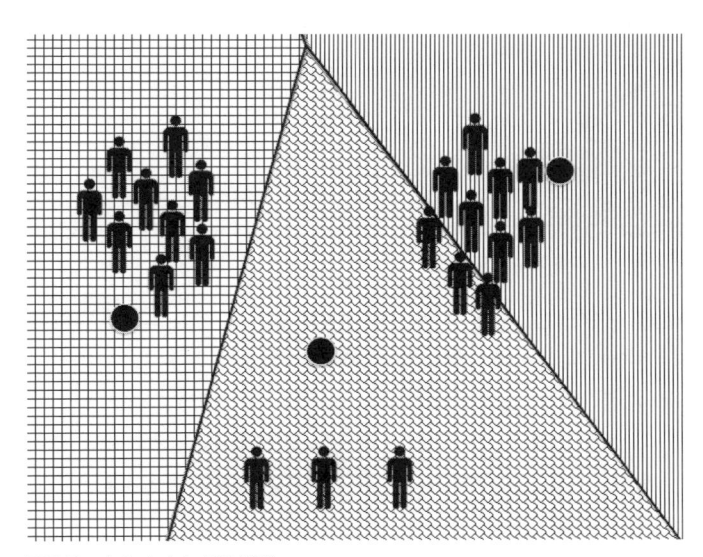

図2-5：中心を少しだけ移動

　最終的にソルバーは、踊り手の3つのグループの真ん中に中心を置くように導き出しました。図2-6を参照してください。

　すばらしい。これこそが、理想的なクラスタリングの配置です。クラスター重心は、各踊り手のグループの中心にあり、踊り手と最も近い中心との平均距離は最小になります。クラスタリングを完了したら、クラスターの意味を理解するという興味深い段階に移れます。

　踊り手の髪の色、政治的信念、または1,600 m のランニングタイムなどを調べる場合には、クラスターはあまり役に立たないでしょう。ただし、各クラスターで参加者の性別と年齢を評価するときには、いくつかの共通のテーマが見え始める可能性があります。一番下の少人数のグループはすべて年配の人たちです。彼らはダンスを監督する必要があります。左側のグループはすべて若い男性で、右側のグループはすべて若い女性です。だれもが、お互いにダンスをするのをかなりためらっています。

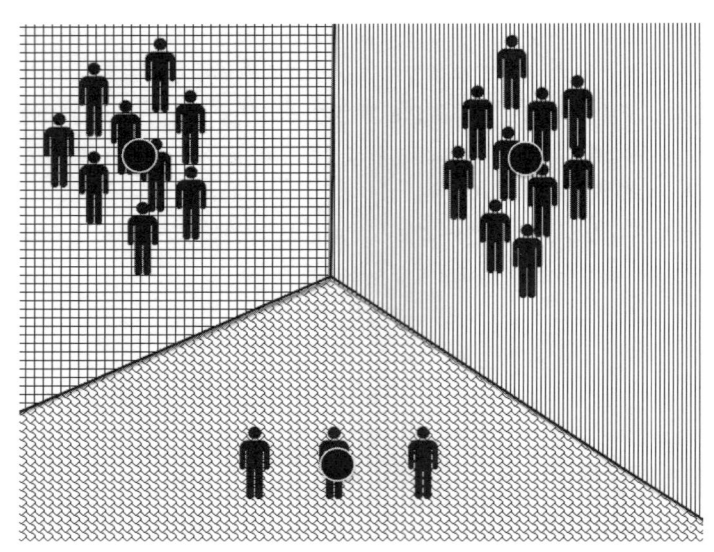

図2-6：3平均法クラスタリングで最適化されたマクアーキンのダンスフロア

　k 平均法によって、このダンス参加者の集団を分割し、参加者の記述子をクラスターのメンバー情報と関連付けることができました。この関連付けを参照すれば、割り当ての理由を理解できます。

　ここで、読者はおそらく疑問に思うでしょう。「できた、でも意味はあるかな。答えはすでにわかっていたのに」。その懸念は当然です。この練習は、完了しました。これは単純化した例題であるため、要点を確認すればすぐに解決できるものでした。すべては2次元空間内にあるため、ひと目でクラスター化できるとても簡単なものでした。

　しかし、数千点の製品を売っている店舗を経営している場合はどうでしょうか。一部の顧客は、過去1年間に1つか2つしか購入していせん。また別の顧客は、数十個を購入しています。さらに購入された商品は、顧客ごとに異なります。

　これらの顧客をどのように、彼らの「ダンスフロア」上でクラスター化したらよいでしょうか。もちろん、この場合のダンスフロアは2次元空間や3次元空間にはありません。これは1,000次元の製品購入の空間にあり、顧客は、それぞれの1次元で製品を買ったり買わなかったりしています。あっという間にクラスタリングの問題が、「作戦その1・目視」の限界を超えてしまうことがわかります（「作戦その1・目視」は兵士の友人の口癖です）。

↗ 現実的な題材：電子メールマーケティングの購読者に対する k 平均法クラスタリング

より現実的な題材に進みましょう。私は電子メールマーケティングに携わっており、ここでは私が勤めている MailChimp.com の例を使用します。この1つの事例で、小売り売買データ、広告変換データ、ソーシャルメディアデータなどを扱います。この事例では、基本的にあらゆるタイプのデータを活用します。それにより、マーケティング資料を用いて顧客に働きかけ、顧客は業者とやり取りを始めることを決めます。

≫ ジョーイ・バッグ・オードーナッツ・ホールセール・ワイン・エンポリアム

ニュージャージー州に住み、ジョーイ・バッグ・オードーナッツ・ホールセール・ワイン・エンポリアムという会社を経営しているところを想像してください。同社は、輸出入企業であり、アメリカに大量のワインを持ち込み、全国のワイン／リカーセレクトショップに販売することに重点を置いています。このビジネスが成功する秘訣は、ジョーイ・バッグが世界中を旅して、格安の取り引きを探し、大量のワインを仕入れることです。ジョーイは仕入れたワインをニュージャージーに送ります。読者の仕事は、それらのワインに利益を上乗せして小売店に販売することです。

小売店の顧客には、さまざまな方法で宣伝します。Facebook ページ、Twitter、不定期のダイレクトメールなどを使いますが、最も多くの商談を獲得できるのは電子メールでのニュースレターです。この1年間は、1か月に1通のペースでニュースレターを送信しました。多くの場合、1通の電子メールで2〜3件のワインの売り出しを告知します。たいていは、シャンパンについて1件と、マルベックのワインについて1件です。売り出しの中には、小売り価格より80％以上値引きしている驚異的なものもあります。この1年間に合計で32件の売り出し情報を提供し、それらすべてを順調にこなしました。

ただし、順調にこなしただけでは、良い仕事をしたということにはなりません。顧客についてもう少し理解できれば、より良い成果を上げることができたでしょう。もちろん、特定の売買に注目することはできます。たとえば、アダムスという姓の顧客が7月にスペイン産のエスプマンテを5割引きで購入しました。ただし、これだけでは、アダムス氏が好んでいたのが、1箱6本入ボックスの最低購入条件、値段、あるいはまだピークを迎えていない商品だったことはわかりません。

興味の対象に基づいてリストをグループ分けできれば役に立つはずです。さらに、各グループに合わせてニュースレターを作成すれば、より多くの商談を成立させることができるでしょう。どのような売り出しでも、セグメントに適していると思われるものがあれば、件名に入れたり、ニュースレターの最初に掲載したりできます。この手のターゲティングにより、売り上げを大きく伸ばすことができます。

それでは、顧客リストをどのようにセグメント化すればよいのでしょうか。どこから着手すべきでしょうか。

　このような顧客リストのセグメント化は、コンピューターによって処理するのに適しています。k平均法クラスタリングを使用することで、最適なセグメントを見つけて、それらが最適なセグメントである理由を理解できます。

≫ 初期のデータセット

> **✔ 注意**
> 本章で使用する Excel ファイルは、「CHAPTER02」フォルダーにある「ワイン K 平均 .xlsx」です。作業を終えた完成状態のファイルは「ワイン K 平均 _ 完成 .xlsx」となります。ダウンロード URL は「はじめに」の xii ページをご覧ください。

　まず、次の2つの興味深いデータソースから着手します。

- それぞれの売り出しのメタデータはスプレッドシートに保存されており、項目には、品種、購入可能最低量、小売り価格からの割引率、ワインがピークを過ぎていないかどうか、生産された国または州などがあります。これらのデータは［売り出し情報］というシートに保存されています。図2-7を参照してください。
- さらに、どの顧客がどの売り出しで購入したかがわかっています。このため、この情報をMailChimp.com からダンプして、［取り引き］というシートに売り出し番号とともに入力しています。図2-8に示すとおり、この取り引きデータは、単純に購入した顧客と、どの売り出しで購入したかを表しています。

売り出し番号 | キャンペーン | 品種 | 購入可能最低量 (kg) | 割引率 (%) | 生産地 | ピーク過ぎ

売り出し番号	キャンペーン	品種	購入可能最低量 (kg)	割引率 (%)	生産地	ピーク過ぎ
1	January	Malbec	72	56	France	FALSE
2	January	Pinot Noir	72	17	France	FALSE
3	February	Espumante	144	32	Oregon	TRUE
4	February	Champagne	72	48	France	TRUE
5	February	Cabernet Sauvignon	144	44	New Zealand	TRUE
6	March	Prosecco	144	86	Chile	FALSE
7	March	Prosecco	6	40	Australia	TRUE
8	March	Espumante	6	45	South Africa	FALSE
9	April	Chardonnay	144	57	Chile	FALSE
10	April	Prosecco	72	52	California	FALSE
11	May	Champagne	72	85	France	FALSE
12	May	Prosecco	72	83	Australia	FALSE
13	May	Merlot	6	43	Chile	FALSE
14	June	Merlot	72	64	Chile	FALSE
15	June	Cabernet Sauvignon	144	19	Italy	FALSE
16	June	Merlot	72	88	California	FALSE
17	July	Pinot Noir	12	47	Germany	FALSE
18	July	Espumante	6	50	Oregon	FALSE
19	July	Champagne	12	66	Germany	FALSE
20	August	Cabernet Sauvignon	72	82	Italy	FALSE
21	August	Champagne	12	50	California	FALSE
22	August	Champagne	72	63	France	FALSE
23	September	Chardonnay	144	39	South Africa	FALSE
24	September	Pinot Noir	6	34	Italy	FALSE
25	October	Cabernet Sauvignon	72	59	Oregon	TRUE
26	October	Pinot Noir	144	83	Australia	FALSE

図2-7：過去32件の売り出しの詳細情報

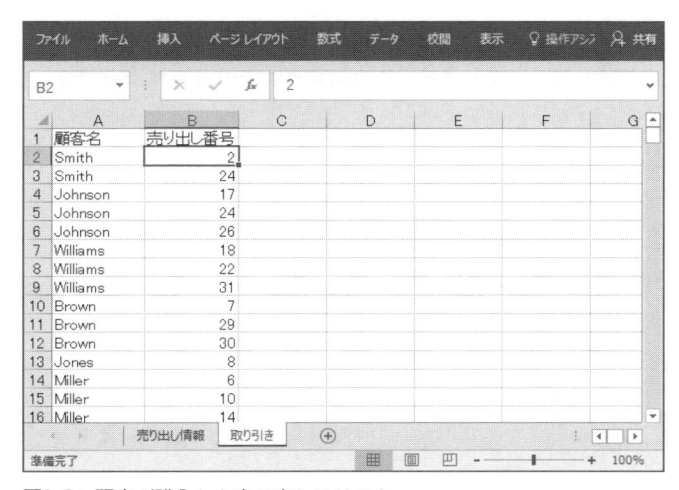

顧客名	売り出し番号
Smith	2
Smith	24
Johnson	17
Johnson	24
Johnson	26
Williams	18
Williams	22
Williams	31
Brown	7
Brown	29
Brown	30
Jones	8
Miller	6
Miller	10
Miller	14

図2-8：顧客が購入した売り出しのリスト

≫ 測定する項目の決定

　それでは、ちょっと難しい問題に挑戦してみてください。中学校のダンスの問題では、踊り手とクラスターの中心との間の距離の測定は簡単でした。単に巻き尺を用意するだけですね。

　では、ここではどうすればよいでしょうか。

　見てのとおり、昨年は32件を売り出して、顧客から依頼された324件の購入のリストが［取り引き］シートに保存されています。ただし、各顧客とクラスターの中心との距離を測定するには、それらを32の売り出し情報の空間に配置する必要があります。つまり、顧客が利用しなかった売り出しを把握して、売り出し対顧客の行列を作成する必要があります。それぞれの顧客について、各自の32の売り出しの列で利用した売り出しすべてに1を入力し、利用していない売り出しには0を入力します。

　別の言い方をすると、この行主体の［取り引き］シートの内容を取得して行列に変換し、顧客を列に、売り出しを行に格納する必要があります。このような行列を作成するにはピボットテーブルを使用するのが最適です。

✔ **注意**
ピボットテーブルの概要については、第1章を参照してください。

　それでは、ここから実際に操作します。［取り引き］シートで、列 A と B を強調表示して、ピボットテーブルを挿入します。ピボットテーブル設定ウィンドウで、単純に売り出し番号を［行］に、顧客名を［列］に設定します。次に上の「売り出し番号」を［値］にドラッグして、売り出しの数を取得します。この数は、顧客と売り出しの対が元のデータにあれば1、なければ0になります（この場合0は空のセルになります）。最終的なピボットテーブルは、図2-9のとおりです。

　これで、購入データが行列形式になりました。［売り出し情報］シートを複製して、「**行列**」と名前を付けます。この新しいシートで、ピボットテーブルから新しいシートに列 H を先頭に値貼り付けします（売り出し番号は貼り付ける必要はありません。この情報は［売り出し情報］にすでに含まれています）。これで、売り出しの説明と購入データが連結された行列ができます。図2-10を参照してください。

行ラベル	Adams	Allen	Anderson	Bailey	Baker	Barnes	Bell	Bennett	Brooks	Brown	Butler	Campbell	Carter	Clark	Collin
1											1				
2							1					1			
3									1						
4											1			1	
5															
6															
7				1	1					1			1		
8								1	1						
9		1													
10					1	1									
11									1					1	

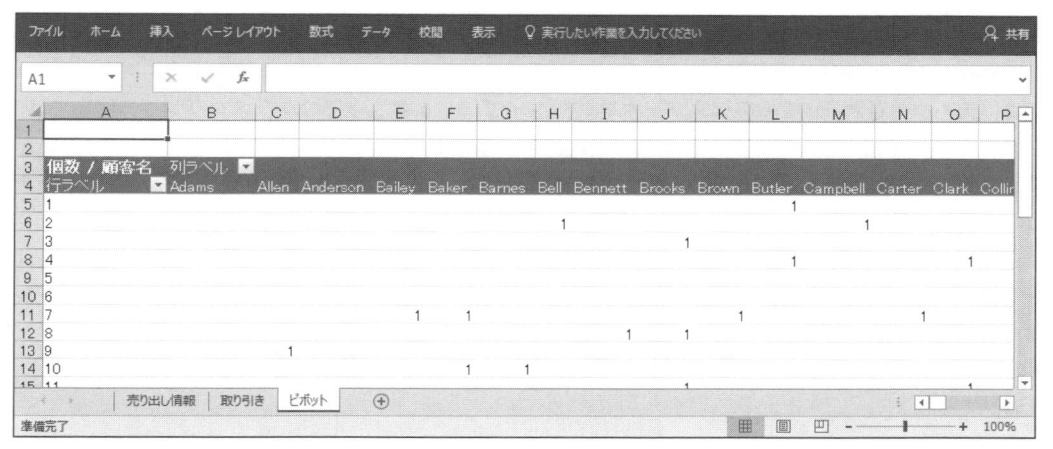

図2-9：売り出し対顧客のピボットテーブル

売り出し番号	キャンペーン	品種	購入可能最低量	割引率	生産地	ピーク過ぎ	Adams	Allen	Anderson	Bailey	Baker	Barnes
1	January	Malbec	72	56	France	FALSE						
2	January	Pinot Noir	72	17	France	FALSE						
3	February	Espumante	144	32	Oregon	TRUE						
4	February	Champagne	72	48	France	TRUE						
5	February	Cabernet Sauvignor	144	44	New Zealanc	TRUE						
6	March	Prosecco	144	86	Chile	FALSE						
7	March	Prosecco	6	40	Australia	TRUE				1	1	
8	March	Espumante	6	45	South Africa	FALSE						
9	April	Chardonnay	144	57	Chile	FALSE		1				
10	April	Prosecco	72	52	California	FALSE					1	1
11	May	Champagne	72	85	France	FALSE						
12	May	Prosecco	72	83	Australia	FALSE						
13	May	Merlot	6	43	Chile	FALSE						
14	June	Merlot	72	64	Chile	FALSE						
15	June	Cabernet Sauvignor	144	19	Italy	FALSE						
16	June	Merlot	72	88	California	FALSE						
17	July	Pinot Noir	12	47	Germany	FALSE						
18	July	Espumante	6	50	Oregon	FALSE	1					
19	July	Champagne	12	66	Germany	FALSE					1	
20	August	Cabernet Sauvignor	72	82	Italy	FALSE						
21	August	Champagne	12	50	California	FALSE						1
22	August	Champagne	72	63	France	FALSE						1
23	September	Chardonnay	144	39	South Africa	FALSE						
24	September	Pinot Noir	6	34	Italy	FALSE			1			
25	October	Cabernet Sauvignor	72	59	Oregon	TRUE						
26	October	Pinot Noir	144	83	Australia	FALSE			1			
27	October	Champagne	72	88	New Zealanc	FALSE		1				
28	November	Cabernet Sauvignor	12	56	France	TRUE						
29	November	Pinot Grigio	6	87	France	FALSE	1					
30	December	Malbec	6	54	France	FALSE	1			1		
31	December	Champagne	72	89	France	FALSE					1	1
32	December	Cabernet Sauvignor	72	45	Germany	TRUE						

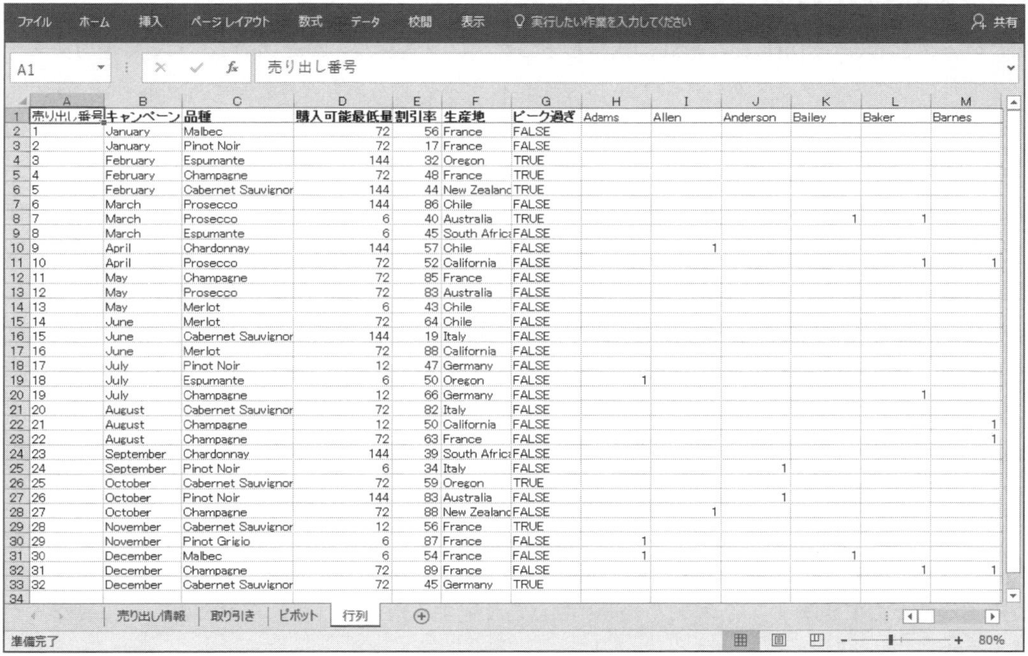

図2-10：売り出しの説明と購入データを1つの行列に統合

データの標準化

　本章では、データの各次元を2進の購入データと同じタイプにします。多くのクラスタリングの問題では、これは必要になりません。人々が身長、体重、および給与に基づいてクラスター化されるシナリオを思い浮かべてください。これらの3種類のデータは、すべて尺度が異なります。身長は150センチから200センチの範囲になり、体重は40キロから135キロの範囲になります。

　この状況では、（ダンスフロアの踊り手のような）顧客間の距離の測定が難しくなります。このため、各列のデータを標準化するのが一般的で、平均値を差し引き、分散の尺度で除算します。この尺度は第4章で説明する標準偏差と呼びます。これにより、各列は同じ尺度になり、中心が0に置かれます。

　第2章のデータに標準化は必要ありませんが、第9章で解説する外れ値の検出の作業では、標準化しているところを確認できます。

■ 4つのクラスターから始める

　すべてのデータを単一の使用可能な形式に統一しました。クラスタリングを始めるには、k平均法クラスタリングアルゴリズムのクラスターの数であるkを選択する必要があります。k平均法の手法では、kに数多くの異なる値を試すことがしばしばありますが（値の選択方法については後から説明します）、開始時には1つだけ選択する必要があります。

　最初は、この作業でやる気になる大まかなクラスターの数を選んでください。50個のクラスターを作成して、50件のターゲティングした広告キャンペーンをそれぞれ2、3人のグループの顧客に送信するようなことはしないでしょう。それでは最初の練習の目的に反します。特定の小さな値を期待しているはずです。したがって、この例では、理想的な4個から始めます。リストを4つに分割すれば、各グループが25名程度になり完全に理解が可能です（このようにできる可能性は高くはありませんが）。

　それでは、顧客を4つのグループに分割する場合、最適な4つのグループはどのようになるでしょうか。

　整然とした［行列］シートを煩雑にするよりも、このシートを複製して「**4平均**」という名前を付けます。次に4つの列を［ピーク過ぎ］の後の列HからKに挿入します。これらはクラスターの中心になります（列を挿入するには、列Hを右クリックし、［挿入］を選択します。列が左側に追加されます）。これらのクラスターに「**クラスター1**」から「**クラスター4**」をラベルとして入力します。また、これらに条件付き書式を設定することもできます。各クラスターの中心を設定するたびに、それらがどのように異なるかを確認できます。

　［4平均］シートは、図2-11のようになります。

	A	B	C	D	E	F	G	H	I	J	K	L	M	N
1	売り出し番号	キャンペーン	品種	購入可能最低量	割引率	生産地	ピーク過ぎ	クラスター1	クラスター2	クラスター3	クラスター4	Adams	Allen	Anderson Ba
2	1	January	Malbec	72	56	France	FALSE							
3	2	January	Pinot Noir	72	17	France	FALSE							
4	3	February	Espumante	144	32	Oregon	TRUE							
5	4	February	Champagne	72	48	France	TRUE							
6	5	February	Cabernet Sa	144	44	New Zealand	TRUE							
7	6	March	Prosecco	144	86	Chile	FALSE							
8	7	March	Prosecco	6	40	Australia	TRUE							
9	8	March	Espumante	6	45	South Africa	FALSE							
10	9	April	Chardonnay	144	57	Chile	FALSE						1	
11	10	April	Prosecco	72	52	California	FALSE							
12	11	May	Champagne	72	85	France	FALSE							
13	12	May	Prosecco	72	83	Australia	FALSE							
14	13	May	Merlot	6	43	Chile	FALSE							
15	14	June	Merlot	72	64	Chile	FALSE							
16	15	June	Cabernet Sa	144	19	Italy	FALSE							
17	16	June	Merlot	72	88	California	FALSE							
18	17	July	Pinot Noir	12	47	Germany	FALSE							
19	18	July	Espumante	6	50	Oregon	FALSE					1		
20	19	July	Champagne	12	66	Germany	FALSE							
21	20	August	Cabernet Sa	72	82	Italy	FALSE							
22	21	August	Champagne	12	50	California	FALSE							
23	22	August	Champagne	72	63	France	FALSE							
24	23	September	Chardonnay	144	39	South Africa	FALSE							
25	24	September	Pinot Noir	6	34	Italy	FALSE							1
26	25	October	Cabernet Sa	72	59	Oregon	TRUE							
27	26	October	Pinot Noir	144	83	Australia	FALSE							1
28	27	October	Champagne	72	88	New Zealand	FALSE						1	
29	28	November	Cabernet Sa	12	56	France	TRUE							
30	29	November	Pinot Grigio	6	87	France	FALSE					1		
31	30	December	Malbec	6	54	France	FALSE					1		
32	31	December	Champagne	72	89	France	FALSE							
33	32	December	Cabernet Sa	72	45	Germany	TRUE							
34														

図2-11：空のクラスターの中心を追加した［4平均］シート

　これらのクラスターの中心は、この時点ではすべて0です。ただし、技術的には任意の位置を指定することができます。そして、ここで確認したいのは、中学校のダンスの場合のように、各顧客と最も近いクラスターの中心との距離が最短になるように中心自体を配置することです。

　明らかに、これらの中心には、売り出しごとに0から1の間の値が指定されます。これはすべての顧客のベクトルが2進数のためです。

　でも、クラスターの中心と顧客との間の距離を測定することにはどのような意味があるでしょうか。

≫ ユークリッド距離：直線距離で距離を測定

　現状で顧客1人につき1列を割り当てています。それでは、ダンスフロアでの顧客との距離はどのように測定しますか。この正式な呼び方は「直線距離」と言い、巻き尺の距離はユークリッド距離になります。

　ダンスフロアの問題に戻って、計算方法を確認しましょう。

ダンスフロアに水平軸と垂直軸を割り当てます。図2-12のとおり、踊り手が(8, 2)にいて、クラスターの中心が(4, 4)にあることがわかります。それらの間のユークリッド距離を計算するには、中学校で学んだピタゴラスの定理を思い出す必要があります。

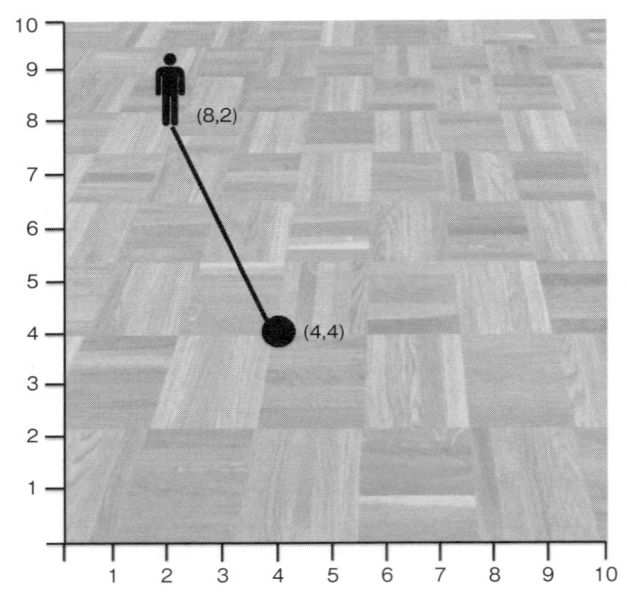

図2-12： (8, 2)にいる踊り手と、(4, 4)にあるクラスターの中心

　これら2点は、垂直方向に8 − 4 = 4フィート離れています。水平方向に4 − 2 = 2フィート離れています。ピタゴラスの定理によって、これら2点間の二乗距離は、4^2 + 2^2 = 16 + 4 = 20フィートになります。したがって、2点間の距離は20の平方根であり、約4.47フィートです（図2-13を参照）。

　ニュースレターの購読者の状況では、次元が複数ありますが概念は同じです。顧客とクラスターの中心の距離を計算するには、売り出しごとに2点間の差を取得して、それらを二乗して合計し、さらに平方根を求めます。

　たとえば[4平均]シートの場合は、列Hのクラスター1の中心と列Lの顧客Adamsの購入との間のユークリッド距離を求めます。

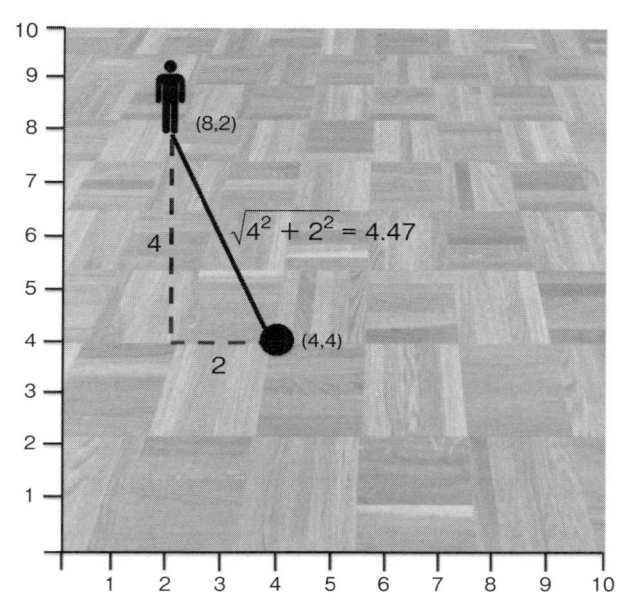

図2-13：ユークリッド距離は、各方向成分の二乗距離を合計し、その平方根を求めたものです

　Adams の購入の下の L34 のセルで、アダムスのベクトルとクラスターの中心の差を取り、二乗して合計し、さらにその合計の平方根を求めることができます。これには次の配列数式を使用します（この数式を右や下にドラッグしてもクラスターの中心の参照が変わらないように、絶対参照が使われています）。

```
{=SQRT(SUM((L$2:L$33-$H$2:$H$33)^2))}
```

　ここでは配列数式を使用する必要があります（第1章の説明のとおり、数式を入力し、[Ctrl] + [Shift] + [Enter] を押すか、Mac の場合は [command] + [shift] + [return] を押します）。その理由は、（L2:L33 − H2:H33)^2 の数式部分は、品目ごとに差を取り、二乗する必要があるためです。ただし、最終結果は、単一の数値になり、この場合は1.732です（**図2-14**を参照）。Adams は3つの売り出しを利用し、初期のクラスターの中心はすべて0で、3の平方根は1.732であるためつじつまが合います。

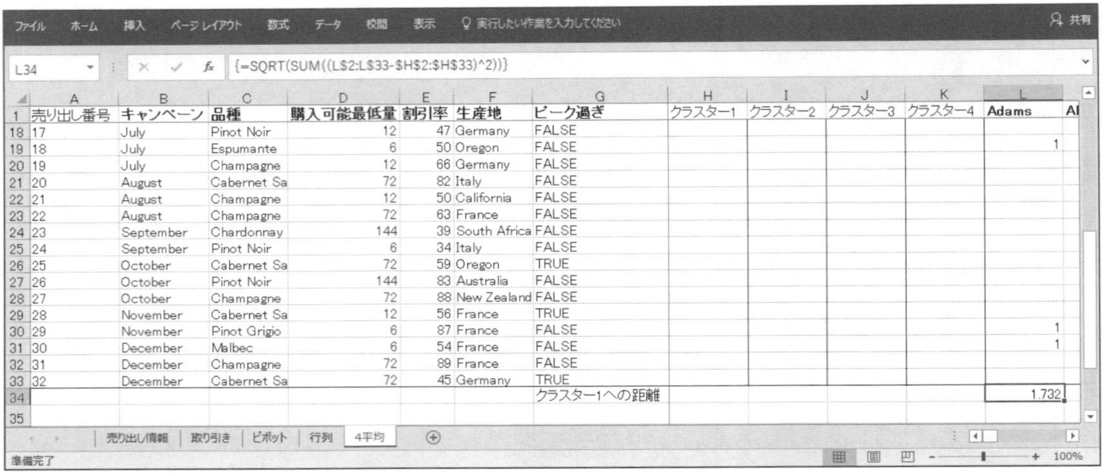

図2-14：Adamsとクラスター1の距離

　図2-14のスプレッドシートでは、列Gと行1でウィンドウ枠を固定し（第1章を参照）、G34に行34の
ラベルを「クラスター1への距離」と入力して、右にスクロールしたときにも内容を確認できるようにし
ています。

》全員に対する距離とクラスターの割り当て

　購入ベクトルとクラスターの中心との距離を計算する方法がわかりました。

　それでは、Adamsから他の中心への距離の計算を追加します。L34をL37まで下にドラッグして、ク
ラスターの中心への参照を下方向のセルに対して列Hからそれぞれ I、J、K に手動で変更します。最終
的に、L34～L37の4つの式は次のようになります。

```
{=SQRT(SUM((L$2:L$33-$H$2:$H$33)^2))}
{=SQRT(SUM((L$2:L$33-$I$2:$I$33)^2))}
{=SQRT(SUM((L$2:L$33-$J$2:$J$33)^2))}
{=SQRT(SUM((L$2:L$33-$K$2:$K$33)^2))}
```

　クラスターの中心に絶対参照を使用したため（数式の中の $ 記号。詳細は第1章を参照）、L34～L37を
DG34～DG37までドラッグして、それぞれの顧客から4つのすべてのクラスターの中心までの距離を計
算します。さらに、列Gで行35に「**クラスター2への距離**」のラベルを入力し、行37まで同様に入力し
ます。これらの新しい距離は、図2-15に表示されています。

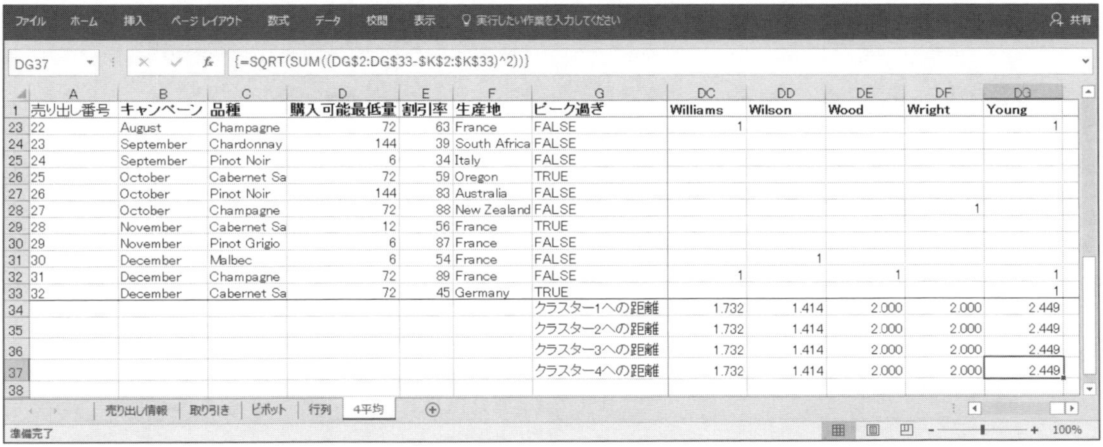

図2-15：各顧客からそれぞれのクラスターへの距離計算

これにより、それぞれの顧客について、4つのすべてのクラスターの中心への距離がわかります。クラスターは最も近いものに割り当てます。これは2段階の手順で計算できます。

最初に、列Lの顧客Adamsまで戻り、セルL38でクラスターの中心までの最短距離を計算します。これは次のように簡単です。

```
=MIN(L34:L37)
```

次に、どのクラスターの中心が最短距離に一致するかを求めるには、MATCH式を使用します（詳細は第1章を参照）。L39に次のMATCH式を入力することにより、L34からL37の範囲の1から始まるセルインデックスで、どれが最短距離に一致するかを求めることができます。

```
=MATCH(L38,L34:L37,0)
```

現状では、最短距離はすべての4つのクラスターで同じになります。このためMATCHは最初の（L34）を選択し、インデックス1を返します（図2-16を参照）。

これらの2つの数式もDG38〜DG39までシート全体にわたってドラッグできます。整理のために、列Gの行38と39に「最短クラスター距離」と「クラスターの割り当て」のラベルを入力します。

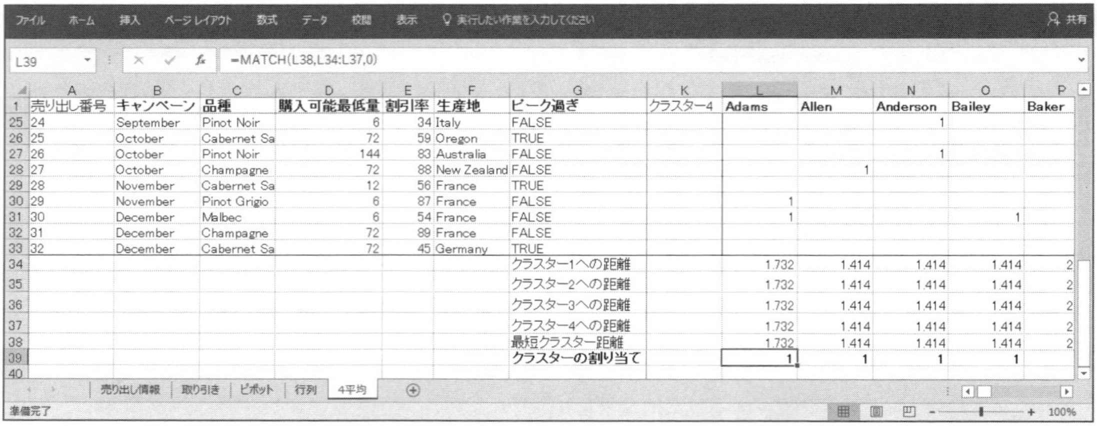

	A	B	C	D	E	F	G	K	L	M	N	O	P
1	売り出し番号	キャンペーン	品種	購入可能最低量	割引率	生産地	ピーク過ぎ	クラスター4	Adams	Allen	Anderson	Bailey	Baker
25	24	September	Pinot Noir	6	34	Italy	FALSE				1		
26	25	October	Cabernet Sa	72	59	Oregon	TRUE						
27	26	October	Pinot Noir	144	83	Australia	FALSE				1		
28	27	October	Champagne	72	88	New Zealand	FALSE			1			
29	28	November	Cabernet Sa	12	56	France	TRUE						
30	29	November	Pinot Grigio	6	87	France	FALSE		1				
31	30	December	Malbec	6	54	France	FALSE		1			1	
32	31	December	Champagne	72	89	France	FALSE						
33	32	December	Cabernet Sa	72	45	Germany	TRUE						
34							クラスター1への距離		1.732	1.414	1.414	1.414	2
35							クラスター2への距離		1.732	1.414	1.414	1.414	2
36							クラスター3への距離		1.732	1.414	1.414	1.414	2
37							クラスター4への距離		1.732	1.414	1.414	1.414	2
38							最短クラスター距離		1.732	1.414	1.414	1.414	2
39							クラスターの割り当て		1	1	1	1	

図2-16：シートに追加されたクラスターの一致

≫ クラスターの中心を求める

スプレッドシートで距離を計算し、クラスターを割り当てることができました。クラスターの中心を最適な場所に設定するために、列HからKで、顧客と割り当てられたクラスター間の合計距離が最小になる値を見つける必要があります。割り当てられたクラスターは、各顧客の行の下の方にある行39に示されています。

第1章を読まれていれば、最小化という単語を耳にしたときに、これをどのようにとらえれば良いか正確にわかるでしょう。これは最適化の手順であり、最適化の手順でソルバーを使用することを意味します。

ソルバーを使用するには、目的セルが必要です。このため、A36で最短クラスター距離をすべて合計します。

```
=SUM(L38:DG38)
```

顧客の最も近いクラスターの中心からの距離の合計は、以前にマクアーキン中学校のダンスフロアでクラスタリングしたときに出てきた目的関数とまったく同じです。ただし、二乗と平方根のユークリッド距離はクレイジーな非線形型であるため、シンプレックスの手法ではなくエボリューショナリーの解決法を使用してクラスターの中心を設定する必要があります。

第1章では、シンプレックスアルゴリズムを使用しました。シンプレックスは、使用可能な場合には他の手法よりも高速です。ただし、二乗、平方根、その他を使用する場合は、決定に非線形関数を使用する必要があります。さらに、性能向上のためにシンプレックスの実装を使用するOpenSolver（第1章で

紹介) もここでは役に立ちません。

　この状況では、ソルバーに組み込まれたエボリューショナリーアルゴリズムが、ランダム検索と不適解の「淘汰」を組み合わせて使用し、適切解を見つけます。これは生物学での進化 (エボリューション) のしくみと似ています。

✔ **注意**
最適化の詳しい説明については、第4章を参照してください。

　なお、ソルバーでは、問題をセットアップするのに必要なすべての操作を行えます。

- **目標**：顧客と顧客のクラスターの中心 (A36) との距離の合計を最小化します。
- **決定変数**：クラスターの中心 (H2:K33) の各行における売り出しの値です。
- **制約**：クラスターの中心は0から1の間の値になる必要があります。

　ソルバーを開き、この要件を入力します。A36を最小化するようにソルバーを設定します。すべての売り出しベクトルと同じように H2:K33 を <= 1 とする制約を使用して H2:K33 を変更します。変数を非負にするチェックボックスにチェックを入れ、解決方法をエボリューショナリーに設定してください (図2-17を参照)。

　これらのクラスターの設定は、ソルバーにとって容易な処理ではないため、エボリューショナリーソルバーのいくつかのオプションを使って強化する必要があります。[ソルバー] ウィンドウ内の [オプション] ボタンをクリックして、[エボリューショナリー] タブを表示します。[改善が見られない最大時間] パラメーターを30秒を超える適当な値に増やしましょう。この値はソルバーが終了するまでどの程度の時間待機する必要があるかに応じて決めます。この例では、図2-18のとおり600秒 (10分) に設定しています。したがって、ソルバーを実行するように設定してから、夕食に行くことができます。ソルバーをそれよりも早く終了したい場合は [Esc] キーを押せば、それまでに見つかった最良の解が返されます。

　[解決] を押して、エボリューショナリーアルゴリズムが収束するまで Excel の処理を待ちます。

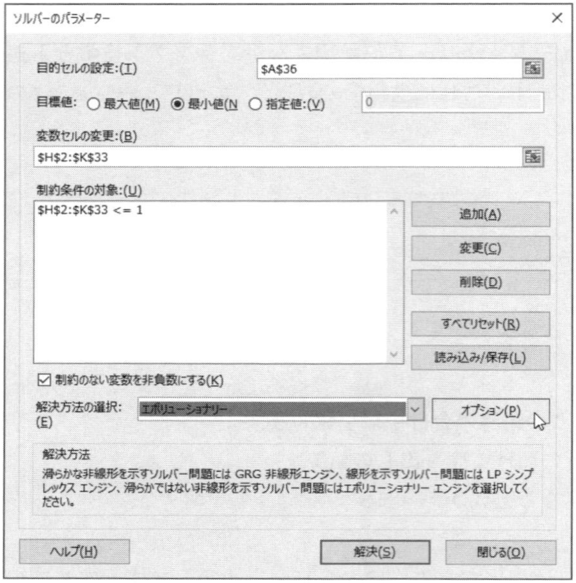

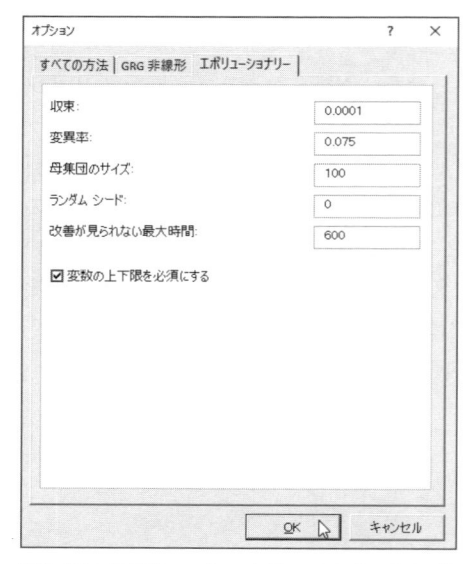

図2-17：4平均法クラスタリングのソルバー設定

図2-18：エボリューショナリーソルバーのオプションタブ

》結果の意味の確認

　ソルバーによって最適なクラスターの中心が返されたら、興味深い段階に進みます。本質的な理解のためにグループを調べます。図2-19のとおり、ソルバーによって最適な合計距離が140.7と計算され、4つのクラスターの中心については、条件付き書式によってすべてが明確に区別して表示されています。

　クラスターの中心の実際の結果が、本書に掲載されている画面と異なる場合があります。これは、エボリューショナリーアルゴリズムで乱数が採用されていることから、毎回同じ答えにならないためです。基本的に、クラスターは異なるものになる可能性があります。それどころか、異なる順序になる可能性があります（たとえば、本書の事例のクラスター1が、実際の処理ではクラスター4にとても近い場合もあります）。

　売り出しの説明をシートの設定時に列BからGに貼り付けたため、クラスターの中心に重要と思われる売り出しの詳細情報を確認することができます。図2-19を参照してください。

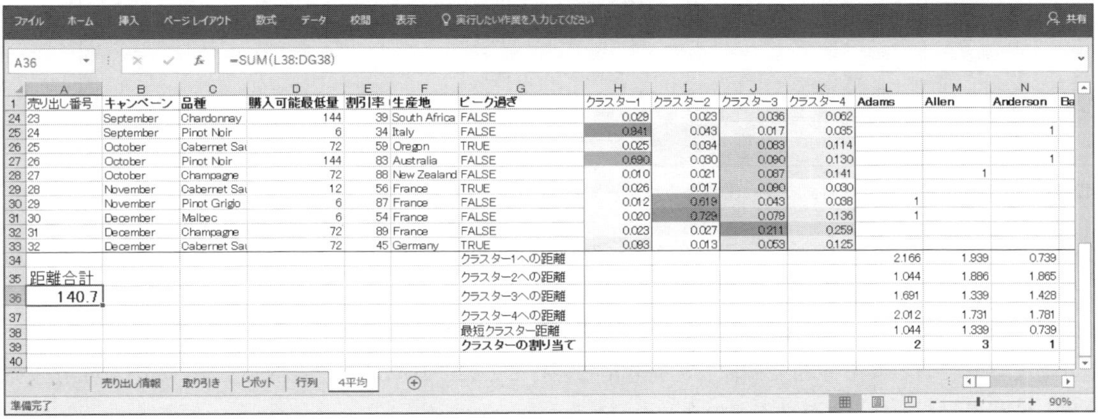

図2-19：最適化された4つのクラスターの中心

　列Hのクラスター1の場合、条件付き書式によって売り出し24、26、17が強調され、さらに小さな度数の2が強調されています。これらの売り出しの詳細情報を確認すると、主な共通点は、すべてがピノ・ノワール（Pinot Noir）であることです。

　列Iを見た場合、緑のセルはすべて、購入可能最低量が少ないことが共通しています。これらは、売り出しを利用するために大量購入しなければならないことを望んでいないバイヤーたちです。

　ただし、正直なところ残りの2つのクラスターの中心は解釈が簡単ではありません。それでは、クラスターの中心を解釈するかわりに、クラスターのメンバーを調べて、どの売り出しが好まれているか判断しましょう。これで、より明確になるかもしれません。

≫ クラスターごとの上位の売り出しの確認

クラスターの中心に対して最も1に近い次元を探すかわりに、それぞれのクラスターにどのような顧客が割り当てられ、それらの顧客はどのような売り出しを好んでいるかを確認しましょう。

このためには、まず［売り出し情報］シートを複製し、「**4平均のクラスター別上位売り出し**」という名前を付けます。この新しいシートで、列HからKに**1**、**2**、**3**、および**4**のラベルを入力します（図2-20を参照）。

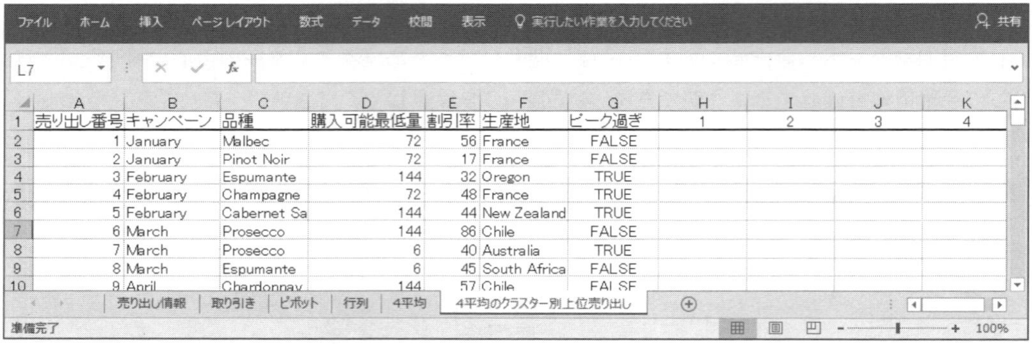

	A	B	C	D	E	F	G	H	I	J	K
1	売り出し番号	キャンペーン	品種	購入可能最低量	割引率	生産地	ピーク過ぎ	1	2	3	4
2	1	January	Malbec	72	56	France	FALSE				
3	2	January	Pinot Noir	72	17	France	FALSE				
4	3	February	Espumante	144	32	Oregon	TRUE				
5	4	February	Champagne	72	48	France	TRUE				
6	5	February	Cabernet Sa	144	44	New Zealand	TRUE				
7	6	March	Prosecco	144	86	Chile	FALSE				
8	7	March	Prosecco	6	40	Australia	TRUE				
9	8	March	Espumante	6	45	South Africa	FALSE				
10	9	April	Chardonnay	144	57	Chile	FALSE				

図2-20：クラスター別に人気のある売り出しをカウントするようにシートを設定

［4平均］シートに戻ると、行39にクラスターの割り当てが1から4で表示されています。クラスター別の売り出しの数を取得するためやるべきことは、［4平均］シートの列のタイトルを確認することだけです。［4平均のクラスター別上位売り出し］の列HからKについては、［4平均］上のだれがクラスターに割り当てられているかを行39で確認し、売り出しの行ごとにそれらの値を合計します。これにより、売り出しを利用した特定のクラスターの合計の顧客数がわかります。

まず［4平均のクラスター別上位売り出し］のセルH2は、売り出し番号1（1月のMalbecの売り出し）を利用したクラスター1の顧客数を算出します。これは［4平均］シートのL2からDG2にわたって、クラスター1に含まれる顧客のみを合計します。このような状況では、伝統的にSUMIF式を使用します。この式は次のようになります。

```
=SUMIF('4平均'!$L$39:$DG$39,'4平均のクラスター別上位売り出し'!H$1,'4平均'!$L2:$DG2)
```

このSUMIF式を機能させるには、最初の部分の「'4平均'!$L$39:$DG$39」でチェックする特定の値を指定します。それらは列見出しの1（'4平均のクラスター別上位売り出し'!H$1）に対してチェックされ

ます。次にあらゆる一致に対応して行2を合計するために、式の3番目の部分で「'4平均'!$L2:$DG2」を指定します。

絶対参照（数式内の$）が、すべてのクラスター割り当て行の前、列ヘッダーの行番号の前、および売り出しを利用した列文字の前に使用されています。これらを絶対参照にすることで、この数式をH2～K33の範囲でドラッグすることができ、すべてのクラスターの中心と売り出しの組み合わせに対して売り出しの数が算出されます。図2-21を参照してください。特定の条件付き書式をこれらの列に指定することにより、列を見やすくできます。

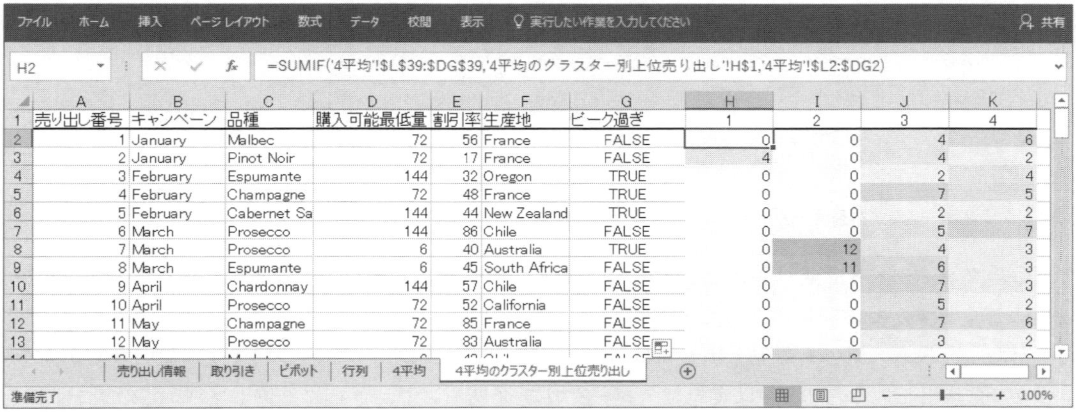

	A	B	C	D	E	F	G	H	I	J	K
1	売り出し番号	キャンペーン	品種	購入可能最低量	割引率	生産地	ピーク過ぎ	1	2	3	4
2	1	January	Malbec	72	56	France	FALSE	0	0	4	6
3	2	January	Pinot Noir	72	17	France	FALSE	4	0	4	2
4	3	February	Espumante	144	32	Oregon	TRUE	0	0	2	4
5	4	February	Champagne	72	48	France	TRUE	0	0	7	5
6	5	February	Cabernet Sa	144	44	New Zealand	TRUE	0	0	2	2
7	6	March	Prosecco	144	86	Chile	FALSE	0	0	5	7
8	7	March	Prosecco	6	40	Australia	TRUE	0	12	4	3
9	8	March	Espumante	6	45	South Africa	FALSE	0	11	6	3
10	9	April	Chardonnay	144	57	Chile	FALSE	0	0	7	3
11	10	April	Prosecco	72	52	California	FALSE	0	0	5	2
12	11	May	Champagne	72	85	France	FALSE	0	0	7	6
13	12	May	Prosecco	72	83	Australia	FALSE	0	0	3	2

図2-21：クラスター別に分けられた売り出しごとの合計

列AからKを選択して、フィルターを適用すると（第1章を参照）、データを並べ替えられるようになります。列Hで高い値から低い値へ降順で並べ替えることにより、クラスター1で最も人気のある売り出しを確認できます（図2-22を参照）。

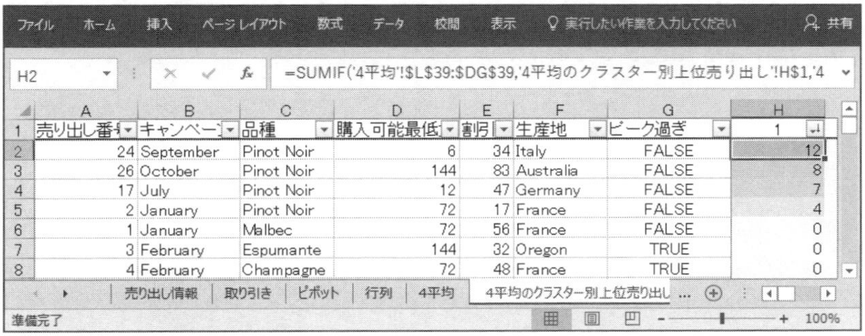

	A	B	C	D	E	F	G	H
1	売り出し番号	キャンペーン	品種	購入可能最低	割引	生産地	ピーク過ぎ	1
2	24	September	Pinot Noir	6	34	Italy	FALSE	12
3	26	October	Pinot Noir	144	83	Australia	FALSE	8
4	17	July	Pinot Noir	12	47	Germany	FALSE	7
5	2	January	Pinot Noir	72	17	France	FALSE	4
6	1	January	Malbec	72	56	France	FALSE	0
7	3	February	Espumante	144	32	Oregon	TRUE	0
8	4	February	Champagne	72	48	France	TRUE	0

図2-22：クラスター1の並べ替え—ピノ・ノワール強し！

前に少し触れたとおり、このクラスターの上位4つの売り出しはすべてのピノ・ノワールに関するものでした。それらの顧客は、映画『サイドウェイ』を見過ぎたに違いありません。クラスター2を並べ替えると、それらが数量の少ないバイヤーであることが非常に明確になります（図2-23を参照）。

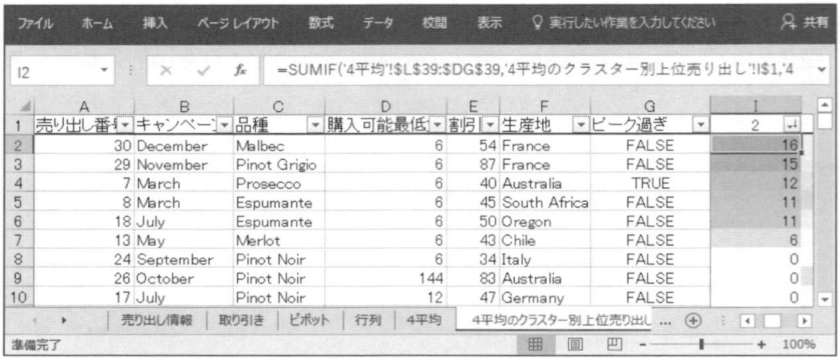

	A	B	C	D	E	F	G	I
1	売り出し番号	キャンペーン	品種	購入可能最低	割引	生産地	ピーク過ぎ	2
2	30	December	Malbec	6	54	France	FALSE	16
3	29	November	Pinot Grigio	6	87	France	FALSE	15
4	7	March	Prosecco	6	40	Australia	TRUE	12
5	8	March	Espumante	6	45	South Africa	FALSE	11
6	18	July	Espumante	6	50	Oregon	FALSE	11
7	13	May	Merlot	6	43	Chile	FALSE	6
8	24	September	Pinot Noir	6	34	Italy	FALSE	0
9	26	October	Pinot Noir	144	83	Australia	FALSE	0
10	17	July	Pinot Noir	12	47	Germany	FALSE	0

図2-23：クラスター2の並べ替え―期待外れの小口顧客

ただし、クラスター3で並べ替えをしても、さほど明確になることはありませんでした。上位の売り出し数はごくわずかで、利用のあった売り出しと、利用のない売り出しとの差が明確ではありませんでした。ただし、最も人気のある売り出しには、いくつかの共通点があると思われます。値引き率が高く、上位6つの売り出しのうちの5つは実際はスパークリングワインで、さらに上位4つのうちの3つはフランス産です。ただし、確証を持てるほどの結果ではありませんでした（図2-24を参照）。

クラスター4の場合、それらの顧客には8月の売り出しが内容に関係なくたいへん好評でした。さらに、上位6つの売り出しの5つはフランス産もので、上位10件のうちの9件が数量の多い取り引きでした（図2-25を参照）。おそらくこれは、フランス産ワイン寄りの高数量クラスターではないでしょうか。クラスター3と4の重複は多少厄介です。

この重複により、「4が、k平均法クラスタリングに適切な数なのだろうか？」という疑問が浮上します。おそらく違います。でも、どうしたら判断できるでしょうか。

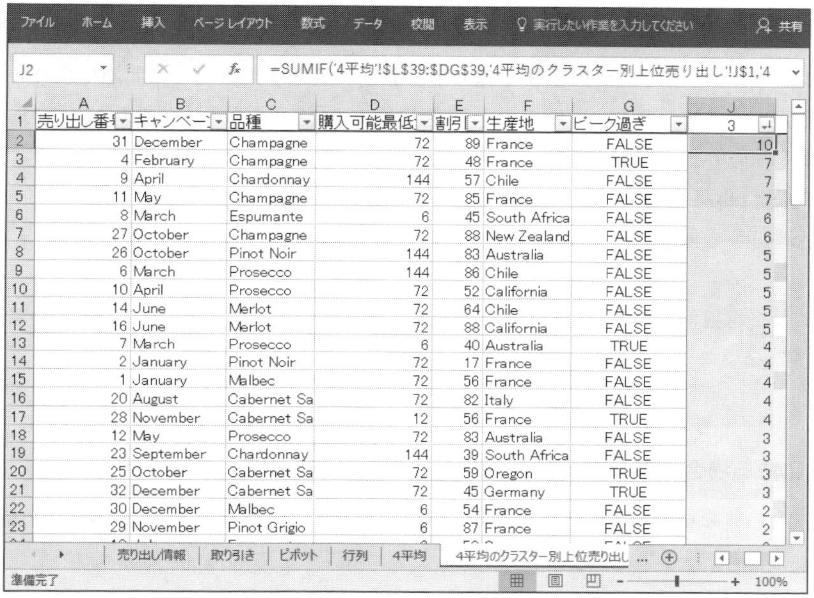

	A 売り出し番	B キャンペー	C 品種	D 購入可能最低	E 割引	F 生産地	G ピーク過ぎ	J 3
2	31	December	Champagne	72	89	France	FALSE	10
3	4	February	Champagne	72	48	France	TRUE	7
4	9	April	Chardonnay	144	57	Chile	FALSE	7
5	11	May	Champagne	72	85	France	FALSE	7
6	8	March	Espumante	6	45	South Africa	FALSE	6
7	27	October	Champagne	72	88	New Zealand	FALSE	6
8	26	October	Pinot Noir	144	83	Australia	FALSE	5
9	6	March	Prosecco	144	86	Chile	FALSE	5
10	10	April	Prosecco	72	52	California	FALSE	5
11	14	June	Merlot	72	64	Chile	FALSE	5
12	16	June	Merlot	72	88	California	FALSE	5
13	7	March	Prosecco	6	40	Australia	TRUE	4
14	2	January	Pinot Noir	72	17	France	FALSE	4
15	1	January	Malbec	72	56	France	FALSE	4
16	20	August	Cabernet Sa	72	82	Italy	FALSE	4
17	28	November	Cabernet Sa	12	56	France	TRUE	4
18	12	May	Prosecco	72	83	Australia	FALSE	3
19	23	September	Chardonnay	144	39	South Africa	FALSE	3
20	25	October	Cabernet Sa	72	59	Oregon	TRUE	3
21	32	December	Cabernet Sa	72	45	Germany	TRUE	3
22	30	December	Malbec	6	54	France	FALSE	2
23	29	November	Pinot Grigio	6	87	France	FALSE	2

図2-24：クラスター3の並べ替え—あまり明確ではありません

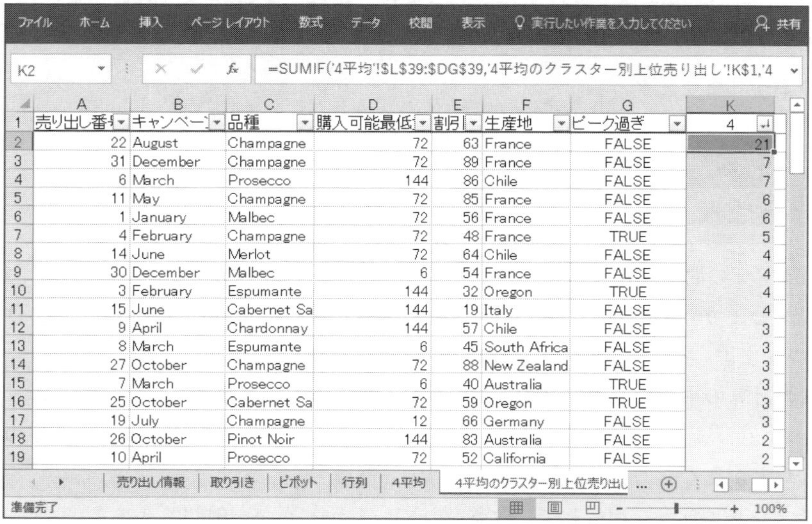

	A 売り出し番	B キャンペー	C 品種	D 購入可能最低	E 割引	F 生産地	G ピーク過ぎ	K 4
2	22	August	Champagne	72	63	France	FALSE	21
3	31	December	Champagne	72	89	France	FALSE	7
4	6	March	Prosecco	144	86	Chile	FALSE	7
5	11	May	Champagne	72	85	France	FALSE	6
6	1	January	Malbec	72	56	France	FALSE	6
7	4	February	Champagne	72	48	France	TRUE	5
8	14	June	Merlot	72	64	Chile	FALSE	4
9	30	December	Malbec	6	54	France	FALSE	4
10	3	February	Espumante	144	32	Oregon	TRUE	4
11	15	June	Cabernet Sa	144	19	Italy	FALSE	4
12	9	April	Chardonnay	144	57	Chile	FALSE	3
13	8	March	Espumante	6	45	South Africa	FALSE	3
14	27	October	Champagne	72	88	New Zealand	FALSE	3
15	7	March	Prosecco	6	40	Australia	TRUE	3
16	25	October	Cabernet Sa	72	59	Oregon	TRUE	3
17	19	July	Champagne	12	66	Germany	FALSE	3
18	26	October	Pinot Noir	144	83	Australia	FALSE	2
19	10	April	Prosecco	72	52	California	FALSE	2

図2-25：クラスター 4の並べ替え—好まれているのは8月のシャンパンだけでしょうか？

≫ シルエット：さまざまな k 値を除外できる優れた方法

　k 平均法クラスタリングは、何らかの解を見つけるまでは、k に小さな値を与えることに問題はありません。むしろ、直感的な判断が可能になります。もちろん、特定の k 値で「適切な解釈」ができないのは、k が間違っているからではなく、売り出し情報に何らかの情報が不足しているために、クラスターをより適切に解釈できないことが原因かもしれません。

　特定の k の値が、適切か不適切かを見分ける方法は他にあるでしょうか（単にクラスターを目視する以外の方法）。

　これには、クラスターのスコアを計算するシルエットと呼ばれる方法があります。シルエットの優れた点は、比較的 k の値に依存しないことです。したがって、この1つの評価値を使用して k のさまざまな値を比較できます。

■ シルエットが高いレベルにある場合：隣のクラスターからどのくらい離れていますか？

　各顧客からそのクラスター内の他の顧客までの平均距離は、次に中心が近いクラスター内の顧客までの平均距離と比較できます。

　自分のクラスター内の人の方が、隣のクラスター内の人よりもかなり近い場合は、このクラスターの人たちは自分にとって適切なグループです。ただし、2番目に近いクラスター内の人たちが、自分のクラスター内の人たちと同じくらい近い場合はどうでしょう。この場合、自分のクラスターの割り当ては、多少疑わしいと考えられます。

　この値の正式な定義は次のようになります。

　(最も近い隣のクラスター内のメンバーへの平均距離 - 自分のクラスター内のメンバーへの平均距離)/2つの平均距離の大きい方の値

　この計算の分母は、常に -1 から 1 の間の値になります。

　この数式について考えて見ましょう。2番目に近いクラスターのメンバーは、遠ければ遠いほど（より不適当になり）、値が1に近づきます。そして2つの平均距離がほぼ同じ場合は、値が0に近づきます。

　それぞれの顧客に対するこの計算の平均をとることで、シルエットを求めることができます。シルエットが1の場合は完璧な状況です。0の場合、そのクラスターは適していません。マイナスの場合、多くの顧客は他のクラスターに入った方が良く、これは最悪の状況です。

　さらに k が異なる値の場合、シルエットを比較して、改善されているかどうかを確認できます。

　この概念をより明確にするために、中学校のダンスの例に戻りましょう。図2-26は、シルエットを求めるときに使用する距離の計算を図に示しています。監督者の1人と他の2人との距離が、次に近いクラ

スターからの距離と比較されています。このクラスターは中学生の男子の集団です。

　他の2人の監督者は、10代のぎこちない若者の集団よりもはるかに近くにいます。このため、この監督者の場合の距離比の計算値は0よりもはるかに大きな値になります。

図2-26：距離は監督者がシルエット計算へどの程度寄与するかの尺度として考慮されます

■ 距離行列の作成

　シルエットを実装するには、重要なデータが1つ必要になります。そのデータは顧客間の距離です。さらに、クラスターの中心が移動可能でも、2人の顧客間の距離が変わることはありません。このため［距離］シートを1つだけ作成すれば、すべてのシルエットの計算に使用できます。使用するkの値や、最終的な中心の位置に影響されません。

　初めに「**距離**」という名前の空白のシートを作成して、顧客名を下方向と右方向に貼り付けます。行列のセルには、行の顧客と列の顧客との間の距離が格納されます。顧客を下方向の行に貼り付けるには、［行列］シートからH1:DC1をコピーして、［形式を選択して貼り付け］で［行列を入れ替える］のオプションを選択して値貼り付けします。

　顧客の［行列］シート上の位置を指定する必要があるため、行と列の両方で顧客に0〜99の番号を付けます。列Aおよび行1にこれらの番号を入力します。このため、すでに貼り付けている名前の左側と上側に空白の行と列を挿入します。列Aと行1を右クリックして、新しい行1と列Aを挿入します。

✔ **注意**

なお、0〜99の番号をExcelで入力する方法は数多くあります。たとえば、最初のいくつかの数を0、1、2、3のように入力し、次にそれらを強調表示して、選択範囲の下の角を残りの顧客全体にドラッグします。Excelは、連続する数を認識して、番号を延長します。出来上がった空の行列を図2-27に示します。

　セル C3 に注目します。これは Adams と Adams の間、つまり Adams と彼自身の距離です。これは0になるはずです。自分が、自分よりも近づくことはできません。

　それではどのように計算しますか。［行列］シートの列 H には Adams の売り出しベクトルが表示されています。Adams と彼自身の間のユークリッド距離を計算するには、単純に列 H から列 H を引き、差を二乗し、それらを合計して平方根をとります。

　しかし、どのように行列内のすべてのセルへその計算をドラッグすればよいでしょうか。それらを手動で入力するのはやりたくありません。際限なく時間がかかってしまいます。ここではセル C3 で OFFSET 式を使用する必要があります（第1章の OFFSET の説明を参照）。

　OFFSET 式は、セルを固定する範囲をとります。Adams の売り出しベクトルを 行列!$H$2:$H$33 として、範囲全体を特定の行と列だけ指定した方向に移動します。

　たとえば、OFFSET(行列!$H$2:$H$33,0,0) は、ちょうど Adams の売り出しベクトルに位置します。つまり、元の範囲を下に0行、右に0移動しているためです。

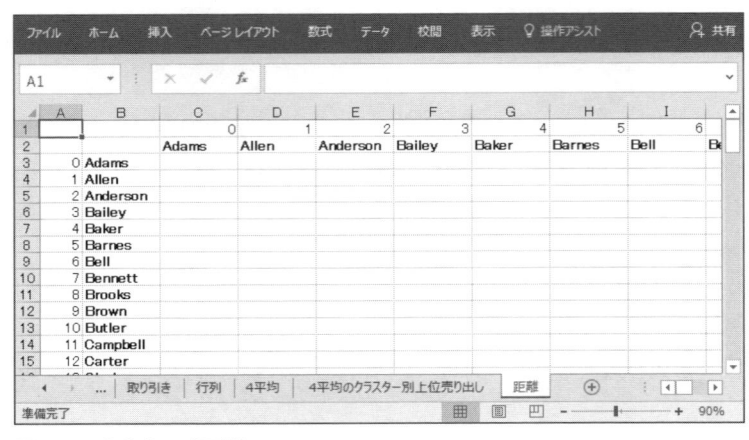

図2-27：入力前の ［距離］ シート

一方で、`OFFSET(行列!$H$2:$H$33,0,1)`はAllenの売り出し列になります。
`OFFSET(行列!$H$2:$H$33,0,2)`はAndersonになり、以下も同じように続きます。
この行1および列Aに0から99のインデックスを付けるやり方は便利です。次の例を参照してください。

```
{=SQRT(SUM((OFFSET(行列!$H$2:$H$33,0,距離!C$1)-OFFSET(行列!$H$2:$H$33,0,距離!$A3))^2))}
```

これは、Adamsと彼自身の距離です。最初の売り出しの列オフセット`距離!C$1`から2番目の売り出しベクトル`距離!$A3`を引いているところに注目してください。

この方法では、この計算をシートの右方向と下方向にドラッグしても、すべてがAdamsの売り出しベクトルに固定されます。ただし、`OFFSET`式で列Aと行1のインデックスを使用すれば、ベクトルが適切な距離だけ移動されます。この方法によって、対象となる顧客の適切な2つの売り出しベクトルが取得されます。図2-28は、距離がすべて入力された行列を示しています。

また、[4平均]シートと同様に、これらの距離も配列数式であることに注意してください。

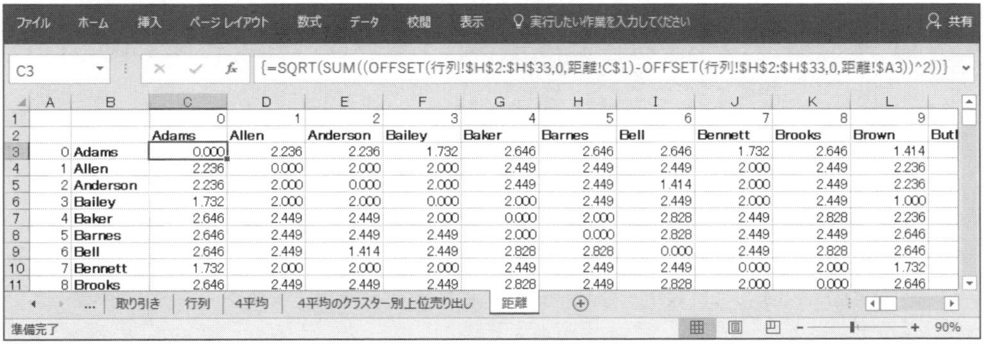

	A	B	C	D	E	F	G	H	I	J	K	L
1			0	1	2	3	4	5	6	7	8	9
2			Adams	Allen	Anderson	Bailey	Baker	Barnes	Bell	Bennett	Brooks	Brown
3	0	Adams	0.000	2.236	2.236	1.732	2.646	2.646	2.646	1.732	2.646	1.414
4	1	Allen	2.236	0.000	2.000	2.000	2.449	2.449	2.449	2.000	2.449	2.236
5	2	Anderson	2.236	2.000	0.000	2.000	2.449	2.449	1.414	2.000	2.449	2.236
6	3	Bailey	1.732	2.000	2.000	0.000	2.000	2.449	2.449	2.000	2.449	1.000
7	4	Baker	2.646	2.449	2.449	2.000	0.000	2.000	2.828	2.449	2.828	2.236
8	5	Barnes	2.646	2.449	2.449	2.449	2.000	0.000	2.828	2.449	2.449	2.646
9	6	Bell	2.646	2.449	1.414	2.449	2.828	2.828	0.000	2.449	2.828	2.646
10	7	Bennett	1.732	2.000	2.000	2.000	2.449	2.449	2.449	0.000	2.000	1.732
11	8	Brooks	2.646	2.449	2.449	2.449	2.828	2.449	2.828	2.000	0.000	2.646

図2-28：完成した距離の行列

■ Excelでのシルエットの実装

[距離]シートを作成できました。次に「4平均シルエット」という別のシートを作成して、最終的なシルエットの計算を実行します。

はじめに、[4平均]シートから顧客とそのコミュニティ(クラスターの割り当て)をコピーします。[形式を選択して貼り付け]を使用して顧客名を列Aの下方向に貼り付け、割り当て番号を列Bの下方向に貼り付けます([形式を選択して貼り付け]ウィンドウで[行列を入れ替える]をオンにするのを忘れないでください)。

次に、［距離］シートを使用して各顧客と特定のクラスター内の顧客との平均距離を計算できます。列C から列 F に、［**1の顧客からの距離**］から［**4の顧客からの距離**］をラベルとして入力します。

本書執筆の試行時では、Adams にクラスター2が割り当てられています。したがって、セル C2で彼とクラスター1のすべての顧客との距離を計算します。顧客を調べて、どの顧客がクラスター1にあるかを確認します。次に、それらの顧客の Adams からの距離の平均値を［距離］シートの行3で求めます。

この状況では `AVERAGEIF` 式を利用できます。

```
=AVERAGEIF('4平均'!$L$39:$DG$39,1,距離!$C3:$CX3)
```

`AVERAGEIF` はクラスターの割り当てを参照して、クラスター1との一致を検出し、次に、C3:CX3の該当する距離を平均します。

列 D から F についても、数式の中でクラスター1が2、3、および4に置き換わっている以外は、同じ数式です。これらの数式をダブルクリックすれば、すべての顧客にコピーできます。出来上がったテーブルは図2-29のようになります。

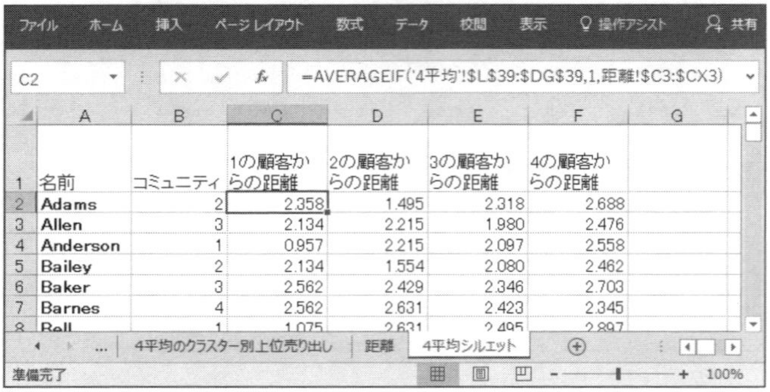

	A	B	C	D	E	F	G
1	名前	コミュニティ	1の顧客からの距離	2の顧客からの距離	3の顧客からの距離	4の顧客からの距離	
2	Adams	2	2.358	1.495	2.318	2.688	
3	Allen	3	2.134	2.215	1.980	2.476	
4	Anderson	1	0.957	2.215	2.097	2.558	
5	Bailey	2	2.134	1.554	2.080	2.462	
6	Baker	3	2.562	2.429	2.346	2.703	
7	Barnes	4	2.562	2.631	2.423	2.345	
8	Bell	1	1.075	2.631	2.495	2.897	

図2-29：それぞれの顧客から各クラスター内の顧客への平均距離

列Gでは、MIN式を使用して、顧客に最も近いグループを計算できます。たとえば、Adamsの場合は、次のような簡単な式になります。

```
=MIN(C2:F2)
```

　列Hでは、SMALL式を使用して2番目に近い顧客のグループを計算できます（数式の2は、2番目を表します）。

```
=SMALL(C2:F2,2)
```

　同様に、列Iで自分のCommunity（コミュニティー）のメンバーとの距離を次のように計算できます（おそらく列Gと同じになりますが、常に同じになるわけではありません）。

```
=INDEX(C2:F2,B2)
```

　INDEX式は、列CからFの該当する距離の列へ右方向に位置をカウントするために使用します。これにはBの割り当て値がインデックスとして使用されます。

　さらに、シルエットの計算については、クラスター外で最も近いグループの顧客への距離が必要となります。これは列Hになる可能性が高いですが、必ずHなるわけではありません。この値を列Jに出力するために、Iの自分のクラスターの距離をGの最も近いクラスターに対して確認します。これらが一致する場合、値はHで、一致しない場合、値はGになります。

```
=IF(I2=G2,H2,G2)
```

　これらのすべての値を下方向にコピーします。このスプレッドシートは図2-30のようになります。

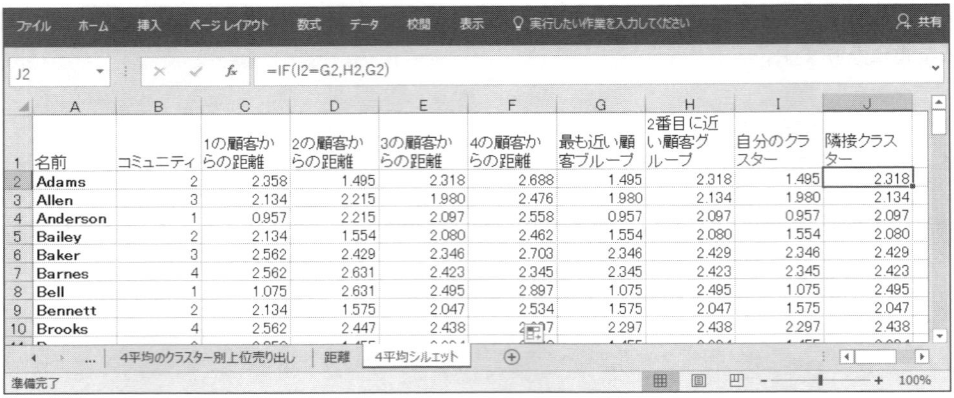

	A	B	C	D	E	F	G	H	I	J
1	名前	コミュニティ	1の顧客からの距離	2の顧客からの距離	3の顧客からの距離	4の顧客からの距離	最も近い顧客グループ	2番目に近い顧客グループ	自分のクラスター	隣接クラスター
2	Adams	2	2.358	1.495	2.318	2.688	1.495	2.318	1.495	2.318
3	Allen	3	2.134	2.215	1.980	2.476	1.980	2.134	1.980	2.134
4	Anderson	1	0.957	2.215	2.097	2.558	0.957	2.097	0.957	2.097
5	Bailey	2	2.134	1.554	2.080	2.462	1.554	2.080	1.554	2.080
6	Baker	3	2.562	2.429	2.346	2.703	2.346	2.429	2.346	2.429
7	Barnes	4	2.562	2.631	2.423	2.345	2.345	2.423	2.345	2.423
8	Bell	1	1.075	2.631	2.495	2.897	1.075	2.495	1.075	2.495
9	Bennett	2	2.134	1.575	2.047	2.534	1.575	2.047	1.575	2.047
10	Brooks	4	2.562	2.447	2.438	[illegible]	2.297	2.438	2.297	2.438

図2-30：自分のクラスター内の顧客と、最も近い他のクラスター内のグループへの平均距離

それらの値を配置したら、列Kに特定の顧客のシルエット値を追加します。この式は次のように簡単です。

```
=(J2-I2)/MAX(J2,I2)
```

この式を単純にシートの下方向にコピーして、顧客ごとにこの比率値を求めます。

何人かの顧客は、これらの値が1に近いことがわかります。たとえば、本書の事例ではAndersonのシルエット値は0.544です。悪くない値です。ただし、Collinsなどの他の顧客の場合、値は実際には0以下になりました。Collinsとすべてが等しい場合は、現在のクラスターよりも、隣のクラスターに入る方が良い状態になります。かわいそうな人です。

それでは、これらの値を平均することで、最終的なシルエットの値を求めることができます。本書の事例では、図2-31のとおり0.1492です。これは1より0にかなり近いと思われます。この結果には落胆ですが、まったくの驚きというわけでもありません。というのも、売り出しの説明で、クラスターを解釈しようとしたとき、4つのクラスターのうちの2つは信頼できないものでした。

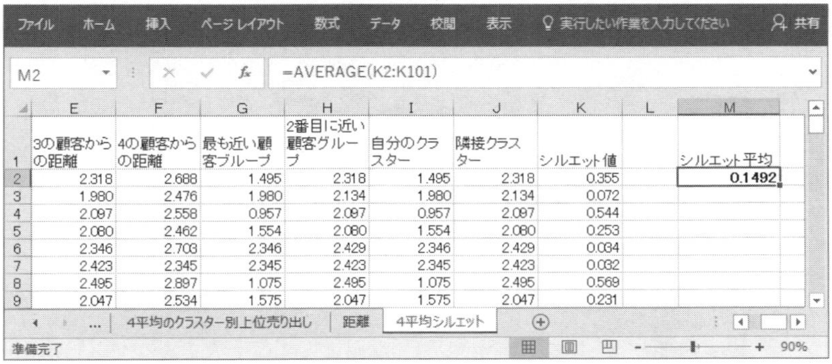
ファイル ホーム 挿入 ページレイアウト 数式 データ 校閲 表示 実行したい作業を入力してください 共有

M2 =AVERAGE(K2:K101)

	E	F	G	H	I	J	K	L	M
1	3の顧客からの距離	4の顧客からの距離	最も近い顧客グループ	2番目に近い顧客グループ	自分のクラスター	隣接クラスター	シルエット値		シルエット平均
2	2.318	2.688	1.495	2.318	1.495	2.318	0.355		0.1492
3	1.980	2.476	1.980	2.134	1.980	2.134	0.072		
4	2.097	2.558	0.957	2.097	0.957	2.097	0.544		
5	2.080	2.462	1.554	2.080	1.554	2.080	0.253		
6	2.346	2.703	2.346	2.429	2.346	2.429	0.034		
7	2.423	2.345	2.345	2.423	2.345	2.423	0.032		
8	2.495	2.897	1.075	2.495	1.075	2.495	0.569		
9	2.047	2.534	1.575	2.047	1.575	2.047	0.231		

4平均のクラスター別上位売り出し 距離 4平均シルエット

準備完了 90%

図2-31：4平均法クラスタリングの最終的なシルエット

さて……確かに、シルエットは0.1492です。しかし、それは何を意味しますか。どのようにこの値を使用しますか。kに他の値を試みます。次にシルエットを使用して、改善しているかどうかを確認します。

≫ クラスターを5つにした場合、どうなるでしょうか。

kを5に増やして、どのように変わるかを確認してください。

ここで良いニュースがあります。すでに4つのクラスターで実施したので、スプレッドシートをゼロから作成する必要はありません。［距離］シートには、何もする必要はありません。そのまま利用できます。

まず、［4平均］シートを複製し、「5平均」という名前を付けます。必要な作業は5番目のクラスターをシートに追加し、計算に含めるだけです。

最初に、列Lを右クリックし、「クラスター5」という名前の新しい列を挿入します。また、行38を右クリックして［挿入］を選択し、「**クラスター5**までの距離」という行を追加する必要があります。この行では「クラスター4までの距離」の行をコピーして、行38に貼り付け、参照先を列Kから列Lに変更します。［最短クラスター距離］と「クラスターの割り当て」の行については、行34:37の参照を行34:38に修正し、新しいクラスターの距離を含めるように修正する必要があります。

最終的なシートは、図2-32のようになります。

図2-32：5平均法クラスタリングのシート

≫ 5つのクラスターの解決

ソルバーを開いて、新しい5番目のクラスターを追加するために必要になるのは、決定変数と制約セクションで $H$2:$K$33 を $H$2:$L$33 に変更するだけです。他の項目はすべて同じままにします。

［解決］をクリックして、このソルバーを実行します。

本書の事例では、ソルバーが終了し、合計距離が135.1になりました。図2-33を参照してください。

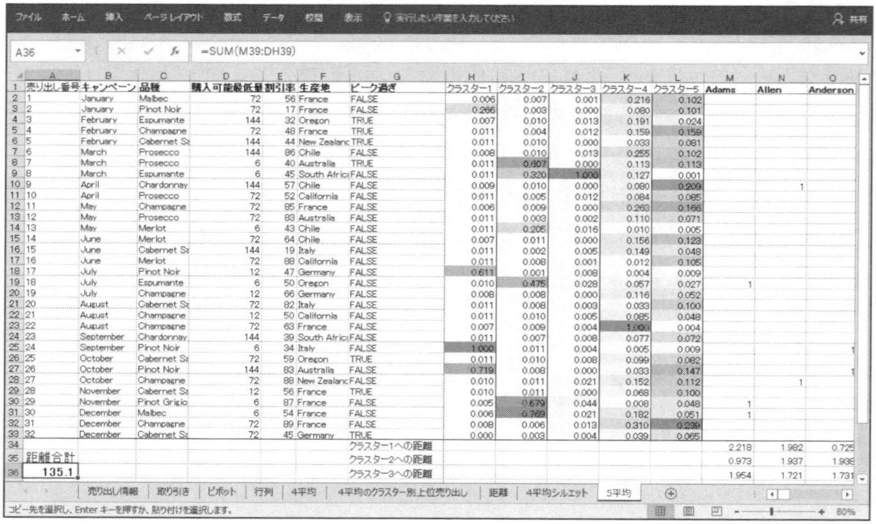

図2-33：最適化された5平均法クラスター

≫ 5つのすべてのクラスターの上位の売り出しを確認

それでは、追加した成果を確認しましょう。

[4平均のクラスター別上位売り出し]シートを複製し、「**5平均のクラスター別上位売り出し**」に名前を変更します。ただし、このシートが機能するには、いくつかの数式を修正する必要があります。

まず、フィルターで「売り出し番号」の昇順で並べ替えて順番を元に戻し、フィルターを解除します。次に列Lにラベルとして「5」を入力し、数式をK列からL列にドラッグします。さらに、列Aから列Lまで強調表示し、フィルターを再適用して、クラスター5の売り出しの購入データを並べ替えられるようにします。

このシート上のすべての式が現在[4平均]シートをポイントしているため、ここでおなじみの[検索と置換]を実行します。[5平均]シートのクラスターの割り当ては1行下、1列右にずれているため、SUMIF式の「'4平均'!$L$39:$DG$39」の参照を「'5平均'!$M$40:$DH$40」にする必要があります。図2-34に示すとおり、[検索と置換]を使用してこれを変更できます。

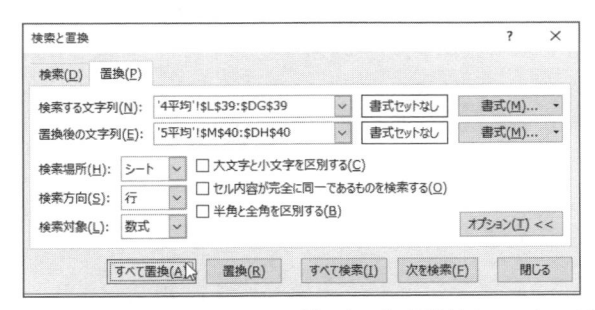

図2-34：4平均法クラスターの割り当てを5平均法クラスターの割り当てで置換する

> ✔ **注意**
> 読者の結果は、エボリューショナリーソルバーのために本書の例と異なったものになることに注意してください。

クラスター1を並べ替えると、また、Pinot Noir（ピノ・ノワール）のクラスターであることが明確になります（図2-35を参照）。

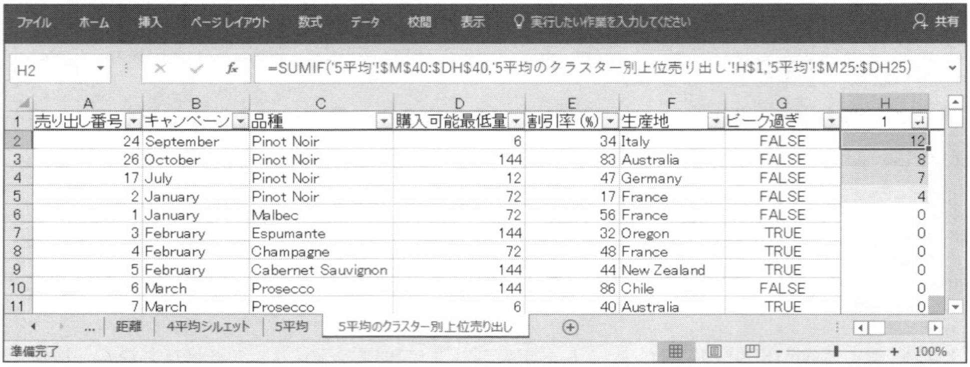

図2-35：クラスター1の並べ替え—ピノ・ノワール大盛況

クラスター2は少量バイヤーのクラスターです（図2-36を参照）。

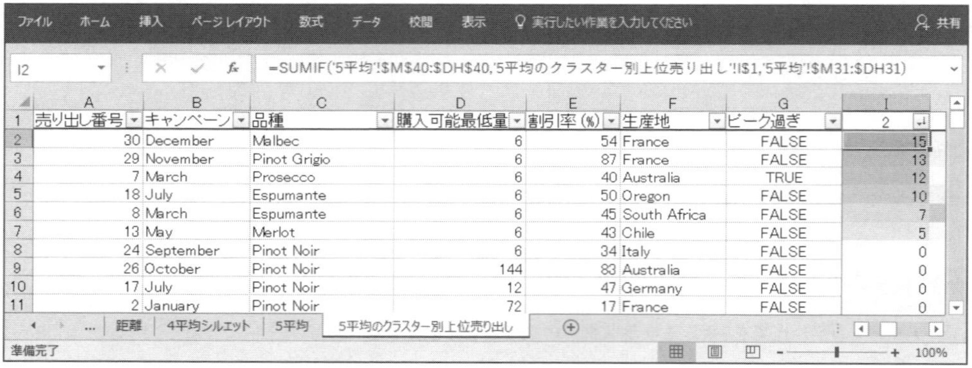

図2-36：クラスター2の並べ替え—小口のみでがっかり

クラスター3は、頭痛の種です。このクラスターで、理由付けに寄与するのは South African（南アフリカ）の Espumante（エスプマンテ）のみのように思われます（図2-37を参照）。

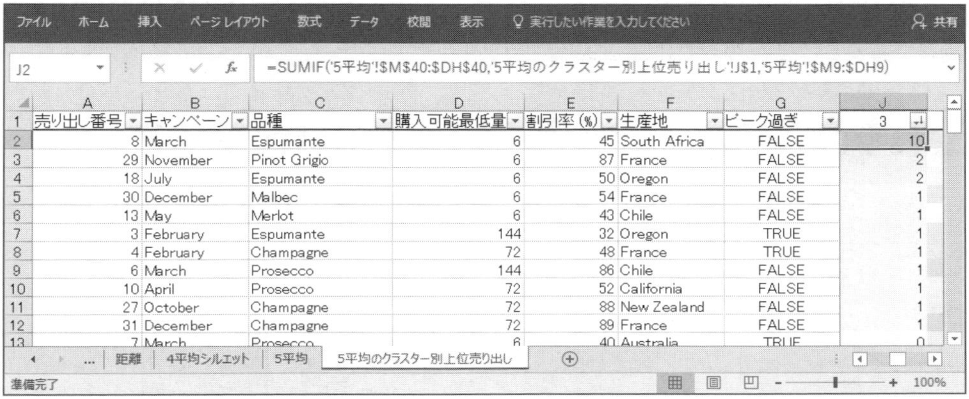

図2-37：クラスター3の並べ替え―Espumante（エスプマンテ）を重視すべきか？

　クラスター4の顧客は、主に数量が多く、値引き率の高いフランス産の売り出しに興味を持っています。スパークリングワインの傾向も存在する可能性があります。このクラスターを分析するのは簡単ではありません。多くのことが発生しています（図2-38を参照）。

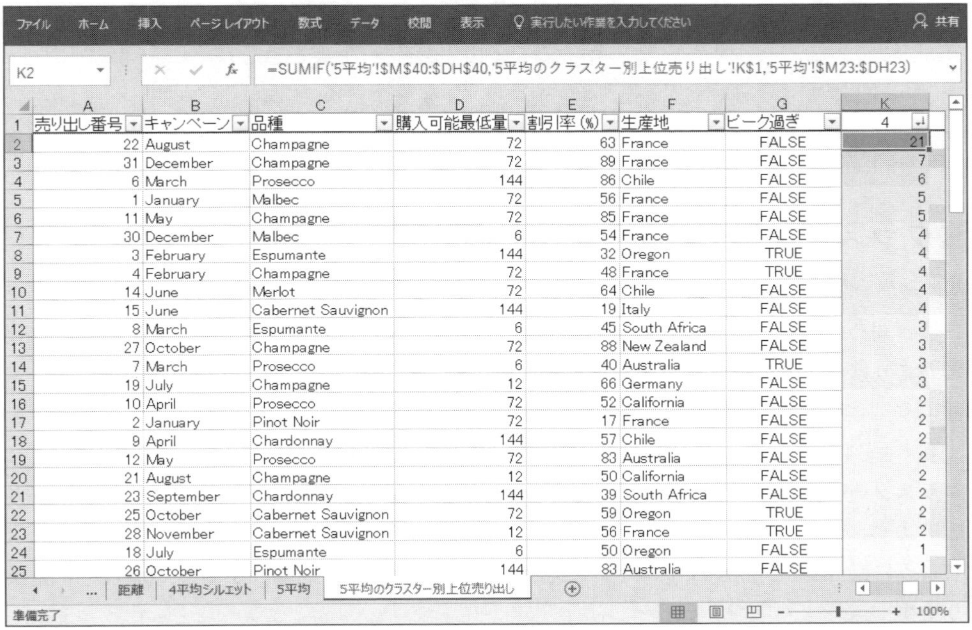

図2-38：クラスター4の並べ替え―興味の対象はさまざま

クラスター5を並べ替えた場合の結果はクラスター4と似ています。数量が多いことと、値引き率が高いことが主な動機であるとは思われます（図2-39を参照）。

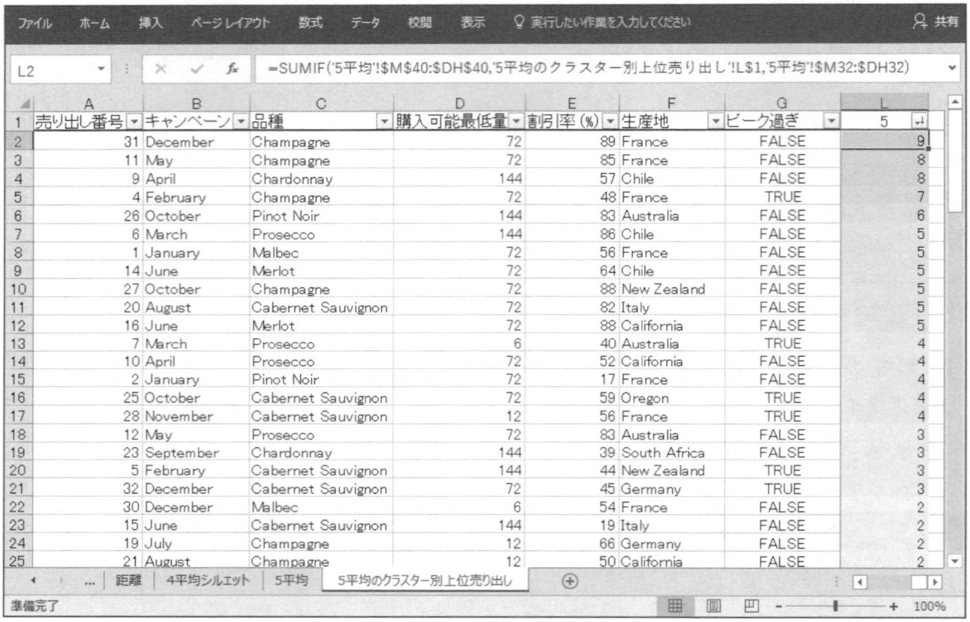

	A	B	C	D	E	F	G	L
1	売り出し番号	キャンペーン	品種	購入可能最低量	割引率(%)	生産地	ピーク過ぎ	5
2	31	December	Champagne	72	89	France	FALSE	9
3	11	May	Champagne	72	85	France	FALSE	8
4	9	April	Chardonnay	144	57	Chile	FALSE	8
5	4	February	Champagne	72	48	France	TRUE	7
6	26	October	Pinot Noir	144	83	Australia	FALSE	6
7	6	March	Prosecco	144	86	Chile	FALSE	5
8	1	January	Malbec	72	56	France	FALSE	5
9	14	June	Merlot	72	64	Chile	FALSE	5
10	27	October	Champagne	72	88	New Zealand	FALSE	5
11	20	August	Cabernet Sauvignon	72	82	Italy	FALSE	5
12	16	June	Merlot	72	88	California	FALSE	5
13	7	March	Prosecco	6	40	Australia	TRUE	4
14	10	April	Prosecco	72	52	California	FALSE	4
15	2	January	Pinot Noir	72	17	France	FALSE	4
16	25	October	Cabernet Sauvignon	72	59	Oregon	TRUE	4
17	28	November	Cabernet Sauvignon	12	56	France	TRUE	4
18	12	May	Prosecco	72	83	Australia	FALSE	3
19	23	September	Chardonnay	144	39	South Africa	FALSE	3
20	5	February	Cabernet Sauvignon	144	44	New Zealand	TRUE	3
21	32	December	Cabernet Sauvignon	72	45	Germany	TRUE	3
22	30	December	Malbec	6	54	France	FALSE	2
23	15	June	Cabernet Sauvignon	144	19	Italy	FALSE	2
24	19	July	Champagne	12	66	Germany	FALSE	2
25	21	August	Champagne	12	50	California	FALSE	2

数式バー: `=SUMIF('5平均'!$M$40:$DH$40,'5平均のクラスター別上位売り出し'!L$1,'5平均'!$M32:$DH32)`（セル L2）

シート: 距離 / 4平均シルエット / 5平均 / 5平均のクラスター別上位売り出し

図2-39：クラスター5の並べ替え―大口取引

≫ 5平均法クラスタリングのシルエットの計算

　5つのクラスターが4つよりも適切であるか、疑問に感じられているかもしれません。一見した限りでは、全般的にさほど変わりはないように見えます。5つのクラスターに対してシルエットを計算し、コンピューターがどのようにとらえているかを確認します。

　最初に、［4平均シルエット］シートを複製し、「**5平均シルエット**」に名前を変えます。次に、列Gを右クリックして新しい列を挿入し、「**5の顧客からの距離**」という名前を付けます。数式をF2からG2にドラッグし、クラスターのチェックを4から5に変更して、次にセルをダブルクリックしてシートの下方向まで一気に広げます。

　前の節と同じように、［検索と置換］で「'4平均'!$L$39:$DG$39」を「'5平均'!$M$40:$DH$40」に置換する必要があります。

　セルH2、I2、J2では、クラスター5内の顧客への距離を計算に含める必要があります。このため、最後

がF2の範囲にG2を含めるように拡張する必要があります。次に、H2～J2を強調表示して、右下をダブルクリックすることで、これらの更新した計算をシートの下まで反映できます。

最後に、[5平均]シートの行40のクラスターの割り当ての値をコピーし、[形式を選択して貼り付け]を使用して[5平均シルエット]の列Bに値貼り付けする必要があります。[形式を選択して貼り付け]を使用するときは、[行列を入れ替える]ボタンをオンにするのを忘れずに。

シートを修正すると、図2-40のように何らかの結果が表示されます。

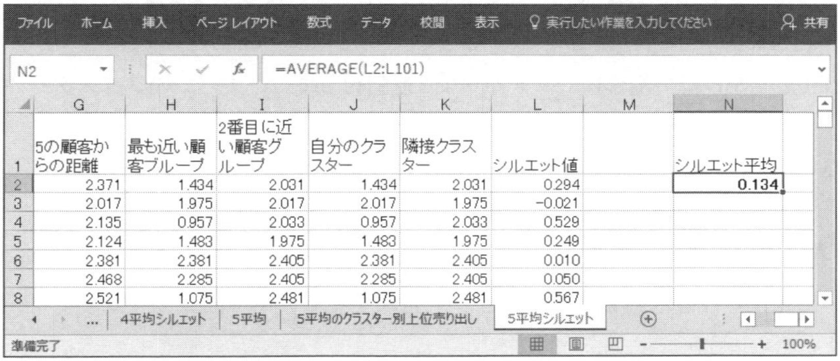

	G	H	I	J	K	L	M	N
1	5の顧客からの距離	最も近い顧客グループ	2番目に近い顧客グループ	自分のクラスター	隣接クラスター	シルエット値		シルエット平均
2	2.371	1.434	2.031	1.434	2.031	0.294		0.134
3	2.017	1.975	2.017	2.017	1.975	-0.021		
4	2.135	0.957	2.033	0.957	2.033	0.529		
5	2.124	1.483	1.975	1.483	1.975	0.249		
6	2.381	2.381	2.405	2.381	2.405	0.010		
7	2.468	2.285	2.405	2.285	2.405	0.050		
8	2.521	1.075	2.481	1.075	2.481	0.567		

図2-40：5平均法クラスタリングのシルエット

うーん、これはがっかりですね。シルエットはさほど変わっていません。0.134ということは、実際には少し悪くなっています。ただし、クラスターを詳しく調べた後なので、さほどの驚きはありません。いずれの場合も、実際に意義のあるクラスターは3つでした。他のものは複雑で判断しにくいものでした。次に、方針を転換してk=3を試してみるのもよいでしょう。k=3を試してみたい場合は、ご自分で練習として実施してみてください。

そのかわりに、この結果を悪くし、クラスターが煩雑で理解しにくくなった原因について少し考えてみましょう。

kメディアンクラスタリングと非対称の距離測定

多くの場合、標準的なk平均法クラスタリングをユークリッド距離を使用して実施しても良好な結果になりますが、ここで発生したいくつかの問題は、疎データ（まばらなデータ）でクラスタリングを行った場合にしばしば発生します（小売り情報やテキストの分類、生物情報学かどうかは関係しません）。

≫ k メディアンクラスタリングの使用

　第1の明らかな問題は、クラスターの中心が小数であることです。これは、各顧客の売り出しベクトルが純粋な0および1で構成されているにも関わらず起こります。売り出しの0.113とは実際にはどのようなことを意味するでしょうか。クラスターの中心は、売り出しを行うか、行わないかのどちらかにしてほしいものです。

　クラスタリングアルゴリズムを修正して、顧客の売り出しベクトルに存在する値のみを使用するようにした場合、これはk平均法クラスタリングではなく、kメディアンクラスタリングと呼びます（メディアン＝中央値）。

　また、ユークリッド距離の使用を続けたい場合は、ソルバーで2進制約（bin）をすべてのクラスターの中心に追加するだけです。

　しかし、クラスターの中心を2進にする場合、ユークリッド距離は必要でしょうか。

≫ より適切な距離の測定基準の選択

　k平均法からkメディアンに変えるとき、通常はユークリッド距離を使うのをやめて、マンハッタン距離と呼ばれる測定基準を使い始めます。

　カラスはA点からB点まで直線で飛ぶことができますが、マンハッタンのタクシーは直線的な街路の網の目の上にしか存在できません。移動できるのは東西南北の方向だけです。したがって、図2-13で中学校の踊り手とクラスターの中心間の距離は約4.47でしたが、マンハッタン距離は6フィートでした（4フィート下＋2フィート横）。

　購入データなどのバイナリーデータについては、クラスターの中心と顧客の購入ベクトルとの間のマンハッタン距離は、単に不一致を数えた値になります。クラスターの中心が0である顧客が0の場合、その方向の距離は0です。さらに、0と1で一致しない場合、その方向の距離は1です。これらを合計すると合計の距離がわかりますが、これは単純に不一致の数になります。このような2進データを使用するとき、マンハッタン距離はしばしばハミング距離とも呼ばれます。

■ マンハッタン距離で問題が解決されるでしょうか。

　マンハッタン距離を使用したkメディアンクラスタリングに飛びつく前に、一度立ち止まって、購入データについて考えます。

　顧客が売り出しを利用するときには、どのような意味を持つでしょうか。これは顧客が本当にその製品を望んだことを意味します。

　顧客が売り出しを利用しないときには、どのような意味を持つでしょうか。それは、顧客が購入した

ものを欲しがったときほど、その製品を欲しがっていないことを意味するでしょうか。負の値は正の値と同じ強さを表すでしょうか。おそらく、その顧客はシャンパンが好きですが、すでに多くの在庫があるのでしょう。また、その月の電子メールニュースレターを読んでないだけかもしれません。行動を起こさない理由は多くありますが、行動を起こす理由はさほど多くありません。

つまり、購入しないことについてではなく、購入したことについて検討すべきです。

これをシャレた言い方にすると、データに「非対称性」があると言います。1は、0よりも価値があります。ある顧客が他の顧客と1が3つ一致した場合、これは別の顧客と0が3つ一致することよりも重要です。ただし、問題は1がいくら重要でもデータにはほとんど含まれていないことです。この状態は「スパース（疎ら）」という用語で表現されます。

では、顧客がユークリッド距離の観点でクラスターの中心に近いことの意味について考えます。顧客がある売り出しに対して1で、別の売り出しに対して0の場合、クラスターの中心に顧客が近いかどうかの計算では、それらの値の両方が重要です。

この場合に必要なのは、非対称の距離計算です。さらに、2進コードの取り引きデータの場合、このワインの購入のように多数の有効な値があります。

おそらく、0・1のデータに最も広く使用される非対称の距離計算はコサイン距離と呼ばれるものです。

■ コサイン距離は三角法ですが恐れるに足りません

コサイン距離について説明するには、その反対のコサイン類似度について説明することが最も簡単です。

2次元の2進購入ベクトル (1,1) と (1,0) があるとします。最初のベクトルは両方の製品を購入しましたが、2番目のベクトルは、最初の製品しか購入していません。これらの2つの購入ベクトルは座標空間で視覚化することができ、これらの間には45°の角度があることがわかります（図2-41を参照）。さあ、分度器を取り出して確認してください。

これらには、cos(45°) = 0.707 のコサイン類似度があると言います。では、これにはどのような意味があるでしょうか。

2つの2進購入ベクトル間の角度のコサインは、次に等しいことがわかります。

> 2つのベクトルの一致した購入の数を、最初のベクトルの購入の数の平方根と2番目のベクトルの購入の数の平方根の積で除算する。

2つのベクトルが (1,1) と (1,0) の場合、購入が1つ一致しているため、この計算は1を2（2つの売り出しが利用されているため）の平方根と1（1つの売り出しが利用されているため）の平方根の積で除算します。そして、答えは0.707です（図2-41を参照）。

この計算はなぜ優れているのでしょうか。
これには次の3つの理由があります。

- この計算の分子は、一致した購入の数のみをカウントます。したがって、これは非対称の評価であり、ここで必要としていた方法です。
- 各ベクトルの購入数の平方根で除算することは、すべてを購入するベクトル（無差別購入ベクトルと呼びます）が、他のベクトルからより離れていることを考慮しています。特に、あるベクトルが他のベクトルと同じ売り出しを利用し、他に同じ数だけ利用している売り出しがない場合よりも長くなります。傾向の一致するベクトルを組み合わせるべきです。他の傾向を含んだベクトルではありません。
- 2進データの場合、この類似度の値は0から1の範囲になります。2つのベクトルは、購入が同一でない限り1にはなりません。コサイン距離という距離の基準として使用することができ、その範囲も0〜1であることを意味します。

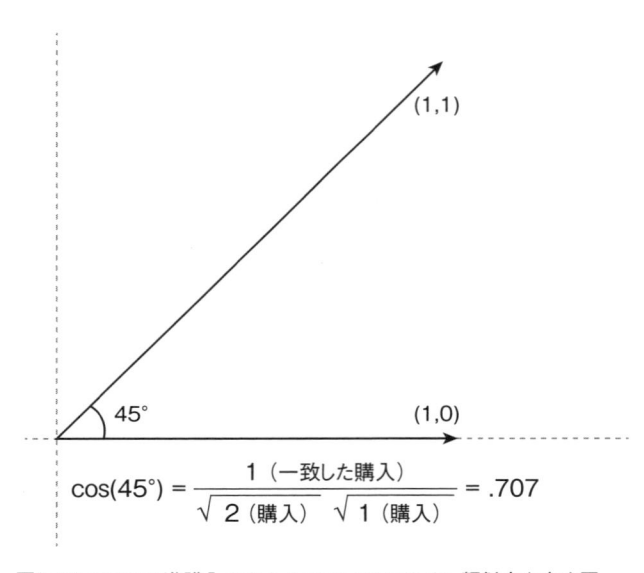

図2-41：2つの2進購入ベクトルについてコサイン類似度を表す図

≫ Excel でこれらを処理する

それでは、コサイン距離を使用するkメディアンクラスタリングをExcelで試してみましょう。

> ✔ **注意**
> コサイン距離のクラスタリングは、「球面 k 平均法」と呼ばれる場合もあります。第 10 章では、R 言語による球面 k 平均法クラスタリングについて確認します。

　一貫性のために、k＝5 を引き続き使用します。

　まず、［5平均］シートのコピーを作成し、「**5中央値**」という名前を付けます。クラスターの中心を 2 進法にする必要があるため、ソルバーから出力されたデータも削除したほうがよいかもしれません。

　変更が必要な項目は、（ソルバーで k メディアン用に 2 進の制約を追加することを除けば）行 34 から 38 の距離の計算だけです。セル M34 から始めますこれは Adams とクラスター 1 の中心間の距離です。

　Adams とクラスター 1 の売り出しの一致をカウントするには、SUMPRODUCT を使用して 2 つの列の積和を求める必要があります。いずれかまたは両方が 0 の場合、その行について何も返されません。ただし、両方に 1 がある場合、その一致が SUMPRODUCT によって合計されます（1×1 は結局 1 です）。

　ベクトルから取得した売り出しの数の平方根を求めるには、そのベクトルの SUM に SQRT を適用するだけです。したがって、距離方程式全体は次のように記述できます。

```
=1-SUMPRODUCT(M$2:M$33,$H$2:$H$33)/
    (SQRT(SUM(M$2:M$33))*SQRT(SUM($H$2:$H$33)))
```

　式の先頭の「1-」は、コサイン類似度をコサイン距離に変えるものです。また、ユークリッド距離と違い、コサイン距離の計算には配列数式を使用する必要はありません。

　ただし、この式をセル M34 に入力するときは、クラスターの中心がすべて 0 の場合のエラーチェックを追加する必要があります。

```
=IFERROR(1-SUMPRODUCT(M$2:M$33,$H$2:$H$33)/
    (SQRT(SUM(M$2:M$33))*SQRT(SUM($H$2:$H$33))),1)
```

　IFERROR 式を加えることで、0 による除算の状況を回避できます。何らかの理由によりソルバーがすべての 0 のクラスターの中心を取得した場合は、すべての顧客からその中心までの距離に 1 を与えることを検討してください（この 2 進の設定では 1 が最大の距離になります）。

　次に M34 を M38 まで下にコピーし、参照を列 H から I、J、K、および L にそれぞれ変更してください。ユークリッド距離の場合と同じように、式に絶対参照（$）を使用して、クラスターの中心の列を変更することなくドラッグできるようにします。

これでこのシートは完成です（図2-42を参照）。このシートは以前の［5平均］シートと、とても似ています。

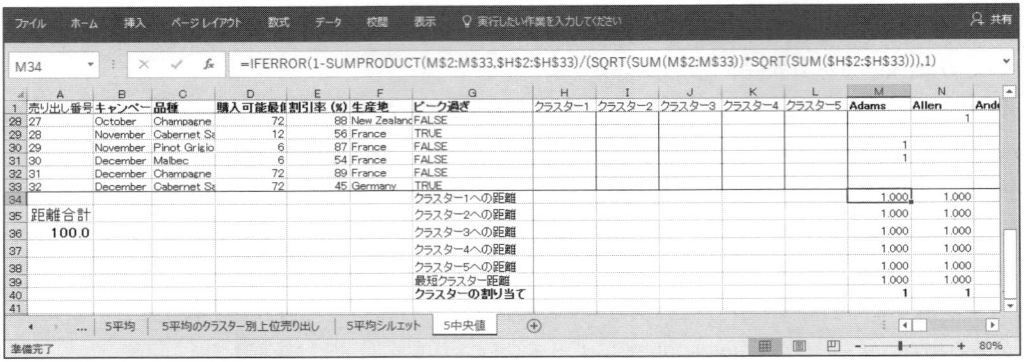

セル参照: M34　数式: =IFERROR(1-SUMPRODUCT(M$2:M$33,$H$2:$H33)/(SQRT(SUM(M$2:M$33))*SQRT(SUM($H$2:$H$33))),1)

	A	B	C	D	E	F	G	H	I	J	K	L	M	N	
1	売り出し番号	キャンペーン	品種	購入可能最低	割引率 (%)	生産地	ピーク過ぎ	クラスター1	クラスター2	クラスター3	クラスター4	クラスター5	Adams	Allen	Ande
28	27	October	Champagne	72	88	New Zealand	FALSE							1	
29	28	November	Cabernet Sa	12	56	France	TRUE								
30	29	November	Pinot Grigio	6	87	France	FALSE						1		
31	30	December	Malbec	6	54	France	FALSE						1		
32	31	December	Champagne	72	89	France	FALSE								
33	32	December	Cabernet Sa	72	45	Germany	TRUE								
34							クラスター1への距離						1.000	1.000	
35	距離合計						クラスター2への距離						1.000	1.000	
36	100.0						クラスター3への距離						1.000	1.000	
37							クラスター4への距離						1.000	1.000	
38							クラスター5への距離						1.000	1.000	
39							最短クラスター距離						1.000	1.000	
40							クラスターの割り当て						1	1	
41															

シート: 5平均 / 5平均のクラスター別上位売り出し / 5平均シルエット / 5中央値

図2-42： 最適化前の［5中央値］シート

次に、クラスターを見つけるには、ソルバーを開き、「制約条件の対象」で「$H$2:$L$33」を「<=1」から「bin」（バイナリ）に変更します。

［解決］をクリックします。30分間おくつろぎください。その間にコンピューターが最適なクラスターを見つけます。これで、クラスターの中心がすべて2進法に従っていることを視覚的に確認できます。さらに、条件付き書式の塗りつぶしが2種類になるため、より明確になります。

≫ 5メディアンクラスターの上位の売り出し

ソルバーが完了すると、クラスターの中心が5つになり、それぞれにはいくつかの1が存在します。それらの売り出しは、そのクラスターで好まれていることを表します。本書の執筆時にソルバーを実行した際は、最適化された目的セルの値は42.8になりました。読者が実行した場合には、必ず異なる値になります（図2-43を参照）。

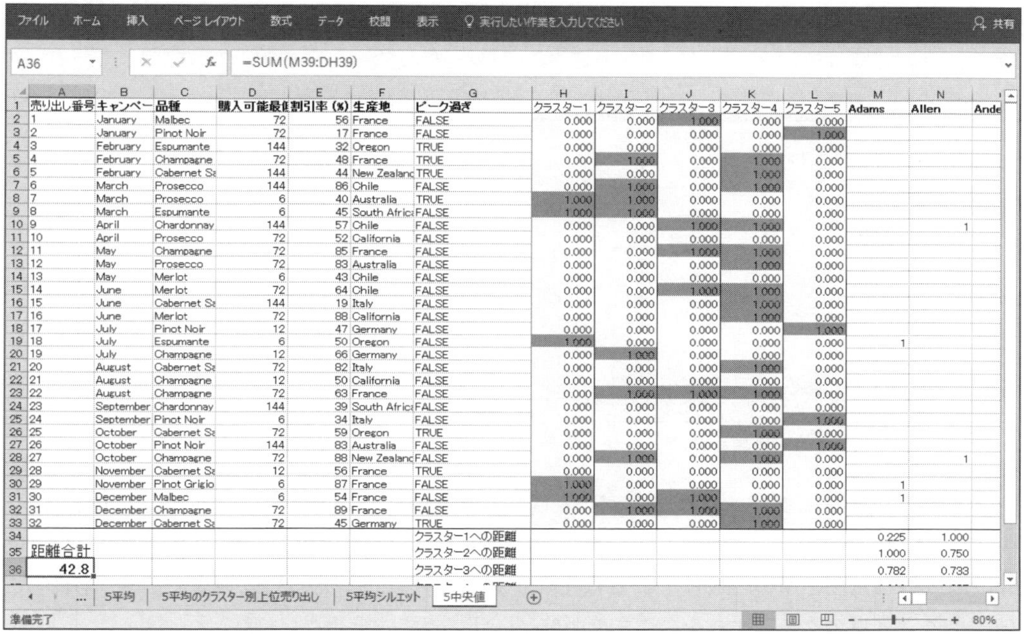

A36 | =SUM(M39:DH39)

売り出し番号	キャンペーン	品種	購入可能最	割引率 (%)	生産地	ピーク過ぎ	クラスター1	クラスター2	クラスター3	クラスター4	クラスター5	Adams	Allen	Ande
1	January	Malbec	72	56	France	FALSE	0.000	0.000	1.000	0.000	0.000			
2	January	Pinot Noir	72	17	France	FALSE	0.000	0.000	0.000	0.000	1.000			
3	February	Espumante	144	32	Oregon	TRUE	0.000	0.000	0.000	0.000	1.000			
4	February	Champagne	72	48	France	TRUE	0.000	1.000	0.000	1.000	0.000			
5	February	Cabernet Sa	144	44	New Zealand	TRUE	0.000	0.000	0.000	1.000	0.000			
6	March	Prosecco	144	86	Chile	FALSE	0.000	0.000	0.000	1.000	0.000			
7	March	Prosecco	6	40	Australia	TRUE	1.000	1.000	0.000	0.000	0.000			
8	March	Espumante	6	45	South Africa	FALSE	1.000	1.000	0.000	0.000	0.000			
9	April	Chardonnay	144	57	Chile	FALSE	0.000	0.000	1.000	0.000	0.000			1
10	April	Prosecco	72	52	California	FALSE	0.000	0.000	1.000	0.000	0.000			
11	May	Champagne	72	85	France	FALSE	0.000	0.000	1.000	0.000	0.000			
12	May	Prosecco	72	83	Australia	FALSE	0.000	0.000	0.000	1.000	0.000			
13	May	Merlot	6	43	Chile	FALSE	0.000	0.000	0.000	1.000	0.000			
14	June	Merlot	72	64	Chile	FALSE	0.000	0.000	1.000	1.000	0.000			
15	June	Cabernet Sa	144	19	Italy	FALSE	0.000	0.000	0.000	1.000	0.000			
16	June	Merlot	72	88	California	FALSE	0.000	0.000	0.000	1.000	0.000			
17	July	Pinot Noir	12	47	Germany	FALSE	0.000	0.000	0.000	0.000	1.000			
18	July	Espumante	6	50	Oregon	FALSE	1.000	0.000	0.000	0.000	0.000	1		
19	July	Champagne	12	66	Germany	FALSE	0.000	1.000	0.000	0.000	0.000			
20	August	Cabernet Sa	72	82	Italy	FALSE	0.000	0.000	0.000	1.000	0.000			
21	August	Champagne	12	50	California	FALSE	0.000	1.000	0.000	0.000	0.000			
22	August	Champagne	72	63	France	FALSE	0.000	1.000	1.000	0.000	0.000			
23	September	Chardonnay	144	39	South Africa	FALSE	0.000	0.000	0.000	0.000	1.000			
24	September	Pinot Noir	6	34	Italy	FALSE	0.000	0.000	0.000	0.000	1.000			
25	October	Cabernet Sa	72	59	Oregon	TRUE	0.000	0.000	0.000	1.000	1.000			
26	October	Pinot Noir	144	83	Australia	FALSE	0.000	0.000	0.000	1.000	1.000			
27	October	Champagne	72	88	New Zealand	FALSE	0.000	1.000	0.000	1.000	0.000			1
28	November	Cabernet Sa	12	56	France	TRUE	0.000	0.000	0.000	0.000	0.000			
29	November	Pinot Grigio	72	87	France	FALSE	1.000	0.000	1.000	0.000	0.000	1		
30	December	Malbec	6	54	France	FALSE	1.000	0.000	1.000	0.000	0.000	1		
31	December	Champagne	72	89	France	FALSE	0.000	1.000	0.000	1.000	0.000			
32	December	Cabernet Sa	72	45	Germany	TRUE	0.000	0.000	0.000	1.000	0.000			
						クラスター1への距離						0.225	1.000	
距離合計						クラスター2への距離						1.000	0.750	
42.8						クラスター3への距離						0.782	0.733	

5平均 | 5平均のクラスター別上位売り出し | 5平均シルエット | 5中央値

図2-43：5クラスターメディアン

　k平均法で使用したのと同じ売り出しのカウント手法を使用して、これらのクラスターの意味を確認しましょう。これには、まず［5平均のクラスター別上位売り出し］シートを複製して「**5中央値のクラスター別上位売り出し**」という名前を付けます。

　このシートでは、5平均を検索して**5中央値**に置換するだけでシートは機能します。これら2つのシートの行と列のレイアウトは同一であるため、シートの参照を変更すれば、すべての計算は引き継がれます。

　読者のクラスターは、本書の事例のクラスターと順序や構成が若干異なる可能性があります。これは、エボリューショナリーアルゴリズムによるもので、実質的な違いが出ないことを願います。本書の事例のクラスターを1つずつ見ていき、このアルゴリズムがどのように顧客を区分しているかを確認しましょう。

　クラスター1を並べ替えると、これらが数量の少ないクラスターであることが明確になります（図2-44を参照）。

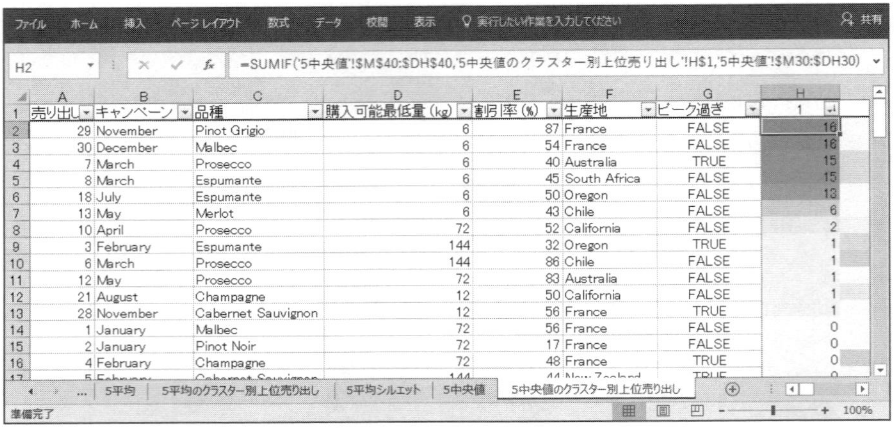

図2-44: クラスター1の並べ替え―小口顧客

クラスター2では、スパークリングワインだけを購入する顧客が浮き彫りになります。Champagne（シャンパン）、Prosecco（プロセッコ）、および Espumante（エスプマンテ）が、このクラスターの上位11件を独占しています（図2-45を参照）。これは注目に値します。k 平均法で k が4または5の場合、このスパークリングワインのクラスターをここまで明確に区分できていませんでした。

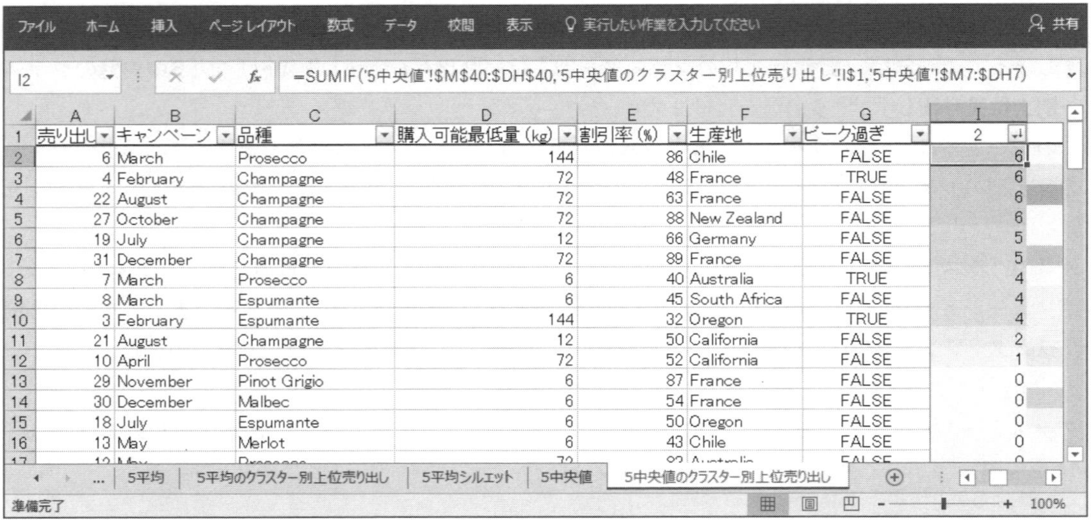

図2-45: クラスター2の並べ替え―スパークリングワイン好き

クラスター3は、フランスびいきのクラスターです。上位5件の売り出しは、すべてフランス産です（図2-46を参照）。この人たちは、カリフォルニア産ワインの方がおいしいことを知らないのでしょうか。

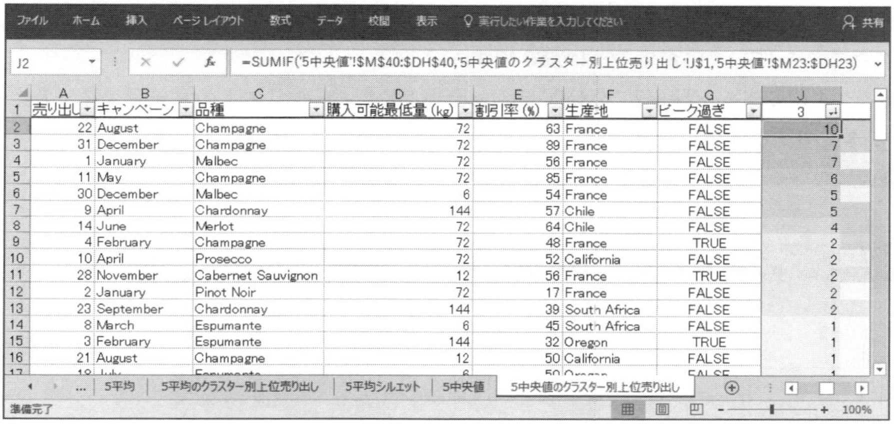

売り出し	キャンペーン	品種	購入可能最低量（kg）	割引率（%）	生産地	ピーク過ぎ	3
22	August	Champagne	72	63	France	FALSE	10
31	December	Champagne	72	89	France	FALSE	7
1	January	Malbec	72	56	France	FALSE	7
11	May	Champagne	72	85	France	FALSE	6
30	December	Malbec	6	54	France	FALSE	5
9	April	Chardonnay	144	57	Chile	FALSE	5
14	June	Merlot	72	64	Chile	FALSE	4
4	February	Champagne	72	48	France	TRUE	2
10	April	Prosecco	72	52	California	FALSE	2
28	November	Cabernet Sauvignon	12	56	France	TRUE	2
2	January	Pinot Noir	72	17	France	FALSE	2
23	September	Chardonnay	144	39	South Africa	FALSE	2
8	March	Espumante	6	45	South Africa	FALSE	1
3	February	Espumante	144	32	Oregon	TRUE	1
21	August	Champagne	12	50	California	FALSE	1

図2-46：クラスター3の並べ替え―フランスびいき

クラスター4については、すべて数量の多い売り出しです。さらに、上位の売り出しはほぼすべて割引率が高く、ピークを過ぎていません（図2-47）。

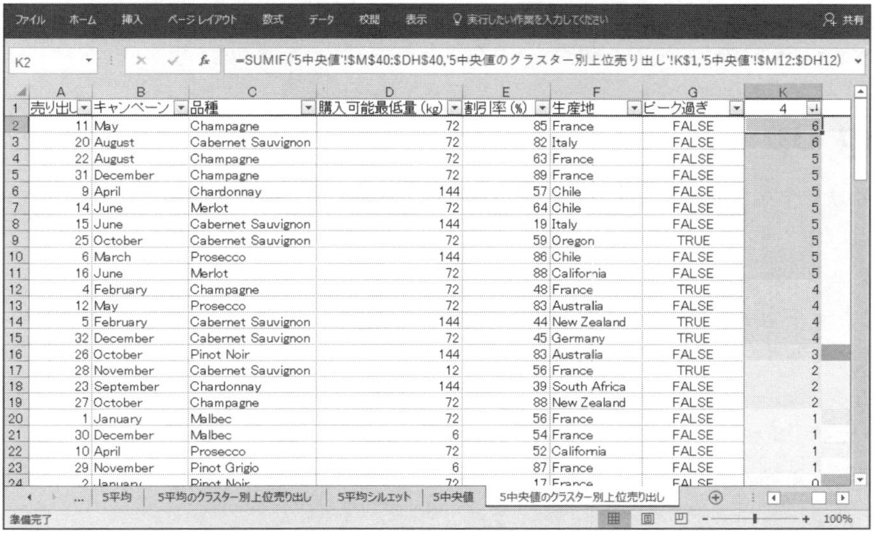

売り出し	キャンペーン	品種	購入可能最低量（kg）	割引率（%）	生産地	ピーク過ぎ	4
11	May	Champagne	72	85	France	FALSE	6
20	August	Cabernet Sauvignon	72	82	Italy	FALSE	6
22	August	Champagne	72	63	France	FALSE	5
31	December	Champagne	72	89	France	FALSE	5
9	April	Chardonnay	144	57	Chile	FALSE	5
14	June	Merlot	72	64	Chile	FALSE	5
15	June	Cabernet Sauvignon	144	19	Italy	FALSE	5
25	October	Cabernet Sauvignon	72	59	Oregon	TRUE	5
6	March	Prosecco	144	86	Chile	FALSE	5
16	June	Merlot	72	88	California	FALSE	5
4	February	Champagne	72	48	France	TRUE	4
12	May	Prosecco	72	83	Australia	FALSE	4
5	February	Cabernet Sauvignon	144	44	New Zealand	TRUE	4
32	December	Cabernet Sauvignon	72	45	Germany	TRUE	4
26	October	Pinot Noir	144	83	Australia	FALSE	3
28	November	Cabernet Sauvignon	12	56	France	TRUE	2
23	September	Chardonnay	144	39	South Africa	FALSE	2
27	October	Champagne	72	88	New Zealand	FALSE	2
1	January	Malbec	72	56	France	FALSE	1
30	December	Malbec	6	54	France	FALSE	1
10	April	Prosecco	72	52	California	FALSE	1
29	November	Pinot Grigio	6	87	France	FALSE	1

図2-47：クラスター4の並べ替え―19の売り出しが大口取引

クラスター5は、再度 Pinot Noir（ピノ・ノワール）クラスターの登場です（図2-48を参照）。

区分が、だいぶ明確になったと感じませんか。これは、kメディアンで、コサイン距離のような非対称の距離基準を使用しているためです。顧客のクラスタリングは、顧客が興味のないものではなく、顧客が興味のあるものを基準に行えます。そして、これが本当に対象にすべき指標です。

距離の基準によって、こんなにも違いが出るとは驚きです。

これで、5つのクラスター割り当てを採用し、MailChimp.com に電子メールリストのマージフィールドとして再インポートできます。この値を使用して、電子メールマーケティングを顧客ごとにカスタマイズできます。これは顧客のターゲティングを改善し、販売の促進に役立つはずです。

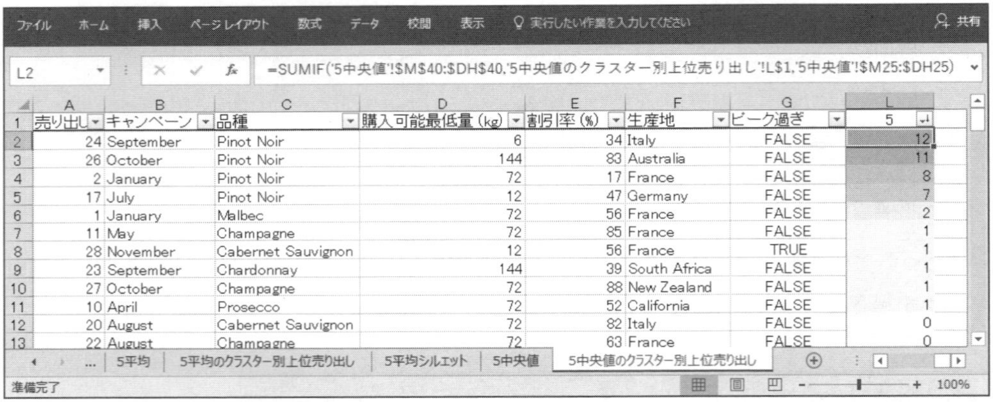

図2-48：クラスター5の並べ替え―大部分はピノ・ノワール

↗ Wrapping Up

本章では、役に立つ手法をすべて取り上げました。説明した項目をまとめると、次のとおりです。

- ユークリッド距離
- ソルバーを使用したk平均法クラスタリングによる中心の最適化
- クラスター決定後に各クラスターを解釈する方法
- 実行したk平均法のシルエットの計算方法
- kメディアンクラスタリング
- マンハッタン距離とハミング距離
- コサイン類似度と距離

この章をすべて読まれた読者は、データをクラスタリングする方法についてだけでなく、クラスタリングによってビジネスでどのような質問の解を得ることができるか、さらにクラスターに対応するようにデータを準備する方法について自信を持って答えられるようになったと感じるでしょう。

k平均法クラスタリングは、数十年前から存在し、顧客データをセグメント化して理解を深めようとしているすべての人にとって、最初の一歩にまさに適した手法です。ただし、これは最新のクラスタリングテクニックではありません。第5章では、この章と同じデータセット内で顧客の類似性を探すためにネットワークグラフを使用します。さらに、データを視覚化するために、少しの間 Excel 以外のツールの確認も行います。

k平均法クラスタリングをさらに規模の大きなデータで使用する必要がある場合、Excel の標準機能のソルバーには200件の決定数の上限があることに注意してください。したがって、より高性能の非線形ソルバーにアップグレードする必要があります。これには、Solver.com の Premium Solver があります。また、単純に LibreOffice の非線形ソルバーに移行することもできます。これにより、多数の売り出しの次元や高い k の値を使用してデータをクラスタリングできます。

ほとんどの統計ソフトウェアではクラスター化の機能が提供されています。たとえば、R には kmeans() が付属しています。ただし、k メディアンやさまざまな距離関数を含んだ fastcluster パッケージの機能を使用できることが望まれます。第10章では、k メディアン（球面 k 平均法）を実行するための skmeans パッケージについて確認します。

第 3 章

ナイーブベイズと
その単純さゆえの
驚くべき軽量性

前章では、簡単な教師なし学習の使用を本格的に始めました。k平均法クラスタリングについて確認しましたが、この手法はデータマイニングの世界では、チキンナゲットのようなもので、簡単、直感的、かつ便利でした。そしてイケてました。

　本章では、教師ありから教師なしの人工知能モデルに移行し、ナイーブベイズモデルを訓練します。これは、教師あり人工知能モデルですが、同じようにチキンナゲットです（良いたとえがなくてすみません）。

　第2章で触れたとおり、教師あり人工知能では、すでに分類されているデータを使用してモデルが予測できるように「訓練」します。ナイーブベイズの最も一般的な用途は、ドキュメントの分類です。たとえば、この電子メールはスパム（SPAM：迷惑メール）とハムのどちらであるか、このツイートは喜んでいるか怒っているか、あるいは、傍受された衛星電話の通話を、秘密工作員によって詳しく調査するように分類するかどうかなどです。これらのドキュメントに関する「訓練データ」（つまり分類済みのサンプル）を訓練アルゴリズムに与えます。モデルは将来、この知識を用いて新しいドキュメントを前述の区分へと分類できるようになります。

　本章で使う例は、私自身がいつも気になっている問題です。これからご説明します。

↗ 製品に Mandrill という名前を付けたら、 信号とともにノイズが返されることに

　私が勤務している MailChimp 社では、最近 Mandrill.com という新しい製品の運用を開始しました。そのロゴは、最近見た中で一番私を驚かせました（図3-1を参照）。

　Mandrill は、業務処理用の電子メール製品です。ソフトウェア開発者を対象とし、1回限りの電子メール、受領確認、パスワードのリセット、その他の1対1のあらゆる情報を送信するアプリケーションに対応しています。個人の業務処理用電子メールの開封やクリックを追跡できるため、個人用の電子メールアカウントに関連付けて、定期的に送っている自分のネコの写真を知り合いが実際に見ているかどうかを追跡できます（データサイエンティストの言うことを信じれば、彼らは見ていません）。

図3-1：めまいがしそうなMandrillのロゴ

　ですが、Mandrill をリリースしてからというのも、1つのことで絶えず頭を悩まされています。「MailChimp」（メールチンパンジー）は我々が開発した商品の名前ですが、同じ霊長類であるマンドリルは、このところずっと地球上でのさばっています。しかもすごく人気があります。そういえばダーウィンも、マンドリルのカラフルなお尻を「たぐいまれだ」と述べていました。

　このため、Twitter を開いて、Mandrill 製品について述べているあらゆるツイートを見たい場合、図3-2のような画面が表示されます。一番下のツイートは、Perl プログラミング言語を Mandrill につなぐ新しいモジュールに関するものです。このツイートには関連性があります。ただし、上の2つは、スーパーファミコンゲームのロックマン X（Megaman X）に登場するスパークマンドリラー（Spark Mandrill）についてのツイートと、Mandrill というバンドについてのツイートです。

図3-2：3つのツイートのうち関連するツイートは1件

マジか。

　いくら十代のときにロックマンXで遊んでいたとしても、それらの多くのツイートは検索と関連性がありません。確かに、マンドリルについてのツイートが多くあります。バンドと、ゲームと、動物に関するツイート、およびハンドルネームが「マンドリル」(mandrill) のその他の Twitter ユーザーに関するツイートを合わせると、Mandrill.com のものよりも多くあります。これは、大量のノイズです。

　では、このようなノイズの特徴を見分けるモデルを作成することはできないでしょうか？　AI モデルによって、電子メール製品の Mandrill に関するツイートのみを通知できないでしょうか？

　これは、従来からあるドキュメントの分類の問題です。ドキュメント、つまり Mandrill のツイートが、複数のクラスに属する可能性がある場合 (Mandrill.com についてと、その他の事柄について)、どのクラスに入れればよいでしょうか。

　この問題に対応する最も一般的な方法は、Bag of Words (単語のバッグ) モデルをナイーブベイズ分類器と共に使用することです。Bag of Words モデルは、ドキュメントを順不同の単語の集まりとして扱います。「John ate Little Debbie」は、「Debbie ate Little John」と同じになります。これらは両者とも単語の集合である {"ate," "Debbie," "John," "Little"} として処理されます。

　ナイーブベイズ分類は、すでに分類されたこれらの Bag of Words を訓練セットとして取り込みます。たとえば、いくつかの about-Mandrill-the-app (アプリの Mandrill について) の Bag of Words を与え、さらに about-other-mandrills (その他のマンドリルについて) の Bag of Words を与えてそれら2つを区別するように訓練することができます。次に後から、不明の Bag of Words を与えることで、自動的に分類が行われます。

　これが、本章で作成するナイーブベイズドキュメント分類器であり、Mandrill のツイートを Bag of Words として処理し、自動的に分類を返すことができます。これは、まさに興味深い機能になります。なぜなら、ナイーブベイズはしばしば「単純なベイズ」と呼ばれるためです。この後で、データに対して乱雑で単純な仮定が数多く返されることを確認できますが、それでも役に立ちます。まるで、AI モデルのスプラッターペイント (ペンキを飛び散らした抽象画) のようです。簡単に実装できるため (50行程度のコードで記述できます)、企業で簡単な分類作業に頻繁に使用されています。企業の電子メール、顧客サポート記録、AP 通信記事、犯罪記録、医療文書、映画批評記事など、あらゆる分類に使用できます。

　ここで、Excel でこの手法の実装を始める前に (実装はとても簡単です)、確率論について理解しておく必要があります。面倒をおかけしてすみません。数式がわからなくなった場合は、実装に進んでください。それらの数式がいかにシンプルに実装されているかがわかります。

↗ 世界最短の確率論の入門

以降の節では、p() の表記法を使用して確率について説明します。次の例を参照してください。

    p(マイケル・ベイの次の映画が駄作になる) = 1
    p(ジョン・フォアマンが完全菜食主義者になる) = 0.0000001

すみません。まったくありそうもないことですが、私ジョン・フォアマンが大好物のアラバマ産カネッカースモークソーセージをやめる場合です。

≫ 条件付き確率の合計

さて、前の2つの例は単純な確率でしたが、本章で使用するものは、ほとんどが条件付き確率です。条件付き確率は次のようになります。

    p(ジョン・フォアマンが完全菜食主義者になる|彼に10億ドルを払う) = 1

完全菜食主義者になる確率は非常に低いですが、あなたが私に10億ドル支払った場合に、私が完全菜食主義者になる確率は100パーセンです。この式の縦棒「|」は、事象と、その発生条件を分離するために使用されています。

完全菜食主義者になる総体的な確率0.0000001と、事実上確実な条件付き確率のつじつまを合わせることができるでしょうか。この場合は、全確率の法則を使用できます。全確率の法則の原理は、私が完全菜食主義者になる確率が、それぞれの条件の下で私が完全菜食主義者になる確率と、各条件の発生確率をかけ合わせたものの合計と等しくなることです。

    p(完全菜食主義者) = p(10億ドル) * p(完全菜食主義者|10億ドル) +
    p(10億ドルなし)* p(完全菜食主義者|10億ドルなし) = 0.0000001

総体的な確率は、すべての条件付き確率にその条件の確率をかけた加重和です。さらに、読者が私に10億ドルを支払う条件の確率は0です（この仮定が安全であることは明白です）。これは、p(10億ドルなし)が1であることを意味します。したがって、次のように計算できます。

    p(完全菜食主義者) = 0*p(完全菜食主義者|10億ドル) + 1 * p(完全菜食主義者|10億ドルなし)
    = 0.0000001
    p(完全菜食主義者) = 0* 1 + 1 *0.0000001 = 0.0000001

≫ 複合確率、連鎖法則および独立性

確率論のもう1つの概念は複合確率です。これは、「および」をしゃれた言い方にしただけです。受験勉強を思い出してください。

次の式は、今日の昼食にタコスを食べる確率です。

p（ジョンがタコスを食べる） ＝ .2

ちなみに私の場合は週に1回です。次は、今日エレクトロ・ポップを聴く確率です。

p（ジョンがエレポップを聴く） ＝ .8

高い確率ですね。

それでは、私が今日、両方をやる確率はいくらでしょうか。これは複合確率と呼ばれ、次のように記述します。

p（ジョンがタコスを食べる , ジョンがエレポップを聴く）

2つの出来事をカンマで区切るだけです。

さて、この事例では、2つの出来事は独立しています。つまり、音楽鑑賞が食事に影響せず、さらにその逆の場合も影響しません。この独立性を前提に、これらの2つの確率をかけ合わせて複合化された確からしさを求めます。

p（ジョンがタコスを食べる , ジョンがエレポップを聴く） ＝ .2 ＊ .8 ＝ .16

これは、確率の乗算則と呼ばれることもあります。複合確率は、いずれかが起こる確率よりも小さくなり、現実とも完全につじつまが合っています。宝くじに当たった日に、雷に打たれる確率は、いずれかの出来事が単独で起こるよりもはるかに小さくなります。

これを確認する方法の1つに確率の連鎖法則があります。この式は次のようになります。

p（ジョンがタコスを食べる , ジョンがエレポップを聴く） ＝ p（ジョンがタコスを食べる） ＊
p（ジョンがエレポップを聴く|ジョンがタコスを食べる）

複合確率は、1つの出来事が起こる確率と、最初の出来事が起こった場合に別の出来事が起こる確率をかけ合わせたものです。ただし、2つの出来事が独立しているため、条件は問題になりません。エレポップを聴く確率は、昼食に関係なく同じです。したがって、次のようになります。

p（ジョンがエレポップを聴く|ジョンがタコスを食べる） ＝ p（ジョンがエレポップを聴く）

これにより、連鎖法則の構成が単純になります。

p(ジョンがタコスを食べる，ジョンがエレポップを聴く) ＝ p(ジョンがタコスを食べる) ＊
p(ジョンがエレポップを聴く) ＝ .16

》依存性のある状況での確率値

他の確率を紹介しましょう。今日、デペッシュ・モードを聴く確率は次のとおりです。

p(ジョンがデペッシュ・モードを聴く) ＝ .3

今日、デペッシュ・モードを聴く確率は30パーセントです。決めつけないでください。ここで、互いに依存性のある2つの出来事が存在します。デペッシュ・モードを聴くことと、エレクトロ・ポップを聴くことです。なぜなら、デペッシュ・モードはエレポップだからです。これは、次のことを意味します。

p(ジョンがエレポップを聴く|ジョンがデペッシュ・モードを聴く) ＝ 1

今日、デペッシュ・モードを聴く場合、100パーセントの確率で、エレポップを聴きます。これは常に100% になります。必ず1です。

また、それらの複合確率を計算したい場合、2つの確率を単純にかけ合わせるだけでは、求めることができないことを意味します。次のように連鎖法則を使用します。

p(ジョンがエレポップを聴く，ジョンがデペッシュ・モードを聴く) ＝ p(ジョンがデペッシュ・モードを聴く) ＊
p(ジョンがエレポップを聴く|ジョンがデペッシュ・モードを聴く) ＝ .3 ＊ 1 ＝ .3

》ベイズ法

デペッシュ・モードをエレポップと定義したため、デペッシュ・モードを聴いた場合にエレポップを聴く確率は1です。では、逆の場合はどうなるでしょう。次の計算式の確率はまだ与えられていません。

p(ジョンがデペッシュ・モードを聴く|ジョンがエレポップを聴く)

というのも、他のエレクトロ・ポップのグループも存在するためです。クラフトワークの曲かもしれません。または新しいダフト・パンクのアルバムかもしれません。

そして、ベイズという親切な紳士が次の法則を見つけました。

p(エレポップ) ＊ p(デペッシュ・モード|エレポップ) ＝ p(デペッシュ・モード) ＊ p(エレポップ|デペッシュ・モード)

　この法則によって、出来事の条件付き確率をその出来事と条件を入れ替えたときの確率に関係付けることができます。

　それらの項を入れ替えることにより、不明な確率（エレポップを聴く場合にデペッシュ・モードを聴く確率）を分離できます。

p(デペッシュ・モード|エレポップ) ＝ p(デペッシュ・モード) ＊ p(エレポップ|デペッシュ・モード) ／ p(エレポップ)

　この公式は、ベイズ法で最も多く目にする計算方法です。これは、条件付き確率を入れ替える方法に過ぎません。一方向の条件付き確率しかわかっていない場合でも、出来事と条件の合計確率がわかっていれば、すべてを逆にすることができます。

　値を代入すると、次のようになります。

p(デペッシュ・モード|エレポップ) ＝ 0.3 ＊ 1 / 0.8 ＝ 0.375

　通常、1日にデペッシュ・モードを聴く可能性は30パーセントです。ただし、今日、いずれかのエレポップを聴くことがわかっている場合、その事前知識を基にデペッシュ・モードを聴く確率が37.5パーセントに増加します。すばらしい。

↗ ベイズ法を使用した AI モデルの作成

　それでは、私の音楽の趣味から離れて、Mandrill のツイートの問題について考えましょう。ここでは、それぞれのツイートを Bag of Words として扱います。つまり、各ツイートをスペースや句読点でばらばらの単語に分けます（それらは多くの場合トークンと呼ばれます）。ツイートには2つのクラスがあり、Mandrill.com のツイートは「アプリ」と呼び、それ以外は「その他」と呼びます。

　これら2つの確率は次のように処理します。

p(アプリ|単語1，単語2，単語3，…)
p(その他| 単語1，単語2，単語3，…)

　これらは、「単語$_1$」、「単語$_2$」、「単語$_3$」などの単語が確認された場合のアプリまたはその他の事柄に関するツイートの確率です。

　ナイーブベイズモデルの標準的な実装では、単語が与えられた場合に、2つのクラスのどちらが可能性が高いかを基準にして新しいドキュメントを分類します。つまり、次の状況では、

$$p(アプリ|単語_1, 単語_2, 単語_3, \cdots) > p(その他|単語_1, 単語_2, 単語_3, \cdots)$$

Mandrill アプリについてのツイートが返されます。

この決定法は、単語が検出された場合に最も可能性の高いクラスを選択するため、最大事後確率決定法（Maximum A Posteriori ＝ MAP 法）と呼ばれます。

では、これら2つの確率はどのように計算すればよいでしょうか。最初に、ベイズ法をそれらに適用します。ベイズ法を使用することにより、アプリの条件付き確率を次のように書き直すことができます。

$$p(アプリ|単語_1, 単語_2, \cdots) = p(アプリ) \star p(単語_1, 単語_2, \cdots|アプリ) / p(単語_1, 単語_2, \cdots)$$

同じように、次の式も書き直せます。

$$p(その他|単語_1, 単語_2, \cdots) = p(その他) \star p(単語_1, 単語_2, \cdots|その他) / p(単語_1, 単語_2, \cdots)$$

なお、これらの計算の分母は同じです。

$$p(単語_1, 単語_2, \cdots)$$

これは、一般的にはドキュメント内の単語を取得する確率を計算しているだけです。この数値はクラスによって変わらないため、MAP の比較から省略できます。したがって、2つの値のどちらが大きいかだけに着目すればよいことになります。

$$p(アプリ) \star p(単語_1, 単語_2, \cdots|アプリ)$$
$$p(その他) \star p(単語_1, 単語_2, \cdots|その他)$$

では、アプリのツイートの場合、またはその他のツイートの場合に Bag of Words を検出する確率はどのように計算すればよいでしょうか。

この場合は、単純な前提を用います。

それらの単語がドキュメント内に存在する確率が、互いに独立していると仮定します。これにより、式は次のようになります。

$$p(アプリ) \star p(単語_1, 単語_2, \cdots|アプリ) = p(アプリ) \star p(単語_1|アプリ) \star p(単語_2|アプリ) \star p(単語_3|アプリ)\cdots$$
$$p(その他) \star p(単語_1, 単語_2, \cdots|その他) = p(その他) \star p(単語_1|その他) \star p(単語_2|その他) \star p(単語_3|その他)\cdots$$

この独立性の仮定により、クラスの Bag of Words の条件付き複合確率をそのクラスの個々の単語の確率に細分化できます。

では、なぜこの方法が単純なのでしょうか。それは単語がドキュメント内で互いに独立していないためです。

　迷惑メールを分類しているときに、ドキュメントに2つの単語の「erectile」（勃起）と「dysfunction」（不全）が検出された場合、次のように仮定できます。

$$p(erectile, dysfunction|迷惑メール) = p(erectile|迷惑メール) * p(dysfunction|迷惑メール)$$

　この計算は、単純だと思いませんか。本当にウブですよね。「dysfunction（不全）という単語を含んだ迷惑メールを受け取りました」と言われて、「その前の単語はなーんだ？」とたずねられたら、ほぼ間違いなく「erectile」（勃起）を想像するでしょう。そこには依存性が存在しますが、明らかに無視されています。

　奇妙なことに、実際のアプリケーションの多くは、なぜかこの単純さが問題視されていません。これは、MAP法では、計算されたクラスの確率の正確さがまったく考慮されないためです。考慮されるのは、不正確に計算された確率のどちらが大きいかだけです。さらに、単語が独立しているという仮定によって、確率の計算にさまざまな誤差が混入してしまいます。ですが、少なくともこのずさんさは全般的なものです。より凝った言語学的理解にもとづいた比較を行ったとしても、MAP法での比較と同じ方向性を示す傾向にあります。

≫ 高いクラスの確率もしばしば等しいものと仮定される

　それではおさらいです。Mandrill アプリの事例では、2つの値のどちらが高いかを基準にしてツイートを分類する必要があります。

$$p(アプリ) * p(単語1|アプリ) * p(単語2|アプリ) * p(単語3|アプリ)...$$
$$p(その他) * p(単語1|その他) * p(単語2|その他) * p(単語3|その他)...$$

　これにより p(アプリ) と p(その他) の値はいくつになるでしょうか。Twitter にログオンし、p(アプリ) が実際には約20パーセントであることを確認できます。「mandrill」という単語を使用しているツイートの80パーセントは、他の事柄に関するものです。この値は今は正しいですが、時間と共に変わる可能性があります。さらに私は、アプリのツイートとして分類されるものが実際よりも多くなること（誤検出）を優先し、関係のあるツイートのいくつかを除外してしまうこと（検出漏れ）は避けたいと考えています。このため、この確率を50対50パーセントに仮定します。この仮定は、現実の世界のナイーブベイズ分類でも頻繁に使用されていることがわかるでしょう。特に、迷惑メールのフィルター処理では、迷惑メールの割合が時間と共に変化するため、全体的に測定するのは難しくこのように設定しています。

　ただし、p(アプリ) と p(その他) の両方が50パーセントの場合、MAP決定法を使用して2つの値を比較したときに、両方を却下する可能性もあります。このため、次の場合にツイートがアプリに関連して

いると分類します。

$$p(単語1|アプリ) \ast p(単語2|アプリ) \cdots >= p(単語1|その他) \ast p(単語2|その他) \cdots$$

　それでは、単語がクラスに含まれている場合の確率はどのようにしたら計算できるでしょうか。例として、次の確率について詳しく考えます。

$$p(\text{"スパーク"}|アプリ)$$

　これを計算するには、アプリへ訓練ツイートを取り込み、ワード単位にトークン化し、ワードの数をカウントし、さらにそれらの単語の何割が「スパーク」であるかを求めます。これはおそらく0パーセントになります。ほとんどの「スパーク」に関するマンドリルのツイートは、テレビゲームについてのものです。

　少し立ち止まって、この点について詳しく検討してみましょう。ナイーブベイズ分類モデルを作成する場合、必要になるのは過去のアプリに関連する単語とアプリに関連しない単語の頻度の記録だけです。そう、さほど困難ではありません。

≫ その他の2つの作業

　Excel で始める前に、Excel または任意のプログラミング言語でのナイーブベイズの実装において、次の2つの現実的な課題に対応する必要があります。

- まれな単語
- 浮動小数点のアンダーフロー

■ まれな単語の取り扱い

　第1の問題はまれな単語です。分類が必要なツイートを取得し、「Tubal-cain」（トバルカイン・聖書に登場する人物）という単語が含まれていた場合はどうしますか。訓練セットの過去のデータでは、一方または両方のクラスで、この単語が確認されたことはおそらくないでしょう。このような問題が頻繁にTwitter で発生するのは、Twitter が URL を自動的に短縮して、無秩序な文字列を生成するためです。

　次のように仮定できます。

$$p(\text{"トバルカイン"}|アプリ) = 0$$

次の結果になります。

$$p(\text{"トバルカイン"}|アプリ) \ast p(単語2|その他) \ast p(単語3|その他)\cdots = 0$$

トバルカインは、実際には、確率計算全体がゼロになります。

一方、以前に「トバルカイン」を見たことがあると仮定します。まれな単語すべてをこのように処理できます。

でも待ってください。実際に一度見たことがある単語に対しては不適切です。それでは、この単語にも1を追加しましょう。

その場合、実際に2度見たことがある単語に対して不公平です。それでは、すべてのカウントに1を追加しましょう。

これは、加算スムージングと呼び、Bag of Words モデルで今まで出現していない単語に対応するために使用されます。

■ 浮動小数点アンダーフローの処理

まれな単語に対応できました。2番目に対応しなければならない問題は、浮動小数点アンダーフローと呼びます。

単語にはまれなものが多くあり、非常に小さな確率になります。このデータでは、ほとんどの単語の確率は0.001以下になります。さらに、独立性の仮定により、それらの独立した単語の確率は乗算されてしまいます。

15単語のツイートで、各単語の確率が0.001未満の場合はどうなるでしょうか。この場合、MAP 比較の値は 1×10^{-45} のように小さくなります。実のところ、Excel で処理できる最低の数値は 1×10^{-45} です。小数点以下に数百も続く0は、どこかに消失してしまいます。ツイートの分類なら、特に問題はないでしょう。ただし、長いドキュメントの場合(電子メール、ニュース記事など)は、小さな数値が計算を大きく混乱させる可能性があります。

安全のため、MAP 評価を直接実施しない方法を見つける必要があります。

```
p(単語1|アプリ) * p(単語2|アプリ) … >= p(単語1|その他) * p(単語2|その他) …
```

この問題は、対数関数を使用して解決できます(Excel の自然対数は LN の形式で利用できます)。

ここで、数値演算の興味深い事実を紹介します。次のかけ算を行うとします。

```
0.2 * 0.8
```

この式を対数にすると、次の式が成立します。

```
ln(0.2 * 0.8) = ln(0.2) + ln(0.8)
```

さらに、0から1の間の任意の値を自然対数にするとき、その解は小さな小数値ではなく、大きな負の

数値になります。したがって、各確率を自然対数にしてそれらを合計し、最大事後確率の比較を行います。これにより、コンピューターがエラーを発生しない値になります。

ちょっとわからなくなった方も、心配しないでください。Excel では、これがとても明確になります。

↗ Excel のパーティを始めましょう

> **✔ 注意**
> 本章で使用する Excel ファイルは、「CHAPTER03」フォルダーにある「マンドリル .xlsx」です。作業を終えた完成状態のファイルは「マンドリル_完成 .xlsx」となります。ダウンロード URL は「はじめに」の xii ページをご覧ください。

本章で使用するブックは、マンドリル .xlsx という名前で、最初は入力データの2つのシートがあります。[マンドリルアプリ関連ツイート] というシートには、150件のツイートが含まれており、1行ごとに1つのツイートが格納され、それらは Mandrill.com に関係するものです。[その他のツイート] のシートにも 150件のツイートが含まれており、これらは他のマンドリルに関係するものです。

始める前にひとこと言わせてください。「自然言語処理（NLP）の世界にようこそ」。自然言語処理は人間が書いた文章に関心を持ち、知識情報を出力します。そしてほぼすべての状況で、準備するものは、コンピューターに与える人が書いたコンテンツ（ツイートなど）になります。それでは準備の時間です。

≫ 無関係な句読点の削除

ツイートから Bag of Words を作成する第1のステップは、スペースで区切られたすべての単語をトークン化することです。スペースごとに単語を分ける前に、すべてを小文字にし、ほとんどの句読点をスペースに置き換えます。これはツイートの句読点は意味を持たないことが多いためです。すべてを小文字にする理由は、「e メール」と「E メール」は意味上の違いがないためです。

したがって、2つのツイートシートのセル B2 に次の式を追加します。

```
=LOWER(A2)
```

これにより、最初のツイートが小文字になります。C2で、すべてのピリオドを削除します。URL を壊すことは避けたいため、ピリオドの後にスペースがあるものを SUBSTITUTE コマンドを使用して削除します。

```
=SUBSTITUTE(B2,". "," ")
```

この式は、文字列 ". " を1つのスペース " " に置換します。

また、セル D2 で、コロンの後にスペースがあるものを1つのスペースに置換できます。

```
=SUBSTITUTE(C2,": "," ")
```

セル E2 から H2 で、文字列 "?"、"!"、";"、および "," についても、次のように同様の置換を行う必要があります。

```
=SUBSTITUTE(D2,"?"," ")
=SUBSTITUTE(E2,"!"," ")
=SUBSTITUTE(F2,";"," ")
=SUBSTITUTE(G2,","," ")
```

これらの4つの式で記号の後ろにスペースを追加する必要はありません。これらの文字列が URL に表示されることはさほど多くないためです（特に短縮 URL の場合）。

両方のシートのセル B2〜H2 を強調表示し、式をダブルクリックして、それらの式を下方向に行151までコピーします。これにより、2つのシートは図3-3に示されているような表示になります。

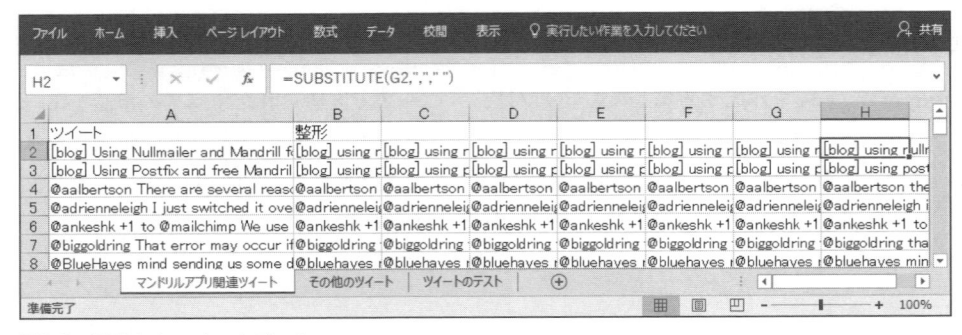

図3-3：用意したツイートデータ

≫ スペースで区切る

次に、新しい2つのシートを作成し、「**アプリのトークン**」および「**その他のトークン**」という名前を付けます。

カテゴリー内のすべてのツイートで、それぞれの単語が何回使用されているかをカウントする必要が

あります。これは、すべてのツイートの単語を1つの列に入れる必要があることを意味します。各ツイートに30語以上含まれていないと仮定しても問題ありません（この語数は40や50に自由に拡張してください）。したがって、行ごとに1つのトークンをツイートから抽出する場合は、150×30 = 4,500行が必要になることを意味します。

初めに、2つのシートで、A1にラベルとして「**ツイート**」と入力します。

A2〜A4501を強調表示し、最初の2つのシートの H 列からのツイートを［形式を選択して貼り付け］を使用して値貼り付けします。これにより、図3-4のように処理済みのツイートのリストができます。150のツイートを4,500の行に貼り付けましたが、Excel によって自動的にすべての処理が繰り返されます。優れた機能です。

つまり、最初のツイートから最初の単語を行2に抽出する場合、同じツイートからさらに2番目の単語を行152に抽出し、3番目の単語を行302にというように繰り返します。

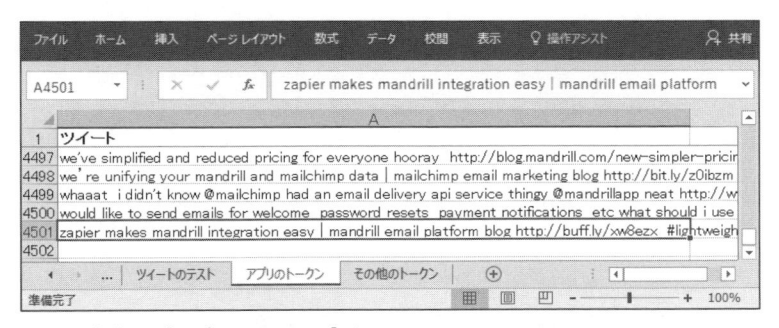

図3-4：初期の［アプリのトークン］シート

列 B では、ツイート内の単語間にある一連のスペースの位置を指定する必要があります。この列には、ラベルとして「**スペース位置**」と入力します。各ツイートの先頭にはスペースはないため、最初に B2〜B151に0を入力して、単語が各ツイートの最初の文字で始まることを示します。

ツイートが最初に繰り返される B152から、スペースを次のように計算できます。

```
=FIND(" ",A152,B2+1)
```

この FIND 式はツイートの次のスペースを検索します。この検索は、150セル上のセル B2に含まれる前のスペースの次の文字から開始します。図3-5を参照してください。

図3-5：行152のツイートの2番目のスペース位置

　ただし、この式は、予定していた30語よりも単語数が少ない場合にスペースがなくなるとエラーを発生します。このエラーに対応するために、式を IFERROR 文で囲み、ツイートの長さに1を加算して、最後の単語の位置を示します。

```
=IFERROR(FIND(" ",A152,B2+1),LEN(A152)+1)
```

　次に、この式をダブルクリックしてシートの下方向に A4501 までコピーできます。これにより、シートは図3-6のようになります。

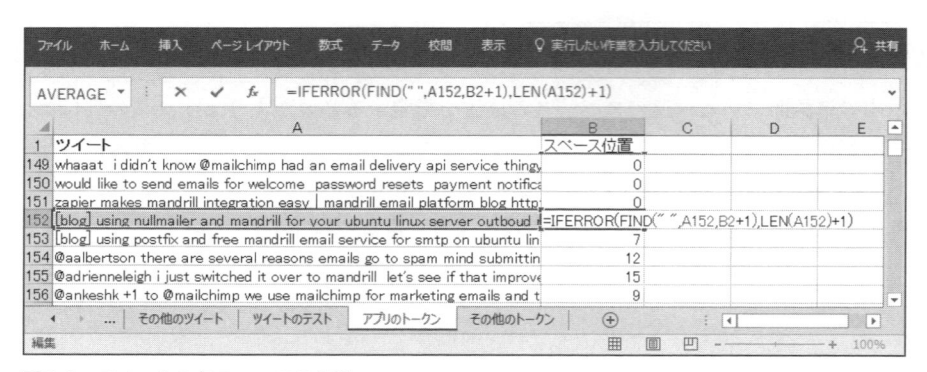

図3-6：ツイートの各スペースの位置

　次に列 C で、ツイートから1つのトークンを抽出します。列 C の先頭にラベルとして「**トークン**」と入力し、セル C2 より MID 関数を使用してツイートから適切な単語を抽出できます。MID は、テキストの文字列、開始位置、および抽出する文字の数を取ります。したがって C2 の場合、テキストは A2 にあり、

開始位置はすぐ前のスペースの1つ後です（B2 + 1）。また、長さは、次のスペース位置のセル B152 と、現在のスペース位置の B2 から1を引いた値との差になります（同一のツイートが150行の間隔で出現することに注意してください）。

これは次の式になります。

```
=MID(A2,B2+1,B152-B2-1)
```

さて、単語がなくなって文字列の最後まで到達した場合には、また困った状況になります。エラーが発生した場合には、トークンを "." に変えます。これにより、以降は単純に無視されます。

```
=IFERROR(MID(A2,B2+1,B152-B2-1),".")
```

次に、この式をダブルクリックして、シートの下方向にコピーし、すべてのツイートをトークン化します。図3-7を参照してください。

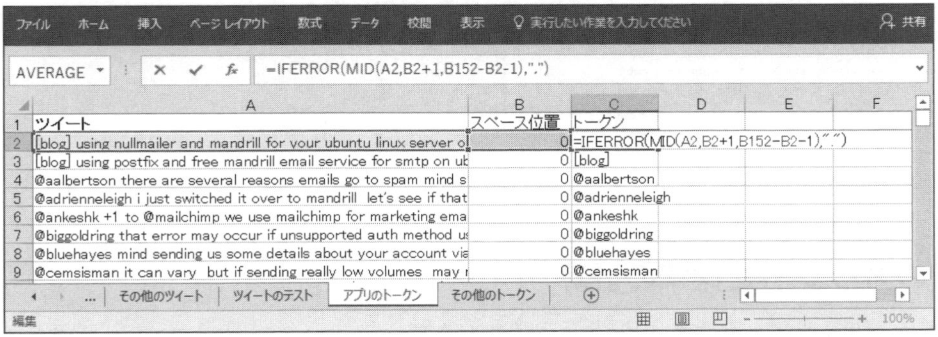

図3-7：ツイートのすべてのトークン

列 D の先頭に「長さ」のラベルを入力し、セル D2 で次のように C2 のトークンの長さを取得します。

```
=LEN(C2)
```

次に、この式をダブルクリックしてシートの下方向にコピーできます。この値により、意味を持たない可能性が高い3文字以下のトークンを検出して除外できるようにします。

✔ **注意**

通常は、このような自然言語処理タスクでは、すべての短い単語を削除するのではなく、特定の言語（この場合は英語）についてリストアップされたストップワードを削除します。ストップワードは、Bag of Words モデルに対する栄養素のような、語彙的な内容をあまり含んでいない単語です。

たとえば、「because」（なぜなら）や「instead」（その代わりに）はストップワードです。その理由はこれらが一般的な単語で、あるタイプのドキュメントと別のタイプを区別するために十分な役割を果たさないためです。一般的な英語のストップワードは、短い文字数の単語に多く、たとえば「a」、「and」、「the」などがあります。したがって本章では、簡略化のためかつ、より厳格にするために、短い単語のみをツイートから削除する方法をとっています。

これらの手順に従えば、［アプリのトークン］シートは図3-8のようになります（［その他のトークン］シートも、列 A に貼り付けられているツイートを除けば［アプリのトークン］と同じです）。

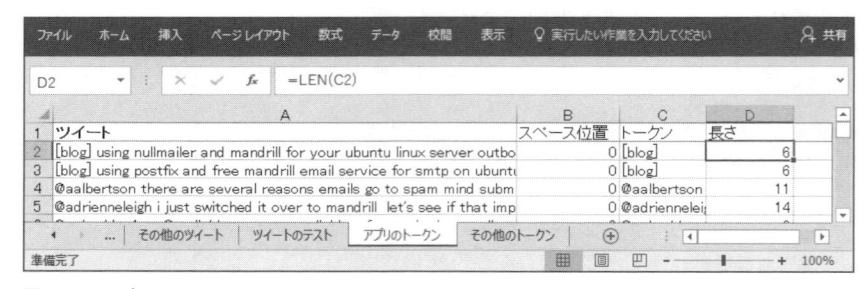

図3-8：アプリのトークンとそれぞれの長さ

≫ トークンのカウントと確率の計算

ツイートのトークン化を完了したので、トークンの条件付き確率 p(トークン | クラス) を計算できます。

これには、各トークンの使用回数を決める必要があります。まず、［アプリのトークン］シートでトークンと長さの範囲C1〜D4501を選択し、次にデータをピボットテーブルに挿入します。作成されたピボットテーブルシートの名前を「**アプリのトークンの確率**」に変更します。

ピボットテーブルの設定ウインドウで、トークンの長さをフィルターに、トークンを行ラベルに設定し、さらにトークンの個数が値になるように設定します。これにより、ピボットテーブルの設定は図3-9のようになります。

実際のピボットで、［長さ］フィルターのドロップダウンリストを選択し、使用中の長さ0、1、2、3の
トークンのチェックを外します（［複数のアイテムを選択］が表示されている場合は選択します）。この表
示については図3-9も参照してください。

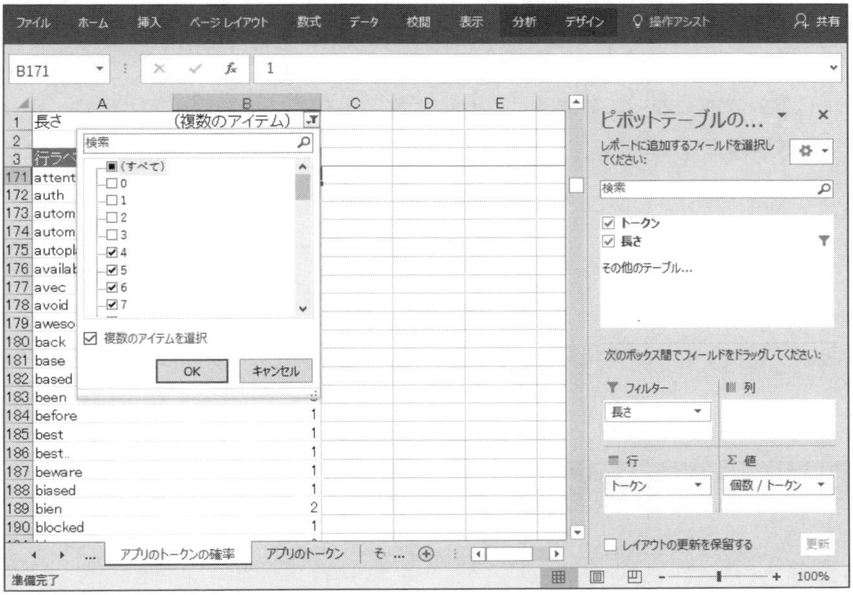

図3-9：トークンをカウントするためのピボットテーブルビルダーの設定

　これで、ツイートからの長いトークンのみをカウントするようになりました。

　各トークンの確率を追跡できるようになりましたが、カウントを開始する前に、本章で前述した加算
スムージングの概念を適用するために、各トークンに1を加算します。

　列Cの先頭にラベルとして「**すべてに1を加算**」を入力し、C4に＝B4＋1を入力します（Macの場合、
Excelのバージョンによってはピボットテーブルの位置が下に1行ずれます（C5がデータの1行目にな
る）。以降の解説は1行下にずらしてお読みください）。次に、式をダブルクリックすることで、ページ
の下方向にコピーできます。

　1をすべてに追加したので、新しいトークン数の合計の欄が必要になります。表の一番下に（［アプリの
トークンの確率］シートの行827）、その上方向のカウントを合計するセルを設定します。

```
=SUM(C4:C826)
```

列Ｄで、各トークンの確率を計算できます。列Ｃの各トークンのカウントを合計のトークンのカウントで割ります。列Ｄの先頭にラベルとして「**P(トークン | アプリ)**」と入力します。D4の最初のトークンの確率は、次のように計算します。

```
=C4/C$827
```

トークンの合計カウントは絶対参照になっています。これにより、式をダブルクリックすれば、列Ｄの下方向にコピーできます。次に列Ｅで（先頭にラベルとして「**LN(P)**」と入力）、D4の確率の自然対数を次の式で計算できます。

```
=LN(D4)
```

この式をシートの下方向にコピーします。これでMAP法に必要な値を算出できました。図3-10を参照してください。

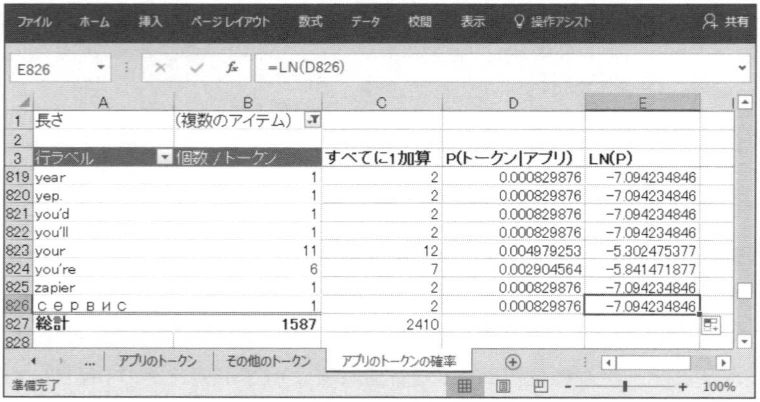

	A	B	C	D	E
1	長さ	(複数のアイテム)			
2					
3	行ラベル	個数 / トークン	すべてに1加算	P(トークン|アプリ)	LN(P)
819	year	1	2	0.000829876	−7.094234846
820	yep.	1	2	0.000829876	−7.094234846
821	you'd	1	2	0.000829876	−7.094234846
822	you'll	1	2	0.000829876	−7.094234846
823	your	11	12	0.004979253	−5.302475377
824	you're	6	7	0.002904564	−5.841471877
825	zapier	1	2	0.000829876	−7.094234846
826	сервис	1	2	0.000829876	−7.094234846
827	総計	1587	2410		
828					

図3-10：アプリケーショントークンの対数化された確率

さらに、［その他のトークン］を使用するピボットテーブルのシートを同様の要領で作成し、「**その他のトークンの確率**」という名前を付けます。

≫ モデルの完成です！　活用しましょう

　回帰モデルと違い（回帰モデルについては第6章で説明します）、ここでは最適化の手順を行いません。ソルバーも、モデルフィッティングもありません。ナイーブベイズモデルでは、2つの条件付き確率のテーブル以外必要になりません。

　これは、プログラマがこのモデルを好きになる理由の1つです。複雑なモデルフィッティングの手順はなく、いくつかのトークンを作成して、それらをカウントするだけです。さらに、トークンの辞書をディスクにダンプして、後から使用できます。本当に簡単です。

　ナイーブベイズモデルの訓練が完了しましたので、モデルを使用できます。ブックの［ツイートのテスト］シートには、20件のツイートがあり、その10件がアプリに関するもので、他の10件がその他のマンドリルに関するものです。これらのツイートを準備し、トークン化して（今回は刺激を求めて少し違う方法でトークン化します）、両方のクラスでトークンの確率の対数を計算し、さらにどちらのクラスが最も確率が高いかを判定します。

　ツイートを準備するために、［マンドリルアプリ関連ツイート］シートからB2～H21のセルをコピーし、［ツイートのテスト］シートのD2～J21に貼り付けます。この操作により、シートは図3-11のようになります。

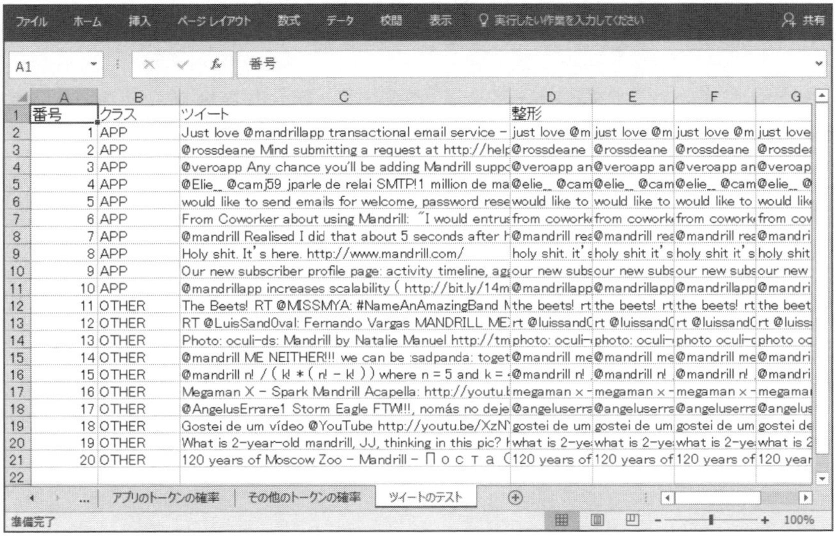

図3-11：用意したテストツイート

次に、「**予測のテスト**」というシートを作成します。このシートに、[ツイートのテスト] シートの [番号] および [クラス] 列をコピーします。列 C の先頭に「**予測**」のラベルを入力します。この列に、予測するクラスの値を入力します。次に列 D の先頭にラベルとして「**トークン**」と入力し、D2 ～ D21 に [ツイートのテスト] シートの列 J の値を貼り付けます。この操作により、シートは図 3-12 のようになります。

図3-12：[予測のテスト] シート

確率のテーブルを作成したときと違い、これらのトークンをツイートと統合しないでください。各ツイートは個別に表示する必要があり、これによりトークン化が簡単になります。

まず、D2 ～ D21 のツイートを強調表示し、Excel のリボンの [データ] タブで、[区切り位置] を選択します。表示された [区切り位置指定ウィザード] で、[カンマやタブなどの区切り文字によってフィールドごとに区切られたデータ] を選択し、[次へ] を押します。

ウィザードの 2 番目の画面で、タブとスペースを区切り文字として指定します。また、[連続した区切り文字は 1 文字として扱う] を選択することもできます。[文字列の引用符] は [¦ なし ¦] に設定されていることを確認します。これらの設定により、図 3-13 に示されているような表示になります。

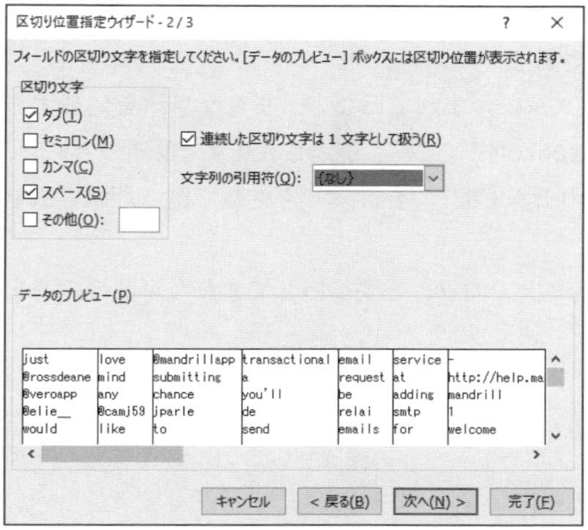

図3-13: ［区切り位置指定ウィザード］の設定

［完了］を押します。ツイートが列 AI まで各列に貼り付けられます（図3-14を参照）。

図3-14: テストツイートから取得したトークン

列 D の行25以下のトークンで、アプリの確率をトークンごとに調べる必要があります。これには、VLOOKUP 関数を使用できます（VLOOKUP の詳細については第1章を参照）。セル D25 に次の式を入力します。

```
=VLOOKUP(D2,アプリのトークンの確率!$A$4:$E$826,5,FALSE)
```

VLOOKUP 関数は、対応するトークンを D2 から取得し、［アプリのトークンの確率］シートの列 A で検索します。トークンが検出されると、列 E から値が取得されます。

　ただし、これだけでは十分ではありません。検索テーブルに含まれていない、まれな単語を処理する必要があります。それらのトークンに対して、現状では VLOOKUP から N/A が返されます。前述のとおり、まれな単語には、1 を［アプリのトークンの確率］シートのセル C827 の合計トークン数で割った確率値を与える必要があります。

　まれな単語を処理するために、VLOOKUP を ISNA のチェックで囲み、必要に応じてまれな単語の確率を対数化します。

```
IF(ISNA(VLOOKUP(D2,アプリのトークンの確率!$A$4:$E$826,5,FALSE)),
LN(1/アプリのトークンの確率!$C$827),VLOOKUP(D2,アプリのトークンの確率!
$A$4:$E$826,5,FALSE))
```

　このソリューションでは、まだ対応していないことが1つあります。それは、省略が必要な短いトークンです。対数化された確率は合計するため、短いトークンの対数化された確率は0に設定できます（これは両方のクラスで無視されるように1の確率を設定するのと似ています）。

　これには、式全体をさらに長さをチェックする IF 文で囲みます。

```
=IF(LEN(D2)<=3,0,IF(ISNA(VLOOKUP(D2,アプリのトークンの確率!
$A$4:$E$826,5,FALSE)),LN(1/アプリのトークンの確率!$C$827),
VLOOKUP(D2,アプリのトークンの確率!$A$4:$E$826,5,FALSE)))
```

　［アプリのトークンの確率］シートの参照には、絶対参照が使用されているため、この式はどこにでもドラッグできます。

　ツイートのトークンが列 AI までの各列に入力されているため、この式を D25 から AI44 またドラッグすることでトークンごとに値を計算できます。これらの設定により、ワークシートは図3-15のようになります。

図3-15：トークンに割り当てられたアプリの対数化された確率

セル D48 から、D25 と同じ式を使用できます。ただし、その式では［その他のトークンの確率］シートを参照する必要があります。さらに、［その他のトークンの確率］シートの範囲を VLOOKUP で $A$4:$E$809 に変更し、合計トークン数は $C$810 にします。

この操作により、シートは図3-16のようになります。

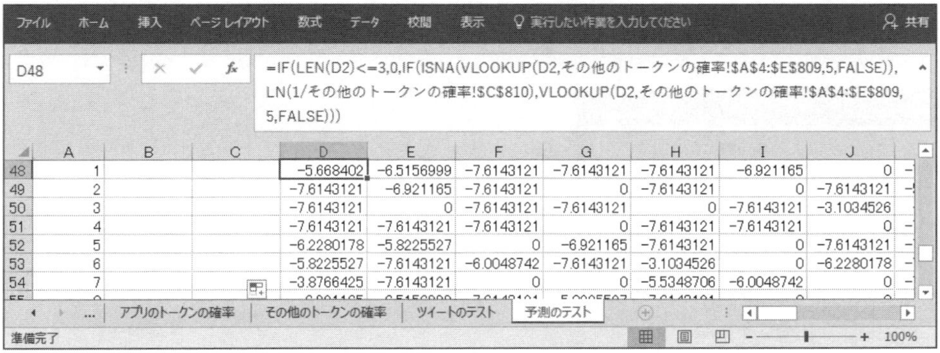

図3-16：テストツイートに割り当てられた両方のセットの対数化された確率

列 C で、確率の各行を合計できます。この結果、シートは図3-17を参照のようになります。たとえば、C25を単純に次のようにします。

```
=SUM(D25:AI25)
```

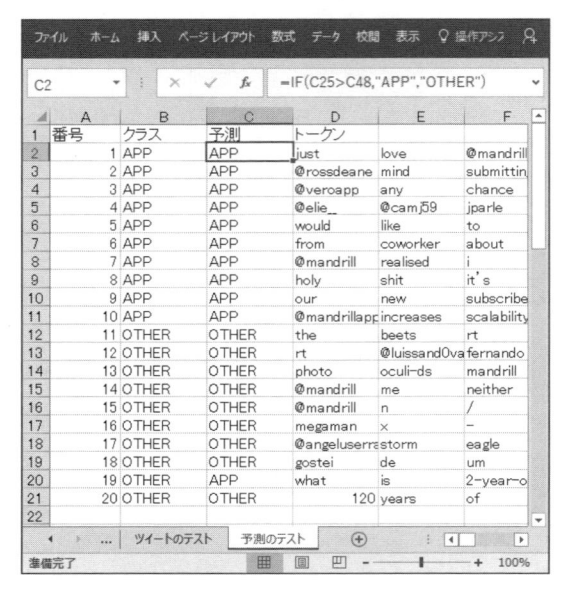

図3-17：対数化されたトークンの条件付き確率の合計

セル C2 で、この最初のツイートを分類するには、下にあるセル C25 と C48 を比較します。これには、次の IF 文を使用します。

```
=IF(C25>C48,"APP","OTHER")
```

この式を下方向に C21 までコピーすると、図3-18のようにすべての分類が表示されます。

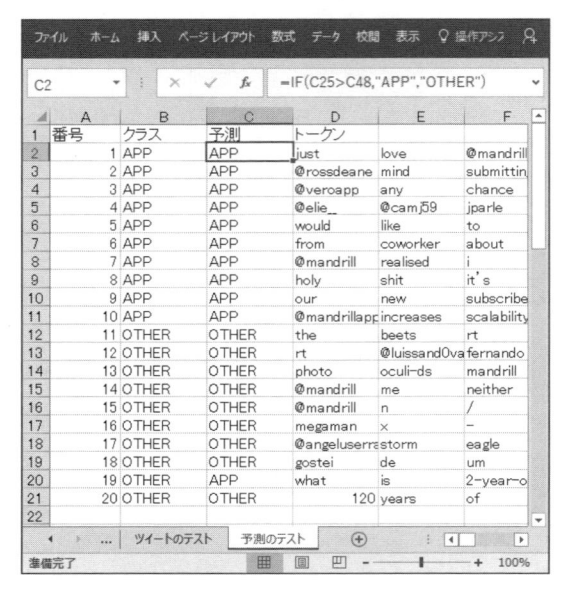

図3-18：分類されたテストツイート

20件中の19件が正しく分類されました。悪くない結果です。誤って分類された1つのツイートを確認すると、言葉がかなりあいまいで、評価値は同点に近い値でした。

これですべてです。モデルの作成と予測を完了しました。

↗ Wrapping Up

この章は、本書の他の章と比べるとかなり短くなっています。これは、ナイーブベイズが簡単であるためです。これが、多くの人がこの方式を好む理由でもあります。ナイーブベイズは、一種の複雑なマジックを行っているようにも見えますが、実際はコンピューターに、訓練データの各トークンが各クラスに何回出現したかを適切に記憶させているだけです。

「経験は知恵の父、記憶はその母」ということわざがあります。ナイーブベイズほど、このことわざに忠実なものは他にないでしょう。この人工の知能は、過去のデータと、数学的な補修テープを少しだけ貼った格納庫とを結合することで生まれました。

このタイプのモデルの優れた点は、数多くの特性がある（今回のデータではそれぞれの単語が特性になります）AI モデル入力を予測する場合でも、適切に機能することです。ただし、単純な Bag of Words モデルには、いくつかの不利な点があることに注意が必要です。第一に、モデルが多少単純なために、問題が起こる場合があります。1つ例を挙げます。

映画についてのツイートを「いいね」と「いまいち」に分類するナイーブベイズ分類器を作成したと仮定します。だれかが、次のようなことを発言したとします。

> マイケル・ベイの新しい映画は、女性蔑視の描写、大量の爆発、下手な演技の山盛りで特筆すべきものは何もない。まあ、個人的には車はよかった。

モデルは、これを正しく判定するでしょうか。多数の「いまいち」のトークンに続いて、最後に「いいね」のトークンがあります。

Bag of Words モデルでは、文章の構造は考慮されず、トークンは順不同であることが仮定されているため、この文は問題になる場合があります。多くのナイーブベイズモデルは、実際には、個々の単語ではなく句をトークンとして取得します。これにより、多少単語が文脈に応じて判別されます（そして、推定はよりこっけいなものになっていきます … まぁ、気にしない！）。句のトークンが機能するようにするには、さらに多くの訓練データが必要です。有効な n 語の句の領域は、有効な単語の領域よりも大きいためです。

この映画批評のような文については、批評の中の単語の位置を実際に考慮するモデルが必要かもしれません。どの句が「最後の単語」かについてです。この種類の情報を導入するには、現在の簡単な Bag of

Wordsの概念を即座に捨て去る必要があります。

　でも、これはつまらない粗探しではないでしょうか。ナイーブベイズは、直接的で用途の広いAIツールです。容易にプロトタイプを作成でき、テストできます。したがって、ナイーブベイズでモデリングのアイデアを試して、十分に機能した場合には、それでよいのではないでしょうか。ナイーブベイズで見込みがあっても、不十分な場合は、より優れたツールに移行できます。たとえばアンサンブルモデルなどです（第7章で説明します）。

最適化モデリング：「新鮮な絞りたて」のオレンジジュースがブレンドされているはずがない

ビ ジネスウィークが最近発行した記事では、米国コカ・コーラ社が大規模な分析モデルを使用して、生のオレンジジュースのブレンド方法を決定し、非濃縮還元タイプの完璧なジュース製品を開発していると報じていました。

私がこの記事について知り合いと議論しているとき、その1人が「でも、人工知能モデルでは実現できないでしょう」というようなことを口走りました。

この認識は正しいです。人工知能は利用できません。コカ・コーラは人工知能モデルを使用していないのです。同社は最適化モデルを使用しています。さて？ 何の違いがあるのでしょうか。

人工知能モデルは、入力を分析して処理の結果を予測します。これはコカ・コーラが行っている方法ではありません。コカ・コーラは、ジュース A とジュース B を混ぜるときに、結果を予測する必要がありません。同社が必要としているのは、ジュース A、B、C、D などで、どの組み合わせにするかを決定して、調達、ブレンドすることです。コカ・コーラは、特定のデータとビジネスルールを取得し（在庫、需要、仕様など）、製品のブレンド方法を決定しています。これらの決定により、コカ・コーラではジュースをブレンドして長所と短所を補い（あるジュースはとても甘く、またあるジュースは甘さが足りないなど）、ちょうど良い風味に調整し、さらにコストの最小化と利益の最大化を図っています。

予測を必要とする結果は1つもありません。このモデルは、未来を変えてしまいます。最適化モデリングは、AI におけるカルビン主義（物事があらかじめ決められているというキリスト教の説）に対する、分析におけるアルミニウス主義です（カルビン主義に反対する、未来を選択できるという説）。自由意志バンザイ（失礼。神学ジョークはこれぐらいにしておきます）。

産業界のあらゆる企業が、日々最適化モデルを使用して次のような質問の答えを導き出しています。

- コールセンターのすべての従業員に対して予定をどのように振り分けて、休暇の希望に対応し、超過勤務の偏りをなくし、さらに連続する深夜勤務をなくすか？
- どの石油採掘の案件を調査して収入を最大化し、リスクを抑えるか？
- いつ中国への新しい注文を発行し、どのように輸送してコストを最小化し、かつ予測されている需要を満たすか？

ここで紹介した最適化はビジネスの問題を数学的に定式化し、その数学的な表現を解決して最適解を求める実践方法です。第1章の記述のとおり、最適化の目標は常に最小化または最大化なので、「最適解」は最低コスト、最高の利益、刑務所内に着陸する最低確率など、目的に応じて何にでも適用できます。

最も広く普及し認知されている数学的最適化の方式は、線形プログラミングと呼ばれており、1930年代の終わりに旧ソビエト連邦で秘密裏に開発されました。広く使用されるようになったきっかけは第二次世界大戦で輸送計画や人員配備などに用いられたためで、これによりコストとリスクの最小化や、敵

に与える損害の最大化が図られました。

　本章では、線形プログラミングの「線形」の部分について詳しく説明します。「プログラミング」の部分は、戦争用語の名残でコンピューターのプログラミングとは関係ありません。気にしないでください。

　本章では、線形と整数について説明し、非線形の最適化についても簡単に触れます。説明では、ビジネスの問題をどのようにコンピューターが解決できる言語で定式化するかについて重点を置いています。さらに、Excel のソルバーに業界標準の最適化手法がどのように組み込まれており、問題を解決して、最適解に近づけることができるかを概略的に説明しています。

↗ データサイエンティストが最適化を必要とする理由

　ジェームズボンドやミッションインポシブルなどの映画を続けて見ると、オープニングタイトルの前に本格的なアクションシーンがよく登場することに気付くでしょう。爆発ほど観客を引き付けるものは他にありません。

　以前の章のデータマイニングや人工知能は、この爆発のようなものです。しかし、本章では、多くの優れたアクション映画と同じように、ストーリーを進める必要があります。第2章では、クラスター重心の最適な位置を見つけるために、最適化モデリングを少しだけ使用しました。でも、これを実現するための最適化に関する知識は第1章で学習しただけでした。本章では、最適化について詳しく学習し、ビジネス問題を解決するモデルを定式化するやり方について数多く練習します。

　人工知能は、今日、IT 企業やベンチャー企業で、数多く採用されています。一方、最適化は、さらに多くのフォーチュン500社でビジネス手法として取り入れられています。供給チェーンを見直して、輸送車両の燃料費を削減することは、さほど魅力的ではありません。ただし、余剰な支出を削減して、スケールメリットを最大限に活用することは、会社を効率的に経営する上で不可欠です。

　さらに、データサイエンスの分野でも、最適化が不可欠というのは紛れもない事実です。本書で後述するとおり、最適化は、それ自体が理解するための分析手法として価値があるばかりでなく、有能なデータサイエンスの実践者にとって、他のデータサイエンスの手法を実装する際に必要な手段でもあります。本書だけでも、最適化が他の4つの章で補助的な題材として登場しています。

- k 平均法における最適なクラスターの中心の決定（第2章）
- コミュニティーを検出するためのモジュール性の最大化（第5章）
- AI モデルの係数の訓練（回帰の適合）（第6章）
- 予測モデルでのスムージングパラメーターの最適な設定（第8章）

最適化問題は、データサイエンスのいたるところに組み込まれています。したがって、先に進む前にそれらの解決方法を習得する必要があります。

↗ 手始めの簡単な取捨選択問題

この節では、経済学者が好んで使う2つの国力の象徴である大砲（軍事力のたとえ）とバター（経済力のたとえ）の議論から始めます。時は1941年、あなたは空から敵陣に侵入しました。そこでジェレミー・ガリンドーというフランスの酪農業者として認識されています。

昼の仕事：牛の乳搾りをして、甘くてクリーミーなバターを地元の住民に売る。

夜の仕事：機関銃を製作して、フランスのレジスタンスに売る。

あなたの仕事は、複雑で危険を伴っています。司令部との連絡は途絶えており、自分の裁量で農場を運営しなければなりません。さらに、ナチスから捕らえられることなく任務を遂行しなければなりません。あるのは多額の予算だけで、それは銃とバターを製造しながらやりくりするためものです。戦争が終わるまでそのお金でまかなっていかなければなりません。農場と、並行して行っている軍事支援はやめるわけにはいきません。

落ち着いて今の苦境について考えた結果、現在の状況を次の3つの要素で表せることがわかりました。

- **目標**：機関銃を連絡係のピエールに売るごとに、その収入として195ドル（舞台がフランスではありますが、正直なところ Excel はドルで設定しています…）を得ます。市場で売るバターは1トンあたり150ドルの収入になります。農場を存続するために毎月できるだけ多くの収入を得る必要があります。
- **決定**：合計の利益を最大化するために、毎月銃何丁とバター何トンを合計で生産するかを計算する必要があります。
- **制約**：バター1トンを生産するために100ドルのコストがかかり、機関銃1丁を製作するために150ドルのコストがかかります。毎月1,800ドルの予算があり、販売する新しい製品の生産に充てることができます。さらに、それらの生産品は、21立方メートルの貯蔵庫に格納する必要があります。銃を梱包すると0.5立方メートルの場所をとり、1トンのバターは1.5立方メートルの場所をとります。バターを他の場所に貯蔵すると劣化するため、それはできません。銃を他の場所に貯蔵すると、ナチスに捕まってしまうため、それもできません。

≫ 問題を多面体として表現

　ここで説明した問題は線形プログラムと呼ばれています。線形プログラムは、一連の決定で構成されています。それらの決定は、制約を考慮しながら目的を最適化するために必要であり、その際の制約と目的は線形です。この場合の線形とは、この問題の式では、制約による決定の加算、決定の減算、決定の乗算、またはこれらの組み合わせしか行えないことを意味します。

　線形プログラミングでは、非線形関数を使用して決定を求めることができません。非線形関数には次のようなものがあります。

- 決定どうしの乗算（銃とバターをかけ合わせても使用できる用途はありません）
- if 文などの論理チェックを通じた決定変数の送信（例、「バターのみを貯蔵庫で保管する場合、少し押しつぶして容量を22立方メートルにできる」など）。

本章で後から説明しますが、制限によって創造性が生まれます。

　では、現在の問題に戻ります。まず、この問題の「可能領域」をグラフに示します。可能領域は、有効な解をまとめたものです。銃とバターをまったく作らないことは可能ですか？　もちろん、可能です。これにより収入が最大化されることはありませんが、可能です。100丁の銃と1,000トンのバターを生産できますか。いいえ、予算が足りません。また貯蔵庫にも収まりません。不可能です。

　それでは、どこからグラフを描き始めればよいでしょうか。まず、銃とバターは負の数を作成することができません（これは理論物理学ではありません）。したがって、xy 平面の第一象限を使用します。

　予算については、1丁あたり150ドルで12丁の銃を1,800ドルの予算から製作できます。1トンあたり100ドルで、18トンのバターを生産できます。

　したがって、予算の制約を xy 平面に線としてグラフに描くと、その線はちょうど12丁の銃と18トンのバターの点を通ります。図4-1 に示されるように、可能領域は正の値の三角形になりその範囲で生産が可能です。最大12丁の銃、18トンのバター、または2つの最高点を線形結合してその間をとった量になります。

　この三角形は、一般的に多面体と呼ばれています。多面体は、平面で構成された単なる幾何学的な形状です。多角形という用語を聞いたことがあると思います。多角形はまさに2次元空間の多面体です。大きな婚約指輪を持っている方は…なんと！ダイヤモンドも多面体です。

　すべての線形プログラムには、多面体で表現した可能領域があります。すぐ後に紹介するいくつかのアルゴリズムは、この事実を利用して、迅速に線形プログラミングの解に到達します。

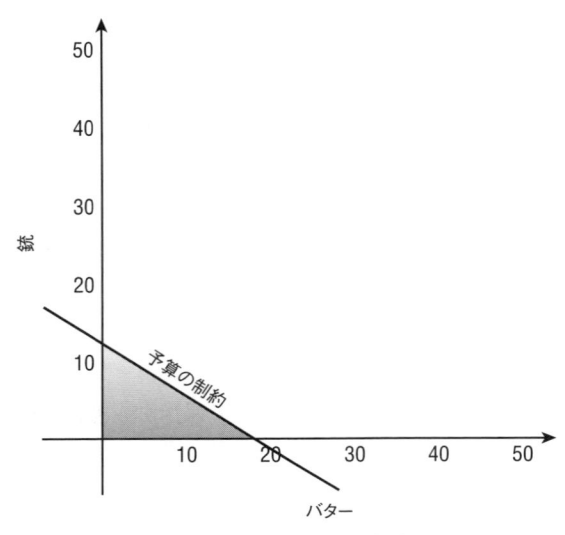

図4-1：予算の制約により可能領域が三角形に

　問題を詳しく確認したので、2番目の制約の貯蔵庫について検討しましょう。銃のみを生産した場合は、貯蔵庫に42丁を格納できます。一方、最大14トンのバターを貯蔵庫に押し入れることができます。この制約を多面体に追加するためには、可能領域の一部を削る必要があります。図4-2を参照してください。

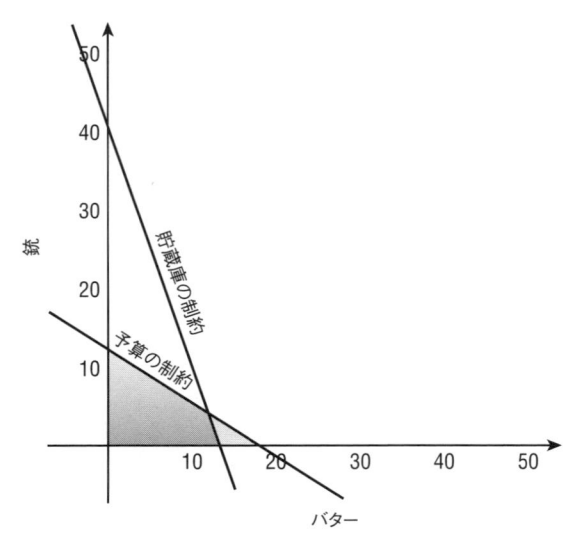

図4-2：貯蔵庫の制約により可能領域の一部を削除

≫ レベル集合の移動による解決

可能領域を決定したので、「その領域内で、銃とバターの最高の組み合わせはどの位置か」という質問に取りかかれます。

この質問に答えるには、最初にレベル集合という概念を定義します。最適化モデルのレベル集合は、多面体の特定の領域であり、どの点でも**同じ収入になるもの**です。

収入の関数は、150ドル × バター + 195ドル × 銃であるため、各レベル集合は、150ドル × バター + 195ドル × 銃 = C の線で定義できます。この場合、C では収入額が一定です。

C が1,950ドルの場合を考えます。150ドル × バター + 195ドル × 銃 = 1,950ドルのレベル集合の場合、点 (0,10) と (13,0) の両方がそのレベル集合内に存在します。これは、150ドル × バター + 195ドル × 銃が1,950ドルになる銃とバターの任意の組み合わせが、レベル集合内に存在するためです。このレベル集合は、図4-3のようになります。

このレベル集合の考え方を使って、収入の最大化の問題を解決できます。レベル集合を収入が増加する方向（この方向はレベル集合自体と垂直になります）へ可能領域から出る直前まで移動します。

図4-3では、レベル集合が点線で示され、目的関数が、矢印と点線の組み合わせで表現されています。

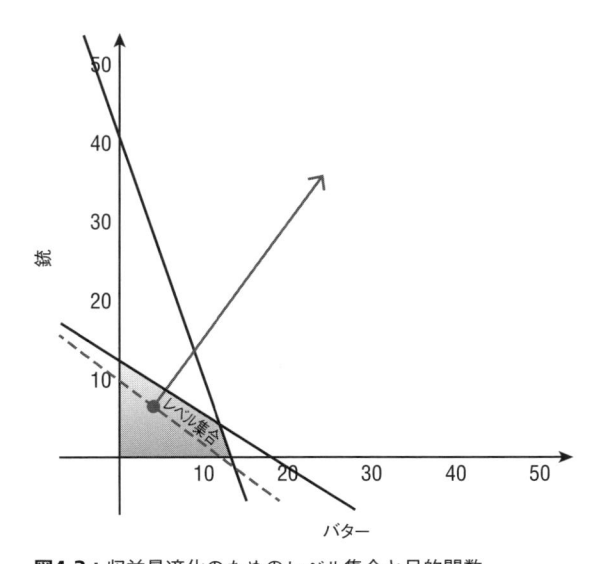

図4-3：収益最適化のためのレベル集合と目的関数

≫ シンプレックス法：各角の周囲を移動

　繰り返しますが、どの実現可能点が最適かを知りたい場合は、収入が増加する方向にレベル集合を移動するだけです。レベル集合が多面体から離れる直前が、最高の点になるはずです。さらに、この利点は次のとおりです。

　境界上にある最適な点は、常に多面体の角に位置します。

　この事実を図4-3で確認してください。レベル集合の上に鉛筆を置いて、収入が増える右上の方向に移動します。レベル集合が多面体の角から離れることを確認できましたか。

　では、なぜこのようにうまくいくのでしょうか。図4-3の多面体には、無限個の実現可能解があります。空間全体を探すのには時間がかかりすぎます。辺の部分でさえも、無限個の点があります。ただし、角は4つしかなく、最適な解がそれらの1つにあります。これで、確率がかなり向上しました。

　アルゴリズムには角を確認するように設計されたものがあります。それは、数億もの決定が存在する問題でも、とても役に立ちます。そのアルゴリズムはシンプレックス法と呼ばれています。

　基本的に、シンプレックス法では多面体の角から開始し、目標の利益になる方向へ向かう多面体の辺に沿って移動します。ある角に到達し、その角から出ているすべての辺が目標に利益になる方向ではない場合、その角が最適の角です。

　銃とバターを販売する場合、点 (0,0) から開始すると仮定します。それは角ですが、収入は0ドルです。明らかにもっと良い収入を期待できます。

　図4-3のとおり、多面体の底の辺では、右に移動すると共に収入が増加します。このため多面体の底に沿ってこの方向に移動すると、(14,0) の角に到達します。14トンのバターで、銃は0丁の場合、2,100ドルの収入になります（図4-4を参照）。

　この全部バターの角から、貯蔵庫の保管の辺に沿って収入が増加する方向に移動できます。次に到達する角は (12.9, 3.4) です。ここでは収入が2,600ドル弱になります。この角から出るすべての辺が、収入が減る交点へつながっているため、これで完了です。図4-5のとおり、これが最も有利な条件です。

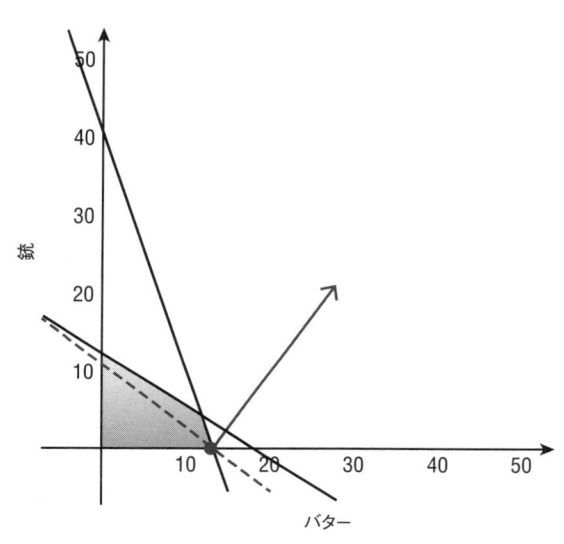

図4-4：全部バターの角で確認

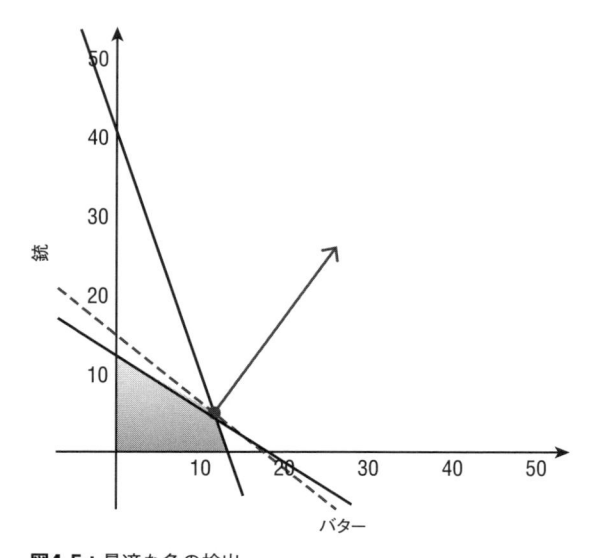

図4-5：最適な角の検出

≫ Excel での作業

この単純な問題を終えて、もう少し難しい問題に進む前に、この問題をExcelで実装して、解決しましょう。空白のExcelで最初にやることは、目標および決定変数の領域を作ることです。次に、セルB1に総収入を表示し、その横のA1にラベルを入力します。さらにB4:C4に、生産量の決定数を表示します。

目標と決定の領域の下に、銃とバターのサイズと価格情報、貯蔵スペースと予算、および各生産物の収入を追加します。

この必要最小限のスプレッドシートは図4-6のようになります。

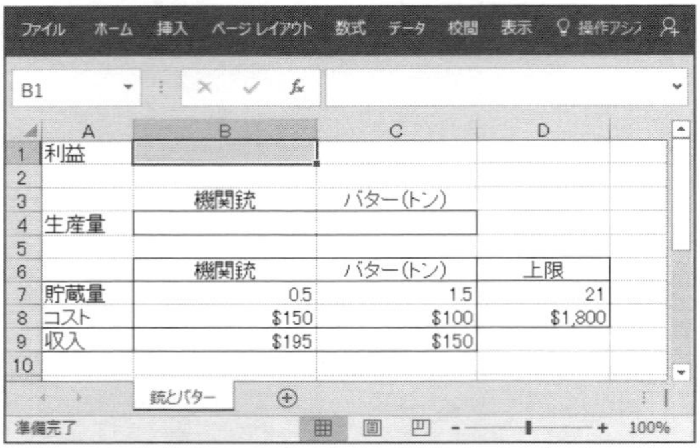

	A	B	C	D
1	利益			
2				
3		機関銃	バター(トン)	
4	生産量			
5				
6		機関銃	バター(トン)	上限
7	貯蔵量	0.5	1.5	21
8	コスト	$150	$100	$1,800
9	収入	$195	$150	
10				

図4-6：Excelに入力された銃とバターの小っちゃなデータ（銃とバター.xlsx）

このデータに、いくつかの計算、すなわち制約の計算と収入の計算を加える必要があります。[Limit（上限）]セルの横の列Eでは、[使用済み]の列として、生産した銃とバターの数量に、対応するサイズと価格をかけ合わせてそれらを合計できます。たとえば、E7で、貯蔵庫のどの程度を占めているかを次の式を使用して計算できます。

```
=SUMPRODUCT(B4:C4,B7:C7)
```

なお、この式は、1つの範囲のB4:C4のみが決定範囲であるため線形です。もう1つの範囲には、単純に貯蔵庫の係数を入力します。銃とバターに費やした合計金額を求めるために同じ計算を実行します。

目標関数では、行4の購入済み数量と行9のそれらの収入の `SUMPRODUCT` を求めます。銃1丁とバター1トンという実現可能解を決定セルに入力すると、シートの表示は図4-7のようになります。

図4-7：銃とバターの問題における収入と制約の計算

　では、Excel で最適な値求めるために、決定変数をどのように設定したらよいでしょうか。これには、ソルバーを使用します。初めに、空のソルバーウィンドウを開きます（図4-8を参照）。ソルバーをExcel に追加する方法の詳細は、第1章を参照してください。

図4-8：ソルバーウィンドウ

以前の章で練習したように、ソルバーに目標、決定、および制約を入力する必要があります。目標は、B1に作成した収入セルです。さらに、[最大値] ラジオボタンを選択していることを確認してください。収入を最小化するのではなく、最大化します。コストやリスクの問題に取り組んでいる場合は、[最小値] オプションを使用します。

決定は、B4:C4にあります。これらをソルバーウィンドウの [変数セルの変更] セクションに追加すると、図4-9のようになります。

図4-9：目標と決定をソルバーに入力

制約については、追加しなければならないものが2つあります。まず、地下貯蔵庫の制約から追加します。[制約] セクションの横の [追加] ボタンをクリックします。小さなダイアログボックスに入力するとき、セルE7をセルD7以下（≦）にする必要があります（図4-10を参照）。使用する貯蔵スペースは、この上限以下になる必要があります。

✔ **注意**

ソルバーによって、定式のすべての要素に絶対参照（$）が追加されます。ソルバーによるこの処理によって特に問題になることはありません。ただし、正直なところなぜこのような処理が行われるかはわかりません。ソルバーモデル内で定式をドラッグできなくなります。絶対参照の詳細は、第1章を参照してください。

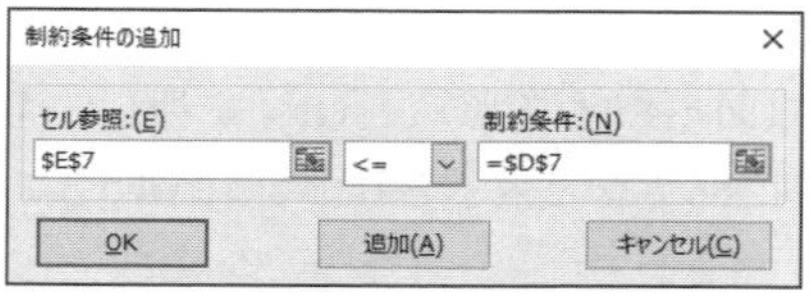

図4-10：［制約条件の追加］ダイアログボックス

> **✔ 注意**
>
> OK を押す前に、ソルバーで使用できる他の制約について確認しましょう。≦、≧、＝の他にも、なかなか便利な制約があります。それらは int、bin および dif です。これらの奇抜な制約をセルに配置すると、セルの値が整数、2進数（0または1）、あるいは「すべての異なる値」になります。int 制約を覚えておいてください。すぐ後で使用します。

　［OK］を押して制約を追加し、予算の制約（E8 ≦ D8）も同じ方法で追加します。また、［制約のない変数を非負数にする］ボックスをオンにしているかを確認してください。銃とバター製品が異常な理由により負にならないようにします（または、単純に B4:C4 ≧ 0の制約を追加することも可能ですが、このチェックボックスの方が設定が簡単です）。

　［解決方法の選択］で、［シンプレックス LP］アルゴリズムが選択されていることを確認します。これで解決の準備が完了しました（図4-11を参照）。

図4-11：ソルバーで銃とバターの定式を入力完了

［解決］を押すと、Excel によって即座に問題の解が求められ、結果を表示するボックスがポップアップします。求められた解を採用するか、決定セルの値を修正できます（図4-12を参照）。［OK］を押して解を採用すると、グラフで求めたのと同じように銃が3.43、バターが12.86トンと表示されます（図4-13を参照）。

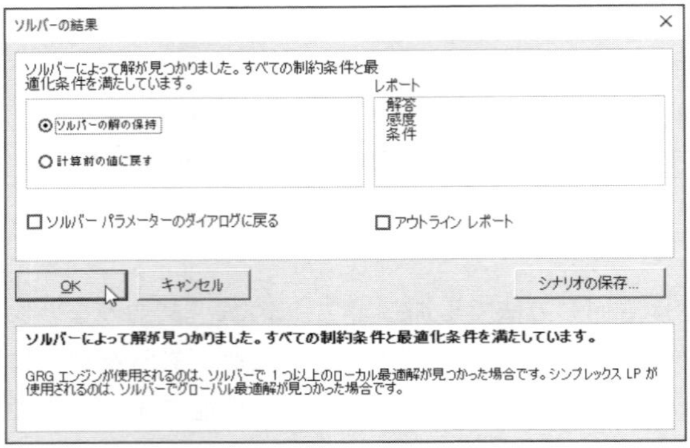

図4-12：問題が解決されるとソルバーによって表示されます

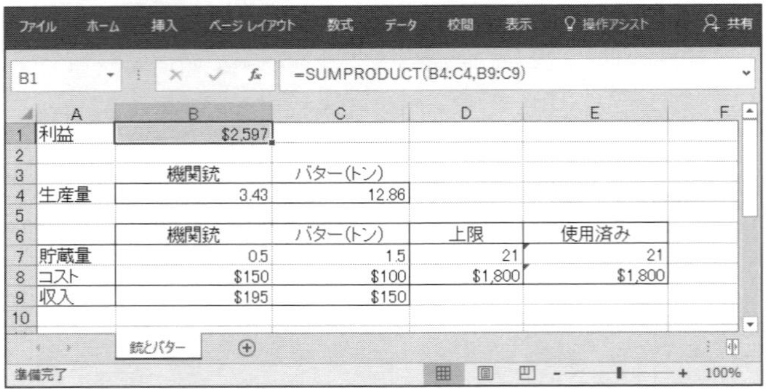

図4-13：最適化された銃とバターのブック

■ でも、3.43丁の銃を作ることはできない

　こうなると、あなたの中のもう1人の自分であるフランス人が「Zut alors（まいった）！」と叫ぶに違いありません。なぜなら、43パーセントの銃を作ることはできないからです。この点については譲歩するしかありません。

　線形プログラムを利用しているとき、小数部分の処理に悩まされることがあります。大量の銃とバターを生産しているときは、小数値を無視しても、実現不可能や収入の変動などが大きな問題になることは

ありません。ただし、この問題では数量が少ないため、ソルバーに解を整数で求めるように指定する必要があります。

このため、ソルバーウィンドウに戻って、決定セル B4:C4 を整数に強制する制約を追加します（図4-14を参照）。[OK]をクリックして、[ソルバーのパラメーター]ウィンドウに戻ります。

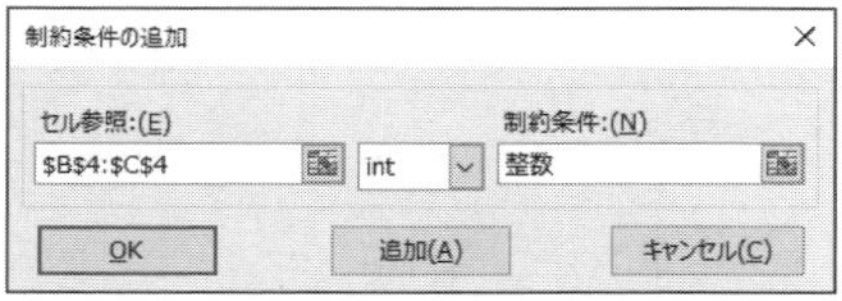

図4-14：銃とバターの決定を整数に強制

[シンプレックス LP] の横の [オプション] セクションで、[整数制約条件を無視する] ボックスがオフになっていることを確認し、[OK]を押します。

[解決]を押すと、新しい解が表示されます。2,580 ドルで、17 ドルしか減っていません。悪くない結果です。決定を整数に強制する場合、結果が良くなることはなく、悪くなるだけです。これは、有効な解の制限を厳しくしているためです。

銃が4に増え、バターが12に減りました。予算はすべて使い切ってしまいましたが、地下貯蔵庫には1立方メートルの余裕があることに注意してください。

では、なぜ決定を常に整数にしないのでしょうか。それは、整数化する必要がないときもあるためです。たとえば、液体を混合するときは、小数があっても問題ありません。

また、整数を選択すると、ソルバーで使用される実際のアルゴリズムが自動的に変更され、その結果としてパフォーマンスが低下します。ソルバーが使用するアルゴリズムは、整数または2進数の制約が指定されると「分岐限定法」と呼ばれるものになります。分岐限定法のアルゴリズムは、概略的には、問題の部分ごとにシンプレックスアルゴリズムを繰り返し実行して、整数で実現可能な解を段階的に探索します。

■ 問題を解決できるように非線形化する

決定に整数の制約を追加しましたが、実際の基本となる問題はまだ線形です。

毎月5丁以上の機関銃を追加で納めることができれば、連絡係のピエールから500ドルの追加料金をもらえるとします。B1の収入の関数に IF 文を足して、セル B4 の銃の生産量を確認できます。

```
=SUMPRODUCT(B4:C4,B9:C9) + IF(B4>=5,500,0)
```

IF 文を追加した時点で、目的関数は非線形になります。図4-15のように IF 文を図示することで、銃5丁で非線形の大きな不連続があることが容易にわかります。

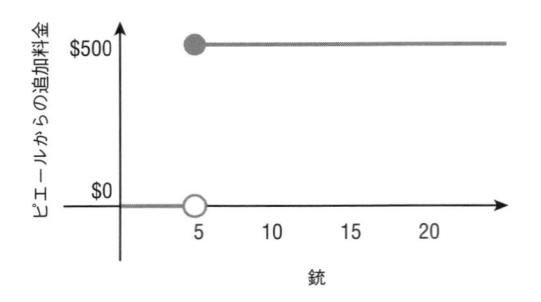

図4-15：ピエールの500ドルの追加料金に関するグラフ

ソルバーを開いて、この問題を解決するためにシンプレックス LP を再度使用すると、Excel から「この LP ソルバーに必要な線形条件が満たされていません」という丁寧な苦情が表示されます（図4-16を参照）。

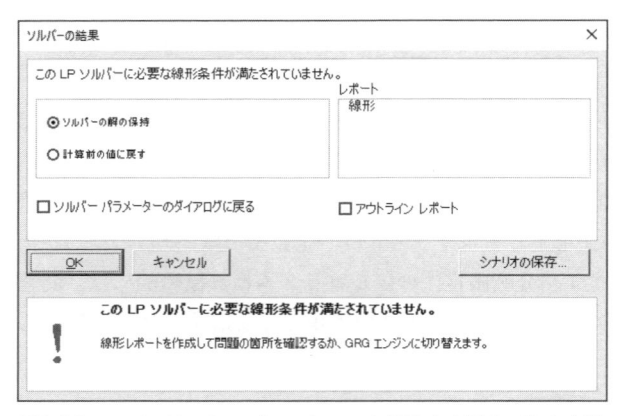

図4-16：Excelでは、シンプレックスLPを使用する場合、決定変数でIF文を使用できません。

幸いソルバーには、［エボリューショナリー］および［GRG 非線形］と呼ばれる2つの別のアルゴリズムがあるため、この問題を解決できます。ここでは、一時的にエボリューショナリーの手法を使用します。第2章を読まれていれば、このアルゴリズムの使用方法は既に理解されているはずです。

エボリューショナリーアルゴリズムのしくみは、生物学の進化のしくみを大まかにモデル化したものです。

- 実現可能および実現不可能な初期の解のプール（「遺伝子プール」に類似）を生成します。
- それぞれの解には、生存のための順応性のレベルが与えられます。
- 解が、交配によって（品種）改良されます。つまり、要素が、2、3個の既存の解から選択されて結合されます。
- 新しい解を生成するために、解の突然変異を起こします。
- 一定量のローカル検索が行われ、母集団で、現在の最適解の近傍から新しい解が生成されます。
- 淘汰が発生し、ランダムに選択された適切でない候補の解が、遺伝子プールから除外されます。

この手法は、問題の構造が線形や2次方程式などの場合は、本質的に必要ありません。ある程度まで、問題はブラックボックスのように処理できます。

つまり、Excel で線形プログラムをモデル化するとき、＋／－記号、SUM および AVERAGE 式、SUMPRODUCT 式などに制限され、決定は1つの範囲しか指定できません。ただし、エボリューショナリーソルバーを使用することで、任意の式を選択できるように拡張できます。次のような、便利な非線形関数も選択できます。

- 論理チェック：
    - IF
    - COUNTIF
    - SUMIF
- 統計関数：
    - MIN
    - MAX
    - MEDIAN
    - LARGE
    - NORMDIST、BINOMDIST など
- 検索関数：
    - VLOOKUP
    - HLOOKUP
    - OFFSET
    - MATCH
    - INDEX

興味が湧いてきたと思いますが、ここで少し気がめいることを言わせてください。エボリューショナリーソルバーにはいくつかの問題があります。

- エボリューショナリーでは最適な解を見つけことができる確証がありません。やっていることは、母集団の中で最適な解を追跡しているだけです。この探索は、制限されている時間になるか、母集団がしばらくの間、続行に値するほど変化していないか、または [Esc] キーで終了するまで実行されます。この「終了基準」は、ソルバーのエボリューショナリーアルゴリズムのオプションで変更できます。
- エボリューショナリーソルバーの処理は、かなり時間がかかる場合があります。複雑な制約条件では、エラーが発生することが多く、適切に開始できる設定すら見つからない場合があります。
- Excel でエボリューショナリーアルゴリズムを適切に機能させるには、決定変数ごとに、厳格な制限を指定する必要があります。制限を定めていない決定がいくつかある場合、その制限に非常に大きな値を選択する必要があります。

　この最後の項目を考慮して、銃とバターの問題の場合は、決定が必ず25以下になるように制限を追加する必要があります。図4-17では、この新しい設定が示されています。

図4-17：エボリューショナリーソルバーの定式

[OK]を押して、次に[解決]を押します。アルゴリズムの処理が開始され、最終的に、銃6丁とバター9トンの解が導き出されるはずです。エボリューショナリーアルゴリズムによって、ピエールの500ドルのボーナスに応じることが決定されました。すばらしい。ただし、このような小さな問題でも、多少時間がかかっています。私のラップトップで約30秒かかりました。これが生産モデルの場合に、どのようなことを意味するかを考えてみてください。

≫ 本章末のモンスター級の問題

今まで、架空の問題に取り組んできました。次の節では、もう少し内容のある題材で、ソルバーの性能を示します。また、非線形（ピエールの500ドルの銃のボーナスなど）の関数を線形の手法でモデル化することについても学びます。このため高速なシンプレックスLPアルゴリズムを引き続き使用できます。

読者が別のトピックに移りたくてウズウズしているのであれば、以降の章で適切に作業するために必要な知識のほとんどが、ここで習得できることをご理解ください。少なくとも、本章のIf Thenや「BigM」制約の節は参照してください。第5章のグラフでのクラスタリングを理解するために必要です。できれば、時間を確保して、ここで残りの問題も確認してください。ただし、本章でモデル化している最後の2つのビジネスルールはモンスター級ですのでご注意ください。

その他のツール

大きなモデルは、Excelにはあまり適していません。Excelに付属するソルバーは、100の決定変数および制約しか使用できません（この数は利用しているバージョンによって変わります）。これは、本書で取り組むことができる問題のサイズを制限します。

Excelでより大きなサイズの問題を解決する必要がある場合は、より大きなソルバーをFrontlineSystemsから購入したり、後述するOpenSolverを利用します。OpenSolverは中規模の最適化問題に適しており、筆者はOpenSolverを何十万もの変数に対して効果的に使用してきました。大規模なものにはGurobiおよびCPLEXがあります。

本書では、これ以降もExcelとソルバーを使い続けます。ただし、世間には、より大きな問題を解決するための最先端のモデリング環境が存在し、Excelの処理範囲を超える問題を解決する必要がある場合にはそれらの環境を使用することになる点は覚えておいてください。

↗ 果樹園からグラスへの新鮮さ ... ブレンディングモデルのブレイクタイム

✔ **注意**

本章で使用する Excel ファイルは、「CHAPTER04」フォルダーにある「オレンジジュースのブレンド .xlsx」です。作業を終えた完成状態のファイルは「オレンジジュースのブレンド .xlsx」となります。ダウンロード URL は「はじめに」の xii ページをご覧ください。

子供のころ、だれかからサンタクロースはいないと知らされた日があったでしょう。実際は赤鼻のよそのおじさんが、商店街で衣装を着ているのだと。

では、今日は読者のその他の思い込みを粉砕します。濃縮還元ではないプレミアムオレンジジュースは手で絞られたものではありません。おそらく、ジュースの中の果肉はそのジュースからではなく別のオレンジものです。さらにジュースは、別々の樽から集められたもので、数学的なモデルに従ってブレンドされています。このブレンドにより、毎回飲むジュースの味が前と同じになるように維持されています。

オレンジジュースを年中同じ味にすることは、だれでも実現できることではありません。オレンジはフロリダで年中収穫できるものではないのです。さらに1年の中で時期が異なると、収穫できるオレンジの種類も異なります。果物の収穫が早すぎると、「未熟な」味になります。代わりに、旬の果物を外国から輸入すると、ジュースの色が変わる可能性があります。また、甘くなり過ぎたりします。消費者からの需要は持続的にあります。果汁が低いタイプなら容易かもしれませんが、絞りたての低温保存されたオレンジジュースの一連の樽からどうやって、適切なジュースを取得すればよいでしょうか。

≫ ブレンドモデルの使用

人気テレビドラマ『ダウントン・アビー』では、裕福なグランサム伯爵が、一族のすべてのお金を1つの鉄道事業に投資します。これは、大変なリスクです。そして、彼は巨額の資産を失います。1900年代初頭には、どうやら分散投資法は一般的な概念として存在していなかったようです。

複数の投資を含む投資ポートフォリオで、リスクとリターンを平均化すれば、豊かになる確率は減少しますが、同様に破産する確率も減少します。これと同じ方法が、今日のオレンジジュースの生産にも導入されています。

ジュースは世界中から調達可能で、時期を問わずさまざまな品種のオレンジジュースを入手できます。それぞれの生産物には独特の特徴があります。あるものは少し酸味があり、あるものは少し渋く、またあるものは甘味が弱かったりします。このジュースの「ポートフォリオ」をブレンドすることにより、一貫して1つの味を維持できます。

これが、この節で取り組む問題です。品質を維持しながらコストを削減するブレンディングモデルはどのように構築すればよいでしょうか。さらにどのような手法とそれに伴う数式化が必要になるでしょうか。

≫ 特定の仕様から始める

読者は、JuiceLand（ジュースランド）で働く分析官で、上司は、ジュース・R・ランディングスリー三世氏です（この会社はかなりの縁故主義です）。彼は、読者に来年の1月、2月、および3月に供給者からジュースを調達するよう計画することを依頼しました。この任務を通じて、ランディングスリー氏から、供給者から提出された仕様書が渡されました。原産国と品種、向こう3か月間の購入可能量、さらに1,000ガロンあたりの価格と輸送コストが記載されています。

この仕様書では、ジュースの色について10段階の評価が示され、風味について3種類の要素が記載されています。

- **糖度 / 酸味比**：糖度は、ジュースの甘さの尺度で、糖度 / 酸味比は甘さと酸味の尺度です。結局のところ、糖度 / 酸味比の尺度によってオレンジジュースのすべてが決まります。
- **酸味（%）**：ジュースの酸味の割合は、個別に分類されています。これは、酸味がある割合以上になると、ジュースの甘さに関係なく、強い酸味が残るためです。
- **渋み（1-10段階）**：ジュースの「熟成度」の尺度です。苦く、未熟で、青臭い風味のものが紛れ込んでいる可能性があります。この尺度は、すべてのジュース工場において検査者のグループにより、1-10で評価されています。

これらの仕様はすべて、図4-18のように仕様のスプレッドシートで表されています。

品種	原産国	購入可能量 (1,000ガロン)	糖度/酸味比	酸味 (%)	渋み (1-10段階)	色 (1-10段階)	価格 (1,000ガロン当たり)	輸送コスト
Hamlin	Brazil	672	10.5	0.60%	3	3	$ 500.00	$ 100.00
Mosambi	India	400	6.5	1.40%	7	1	$ 310.00	$ 150.00
Valencia	Florida	1200	12	0.95%	3	3	$ 750.00	$ –
Hamlin	California	168	11	1.00%	3	5	$ 600.00	$ 60.00
Gardner	Arizona	84	12	0.70%	1	5	$ 600.00	$ 75.00
Sunstar	Texas	210	10	0.70%	1	5	$ 625.00	$ 50.00
Jincheng	China	588	9	1.35%	7	3	$ 440.00	$ 120.00
Berna	Spain	168	15	1.10%	4	8	$ 600.00	$ 110.00
Verna	Mexico	300	8	1.30%	8	3	$ 300.00	$ 90.00
Biondo Commune	Egypt	210	13	1.30%	3	5	$ 460.00	$ 130.00
Belladonna	Italy	180	14	0.50%	3	9	$ 505.00	$ 115.00

図4-18：生のオレンジジュースの調達に関する仕様のシート

　購入を決定したジュースはすべて、自社のブレンド工場に輸送されます。大きな無菌の低温タンクに充填され、船または鉄道貨物として運搬されます。ブレンド工場はフロリダの果樹園にあるため、フロリダのバレンシアオレンジに輸送コストはかかりません（古き良き時代には、必要なすべてのオレンジをフロリダで栽培していました）。

　図4-18の仕様を参照してください。この仕様で何か特徴的な点はありますか。仕入れるジュースは、世界中の品種および産地から選択されています。

　メキシコ産などの一部のジュースは安いですが、若干酸味が強くなっています。またメキシコの場合、渋みが非常に高くなっています。他の品種では、たとえばテキサス産のサンスター（Sunstar）オレンジのように、ジュースは甘く、渋みは弱いですが、コストが高くなっています。

　向こう3か月間に購入するジュースの決定では、次のような点を考慮します。

- コストを最小化した場合に、必要なものすべてを購入できるか？
- どれだけの量のジュースが必要か？
- 風味と色は生産単位ごとにどのようになるか？

≫ 一貫性への回帰

　味覚テストや数多くの消費者への聞き取り調査を通じて、JuiceLand では、オレンジジュースの味と色を決定しています。この仕様の許容範囲から逸脱した場合、消費者から、ノーブランド、安物、または濃縮品よりも悪い品質などの烙印を押される可能性があります。これはいけません。

ランディングスリー三世氏は次のように要件を述べています。

- 1月、2月、および3月の最小コストの購入計画を提出するよう要求されました。その計画では、1月と2月のジュースの予測需要である60万ガロンおよび3月の予測需要である70万ガロンを満足する必要があります。
- JuiceLand 社は、税制上の優遇措置についてフロリダ州と合意を結んでおり、同社がフロリダ州のバレンシアオレンジの生産者から毎月ジュースを40%以上購入している限り税制上の優遇措置を受けられます。いかなる状況でも、この合意を破ることはできません。
- 糖度／酸味比（BAR）は、毎月の配合で11.5から12.5の範囲に入る必要があります。
- 酸味のレベルは、0.75から1パーセントの範囲に入る必要があります。
- 渋みのレベルは、4以下にとどめる必要があります。
- 色は、4.5から5.5の範囲に入る必要があります。これより薄くなったり濃くなったりすることは許されません。

これらの要件を実際に線形計画（LP）の概略的な定式に入れると次のようになります。

- **目標：** 購入コストの最小化
- **決定：** 各月に購入するジュースの量
- **制約：**
    - 需要
    - 供給
    - フロリダ州バレンシアの要件
    - 風味
    - 色

≫ Excel へのデータの入力

Excel で問題をモデル化するには、最初に定式を入力する新しいシートを作成する必要があります。そのシートに「**最適化モデル**」という名前を付けます。

A1 に [**合計コスト**] のラベルを入力し、その下のセル A2 に目標値のプレースホルダーを配置します。

その下のセル A5 に [仕様] シートのすべてのデータを貼り付けます。ただし、[原産国] と [購入可能量] の間に4つの列を追加し、決定変数と、それらの行ごとの合計に使用します。

最初の3つの列に「1月」、「2月」、および「3月」のラベルを入力し、4番目の列ではそれらの合計を計

算します。ラベルに「合計発注量」と入力します。この列では、左側の3つのセルを合計する必要があります。Brazil（ブラジル）の Hamlin（ハムリン）オレンジの場合は、セル F6 に次の式を入力します。

```
=SUM(C6:E6)
```

セル F6 を F16 まで下にドラッグできます。C6〜E16の範囲に条件付き書式を設定します。これらの設定後のスプレッドシートは図4-19のようになります。

	A	B	C	D	E	F	G	H	I	J	K	L	M
1	合計コスト												
2	$	−											
3													
4	仕入れ検討						仕様						
5	品種	原産国	1月	2月	3月	合計発注量	購入可能量 (1,000ガロン)	糖度/酸味比	酸味 (%)	濃み (1-10段階)	色 (1-10段階)	価格 (1,000 ガロン当たり)	輸送コスト
6	Hamlin	Brazil	0.0	0.0	0.0	0.0	672	10.5	0.60%	3	3	$ 500	$ 100
7	Mosambi	India	0.0	0.0	0.0	0.0	400	6.5	1.40%	7	1	$ 310	$ 150
8	Valencia	Florida	0.0	0.0	0.0	0.0	1200	12	0.95%	3	3	$ 750	$ −
9	Hamlin	California	0.0	0.0	0.0	0.0	168	11	1.00%	3	5	$ 600	$ 60
10	Gardner	Arizona	0.0	0.0	0.0	0.0	84	12	0.70%	1	5	$ 600	$ 75
11	Sunstar	Texas	0.0	0.0	0.0	0.0	210	10	0.70%	1	5	$ 625	$ 50
12	Jincheng	China	0.0	0.0	0.0	0.0	588	9	1.35%	7	3	$ 440	$ 120
13	Berna	Spain	0.0	0.0	0.0	0.0	168	15	1.10%	4	8	$ 600	$ 110
14	Verna	Mexico	0.0	0.0	0.0	0.0	300	8	1.30%	8	3	$ 300	$ 90
15	Biondo Commune	Egypt	0.0	0.0	0.0	0.0	210	13	1.30%	3	5	$ 460	$ 130
16	Belladonna	Italy	0.0	0.0	0.0	0.0	180	14	0.50%	3	9	$ 505	$ 115
17													

図4-19：ブレンドのスプレッドシートの設定

　月ごとの購入量のフィールドの下に、毎月の調達コストと輸送コストのフィールドを追加します。1月の場合、セル C17 に毎月の調達コストの式を次のように入力します。

```
=SUMPRODUCT(C6:C16,$L6:$L16)
```

　この場合も、列 C のみが決定変数であるため、この計算は線形です。同様に、1月の輸送コストを計算するために次の計算を C18 に追加する必要があります。

```
=SUMPRODUCT(C6:C16,$M6:$M16)
```

　これらの式を列 D および E にドラッグすることによりにすべての調達および輸送コストを計算できま

す。次に、目標関数をC17:E18の合計としてセル A2に設定できます。最終的なスプレッドシートは、図 4-20のようになります。

ここで、需要とフロリダ州のバレンシアの制約を満足するために必要な計算を追加します。行20で、その月に調達したジュースの数量を合計します。行21に、需要量の600、600、700をそれぞれ列CからEに入力します。

注文済みのフロリダ州産（Florida）のバレンシア（Valencia）の合計については、C8:E8をセル C23:E23から参照し、要求されている合計数量の40パーセント（240、240、280）を合計数量の下に入力します。

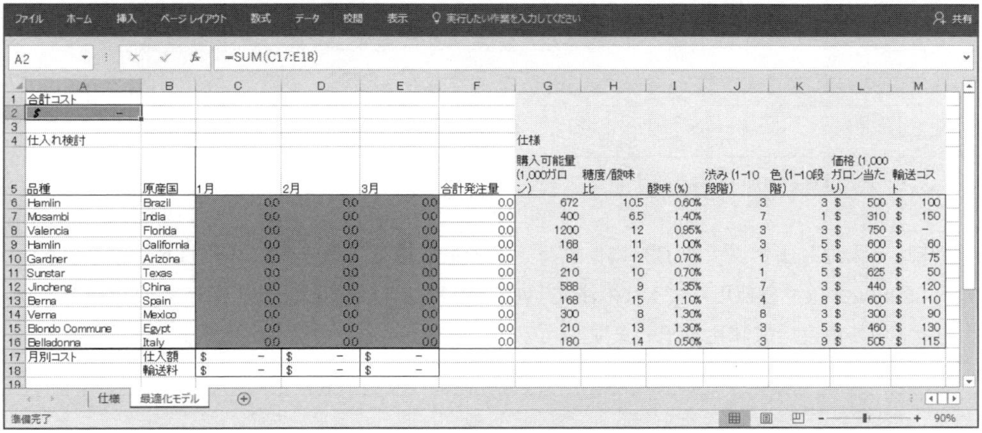

図4-20：ジュースのブレンドのワークシートにコストの計算を追加

これにより、シートは図4-21のようになります。

目標関数、決定関数、さらに供給、需要、およびバレンシアの計算を入力したので、残っているのは風味と色の計算です。これらは、注文に基づいて計算します。

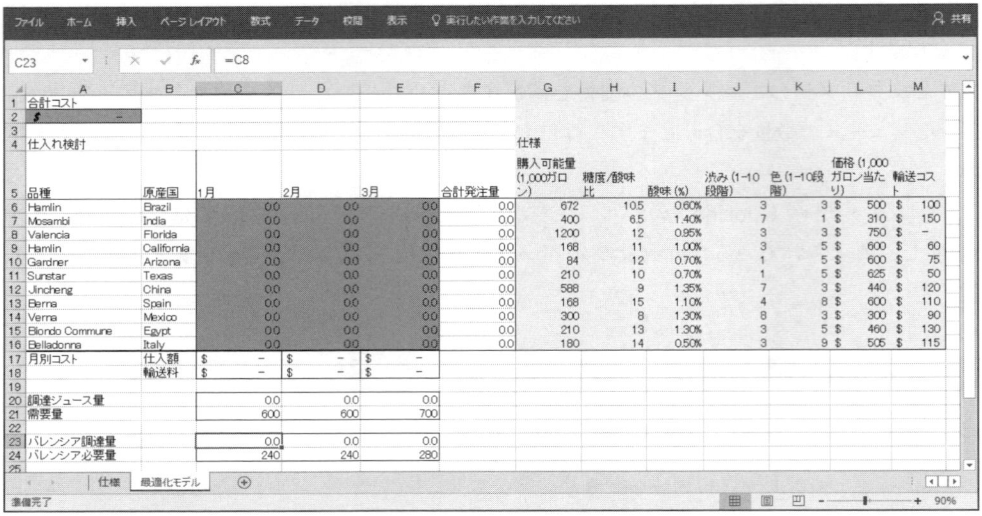
ファイル ホーム 挿入 ページレイアウト 数式 データ 校閲 表示 実行したい作業を入力してください 共有
C23 =C8
A B C D E F G H I J K L M
1 合計コスト
2 $ –
3
4 仕入れ検討 仕様
5 品種 原産国 1月 2月 3月 合計発注量 購入可能量(1,000ガロン) 糖度/酸味比 酸味(%) 渋み(1–10段階) 色(1–10段階) 価格(1,000ガロン当たり) 輸送コスト
6 Hamlin Brazil 0.0 0.0 0.0 0.0 672 10.5 0.60% 3 3 $ 500 $ 100
7 Mosambi India 0.0 0.0 0.0 0.0 400 6.5 1.40% 7 1 $ 310 $ 150
8 Valencia Florida 0.0 0.0 0.0 0.0 1200 12 0.95% 3 3 $ 750 $ –
9 Hamlin California 0.0 0.0 0.0 0.0 168 11 1.00% 3 5 $ 600 $ 60
10 Gardner Arizona 0.0 0.0 0.0 0.0 84 12 0.70% 1 5 $ 600 $ 75
11 Sunstar Texas 0.0 0.0 0.0 0.0 210 10 0.70% 1 5 $ 625 $ 50
12 Jincheng China 0.0 0.0 0.0 0.0 588 9 1.35% 7 3 $ 440 $ 120
13 Berna Spain 0.0 0.0 0.0 0.0 168 15 1.10% 4 8 $ 600 $ 110
14 Verna Mexico 0.0 0.0 0.0 0.0 300 8 1.30% 8 3 $ 300 $ 90
15 Biondo Commune Egypt 0.0 0.0 0.0 0.0 210 13 1.30% 3 5 $ 460 $ 130
16 Belladonna Italy 0.0 0.0 0.0 0.0 180 14 0.50% 3 9 $ 505 $ 115
17 月別コスト 仕入額 $ – $ – $ –
18 輸送料 $ – $ – $ –
19
20 調達ジュース量 0.0 0.0 0.0
21 需要量 600 600 700
22
23 バレンシア調達量 0.0 0.0 0.0
24 バレンシア必要量 240 240 280
25
仕様 最適化モデル
準備完了 90%

図4-21：需要とバレンシアの計算を追加

先に糖度/酸味比を入力します。セルB27に、ブレンドの最低糖度/酸味比である11.5を入力します。次にセルC27で、`SUMPRODUCT`を使用して1月の注文（列C）と糖度/酸味比の仕様（列H）の積和をとり、需要量で割って、平均の糖度/酸味比を求めます。

> **⚠ 警告**
>
> 注文数量の合計で徐算しないでください。これは決定変数の関数です。決定を決定で割ることは、高度な非線形問題になります。これから、合計の注文数量を需要量と等しくする制約を設定することを忘れないでください。したがって、ブレンドの平均糖度/酸味比を求めるとき、単純に需要量で割っても何の問題もありません。

したがって、セルC27は次のようになります。

```
=SUMPRODUCT(C$6:C$16,$H$6:$H$16)/C$21
```

この式を右に列Eまでドラッグできます。列Fで、糖度/酸味比の最大値の**12.5**を入力してこの行を完成します。次に、酸味、渋み、および色についてもこの手順を繰り返して、それらの計算を行28から30に入力します。最終的なスプレッドシートは、図4-22のようになります。

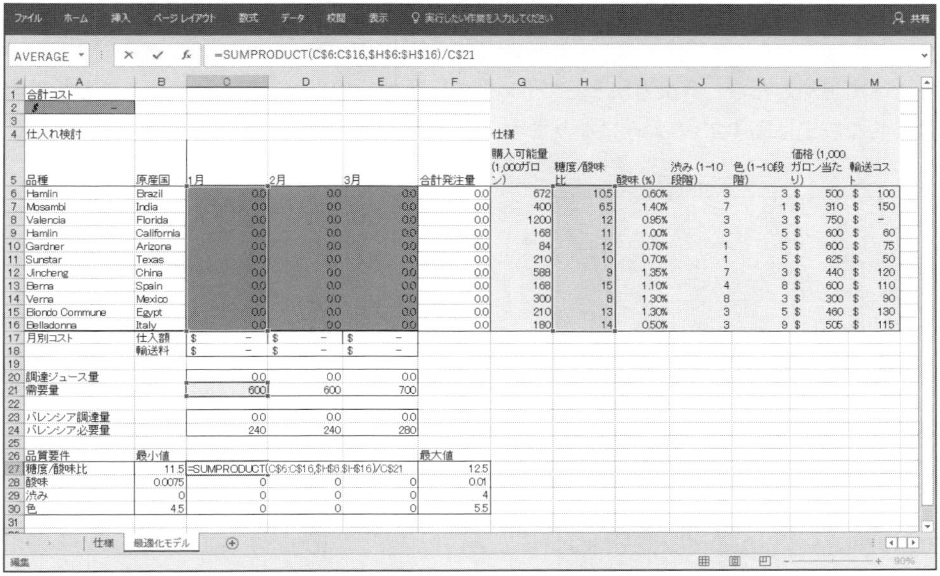

図4-22：味と色の制約をワークシートに追加

≫ ソルバーでの問題の設定

　すべてのデータおよび計算を入力したので、ソルバーでブレンドの問題を設定する必要があります。ソルバーでは、最初に最小化する合計コスト関数を A2 に指定します。

　決定変数は、各品種の毎月の購入量で、セル範囲 C6:E16 にあります。この場合も、これらの決定を負にできません。［制約のない変数を非負数にする］ボックスをチェックします（バージョンによっては［線形モデルで計算］にもチェック）。

　制約の追加では、この問題は、銃とバターの例とかなり設定内容が異なります。設定する制約は数多くあります。

　最初の制約は、行 20 の注文が行 21 の需要と各月で等しくなる必要があることです。同様に、行 23 の Florida（フロリダ州）の Valencia（バレンシア）の注文は、行 24 の要求数量以上になる必要があります。また、F6:F16 で計算している各地域の注文済み合計数量は G6:G16 の注文可能数量以下になる必要があります。

　供給と需要の制約を追加すると共に、風味と色の制約も追加する必要があります。

　現在、Excel では 2 つの異なるサイズの範囲に対して制約を指定できないため、C27:E30 ≧ B27:B30 と入力した場合には、この処理は正しく認識されません（これにはまったくいらいらします）。そのかわりに、列 C、列 D、および列 E に個別に制約を追加する必要があります。たとえば、1 月の注文については

C27:C30 ≧ B27:B30 および C27:C30 ≦ F27:F30と入力する必要があります。さらに同じ手順を2月と3月にも繰り返します。

　これらの制約をすべて追加したら、解決方法として［シンプレックスLP］が選択されていることを確認してください。最終的な設定は図4-23のようになります。

図4-23：入力が完了したブレンドの問題のソルバーダイアログ

　解決により、調達の最適なコストとして約123万ドルが求められます（図4-24を参照）。なお、Florida（フロリダ州）の Valencia（バレンシア）の購入数は、下限値と同じになっています。フロリダのオレンジが最もコストパフォーマンスの高い取り引きではないことは明らかですが、このモデルでは節税の目的でそれらの数量が強制されています。2番目に数量の多いオレンジは Mexico（メキシコ）産の Verna（ヴェルナ）で、非常に廉価ですが、味の悪いジュースでもあります。このモデルは、この苦くて、酸味の強いジュースを Belladonna（ベラドンナ）、Biondo（ビヨンド）、Commune（コミューン）、および Gardner（ガードナー）と混ぜてバランスをとっています。これらはすべて、マイルドで甘く、鮮やかな色をしています。まさに絶妙です。

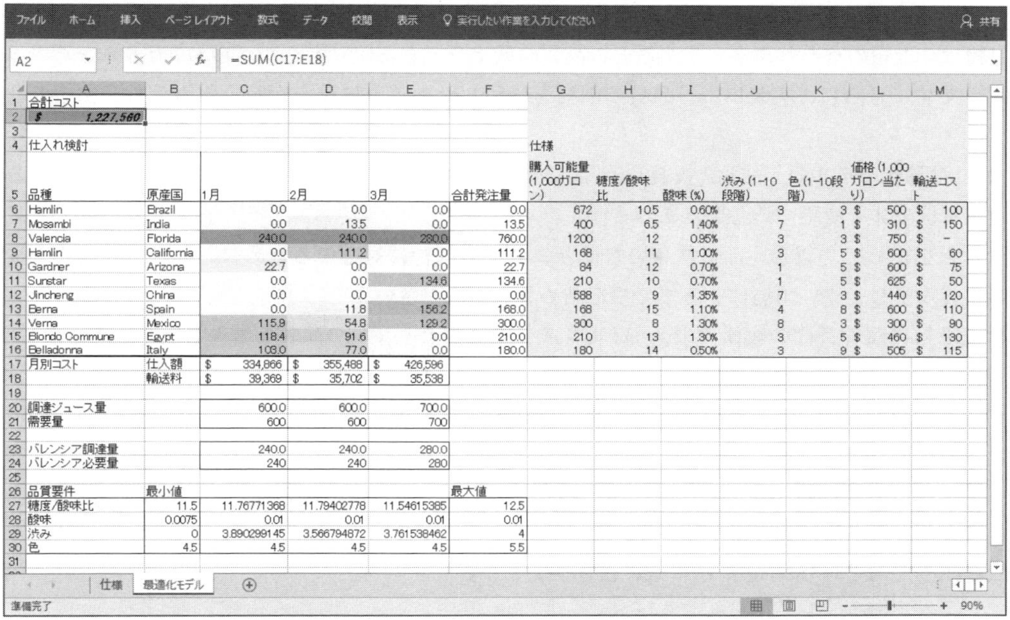

A2　　▼ : ✕ ✓ fx =SUM(C17:E18)

	A 品種	B 原産国	C 1月	D 2月	E 3月	F 合計発注量	G 購入可能量 (1,000ガロン)	H 糖度/酸味比	I 酸味 (%)	J 渋み (1-10段階)	K 色 (1-10段階)	L 価格 (1,000ガロン当たり)	M 輸送コスト
1 合計コスト							仕様						
2 $ 1,227,560													
4 仕入れ検討													
6	Hamlin	Brazil	0.0	0.0	0.0	0.0	672	10.5	0.60%	3	3	$ 500	$ 100
7	Mosambi	India	0.0	13.5	0.0	13.5	400	6.5	1.40%	7	1	$ 310	$ 150
8	Valencia	Florida	240.0	240.0	280.0	760.0	1200	12	0.95%	3	3	$ 750	$ -
9	Hamlin	California	0.0	111.2	0.0	111.2	168	11	1.00%	3	5	$ 600	$ 60
10	Gardner	Arizona	22.7	0.0	0.0	22.7	84	12	0.70%	1	5	$ 600	$ 75
11	Sunstar	Texas	0.0	0.0	134.6	134.6	210	10	0.70%	1	5	$ 625	$ 50
12	Jincheng	China	0.0	0.0	0.0	0.0	588	9	1.35%	7	3	$ 440	$ 120
13	Berna	Spain	0.0	11.8	156.2	168.0	168	15	1.10%	4	8	$ 600	$ 110
14	Verna	Mexico	115.9	54.8	129.2	300.0	300	8	1.30%	8	3	$ 300	$ 90
15	Biondo Commune	Egypt	118.4	91.6	0.0	210.0	210	13	1.30%	3	5	$ 460	$ 130
16	Belladonna	Italy	103.0	77.0	0.0	180.0	180	14	0.50%	3	9	$ 505	$ 115
17 月別コスト	仕入額	$ 334,866	$ 355,488	$ 426,596								
18	輸送料	$ 39,369	$ 35,702	$ 35,538								
20 調達ジュース量		600.0	600.0	700.0								
21 需要量		600	600	700								
23 バレンシア調達量		240.0	240.0	280.0								
24 バレンシア必要量		240	240	280								
26 品質要件	最小値				最大値							
27 糖度/酸味比	11.5	11.76771368	11.79402778	11.54615385	12.5							
28 酸味	0.0075	0.01	0.01	0.01	0.01							
29 渋み	0	3.890299145	3.566794872	3.761538462	4							
30 色	4.5	4.5	4.5	4.5	5.5							

仕様 | 最適化モデル ⊕

準備完了　　　　　　　　　　　　　　　　　　　　　　　　　　　　　　　　田 回 凹 － －―――＋ 90%

図4-24：オレンジジュースのブレンド問題の解

≫ 基準の緩和

　興奮して、最適化されたブレンド計画をマネージャーのランディングスリー三世氏に持っていきました。どのようにしてこの解にたどり着いたかを説明しましたが、彼は疑いのまなざしで見ていました。最適と主張したにも関わらず、彼はさらに5パーセントコストを削減するように要求しました。彼は、ナンセンスとも言える見解を説明しました。「第4クオーターに全力を尽くせ」と「110パーセントの力を出せ」と、ほとんどがスポーツのたとえです。

　スポーツのたとえに異論を唱えても無駄です。117万ドルが、最適解ならばしかたありません。現在の品質の制限内では、実現できないことを説明しましたが、彼はうなり声を上げるだけで、「もうちょっとだけ現実的なコストにしてくれ」と命じました。

　うーん。

　あなたは混乱しながらスプレッドシートを見直しました。

　117万ドルのコストで最高のブレンド方法を見つけるにはどうしたらよいでしょうか。

　ランディングスリー氏の本音を聞いたら、コストはもはや目標ではなく、制約になってしまいました。

では、どれが目標でしょうか。

新しい目標は、上司のうなり声から察すると、品質の低下をできる限り抑えながら117万ドルを達成することのようです。さらに、実装には、品質の制約を緩和したモデルに決定変数を組み込む方法をとります。

それでは、［最適化モデル］シートを複製し、「品質緩和」という名前を付けます。この作業を実現するために、生産単位全体を変更する必要はありません。

ここで少し手を止めて、新しい品質緩和の目標とコストの制約に対応するためにどのような変更をすべきかを考えてみましょう。頭痛になるまで根を詰めないでください。

それでは、最初に前の目標の真横のセル B2 にコストの制限として117万ドルを入力します。さらに、風味と色の古い最小値と最大値の値をコピーして列 H と I にそれぞれ貼り付けます。列 G の行27から30に新しい決定変数を追加して、その上にラベルの「**％緩和**」を入力します。

次に、セル G27 の糖度／酸味の緩和の決定値を使用して、下限の11.5を緩和する方法を考えます。現在、糖度／酸味の許容範囲は11.5から12.5で、その幅は1です。このため、制約の下限を10パーセント広げることにより、最小値は11.4になります。

この方法に従って、B27 の最小値を次の式に置き換えます。

```
=H27-G27*(I27-H27)
```

この式は、現在 H27 にある古い最小値を取得し、緩和のパーセント値に古い最大値と最小値の差をかけ合わせた値を古い最小値から引きます（I27 − H27）。この式を下方向に行30までコピーします。同様に、列 F に緩和された最大値を実装します（F27 セルに「=I27+G27*(I27-H27)」を入力して行30までコピー）。

目的を達成するために、緩和された決定の平均値を「=AVERAGE(G27:G30)」で計算します。セル D2 にこの計算を入力すると、新しいシートは図4-25のようになります。

ソルバーを開いて、品質の制限値の平均緩和値を最小化するように目標を変更し、セル D2 で計算します。さらに G27:G30 を決定変数のリストに追加し、A2 のコストを B2 の制限以下になるように設定する必要があります。新しい設定は、図4-26のようになります。

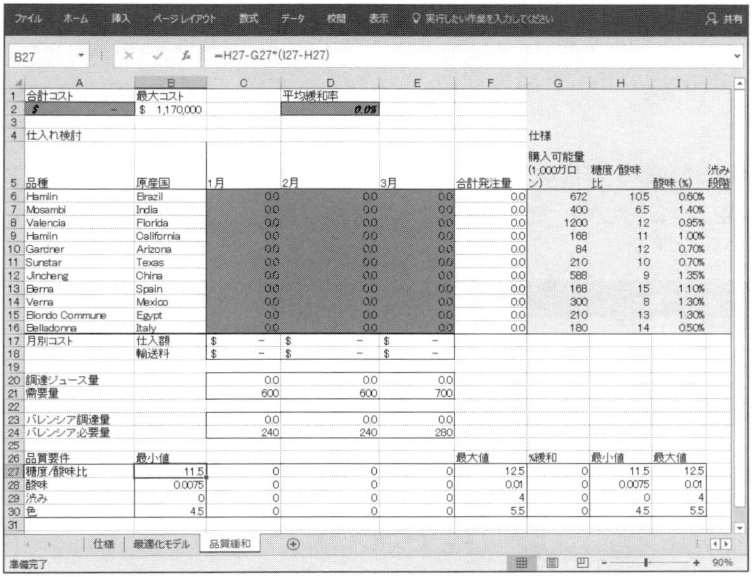

図4-25：緩和された品質のモデル

ファイル　ホーム　挿入　ページ レイアウト　数式　データ　校閲　表示　♀ 実行したい作業を入力してください　♀ 共有

B27　　fx　=H27-G27*(I27-H27)

	A	B	C	D	E	F	G	H	I
1	合計コスト	最大コスト		平均緩和率					
2	$　－	$　1,170,000		0.0%					
3									
4	仕入れ検討						仕様		
5	品種	原産国	1月	2月	3月	合計発注量	購入可能量 (1,000ガロン)	糖度/酸味比	酸味 (%) 渋み段階
6	Hamlin	Brazil	0.0	0.0	0.0	0.0	672	10.5	0.60%
7	Mosambi	India	0.0	0.0	0.0	0.0	400	6.5	1.40%
8	Valencia	Florida	0.0	0.0	0.0	0.0	1200	12	0.95%
9	Hamlin	California	0.0	0.0	0.0	0.0	168	11	1.00%
10	Gardner	Arizona	0.0	0.0	0.0	0.0	84	12	0.70%
11	Sunstar	Texas	0.0	0.0	0.0	0.0	210	10	0.70%
12	Jincheng	China	0.0	0.0	0.0	0.0	588	9	1.35%
13	Berna	Spain	0.0	0.0	0.0	0.0	168	15	1.10%
14	Verna	Mexico	0.0	0.0	0.0	0.0	300	8	1.30%
15	Biondo Commune	Egypt	0.0	0.0	0.0	0.0	210	13	1.30%
16	Belladonna	Italy	0.0	0.0	0.0	0.0	180	14	0.50%
17	月別コスト	仕入額	$　－	$　－	$　－				
18		輸送料	$　－	$　－	$　－				
19									
20	調達ジュース量		0.0	0.0	0.0				
21	需要量		600	600	700				
22									
23	バレンシア調達量		0.0	0.0	0.0				
24	バレンシア必要量		240	240	280				
25									
26	品質要件	最小値				最大値	緩和	最小値	最大値
27	糖度/酸味比	11.5	0	0	0	12.5	0	11.5	12.5
28	酸味	0.0075	0	0	0	0.01	0	0.0075	0.01
29	渋み	4	0	0	0	4	0	0	4
30	色	4.5	0	0	0	5.5	0	4.5	5.5
31									

仕様　最適化モデル　品質緩和　⊕

準備完了　　　　　　　　　　　　　　　　　　　　　＋　90%

図4-25：緩和された品質のモデル

ソルバーのパラメーター　　　　　　×

目的セルの設定:(T)　　$D$2

目標値:　○ 最大値(M)　● 最小値(N)　○ 指定値:(V)　　0

変数セルの変更:(B)
$C$6:$E$16,$G$27:$G$30

制約条件の対象:(U)

$A$2 <= $B$2
$C$20:$E$20 = $C$21:$E$21
$C$23:$E$23 >= $C$24:$E$24
$C$27:$C$30 <= $F$27:$F$30
$C$27:$C$30 >= $B$27:$B$30
$D$27:$D$30 <= $F$27:$F$30
$D$27:$D$30 >= $B$27:$B$30
$E$27:$E$30 <= $F$27:$F$30
$E$27:$E$30 >= $B$27:$B$30
$F$6:$F$16 <= $G$6:$G$16

追加(A)
変更(C)
削除(D)
すべてリセット(R)
読み込み/保存(L)

☑ 制約のない変数を非負数にする(K)

解決方法の選択:(E)　シンプレックス LP　　オプション(P)

解決方法
滑らかな非線形を示すソルバー問題には GRG 非線形エンジン、線形を示すソルバー問題には LP シンプレックス エンジン、滑らかではない非線形を示すソルバー問題にはエボリューショナリー エンジンを選択してください。

ヘルプ(H)　　　　　解決(S)　　閉じる(O)

図4-26：緩和された品質のモデルに対するソルバーの実装

上限を再設定するために、前のコスト目標を上限の制約に変えました。また、品質についての厳格な制約を緩やかな制約に変更しました。これは、G27:G30を変更することで緩和できます。D2の目標は、仕様から品質を下げなければならない比率について、その平均値を最小化することです。[解決]を押します。

　Excelによって、上限および下限の緩和の平均値が35パーセントと求められました。さらに解は、コストの制約を満足しています。図4-27を参照してください。

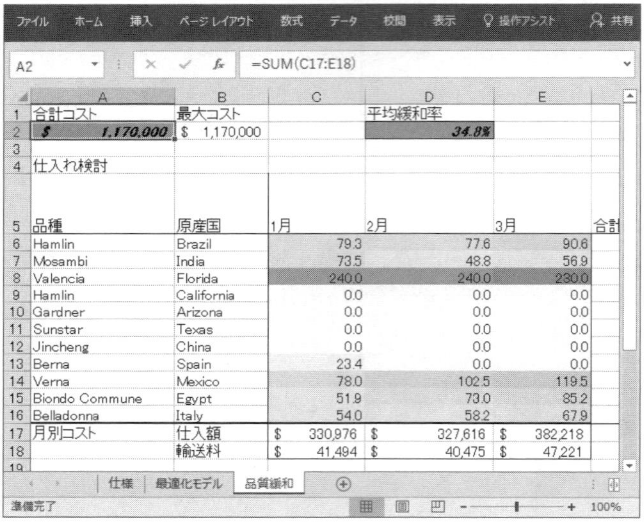

図4-27：緩和された品質モデルの解

　モデルの設定を完了しました。さらにランディングスリー氏には、依頼されたもの以上の情報を提供できます。123万ドルの場合、品質の低下が0%であることがわかっていますが、それではB2の最大コストを2万ドル程度の刻みで下げていき、品質の低下がどのようになるかを確認しましょう。121万ドルでは5パーセント、119万ドルでは17パーセントとなります。さらに35パーセント、54パーセント、84パーセント、170パーセントと低下していきます。110万ドルよりも下げると、モデルは実現不可能になります。

　「考察」という新しいシートを作成して、それらの解をすべて貼り付け、コストと品質のトレードオフをグラフに表示できます（図4-28を参照）。図4-28のようなグラフを挿入するには、[考察]シートの2つの列のデータを単純に強調表示し、Excelの[散布図]セクションで、[散布図（平滑線）]を挿入します（グラフの挿入の詳細については第1章を参照）。

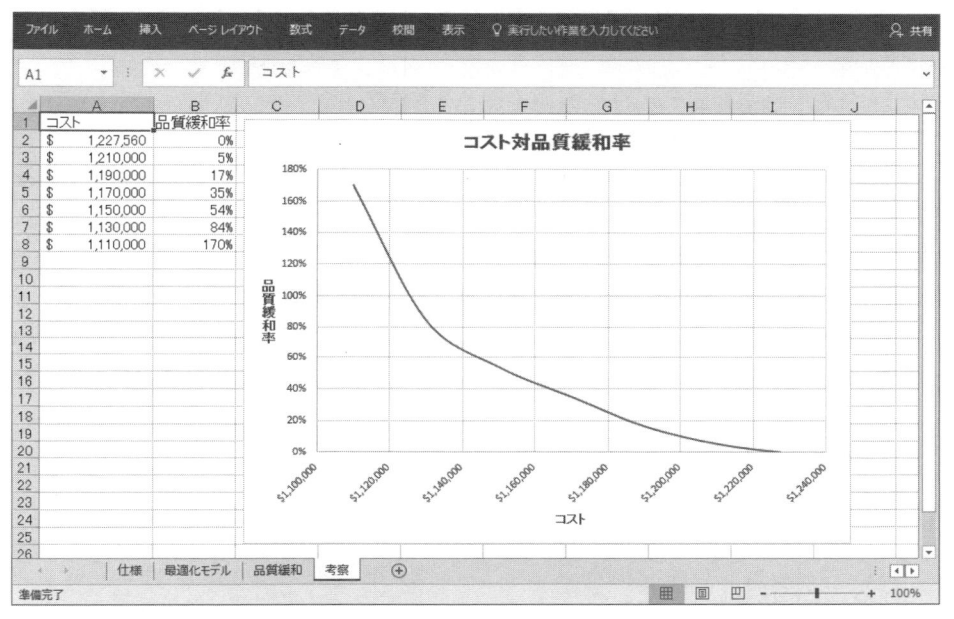

図4-28：コストと品質のトレードオフをグラフに表示

≫ 死んだリスの駆除ミニマックスの定式化

　コストの下限の117万ドルに対応する品質が緩和された解を確認すると、隠れていた問題が見つかるはずです。確かに、風味と色の制限値を緩和した平均値は35パーセントですが、色自体は80パーセント、糖度 / 酸味比自体は51です。平均によって、このようなばらつきが隠されてしまいます。

　この状況でやるべきことは、4つの品質の制限値で最大の緩和値を最小化することです。この問題は、一般に「ミニマックス」問題と呼ばれています。これは、最大値を最小化するためで、さらに早口で言うと楽しいからです。ミニマックス、ミニマックス、ミニマックス。

　でも、これはどのように実現すればよいでしょうか。目的関数を MAX(G27:G30) にした場合、非線形になってしまいます。エボリューショナリーソルバーを使用して、試してみることは可能ですが、解決にまでに何時間かかるかわかりません。この非線形の問題には、線形の方法でモデル化するやり方があります。

　最初に、［品質緩和］シートを複製し、「**品質緩和ミニマックス**」という名前を付けます。B2セルの最大コストは1,170,000ドルに戻しておきます。

　さて、あなたは、今まで何回死んだ動物を取り上げて、駆除しなければならなかったことがあります

か？　昨年の夏、このアトランタの猛烈に熱い屋根裏で死んだリスが見つかり、その匂いは勇敢な人々の気持ちをくじくほどでした。

このリスをどのように駆除したでしょうか。

私は直接触れたり扱ったりすることを避けました。

代わりに、シャベルで下からすくい、ほうきの柄で上から押して落としました。それはまるで、サラダ用の大きなトングや箸でつまみ上げているようでした。結果的に、この挟む動作は、リスを素手でつかむのと同じ効果がありましたが、気持ち悪さは大分減りました。

`MAX(G27:G30)` の計算は、私がリスを扱ったのと同じ方法で対処できます。G27:G30の平均を計算する必要はもはやないため、D2の目標を削除できます。そこで `MAX()` 関数を計算しますが、そのセルは空欄のままにしておけます。最大値を持ち上げる（求める）必要がありますが、なんとしても直接触りたくはありません。

これは、次の方法で実現できます。

1. 目標のD2を決定変数に設定します。これにより、アルゴリズムを必要に応じて変更できます。モデルを最小化するように設定したため、シンプレックスは、このセルをできるだけ小さい値まで下げようとすることに注意してください。

2. ［制約条件の追加］ウィンドウでG27:G30がD2以下になるように設定します。D2はExcelの［制約条件の追加］ダイアログの右側に設定します。この場合、Excelでは等しくないセル数が許容されます（左側に4セルの範囲、右側に上限値のセル1つ）。本書の別の節で、2つの異なるサイズの範囲を制約で使用できなかった場合と違い、この制約は正しく機能します。これはExcelが右側の制約が1つのセルの場合に認識できるように設計されているためです。

それでは、何を行えばよいですか。

シンプレックスはモデルの目的関数であるD2を0まで下げるように強制しようとしますが、商品として販売できるブレンドを維持するために風味と色の制約によって高い値になるように強制します。D2は、どこに落ち着くでしょうか。可能な最低値は、G27からG30にある4つの緩和された比率の最大値になります。

目標値が最大値に達したとき、ソルバーで処理を進めるためにできる唯一の方法は、最大値を下げるように強制することです。リスの場合と同じように、制約はリスの下のシャベルで、最小化の目標は押さえつけるモップの柄です。

D2の式を消去したので、ソルバーの実装は図4-29のようになります（D2を変数にして、G27:G30 ≦ D2を追加）。

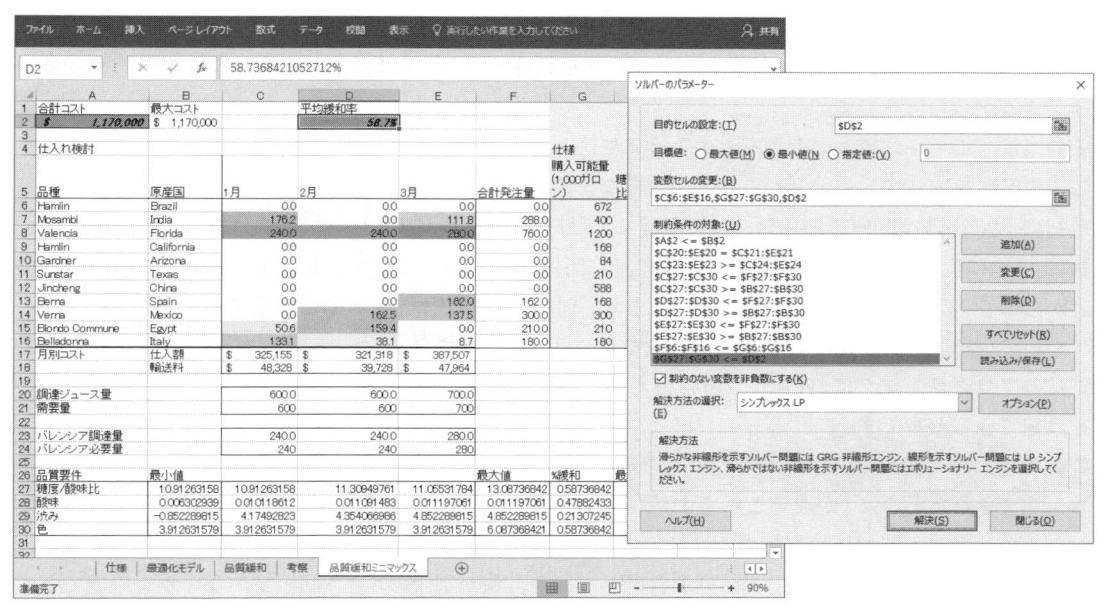

図4-29：ミニマックスの品質の低下に関するソルバー設定

　この設定の解によって品質の低下は58.7パーセントになます。前のモデルの34.8よりも大きな値ですが、色の緩和の最悪値84パーセントが大きく改善されています。

≫ If-Then および "ビッグ M" 制約

Mac Excel 2016におけるソルバーの制限

　このセクションで解説する "ビッグ M" 制約を含むスプレッドシートは、Mac 版の Excel 2016 をご利用の場合、本書刊行時点（2017年7月現在）では付属のソルバーが正しく機能しません（Windows 版の Excel 2016では正しく処理されます）。また、同様に Excel 2016に対応した OpenSolver 2.8.3～2.8.6でも解決できません。Mac 版の Excel 2016環境をご利用の場合は、本セクションは「はじめに」の xiii ページで紹介している LibreOffice で試してみてください。なお、この不具合は本書刊行後の Excel や OpenSolver のアップデートにより解消される可能性があります。

　標準的な線形モデリングのやり方を理解したら、いくつかの整数を追加できます。ランディングスリー三世氏は、最終的に元の購入計画を承認しましたが、供給チェーンチームにその計画を提出に行くと、

彼らの目が思わずつり上がりました。

彼らは、各月で、5つ以上の供給者からジュースを調達することを拒みます。どうやら書類業務が多くなりすぎるからのようです。

それでは、モデル内でこの問題をどのように処理したらよいでしょうか。

ここで時間を取って、先に進む前にどのようなモデルの修正が必要になるか考えてみましょう。

最初に、元の［最適化モデル］シートを複製し、「最適化モデル（制限4）」と名前を付けます。

次に、1つの供給者から購入するジュースの量に関係なく、1,000ガロンでも100万ガロンでも、1つの供給者からの1つの注文として数えるようにします。別の言い方をすると、ある供給者からの少量のジュースについて、その注文時期を切り替える方法を見つける必要があります。

整数のプログラミングにおいて、「切り替え」は2進の決定変数であり、単純にソルバーが0または1のみを設定できるセルです。

このため、注文変数と同じサイズの範囲を定義する必要があります。この注文変数は、0と1のみを保持し、注文されたときに1が設定されます。

これらの変数は C34:E44 に配置できます。ここで、供給者への注文を発行したときにそれらの変数に1を設定すると仮定します。行45で各列を合計して、合計値が制限の4を下回っていないかを確認できます。この結果を行46に表示できます。最終的なスプレッドシートは、図4-30のようになります。

図4-30：スプレッドシートへのインジケーター変数の追加

ここで、巧妙な手法を使います。上の注文数がゼロではない場合に、IF 文を使用してインジケーターを1に設定することはできません。この場合、非線形になり、かなり処理の遅いエボリューショナリーアルゴリズムを使用せざるを得なくなります。if-then 制約の真の問題は、低速の非線形アルゴリズムが役に立たなくなることです。このため、線形の制約を使用してインジケーターを「オン」にする必要があります。

C34 ≧ C6の制約を使用して、注文を発行したときに、Brazil（ブラジル）の Hamlin（ハムリン）インジケーター変数をオンにする制約を追加したとします。

C34が2進法でなければならない場合、C6は最大が1に制限されます(すなわち1,000ガロンの注文)。

したがって、この if then 文を「注文した場合に、2進変数をオンにする」というようにモデル化する必要があります。これには、一般的に「ビッグ M」と呼ばれている制約を使用します。「ビッグ M」は単なる数であり、大きな数に M と名付けます。C34の場合、M は、Brazil（ブラジル）の Hamlin（ハムリン）をそれ以上絶対に注文しない数にします。ところで、注文可能量以上のジュースを注文しませんよね？ 違いますか？ Hamlin（ハムリン）の場合は、注文可能量が67万2,000ガロンです。これを M にします。

次に、制約を672*C34 ≧ C6にします。C6が0の場合、C34がゼロになることが許されます。さらにC6がゼロよりも大きい場合、C34を強制的に1にして、上限を0から672に増やします。

スプレッドシートにこの式を実装するために、新しいセルの範囲 F34:H44で、左側のインジケーターと G6:G16の対応する注文可能量をかけ合わせます。最終的に、図4-31のようになります。

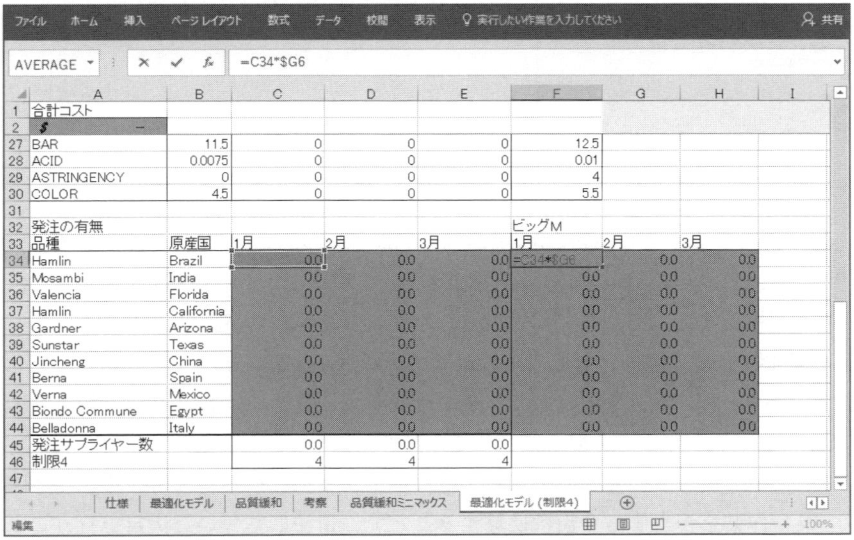

	A	B	C	D	E	F	G	H	I
1	合計コスト								
2	$								
27	BAR	11.5	0	0	0	12.5			
28	ACID	0.0075	0	0	0	0.01			
29	ASTRINGENCY	0	0	0	0	4			
30	COLOR	4.5	0	0	0	5.5			
31									
32	発注の有無					ビッグM			
33	品種	原産国	1月	2月	3月	1月	2月	3月	
34	Hamlin	Brazil	0.0	0.0	0.0	=C34*$G6	0.0	0.0	
35	Mosambi	India	0.0	0.0	0.0	0.0	0.0	0.0	
36	Valencia	Florida	0.0	0.0	0.0	0.0	0.0	0.0	
37	Hamlin	California	0.0	0.0	0.0	0.0	0.0	0.0	
38	Gardner	Arizona	0.0	0.0	0.0	0.0	0.0	0.0	
39	Sunstar	Texas	0.0	0.0	0.0	0.0	0.0	0.0	
40	Jincheng	China	0.0	0.0	0.0	0.0	0.0	0.0	
41	Berna	Spain	0.0	0.0	0.0	0.0	0.0	0.0	
42	Verna	Mexico	0.0	0.0	0.0	0.0	0.0	0.0	
43	Biondo Commune	Egypt	0.0	0.0	0.0	0.0	0.0	0.0	
44	Belladonna	Italy	0.0	0.0	0.0	0.0	0.0	0.0	
45	発注サプライヤー数		0.0	0.0	0.0				
46	制限4		4	4	4				
47									

図4-31：「ビッグM」制約値の設定

ソルバーでは、決定変数の範囲に C34:E44 を追加する必要があります。さらに、それらを2進数にする必要があり、その範囲に bin 制約を適用します。

　「ビッグ M」制約を適用するには、C6:E16 ≦ F34:H44 を設定します。次に供給者の数をチェックし、4以下であることを確認します。これは C45:E45 ≦ C46:E46 を設定します。最終的な設定は、図4-32のようになります（LibreOffice の場合は［ツール］→［ソルバー］の［オプション］で［LibreOffice COINMP Linear Solver］を選択し、［変数を負の値でないと想定］にチェックを入れます）。

図4-32：ソルバーの設定（LibreOfficeの場合は変更セルを；で区切る）

　［解決］を押します。2進数の追加によりこの問題の解決に長い時間がかかることに気付くでしょう。定式で整数と2進変数を使用するとき、ソルバーによって、検出された「現在までの最適解」がステータスバーに表示されます。[Esc] キーを押すと、それまでに検出された現状の最適結果が表示されます。

　図4-33に示すとおり、毎月4供給者に制限したモデルの最適解は約124万ドルとなり、最初の最適化より約1万6,000ドル高くなります。この計画を盾にして、サプライチェーンチームに戻り、書類業務の減少が、1万6,000ドルの増加に値するかどうかを彼らに尋ねてください。

　新しいビジネスルールや制約の導入をこの方法で定量化することは、業務に最適化モデルを採用する理由の裏付けとなります。業務作業を相当する金額に換算することで、情報に基づいた決定を行うことができ、その際には、「その作業は金額に値するか」という質問を用います。

合計コスト									
$ 1,243,658									
Hamlin	Brazil	0.0	0.0	0.0	0.0	672	10.5	0.60%	3
Mosambi	India	0.0	0.0	0.0	0.0	400	6.5	1.40%	7
Valencia	Florida	259.7	253.3	280.0	793.1	1200	12	0.95%	3
Hamlin	California	0.0	0.0	0.0	0.0	168	11	1.00%	3
Gardner	Arizona	0.0	84.0	0.0	84.0	84	12	0.70%	1
Sunstar	Texas	75.4	0.0	134.6	210.0	210	10	0.70%	1
Jincheng	China	0.0	0.0	0.0	0.0	588	9	1.35%	7
Berna	Spain	0.0	0.0	156.2	156.2	168	15	1.10%	4
Verna	Mexico	0.0	137.6	129.2	266.8	300	8	1.30%	8
Biondo Commune	Egypt	210.0	0.0	0.0	210.0	210	13	1.30%	3
Belladonna	Italy	54.9	125.1	0.0	180.0	180	14	0.50%	3
月別コスト	仕入額	$ 366,233	$ 344,840	$ 426,596					
	輸送料	$ 37,379	$ 33,071	$ 35,538					

発注の有無					ビッグM			
品種	原産国	1月	2月	3月	1月	2月	3月	
Hamlin	Brazil	0.0	0.0	0.0	0.0	0.0	0.0	
Mosambi	India	0.0	0.0	0.0	0.0	0.0	0.0	
Valencia	Florida	1.0	1.0	1.0	1200.0	1200.0	1200.0	
Hamlin	California	0.0	0.0	0.0	0.0	0.0	0.0	
Gardner	Arizona	0.0	1.0	0.0	0.0	84.0	0.0	
Sunstar	Texas	1.0	0.0	1.0	210.0	0.0	210.0	
Jincheng	China	0.0	0.0	0.0	0.0	0.0	0.0	
Berna	Spain	0.0	0.0	1.0	0.0	0.0	168.0	
Verna	Mexico	0.0	1.0	1.0	0.0	300.0	300.0	
Biondo Commune	Egypt	1.0	0.0	0.0	210.0	0.0	0.0	
Belladonna	Italy	1.0	1.0	0.0	180.0	180.0	0.0	
発注サプライヤー数		4.0	4.0	4.0				
制限4		4	4	4				

図4-33：各期間で4供給者に制限した場合の最適解

　これが「ビッグM」制約の設定方法です。この制約は第5章のクラスター化問題のグラフで再度説明します。

≫ 変数の乗算：制限を超えた使用法

OpenSolver の利用について

　最後の方は少し難しかったですが、次にモデル化するビジネスルールに比べると子供のお遊びでのようなものです。この問題は手間がかかりますが、会社で複雑な最適化の問題に直面している場合は、学習するだけの価値があります。また、本書でこのセクションをよりどころにしている箇所はないため、内容が難しい場合は、単純に先に進んでください。

　この課題は変数が多いため、Excel の標準ソルバーでは解決できません。このため、OpenSolver を利用する必要があります（インストール方法などの詳細は P29〜30 を参照してください）。

　また、日本語版刊行時点の最新版である OpenSolver 2.8.6 では、エラーが発生してしまい、この課題は解決できません。同様の問題が発生する場合は、下記の URL から OpenSolver のバージョン

2.8.2（OpenSolver2.8.2_LinearWin.zip）をダウンロードしてご利用ください。

https://sourceforge.net/projects/opensolver/files/

　ただし、Mac の Excel 2016 では、OpenSolver の2.8.2のバージョンは動作しません（2.8.3以降が対応）。このため、Mac の Excel 2016 をご利用の場合は前セクションと同様に LibreOffice でお試しください。次セクションの「リスクのモデル化」については、Mac の Excel 2016 でも標準のソルバーで解決できます。

　供給者を制限する計画を実行する前に、新しい「酸味除去器」がブレンド工場に導入されたことをお伝えします。この技術は、クエン酸カルシウムを敷き詰めたイオン交換カートリッジを利用しており、この工程を通るジュースの20パーセントの酸を中和できます。また、酸の割合を最大20パーセント削減できるだけではなく、糖度 / 酸味比を25パーセントまで増加します。

　ただし、この酸味除去器を運用するための電力とカートリッジのコストは1,000ガロンのジュースを処理するために20ドルかかります。すべての供給者の注文に、脱酸処理が必要ではありませんが、ある注文が酸味除去器で処理される場合、その注文全体が除去器を通る必要があります。

　酸味除去器を利用した新しい最適化計画を作成して、最適なコストを減らすことはできるでしょうか。この問題をどのように設定すればよいかを考えてみてください。ここで、酸を削減する場合と、削減しない場合について新しい決定が必要になりました。それらの決定は、どのように注文量と関係するでしょうか。

　まず、［最適化モデル（制限4）］シートを複製し、「**最適化モデル（整数酸味）**」という名前を付けます。

　このビジネスルールの問題は、非線形でモデル化するのが一般的ですが、この場合、低速の最適化アルゴリズムを使用せざるを得なくなります。注文を脱酸するときに「オン」にする2進変数を使用できますが、その場合の脱酸のコストは次のようになります。

脱酸インジケーター×購入数量×20ドル

　2つの変数をかけ合わせることは、非線形ソルバーを使用するように切り替えない限りできません。ただし、その方法では、この複雑なモデルを計算することは決してできないでしょう。これを解決する優れた方法があります。線形プログラミングを行うときは、次の点を覚えておいてください。新しい変数を思慮深く使用すれば、線形化できない計算はほとんどなくなります。これには、新しい変数をサラダのトングのように、制約と目的関数を追加して操作します。

　最初に必要になるのは、新しい2進変数の集合です。その変数は、あるジュースの生産単位を脱酸する

ために選択すると「オン」になります。それらひとまとまりの新しい変数をバレンシアの注文から品質要件の間に（セル C26:E36）に挿入します。

さらに、脱酸インジケーターと購入数量の積は使用できないため、新しい四角形の領域の変数をインジケーターの下に作成します。後からこの量を操作することなく等しくなるように強制します（死んだリスの方式に従います）。この空のセルを C38:E48 に挿入します。

スプレッドシートに変数用の空の四角い領域が2つできました。それらは、脱酸の工程に入れるジュースのインジケーターと合計量を表します。図4-34を参照してください。

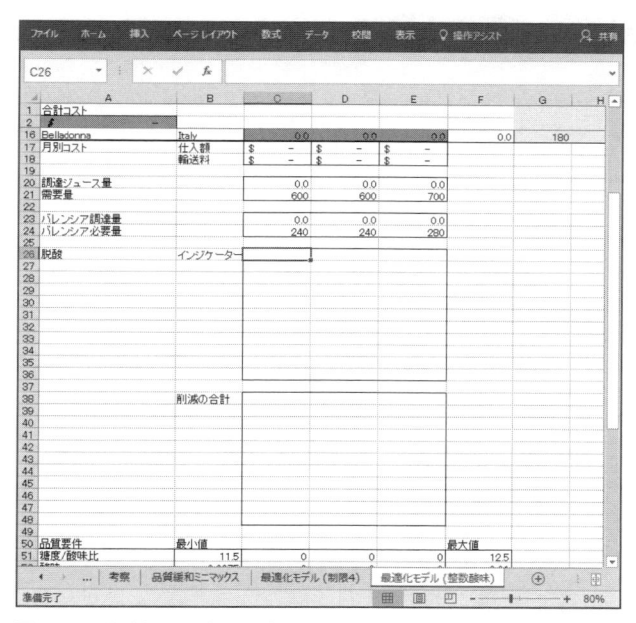

図4-34：脱酸処理の決定に追加されたインジケーターと量の変数

ここで、脱酸の2進変数に注文したジュースの量をかけ合わせた場合、どのような値を得ることができますか。次のようにいくつかの可能性があることが容易にわかります。

- インジケーターとジュースの注文量が0の場合、その積は0です。
- ジュースを注文しても、酸味を減らさないと決めた場合、その積は依然として0です。
- 酸味を減らすように選択した場合、その積は、単純に注文したジュースの量になります。

いずれの状況でも、脱酸可能なジュースの合計量は、脱酸インジケーター変数と購入可能なジュース

の合計量をかけ合わせた量によって制限されます。酸味を減らさない場合は、この上限がゼロになります。減らすように選択した場合は、上限が最大購入可能数に跳ね上がります。この値は、前の節で導入した「ビッグM」制約です。

Brazil（ブラジル）のHamlin（ハムリン）の場合、「ビッグM」制約は、セルC26のインジケーターと、セルG6の購入可能量の67万2,000ガロンをかけ合わせて計算できます。この計算をインジケーター変数の横のセルG26に追加することで、その計算を他の月と品種にコピーできます。

これにより、ワークシートは図4-35のようになります。

図4-35：脱酸処理可能なジュースの量の上限について追加された計算

その一方で、脱酸可能なジュースの合計量は、C6:E16に与えられている購入の決定量によって制限されます。このため、この生産品には2つの上限が存在します。

- 脱酸インジケーター* 購入可能量
- 購入量

元の非線形の積では、1変数あたり1つの上限でした。

でも、そのまま放置することはできません。ある生産単位を脱酸すると決めた場合、その生産単位全体を脱酸処理にかける必要があります。これは、2つの上限に下限を追加する必要があることを意味します。これにより、C38:E48の脱酸の量を「すくい上げる」ことができます。

それでは、購入量を単純に下限に使用してはどうでしょうか。脱酸するように決定した場合には、完璧に機能します。購入量の下限、購入量の条件、および購入可能量の合計に、1に設定された脱酸インジケーターをかけ合わせます。この上限および下限の値により、脱酸処理される量は出荷全体の量に強制されます。これは望んだとおりの結果です。

ただし、特定の購入単位に対して脱酸しないように選択した場合はどうでしょう。この場合、上限の1つは、インジケーターの0と購入可能量をかけ合わせた量となり、一方で下限値は依然として購入量になります。この場合、脱酸しない購入量がゼロではなくなるため、実現不可能になります。

うーん。

したがって、ジュースを脱酸しないように選択した状況では、下限を「オフ」にする手段が必要です。

購入量を下限にする代わりに、次の値を下限にするのはどうでしょう。

購入量－購入可能量×（1－脱酸 インジケーター）

脱酸するように選択した場合、この下限値は、購入量に跳ね上がります。脱酸しない場合、この値は0以下になります。この制約は存続させますが、現実的な意味はあまりもっていません。

これが少し変なのはわかっています。

例を通じてこの制約を試してみます。4万ガロンの Brazil（ブラジル）の Hamlin（ハムリン）を購入します。さらに、脱酸することを決定しました。

脱酸する量の上限は、購入量の40、または「脱酸インジケーターと注文可能量の672をかけ合わせた値」の2つになります。

脱酸する量の下限は、$40 - 672 \times (1\text{-}1) = 40$ になります。言い換えると、上限（より小さい方）と下限が40になりました。このため、脱酸する量は計算することなく、**脱酸インジケーター× 購入数量**の範囲に直接入ることになります。

Hamlin（ハムリン）を脱酸しないことを決めた場合、インジケーターは0に設定されます。この場合、上限が40、および $672 \times 0 = 0$ になります。下限は $40 - 672 \times (1 - 0) = -632$ になります。そして、すべての変数が非負になるようにチェックボックスで設定すれば、脱酸する Hamlin（ハムリン）の量は、0と0に挟まれることになります。

完璧です！

それでは、この下限の四角形の領域を上限の計算の右側に追加しましょう。セル K26 で、次のように

入力します。

```
=C6-$G6*(1-C26)
```

さらにこの式を各品種と月にコピーします。このスプレッドシートは図4-36のようになります。

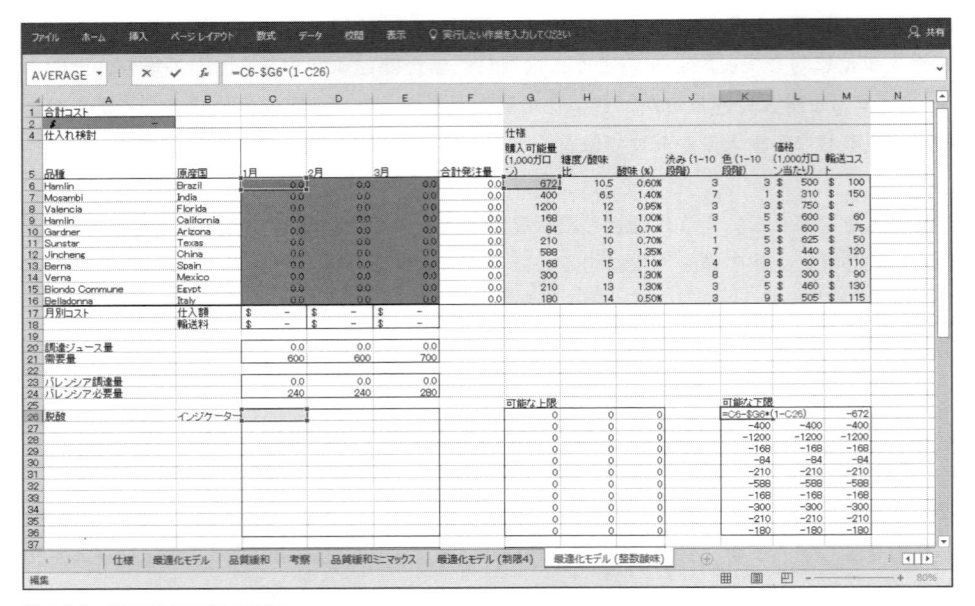

図4-36：脱酸化の下限の追加

[削減の合計] セクションの横に [削減なし] の領域を作成し、C6:E16の合計購入量から [削減の合計] の値を差し引き、残りの削減なしのジュースの量を求めます。たとえば、セル G38 に次のように入力します。

```
=C6ーC38
```

この式は、四角形内の領域で右および下のセルにドラッグできます（図4-37を参照）。

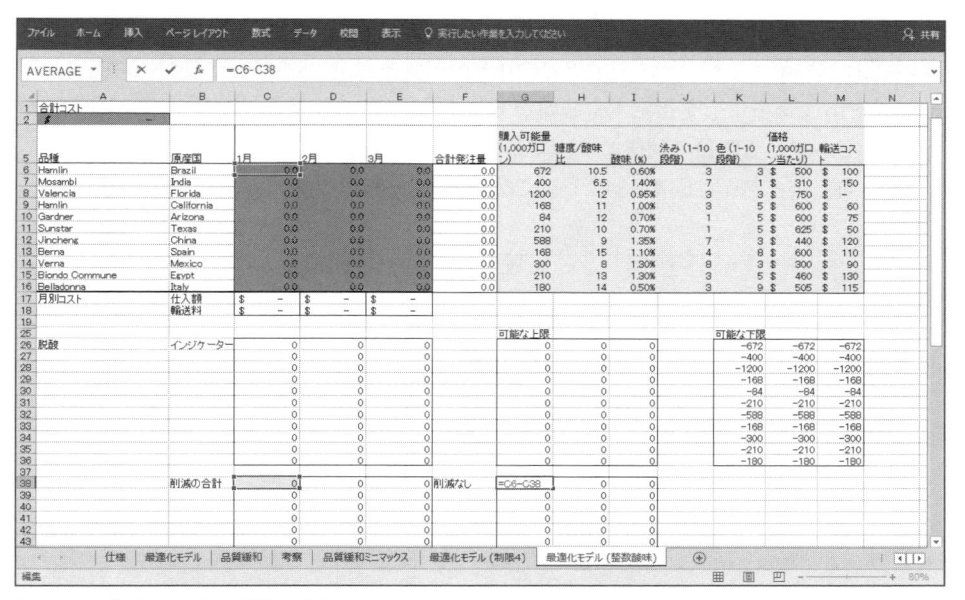

図4-37：「削減なし」の計算の追加

　この定式を完成しましょう。コスト、糖度／酸味、および酸味（%）の計算は、変更する必要があります。コストについては、20ドルにその月の［削減の合計］の値をかけたものを［仕入額］セルへ加算するだけです。たとえば、1月の［仕入額］（C17）の計算は、次のようになります。

```
=SUMPRODUCT(C6:C16,$L6:$L16)+20*SUM(C38:C48)
```

　この式を次に2月と3月にもドラッグします。

　糖度／酸味比および酸味（%）の計算は、スプレッドシートの［削減の合計］および［削減なし］セクションの数量に分けて計算します。［削減なし］の値は元の仕様を用いて SUMPRODUCT で計算します。一方、酸味を減らしたジュースにも同じように SUMPRODUCT を使用し、糖度／酸味比と酸味（%）のそれぞれを1.25倍および0.8倍します。そして、月ごとの平均を合計に追加します。

　たとえば、1月の糖度／酸味比は C51 で次のように計算できます（酸味は I 列を参照して *1.25 を *0.8 とする以外は同じです）。

```
=(SUMPRODUCT(G38:G48,$H6:$H16)+SUMPRODUCT(C38:C48,$H6:$H16)*1.25)/C21
```

ここで、ソルバーのモデルを修正する必要があります。目的変数に変更はありませんが（価格と輸送コストの合計）、決定変数には脱酸インジケーター（C26:E36）と削減する量（C38:E48）を追加します。

　制約では、C26:E36 が bin であることを指定する必要があります。C38:C48 は、C6:E16 と G26:I36 の2つの上限値以下にします。さらに、下限値の制限では、C38:E48 を K26:M36 以上にする必要があります。

　これらの設定により、新しいモデルは図4-38のようになります。

図4-38：脱酸化問題のソルバーの定式（OpenSolverで解決する・LibreOfficeの場合は変更セルを;で区切る）

　OpenSolver の［Solve］を押すと、分岐限定法によって処理されます。最適解は前の定式よりも約8,000ドル少ない値になります。「削除の合計」と「削除なし」の欄で確認すると、Arizona（アリゾナ産）と Texas（テキサス産）の2つの出荷単位が脱酸処理に分類されていることがわかります。これらの2つの出荷単位の上限値と下限値は、正確に一致し、変数の積が制限値に強制されています（図4-39を参照）。

　なお、OpenSolver の挙動により、「インジケーター」の欄では購入していない品種についても「1」が入力されることがありますが、全体の結果は変わりません。これより大きい結果が出てしまう場合は、OpenSolver の［Model］をクリックし、下の［Options］をクリックして、「Branch and Bound Tolerance(%)」の数値を 0.1 などに設定してみてください。

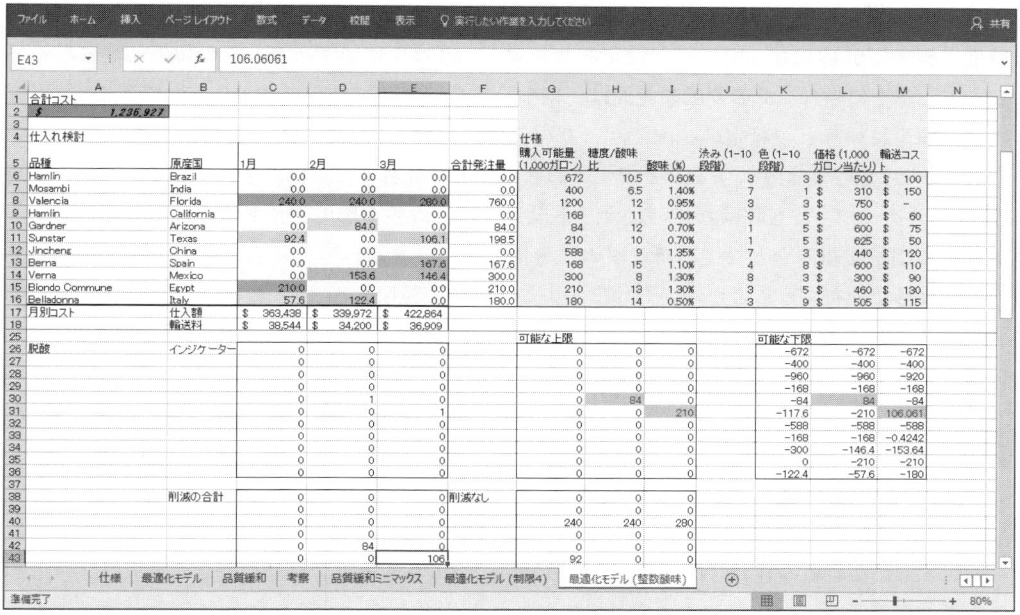

	A	B	C	D	E	F	G	H	I	J	K	L	M
1	合計コスト												
2	$ 1,236,927												
3													
4	仕入れ検討						仕様						
5	品種	原産国	1月	2月	3月	合計発注量	購入可能量 (1,000ガロン)	糖度/酸味比	酸味 (%)	渋み (1-10段階)	色 (1-10段階)	価格 (1,000ガロン当たり)	輸送コスト
6	Hamlin	Brazil	0.0	0.0	0.0	0.0	672	10.5	0.60%	3	3	$ 500	$ 100
7	Mosambi	India	0.0	0.0	0.0	0.0	400	6.5	1.40%	7	1	$ 310	$ 150
8	Valencia	Florida	240.0	240.0	280.0	760.0	1200	12	0.95%	3	3	$ 750	$ -
9	Hamlin	California	0.0	0.0	0.0	0.0	168	11	1.00%	3	5	$ 600	$ 60
10	Gardner	Arizona	0.0	84.0	0.0	84.0	84	12	0.70%	1	5	$ 600	$ 75
11	Sunstar	Texas	92.4	0.0	106.1	198.5	210	10	0.70%	1	5	$ 625	$ 50
12	Jincheng	China	0.0	0.0	0.0	0.0	588	9	1.35%	7	3	$ 440	$ 120
13	Berna	Spain	0.0	0.0	167.6	167.6	168	15	1.10%	4	8	$ 600	$ 110
14	Verna	Mexico	0.0	153.6	146.4	300.0	300	8	1.30%	8	3	$ 300	$ 90
15	Biondo Commune	Egypt	210.0	0.0	0.0	210.0	210	13	1.30%	3	5	$ 460	$ 130
16	Belladonna	Italy	57.6	122.4	0.0	180.0	180	14	0.50%	3	9	$ 505	$ 115
17	月別コスト	仕入額	$ 363,438	$ 339,972	$ 422,864								
18		輸送料	$ 38,544	$ 34,200	$ 36,909								
25							可能な上限				可能な下限		
26	脱酸	インジケーター	0	0	0		0	0	0		-672	-672	-672
27			0	0	0		0	0	0		-400	-400	-400
28			0	0	0		0	0	0		-960	-960	-920
29			0	0	0		0	0	0		-168	-168	-168
30			0	1	0		0	84	0		-84	84	-84
31			0	0	1		0	0	210		-117.6	-210	106.061
32			0	0	0		0	0	0		-588	-588	-588
33			0	0	0		0	0	0		-168	-168	-0.4242
34			0	0	0		0	0	0		-300	-146.4	-153.64
35			0	0	0		0	0	0		0	-210	-210
36			0	0	0		0	0	0		-122.4	-57.6	-180
37													
38		削減の合計	0	0	0	削減なし	0	0	0				
39			0	0	0		0	0	0				
40			0	0	0		240	240	280				
41			0	0	0		0	0	0				
42			0	84	0		0	0	0				
43			0	0	106		92	0	0				

図4-39：解決された脱酸化モデル

リスクのモデル化

最後のビジネスルールはかなり複雑でしたが、モデル化で、制約と変数を追加することによりほとんどのビジネスの問題を線形化できることがわかりました。ただし、これまでの問題が簡単か難しいかに関係なく、1つの共通点がありました。それは、入力データを絶対的なものとして扱っている点です。

これが常に、多くの企業に起こる現実と一致するわけではありません。部品の一部が仕様どおりでなかったり、輸送が必ずしも時間どおりに到着しなかったり、需要が予想数量と一致しなかったりします。言い換えると、データには変動性とリスクがあります。

では、変動性やリスクはどうモデル化すれば、最適化モデルの中に取り込めるのでしょうか？

標準的に分布しているデータ

オレンジジュースの問題では、変動性を排除するためにジュースをブレンドしていました。では、供給者から受け取る生産物について、仕様に変動はないと仮定するのは妥当でしょうか。

Egypt（エジプト）から調達する Biondo Commune（ビオンドコミューン）オレンジジュースの出荷品は正確に糖度／酸味比が13にならない可能性があります。これは期待値であり、この値の前後になる可能性があります。多くの場合、その変動の範囲は、確率分布を使用して傾向を示すことができます。

確率分布は、簡単にいうと、特定の状況で起こり得る出来事のそれぞれに確率を割り当てて、すべての確率を合計すると1になるようにすることです。おそらく最も有名で広く使用されている分布は、正規分布であり、「ベルカーブ」とも呼ばれています。正規分布が、数多く採用されている理由は、独立する複雑な現実世界の因子を組み合わせて、ランダムに分散したデータを作った場合、そのデータが正規分布や釣鐘のような形で分布することが多いためです。これは中心極限定理と呼ばれます。

このような振る舞いを確認するために、ちょっとした実験を行いましょう。携帯電話を取り出して、保存している連絡先の電話番号の最後の4桁を選びます。最初の桁は、0から9の間で均一に分散しているはずです。つまり、それらの数字は、大まかに見ると同じ回数出現します。この振る舞いは、2、3、および4番目の桁も同じように現れます。

では、これらの4つの「ランダム変数」を取り出し、それらを合計します。取り得る最小の値は0（0 + 0 + 0 + 0）です。最大の値は36（9 + 9 + 9 + 9）です。0および36になるのは1種類の組み合わせしかありません。1および35になる組み合わせは4通りありますが、20になる組み合わせは無数にあります。この作業を十分な数の電話番号で行い、個々の合計で棒グラフを作成すると、図4-40のような釣鐘の形が表れるはずです（私は多少友達が多いので、このグラフでは1,000件の電話番号を使用して描画しました。）。

■ 累積分布関数

この分布を描画する方法はもう1つあります。それは、とても便利な方法で、累積分布関数（CDF）と呼ばれています。累積分布関数は、特定の値以下になる結果の確率を求めます。

携帯電話データの場合は、10以下になる状況が12パーセントしかありません。一方、36以下になる状況は100パーセントになります（これは最も大きな値であるためです）。累積分布は、図4-41のようになります。

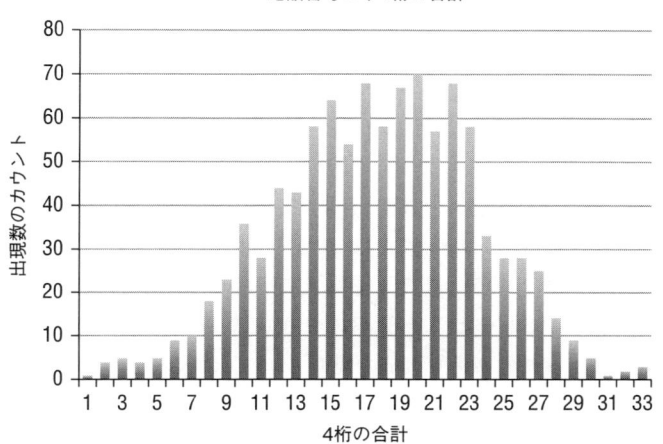

図4-40：個別にはランダムな数字も集計すると釣鐘状の形が表れる

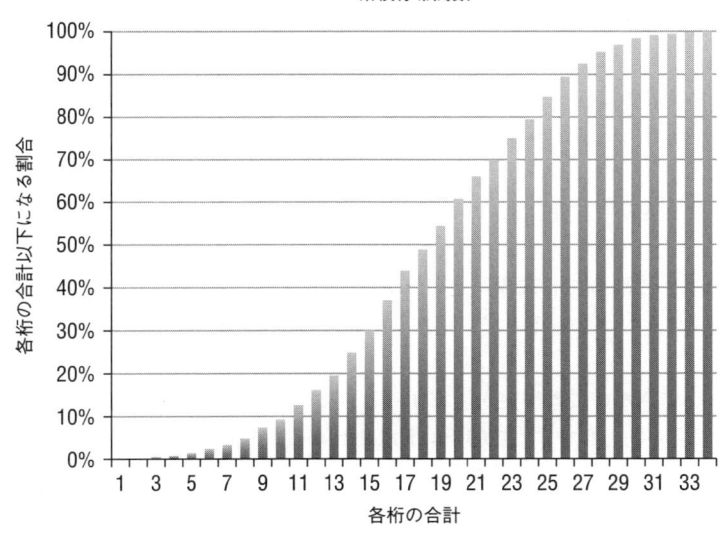

図4-41：携帯電話の連絡先番号の合計に関する累積分布関数

累積分布関数には、さらにすばらしい利点があります。逆方向に読み取って、分布から標本を生成することができます。

たとえば、この連絡先のリストの4桁を合計した分布から乱数値を生成する場合、0から100パーセントの間の乱数を生成できます。乱数値として61パーセントを思いついた場合、CDFの縦軸の61パーセントを見ると、横軸の19パーセントとぴったりと合っていることがわかります。さらに、これを何度も繰り返すことで、分布から大量の標本を生成できます。

正規の累積分布関数は、平均と標準偏差の2つの数値で完全に表現できます。平均は、分布の中心にすぎません。標準偏差は、平均を中心とした正規分布の「ばらつき」または「広がり」を表す尺度です。

エジプト産のジュースを注文した場合で考えてみましょう。糖度 / 酸味比の平均が13で、標準偏差が0.9とします。これは、13が確率分布の中心で、注文の68パーセントが13の ±0.9の範囲に存在し、95パーセントが標準偏差の2倍の範囲（±1.8）に入り、99.7が標準偏差の3倍の範囲（±2.7）に入ることを意味します。これは、「68 – 95 – 99.7法則」と呼ばれることもあります。

したがって、エジプトから糖度 / 酸味比が13.5の生産単位を受け取る可能性はかなり高いですが、糖度 / 酸味比が10の生産単位を受け取る可能性はかなり低くなります。

標本の平均と標準偏差の計算

標準偏差を計算した経験がない読者は、その計算方法に興味があるでしょうが、実はとても簡単です。

図4-42は、エジプト（Egypt）産のビオンドコミューン（Biondo Commune）オレンジジュースの過去の11件の注文を示しており、それぞれの糖度 / 酸味の測定値は列Bに示されています。この測定値の標本の平均は13で、元の仕様の値と同じです。

標準偏差の標本推定値は、単に平均二乗誤差の平方根です。[誤差] では、単純に期待値の13からの各注文のばらつきを計算します。

図4-42の列Cでは誤差の計算値（B2-F$2）、列Dでは二乗誤差の計算値（C2^2）が表示されています。平均二乗誤差は AVERAGE(D2:D12) で、0.77になります。そして、平均二乗誤差の平方根は0.88です。とても簡単です。

ただし実際には、数の少ない注文について標本の二乗誤差を計算するときには、二乗誤差を合計し、合計数よりも1少ない値で除算すると推定の精度が向上します（この場合は11の代わりに10）。

この調整を行った場合、図4-42のとおり標準偏差は0.92になります。

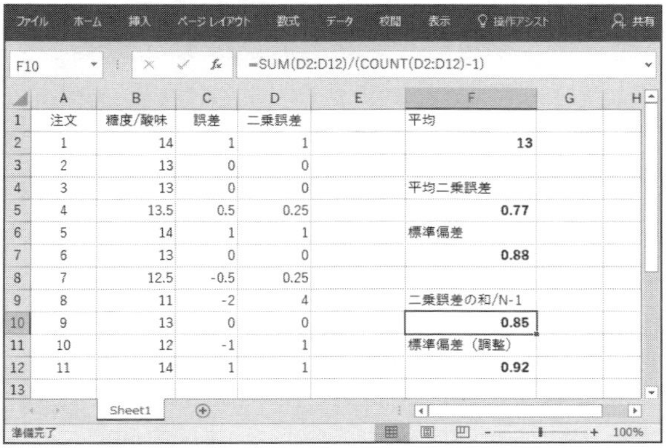
=SUM(D2:D12)/(COUNT(D2:D12)-1)

	A	B	C	D	E	F
1	注文	糖度/酸味	誤差	二乗誤差		平均
2	1	14	1	1		13
3	2	13	0	0		
4	3	13	0	0		平均二乗誤差
5	4	13.5	0.5	0.25		0.77
6	5	14	1	1		標準偏差
7	6	13	0	0		0.88
8	7	12.5	-0.5	0.25		
9	8	11	-2	4		二乗誤差の和/N-1
10	9	13	0	0		0.85
11	10	12	-1	1		標準偏差（調整）
12	11	14	1	1		0.92

図4-42：標準偏差の計算例

■ ジュースのブレンドの問題における標準偏差のシナリオの生成

✔ 注意

前セクションと同様に、OpenSolverを利用する必要があります。通常どおりに問題を設定してから、解決するときにリボンにある［OpenSolver］の［Solve］ボタンをクリックします（OpenSolverの詳細は第1章を参照してください）。なお、MacのExcel 2016をご利用の場合は、Excelの標準ソルバーで解決できます。

［仕様］シートのデータの代わりに、［仕様］のデータに標準偏差を併記した［仕様の変動］というシートをベースにします（初期状態のファイルを利用している場合は、なんらかのシートを右クリックして［再表示］を選ぶと、［仕様の変動］シートを表示できます）。図4-43を参照してください。目標は、ブレンドの計画を125万ドル以下にし、供給者の変動性を考慮しながら品質の要求に最も一致するものを見つけることです。

元の［緩和された品質のミニマックス］シートを複製して、「堅牢な最適化モデル」と名前を付けます。このシートで、既存の仕様の横のN6～Q16に新しく標準偏差を貼り付けます。

では、計算をどのように設定しますか？

仕様の平均と標準偏差を利用して、モンテカルロ・シミュレーションの手法によりこの課題を解決しましょう。モンテカルロ法は、分布をモデルの中に直接組み込むわけではありません。分布をもとに複数の標本を抽出し、そこからシナリオ（具体化されたデータ）を作成して、それらをモデルに組み込みます。

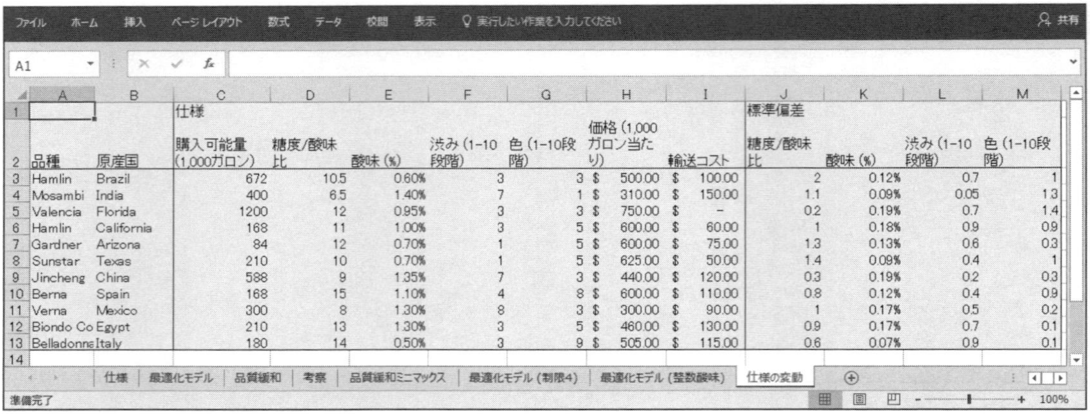

	A	B	C	D	E	F	G	H	I	J	K	L	M
1			仕様							標準偏差			
2	品種	原産国	購入可能量(1,000ガロン)	糖度/酸味比	酸味(%)	渋み(1-10段階)	色(1-10段階)	価格(1,000ガロン当たり)	輸送コスト	糖度/酸味比	酸味(%)	渋み(1-10段階)	色(1-10段階)
3	Hamlin	Brazil	672	10.5	0.60%	3	3	$ 500.00	$ 100.00	2	0.12%	0.7	1
4	Mosambi	India	400	6.5	1.40%	7	1	$ 310.00	$ 150.00	1.1	0.09%	0.05	1.3
5	Valencia	Florida	1200	12	0.95%	3	3	$ 750.00	$ -	0.2	0.19%	0.7	1.4
6	Hamlin	California	168	11	1.00%	3	5	$ 600.00	$ 60.00	1	0.18%	0.9	0.9
7	Gardner	Arizona	84	12	0.70%	1	5	$ 600.00	$ 75.00	1.3	0.13%	0.6	0.3
8	Sunstar	Texas	210	10	0.70%	1	5	$ 625.00	$ 50.00	1.4	0.09%	0.4	1
9	Jincheng	China	588	9	1.35%	7	3	$ 440.00	$ 120.00	0.3	0.19%	0.2	0.3
10	Berna	Spain	168	15	1.10%	4	8	$ 600.00	$ 110.00	0.8	0.12%	0.4	0.9
11	Verna	Mexico	300	8	1.30%	8	3	$ 300.00	$ 90.00	1	0.17%	0.5	0.2
12	Biondo Co	Egypt	210	13	1.30%	3	5	$ 460.00	$ 130.00	0.9	0.17%	0.7	0.1
13	Belladonna	Italy	180	14	0.50%	3	9	$ 505.00	$ 115.00	0.6	0.07%	0.9	0.1

図4-43：標準偏差が追加された仕様

シナリオは、「これらが統計の分布ならば、実際の注文ではどうなるか」という問題についての1つの有効な答えです。シナリオを求めるには、正規累積分布関数を逆に読み取ります。累積分布関数は前述の図4-41の説明のとおり、平均と標準偏差によって特性が決定されます。

Excelで正規累積分布関数を逆から(または“反転して”)読み取る式はNORMINVです。

それでは、まずB列にシナリオを生成します。これは、ワークシートに既に入力されているものより下の行33にラベルを入力します。これを「シナリオ1」と名付けます。

B34～B44で、すべての品種について糖度/酸味比の値の実際のシナリオを生成していきます。まずB34で、Brazil(ブラジル)のHamlin(ハムリン)の値を生成します。この糖度/酸味比の平均は10.5(H6)で、標準偏差は2(N6)です。これには次のNORMINV式を使用します。

```
=NORMINV(RAND(),$H6,$N6)
```

NORMINVには、平均と標準偏差と共に0から100パーセントの乱数値を入力します。そして、ランダムな糖度/酸味比の値が返されます。この式をB44まで下にドラッグしてください。コピーした先のセルの値が変わらない場合は、いったん保存してみましょう。

B45以降で、同じ入力を酸、渋み、色についても行います。これで、B34～B77の範囲に、分布からランダムに導き出した1つのシナリオを格納しました。これらのシナリオをCWまで右にドラッグすることで(この式には絶対参照を使用できます)、同様に仕様のシナリオをランダムに100件生成できます(図4-44)。ソルバーでは、非線形の変数が残っていると認識できないため、シナリオをコピーし、同じ場所に値貼り付けします。これでシナリオが固定データになりました。

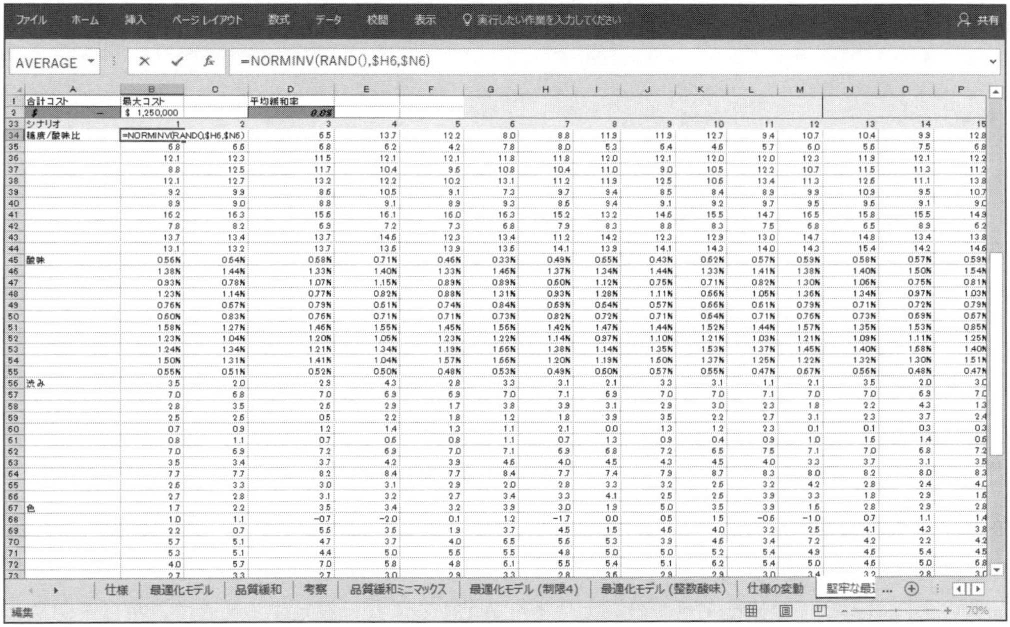

図4-44：生成された100件のジュース仕様のシナリオ

■ シナリオの制約の設定

それでは、生成したすべてのシナリオが満足するように、緩和された品質の下限値の解を求めます。これは単純に積の値を満足する解を求めるだけです。

最初のシナリオの下のセル B79 で1月の糖度／酸味比を次のように計算します（隣接したセルの値を使用していない旨のエラーが出る場合がありますが、無視してかまいません）。

```
=SUMPRODUCT($C$6:$C$16,B34:B44)/$C$21
```

行80と81で2月（C 列 → D 列を参照）と3月（E 列を参照）について同じように入力し、次に計算全体を右方向に CW 列までドラッグして、各シナリオの糖度／酸味比の値を得ます。

他の仕様についても同様に入力して、各シナリオを計算します。図4-45を参照してください。

ファイル　ホーム　挿入　ページレイアウト　数式　データ　校閲　表示　♀実行したい作業を入力してください　　　　♀共有

B93　▼　：　×　✓　ƒx　=SUMPRODUCT($E$6:$E$16,B67:B77)/$E$21

▲	A	B	C	D	E	F	G	H	I	J	K	L
1	合計コスト		最大コスト		平均緩和率							
2	$　1,170,000	$　1,250,000		0.0%								
76		5.0	5.2	5.0	5.1	5.0	5.1	5.0	5.0	4.9	5.3	4.9
77		8.9	9.1	9.0	9.0	9.0	9.1	8.9	9.0	8.9	9.1	9.0
78												
79	糖度/酸味比1月	10.89137	10.93863	10.78710	10.92273	10.20198	11.17468	11.13298	10.66659	10.89370	10.42591	10.67988	11.
80	糖度/酸味比2月	8.18923	11.54612	10.97485	11.53696	10.96334	10.99559	10.72507	11.72678	11.37147	11.40803	11.17137	11.
81	糖度/酸味比3月	7.45150	11.54196	10.80872	11.13527	10.82699	11.24294	11.23147	10.52285	11.12643	10.95065	10.75373	11.
82												
83	酸味1月	0.01139	0.01057	0.01162	0.01129	0.01124	0.01282	0.00963	0.01113	0.01127	0.01101	0.01063	0.
84	酸味2月	0.01023	0.00960	0.01052	0.01070	0.00963	0.01042	0.00851	0.01078	0.00964	0.00914	0.00954	0.
85	酸味3月	0.01124	0.01054	0.01163	0.01195	0.01090	0.01205	0.00998	0.01122	0.01056	0.01086	0.01069	0.
86												
87	渋み1月	3.97707	4.30498	4.02702	4.15382	3.54193	4.50586	4.58925	4.47102	4.04844	4.06058	4.12899	3.
88	渋み2月	4.02840	4.53823	4.25545	4.45440	3.67970	4.54977	4.61069	4.36442	4.31262	4.45276	4.23773	4.
89	渋み3月	4.57224	4.81066	4.64880	4.91685	4.22631	5.40375	5.15920	4.88169	4.86936	5.12493	4.65447	4.
90												
91	色1月	3.58035	3.05229	4.45047	3.27817	3.19831	4.27873	3.67238	3.03789	4.37895	4.51298	3.48889	3.
92	色2月	3.56483	3.01821	5.02633	4.20441	3.45658	4.25770	4.50803	3.35131	4.52503	4.37378	3.93411	3.
93	色3月	3.48859	3.12168	5.07011	3.49079	3.26202	4.38296	3.85582	2.96185	4.20899	4.43519	3.63736	3.
94												

◀ … | 最適化モデル | 品質緩和 | 考察 | 品質緩和ミニマックス | 最適化モデル (制限4) | 最適化モデル (整数酸味) | 仕様の変動 | 堅牢な最適化モデル | ⊕ | ◀ ▶

準備完了　　　　　　　　　　　　　　　　　　　　　　　　　　　　　　　　　　　田　回　凹　－　＋　90%

図4-45：シナリオごとの仕様の計算

　モデルを設定するのはさほど難しくはありません。B2で、コストの上限を125万ドルに設定します。D2は、品質の緩和により、ミニマックスの設定で最小化するように指定されているままです。ここで行うのは、品質の上限および下限値をすべてのシナリオを満足するように設定することで、単に予想される品質の値を求めることではありません。

　したがって、糖度/酸味比についてB79:CW81≧B27、および≦F27を追加し、同様に酸、渋み、および色に対しても行います。図4-46の定式を参照してください。

　［Solve］を押します。解がかなり速く計算されます。ランダムなシナリオを生成しているので異なる解になる場合がありますが、私の100件のシナリオでは、コストを125万ドル以下に抑えながら、最高の品質として133パーセントの緩和を得ることができました。

　もっと良い結果を見たければ、コストの上限を150万ドルに引き上げて、解決を再実行してみてください。114パーセントの緩和ですみ、コストも上限に達することなく、約130万ドルに止まりました。これは、コストの上限を高くしたことにより、品質を向上する余地がないレベルに至ったものと思われます（図4-47の解を参照）。

　これですべて終了です。ランダムで現実的な状況でも、コストと品質のバランスをとり、制約を満足することができました。

図4-46：堅牢な最適化についてのソルバー設定（OpenSolverで解決する）

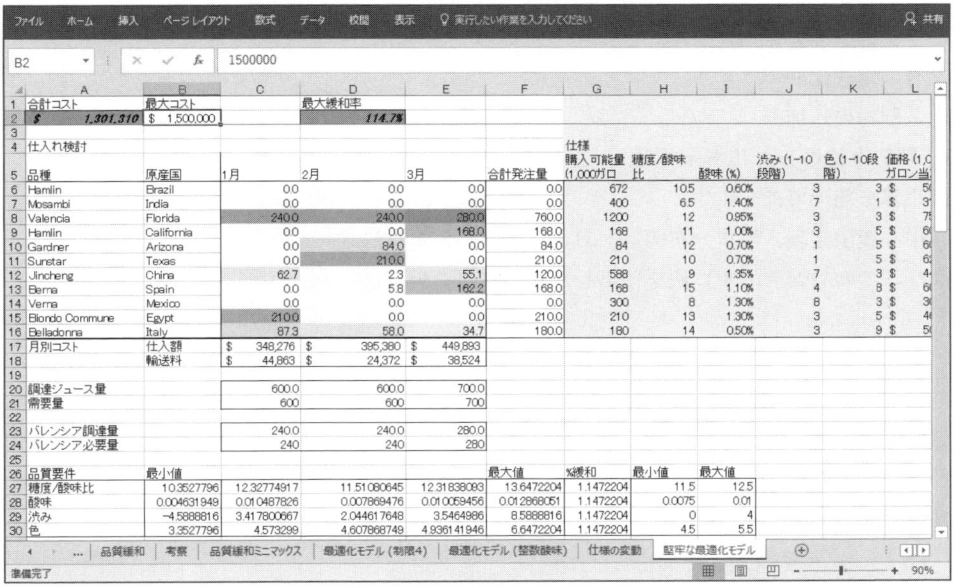

図4-47：堅牢な最適化モデルの解（コスト上限を150万ドルとした場合）

熱心な読者のために、もう1つの定式を用意しましたので、取り組んでみてください。前の問題では、緩和しなければならない率を最小化し、品質の制限値を引き上げました。さらにすべてのシナリオの制約を満足しながらこれらを実現しました。では、シナリオの95パーセントしか考慮しない場合はどうしますか。

品質の緩和率の最小化を目標にすることは変わりませんが、各シナリオにインジケーター変数を割り当てて、シナリオの品質の制約を違反した場合に1にする必要があります。そして、それらのインジケーターの合計を制約として5に設定することができます。

できるかどうか挑戦してみてください。

↗ Wrapping Up

読者が、最後のいくつかのモデルを理解できたならば、称賛に値します。それらは、容易に解けるレベルの問題ではありませんでした。実のところ、本章がこの本で一番難しい部分かもしれません。ここからはずっと下り坂です。

ここで、本章で学習したことを簡単にまとめます。

- 簡単な線形プログラミング
- ミニマックスの定式化
- 整数の変数と制約の追加
- 「ビッグ M」制約を使用した if-then 論理のモデル化
- 決定変数の乗算を線形でモデル化
- 正規分布、中心極限定理、累積分布関数、およびモンテカルロ法
- 線形プログラムでのモンテカルロ法を使用したリスクのモデル化

多分あなたの頭は、これらの技法を今すぐビジネスに適用しようとフル回転していることでしょう。もしくは強い酒を飲み干して、線形プログラミングには二度と触らないと決意したかもしれません。私は、本音を言えば前者であることを望みます。なぜなら、自由に線形プログラミングを創造し、複雑化できるようになるためです。ビジネスの多くの状況では、モデルに何千万もの決定変数が存在することを何度も目にすることでしょう。

第 5 章

クラスター分析 パートII：ネットワークグラフと コミュニティー検出

本章では、第2章のワイン卸売りのデータセットを使用して引き続きクラスターの識別と分析について説明します。基本的には必要な箇所を拾い読みしていただいてもまったくかまわないのですが、ここでは少なくとも第2章をざっと読まれてから、本章に進まれることをお勧めします。本章では、データの準備について再度説明していません。また、本章で使用するコサイン類似性は第2章の終わりの部分で説明しています。

さらに、本章で使用する手法では「ビッグ M」制約の最適化技術を利用していますが、これは第4章で紹介したものです。したがって、「ビッグ M」について理解しておけば役に立つでしょう。

本章では、引き続き興味深い顧客のグループを購入に基づいて見つける問題に取り組みます。ただし、問題を解決する手法は第2章と根本的に異なります。

第2章でk平均法クラスタリングを行った場合のように、ダンスフロアに立てた旗の周りの顧客について調べてグループを割り当てるのではなく、関係性に注目して顧客を調べます。顧客どうしが類似する商品を購入している場合、その観点で互いに関係性があります。ある人たちは、他の人たちよりも特定の商品についてなじみがあるため、同じ商品に興味を持ちます。したがって、それぞれの顧客が他の顧客とどのように関係しているか、または関係していないかを考えることにより、顧客のコミュニティーを識別できます。その際、データ内に設定された番号の旗を立てて、人々の配置となじむまで旗を動かす必要もありません。

関係性を利用した方法で顧客をクラスタリングする概念は、「ネットワークグラフ」と呼びます。次の節の説明のとおり、ネットワークグラフは、たとえば購入データなどで関係がある分析対象（たとえば顧客）を保存し、視覚化します。

今日、ネットワークの視覚化と分析は大いに普及し、ネットワークグラフを使用して推測する手法は、多くの場合従来の手法（第2章のk平均法クラスタリングなど）よりも適切に機能します。したがって、今日の分析者は、ネットワークグラフを理解して業務に利用できる能力を持つことが大変重要です。

ネットワークのクラスター分析を行うとき、しばしばコミュニティー検出という別名が使われます。これは的を射た言い方で、多くのネットワークグラフは実際には人と人との関係を表しており、クラスターはまさにコミュニティー（共通の特徴を持つ集団）を形成するものです。本章では、モジュール性の最大化という、特別なコミュニティー検出アルゴリズムに注目します。

モジュール性の最大化の処理では、大まかに言うと、クラスターに2人の友達のペアを入れるたびにポイントが与えられ、他人のペアをクラスターに入れるたびにペナルティーが与えられます。この手法は、できるだけ多くのポイントを獲得してペナルティーを回避することにより、顧客にぴったりのクラスターを見つけます。さらに、後述の説明のとおり、k平均法クラスタリングの手法と違い、kを選択する必要がないというすばらしい利点もあります。これはアルゴリズムが読者に代わって処理します。つまり、ここで使用するクラスタリング手法では、教師なし機械学習を採用して、まったく新しいレベル

の知識を発見します。

　また、数学的な魅力の観点では、k平均法クラスタリングが魅力的であり、半世紀以上にわたって使われ続けてきましたが、本章で使用する手法はここ数年で開発されたものであり、最先端の手法です。

↗ ネットワークグラフとは

　ネットワークグラフは、ノードと呼ばれる実体の集合で、エッジと呼ばれる関係によって接続されます。Facebookのようなソーシャルネットワークは、大量のネットワークグラフ化が可能なデータを提供します。たとえば、あなたとつながっている友達は、おそらくお互いも友達だろうといったデータです。「ソーシャルグラフ」という用語が最近使われるようになったのは、このような理由によります。

　ネットワークグラフ内のノードはもちろん人でなくもかまいません。また、関係を表すエッジが個人の関係である必要もありません。たとえば、Facebookユーザーのノードと、そのユーザーが好きな製品ページのノードを使用することもできます。ユーザーの好みが、グラフのエッジになります。同様に、都市の交通システムのすべての駅または停留所を表すネットワークグラフを作成することもできます。また、デルタ航空のフライトマップですべての行き先と航路を示すことができます（実際に、どこの航空会社のWebサイトのルートマップを見ても、標準的なネットワークグラフが使われています）。

　スパイの疑いがある人をリストアップし、イスラム・マグレブ諸国のアルカイダ内部の人間とGPS衛星電話で通話したことのあるすべての人をグラフ化することもできます。2013年にエドワード・スノーデンが暴露したNSAのスパイ活動の資料により、この最後のネットワークグラフは、メディアから大きく注目されました。たとえば、NSAの「3ホップ」クエリーを実行する能力について議会で議論されたことがあります。「3ホップ」クエリーとは、通話データのネットワークグラフにおいて、既知のテロリストへ3ホップで到達できる人を見つけることです（グラフの3エッジの経路でテロリストに接続するノード）。

　何の仕事をしていても、使用するデータにはネットワークグラフが隠れていることは間違いありません。私のお気に入りのネットワークグラフプロジェクトにDocGraphというプロジェクトがありました。一部の人々が大胆にも米国情報公開法に基づく公開要求によって、米国高齢者向け医療保険制度の全照会データに関するグラフを作成したものです。医師が照会を基に他の医師とつなげられており、このグラフを使用してコミュニティー、有力な知識提供者（多くの人が難しい診断について最終的な見解の伺いを立てる医師）、さらに不正行為や不正使用さえも特定できます。

　ネットワークグラフは、分析の分野では珍しい相反する特徴を持っています。美的に優れながら、さらに特定の分析を可能にし、保存する方法として非常に実用的です。ネットワークグラフによって、あらゆる潜在的な要素を視覚的かつアルゴリズム的に検出できます。それらにはクラスター、外れ値、影

響力のある人や物、および異なるグループ間のブリッジなどがあります。

　次の節では、ネットワークグラフがどのように機能するかを実感するために、いくつかのネットワークデータを視覚化します。

↗ 単純なグラフの視覚化

　米国テレビ番組の『フレンズ』は、1990年代から2000年の初めにかけて、とても人気のあるホームコメディでした。この番組の主な登場人物は6人の友達であり、ロス、レイチェル、ジョーイ、チャンドラー、モニカ、そしてフィービーです。アメリカ人でこの番組や登場人物を聞いたことがなければ、すごく若いのか、長い間洞窟に閉じ込められていたかのどちらでしょう。

　これらの6人の登場人物が互いにかかわり合って、さまざまなタイプの恋愛が繰り広げられます。純粋な恋愛、まったく実を結ばない妄想恋愛、告白や駆け引きの恋愛ゲームなどです。

　これらの登場人物は6つのノードまたはグラフ上の交点とみなすことができます。彼らの間の関係はエッジです。思いつく範囲では、次のエッジを挙げることができます。

- ロスとレイチェルの関係は言うまでもありません。
- モニカとチャンドラーは最終的に結婚します。
- ジョーイとレイチェルには小さなロマンスが芽生えますが、結局あわないと結論します。
- チャンドラーとレイチェルは、回想シーンのビリヤード台でのハプニングで出会っています。レイチェルは、チャンドラーと付き合ったらと妄想します。
- チャンドラーとフィービーは遊び半分で付き合い、チャンドラーはモニカと付き合っているのを認めたくないためキスをしなければならなくなります。

これらの6人の登場人物と5つのエッジを視覚化すると図5-1のようになります。

　とてもシンプルですね。ノードとエッジだけで、ネットワークグラフはこれですべてです。ネットワークグラフは、おなじみのドットプロット、折れ線グラフ、棒グラフなどのグラフとはまったく関係ありません。それらのグラフはまったく異なる種類のものです。

　図5-1は、関係が双方向に定義されているため「無向ネットワークグラフ」と呼ばれます。逆に、Twitterなどのデータは有向です。これは私からあなたをフォローできますが、あなたが必ずしも私をフォローする必要がないためです。有向グラフを視覚化する場合、エッジは通常は矢印になります。

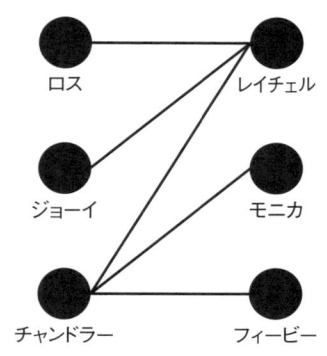

図5-1: 『フレンズ』の（疑似）恋愛相関図

さて、Excel を使用してネットワークグラフを作成する場合の欠点として、他の図形やグラフ機能とは違い、ネットワークグラフを視覚化するためのツールが提供されていないことが挙げられます。

したがって本章では、自分に課した本書の基本原則を破り、Gephi と呼ばれる外部ツールを視覚化と計算に使用します。Gephi については次の節で詳しく説明します。ところで読者は、必要に応じて本章の Gephi の説明を飛ばして先に進むこともできます。ネットワークデータに埋もれているすべての実際のデータは、Gephi でネットワークを視覚化しなくてもマイニングできます。Gephi の説明部分は、興味がある場合にのみ読んでいただければ問題ありません。

視覚化の話題はさておき、この種類のグラフを利用したい場合は、データの数値表現が必要です。直観的な表現の1つに隣接行列があります。隣接行列は、ノード対ノードで値が0または1の正方形の表です。特定のセルが1の場合、「そのノード間にエッジを配置」することを意味し、0の場合「それらのノードは未接続」であることを意味します。

フレンズのデータから隣接行列を作成することができます。図5-2を参照してください。フレンズの登場人物の名前が列と行に並んでおり、彼らの間に関係がある場合に1で表されています。グラフが対角線に沿って対称であることに気付くでしょう。これは、グラフが無向であるためです。ジョーイにはレイチェルとのエッジがあり、その逆のエッジも存在します。隣接行列にはこれが表示されています。関係が一方方向の場合、行列は対称形にはなりません。

ここではエッジが1で表されていますが、実際には1ではありません。エッジには重みを追加することができます。たとえば、電気的な容量の場合、平面ごとに容量が異なると考えます。この容量の違いにより、IT ネットワークの配線に応じて、経路を飛び越えたり、対応できる帯域幅が異なったりします。重み付けされた隣接行列は、アフィニティ行列とも呼ばれます。

図5-2：フレンズ（Friends）データの隣接行列

↗ Gephi の簡単な紹介

　次に、Gephi を実行して、フレンズ（Friends）データセットをインポートし、視覚化しましょう。すべての要素を具体的に表示することにより、状況が良くわかるようになります。

　Gephi は、オープンソースのネットワーク視覚化ツールです。Java で記述されており、今日メディアで目にするネットワーク視覚化グラフィックの多くは Gephi で作成されています。Gephi では、簡単に印象的な図を作成することができます。このためウサギがニンジンに引き寄せられるように、多くの人が画像ツイートに Gephi を利用しているようです。

　いつも Excel 以外のツールを使うのをためらうのに、今回そうしなかったのは、Gephi が、Excel にないネットワーク視覚化機能を持っており、無料であり、さらに Windows、Mac OS、および Linux で動作するためでした。したがって、使用しているコンピューターに関係なく、ここで紹介する手順を実際に試すことができます。

　ここでの視覚化の手順は必須ではありません。図だけで確認したければ、それで問題ありません。ただし、実際に操作してみることをお勧めします。とても楽しめます。ただし、本書は Gephi に関する参考書ではないため、Gephi について詳しく知りたい場合は、詳しい手順を示した wiki.gephi.org の資料をご参照ください。

≫ Gephi のインストールとファイルの準備

Gephi をダウンロードするには、ブラウザーで https://gephi.org/ にアクセスし、「Download」ボタンをクリックします。ダウンロードページが表示されるので、ご利用の OS に合ったファイルをダウンロードしましょう（本書刊行時点では日本語の http://oss.infoscience.co.jp/gephi/gephi.org/ は更新が止まっているようです）。

Gephi の一般的なチュートリアルについては、英語版は https://gephi.org/users/quick-start/ を参照してください。日本語版は https://www.slideshare.net/ashitanoken/gephi-tutorialquick-startja にあります。なお、Gephi の動作には Java が必要です。入っていない場合は https://java.com/ja/download/ からダウンロードしてください。

Gephi をインストールしたら、この視覚化ツールにインポートする隣接行列を準備する必要があることです。

ところで、Gephi へ隣接行列をインポートする場合、本来は不要な手順が1つあります。Gephi でコンマ区切りの隣接行列を受け付けないため、セミコロンによって各値を区切る必要があることです。

カート・ヴォネガットが、『国のない男』の中で「セミコロンを使ってはいけない。あれはあいまいでまぎらわしく、矛盾に満ちた、まったく無意味な記号だ。大学に行ったのをひけらかす以外、なんの役にも立たない」と述べていますが、Gephi は彼の適切な助言を無視しています。面倒をおかけしてすみません。では、インポート処理に進みましょう。

ダウンロードデータの「CHAPTER05」フォルダーに「フレンズグラフ.xlsx」というファイルを本書で利用できるように用意しています。また、図5-2に示されている小さな隣接行列を基に手動で入力することもできます。

そのグラフを Gephi にインポートするときには、まず CSV 形式で保存してください。CSV 形式はプレーンテキストのコンマ区切りファイル形式です。これを行うには、Excel の［名前を付けて保存］を開き、ファイル形式のリストから CSV を選びます。ファイル名は、フレンズグラフ.csv になります。保存するときに、Excel によっていくつかの警告が表示される場合ありますが、無視してかまいません。

CSV ファイルができたら、ファイルを開き、コンマをすべてセミコロンに置換する必要があります。テキストエディター（Windows のメモ帳や Mac のテキストエディットなど）でファイルを開き、コンマをセミコロンに置換してファイルを保存します。図5-3は Windows のメモ帳でこの操作を行っているところです。

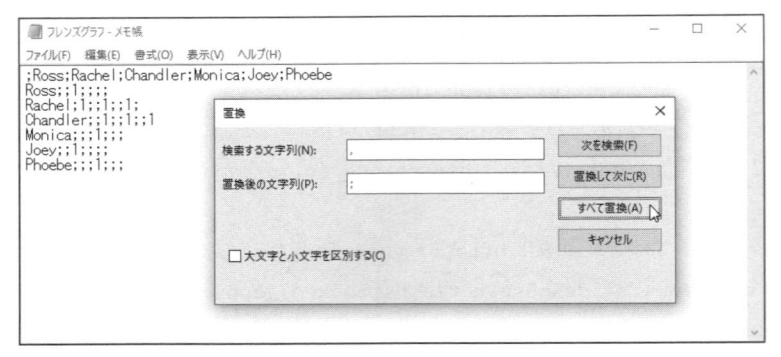

図5-3：フレンズグラフのCSVファイルでコンマをセミコロンで置換する

　置換処理が完了したら、インストールした Gephi を開き、[ようこそ]画面で、[グラフのファイルを開く]オプションを使用し、編集したフレンズグラフ.csv を選択します。

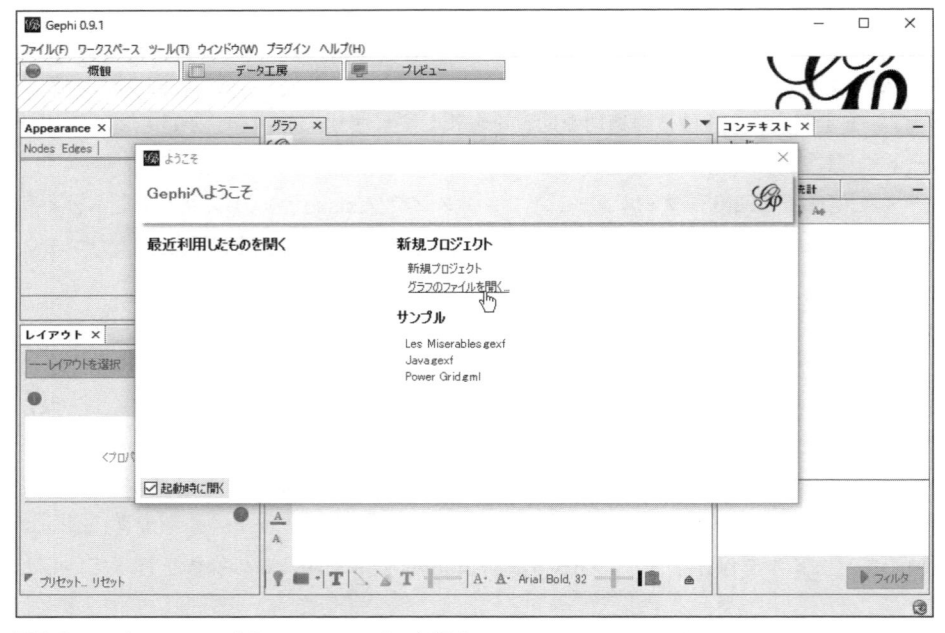

図5-4：Gephiでフレンズグラフ.csvファイルを開く

ファイルを開く際、インポートのレポートウィンドウが開きます。6個のノードと10個の辺（エッジ）が検知されています。10個の辺が表示された理由は、隣接行列が対称であるためで、それぞれの関係が重複しています。この重複を解決するには、［グラフの種類］を［Mixed］から［無向］に変更します（図5-5を参照）。［OK］を押します。

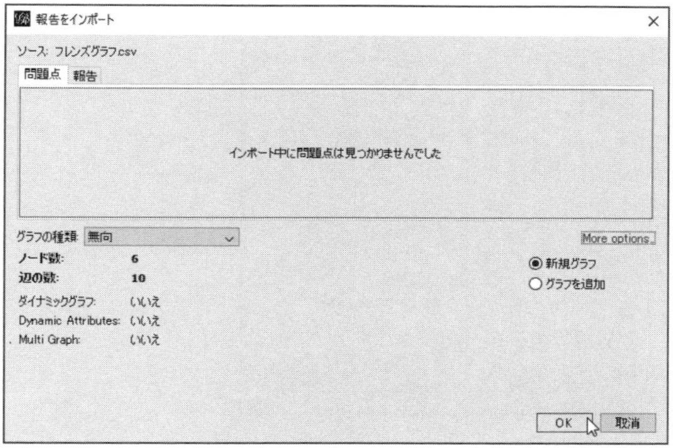

図5-5：フレンズのグラフのインポート

≫ グラフのレイアウト

　Gephi のウィンドウの左上で［概観］タブが選択されていることを確認します。選択されている場合、Gephi ウィンドウは図5-6のように表示されます。ノードとエッジが、描画領域に規則性のないレイアウトで表示されます。さらに、表示倍率が適切でないため、グラフが見にくくなっています。なお、初期のレイアウトは、この例とは異なるレイアウトで表示される可能性があります。

　このグラフをもう少し見やすくしましょう。いくつかのナビゲーション用の操作を覚えてください。マウスのスクロールホイールでズームインできます。また、空白の領域を右クリックするとキャンバスを移動でき、グラフが中心になるようにドラッグできます。

　［概観］ウィンドウの一番下に表示されている［T］ボタンをクリックすることにより、グラフノードにラベルを追加できます。これにより、どの登場人物がどのノードかわかります。ズームインして、位置を調整し、ラベルを追加したグラフは、図5-7のように表示されます。

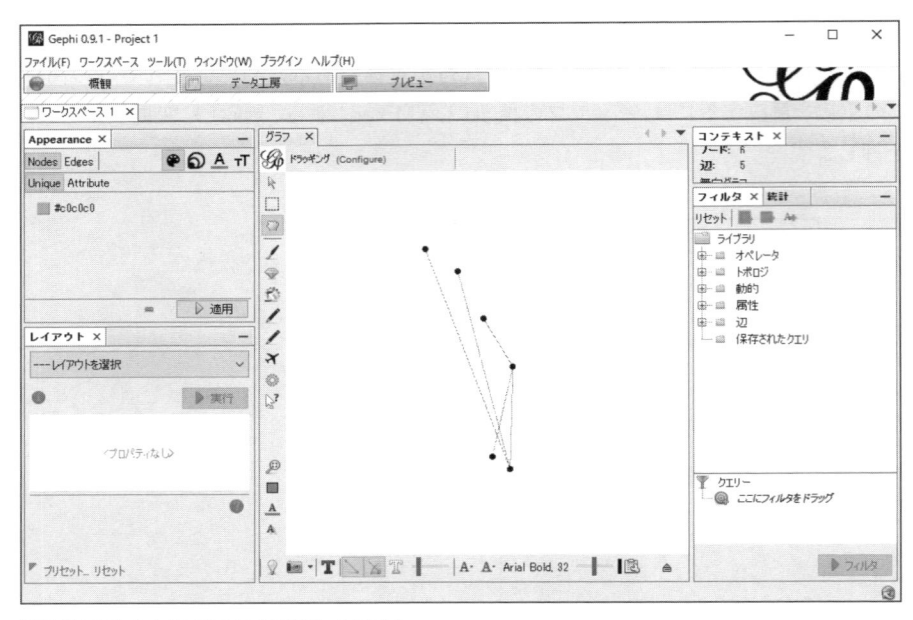

図5-6：フレンズのグラフの初期レイアウト

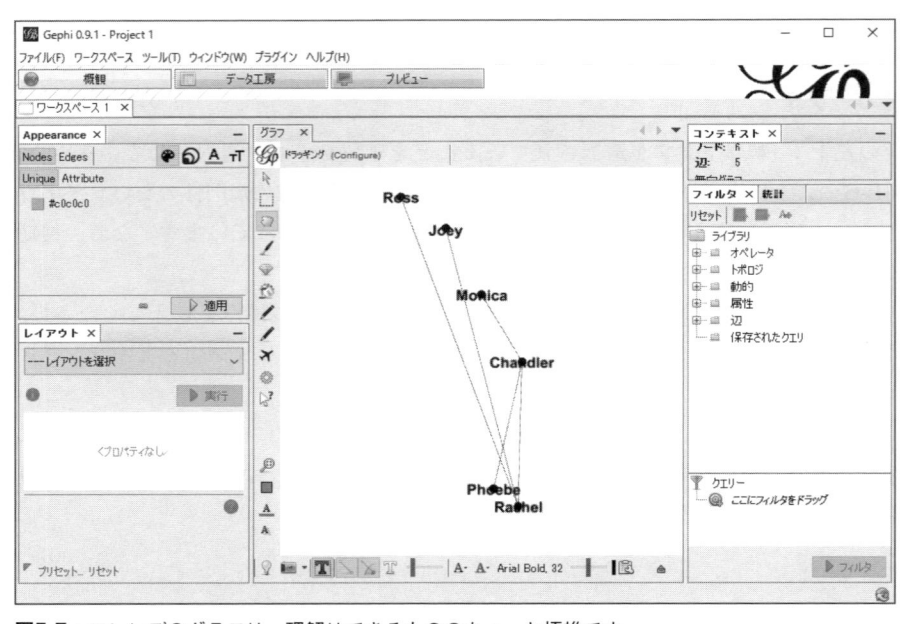

図5-7：フレンズのグラフは、理解はできるもののちょっと煩雑です

このグラフを適切にレイアウトしていきましょう。幸いにも Gephi には、この操作を自動化する多数のアルゴリズムがあります。それらの多くは、接続されているノード間の引力や、接続されていないノード間の斥力などの力を使用してオブジェクトの位置を決定しています。Gephi のレイアウトセクションは［概観］パネルの左下のウィンドウにあります。メニューから自由にコマンドを選択して、試してみてください。

> ✔ **注意**
> いくつかのレイアウトアルゴリズムは、グラフを縮小または拡大します。このため、グラフを再度見るために拡大または縮小しなければならない場合があります。さらに、ラベルの表示倍率が適切でなくなります。ただし、［レイアウト］ドロップダウンメニューには、これを解決する［ラベルの調整］の選択項目があります。

　私は、好みのレイアウトにするために、最初にレイアウトのメニューから［ForceAtlas 2］を選択して、［実行］ボタンを押しました。見やすくするために「LinLog モード」と「重なりの回避」にチェックを入れています。ラベルが重なったときは、メニューから［ラベルの調整］を選択し、［実行］ボタンを押します。フォントサイズも調整すれば表示がかなり改善されます（図5-8）。

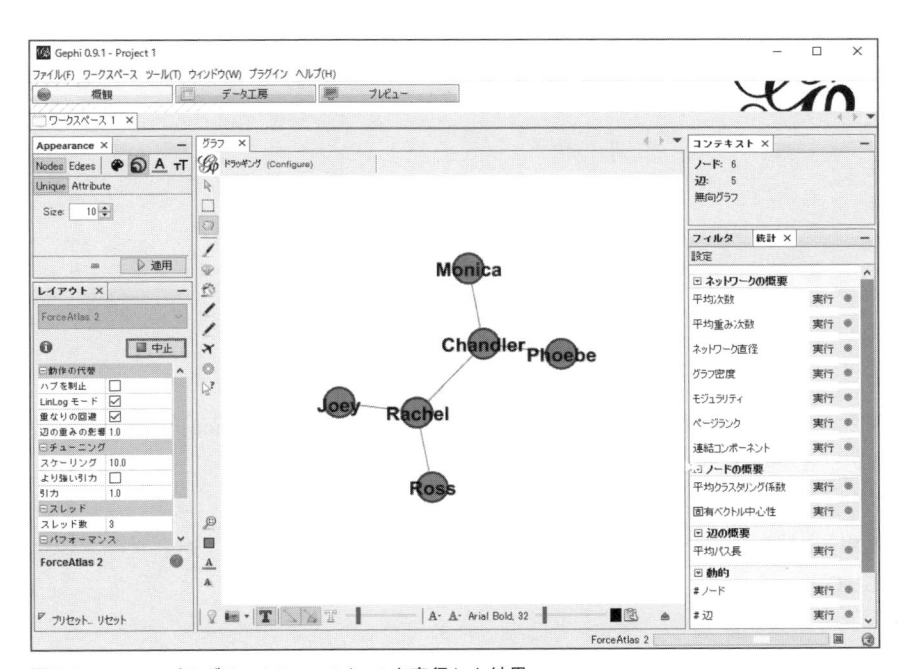

図5-8： フレンズのグラフにForceAtlas 2を実行した結果

レイチェルとチャンドラーは、グラフで最も良い関係であることがわかります。また、ロスとモニカとは兄と妹であるので、明らかに離れています。

≫ ノードの次数

　本章で重要になるネットワークグラフの概念の1つに次数があります。ノードの次数とは、単純にそのノードに接続されたエッジの数です。したがって、チャンドラーは次数が3ですが、フィービーの次数は1です。Gephiでは、この次数を使用してノードのサイズを変更できます。

　グラフの平均次数や、ノードの次数を見るには、Gephiの右側の［統計］セクションで［平均次数］ボタンを押します。これにより、図5-9のようなウィンドウが表示されます。グラフの平均次数（Average Degree）が1.6667で、次数1のノードが4つ、次数3のノードが2つ（レイチェルとチャンドラー）と表示されています。

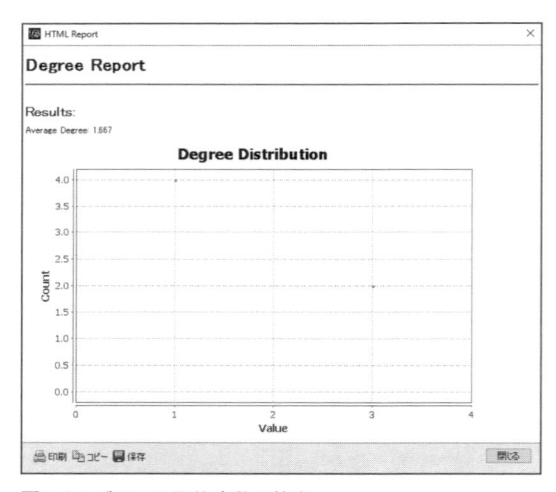

図5-9： グラフの平均次数の算出

　このウィンドウを閉じて、［概観］ウィンドウの左上のボックスにある［Appearance］セクションに移動します。［Nodes］セクションを選択して、ノードのサイズ変更を表す三つの重なった丸のアイコンをクリック。［Ranking］タブを選び、ドロップダウンから［次数］を選択して、ノードの最小および最大サイズを設定します。［適用］を押すと、Gephiによって、重要度の代わりに次数が使用され、ノードのサイズが変更されます（図5-10）。

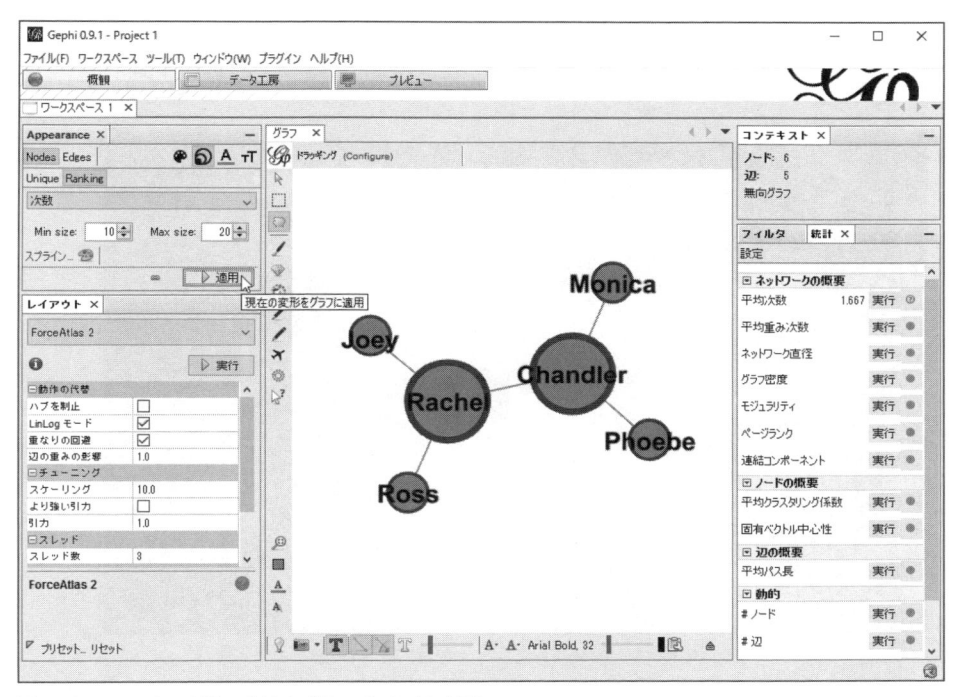

図5-10：ノードの次数に応じたグラフサイズの変更

≫ 美しい印刷

この図で問題はありませんが、壁にかけて飾ろうとはしないでしょう。画像の印刷をするようにグラフを準備するには、Gephi の一番上の［プレビュー］タブをクリックします。

［プレビュー設定］タブで、［プリセット］ドロップダウンから［黒い背景］を選択し（ハッカーの妄想を持っているため）、ウィンドウの左下の［更新］ボタンをクリックします。

Gephi によってきれいな曲線のグラフが描画されます。ラベルが大きすぎる場合は、左の設定パネル［ノードラベル］の［フォント］で調整できます。さらにグラフのエッジがやや細かったので、［辺］の［厚さ］を1から3に増やしました。ノードに合わせてみごとにサイズ変更されているのを確認してください（図5-11 を参照）。

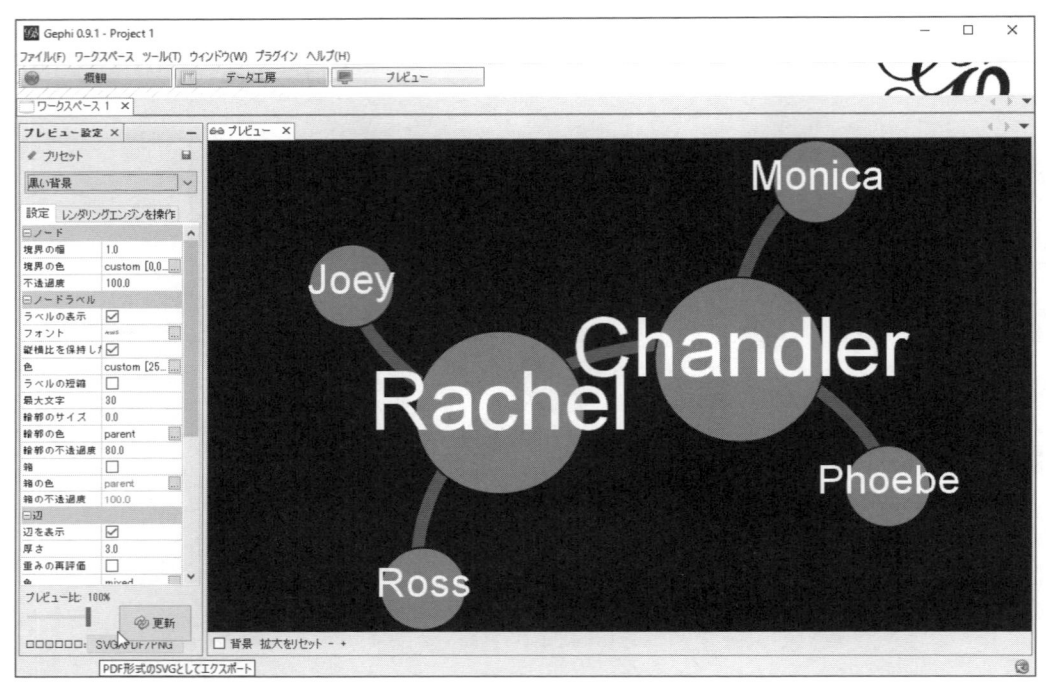

図5-11：きれいになったフレンズのグラフ

　このファイルをグラフィックスファイル（.png ファイルなど）にエクスポートする場合は、プレビューの設定セクションの左下にある［SVG/PDF/PNG］ボタンを押します。これにより、グラフを Web サイトや PowerPoint プレゼンテーション、さらにはデータサイエンスの書籍で公開できます。

≫ グラフデータの操作

　Excel に戻る前に、第2章のワイン卸売り業者の問題に取り組むために、Gephi の［データ工房］セクションについても説明します。Gephi の一番上の［データ工房］をクリックして、［データ・テーブル］でグラフにインポートした元のデータを確認します。

　データには、［ノード］と［辺］の2つのセクションがあります。［ノード］セクションには、6人の登場人物が表示されています。前に［平均次数］を計算したので、ノードのデータセットに［次数］の列が追加されています。必要ならば、この列をエクスポートして Excel に戻すことができます。これには、メニューバーの［テーブルのエクスポート］ボタンを押します。図5-12を参照してください。

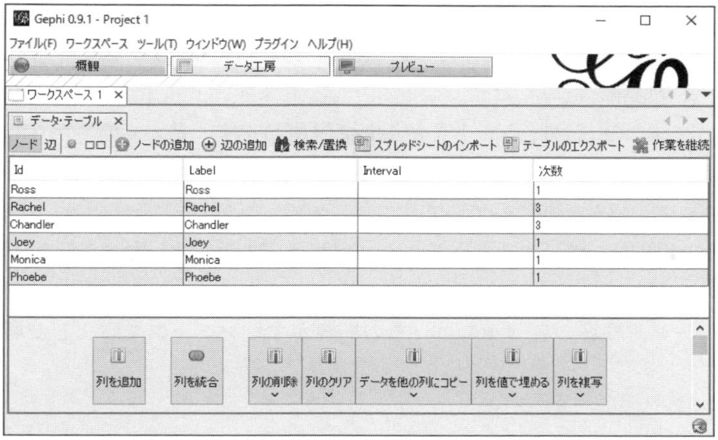

図5-12：［データ工房］でのノード情報と次数の表示

　［辺］セクションをクリックすると、5つのソース（Source／始点）と、それらのターゲット（Target／終点）が配置されています。各エッジの重み（Weight）は1です。これは、値がすべて1の隣接行列をインポートしたためです。それらの値をたとえば本当に結婚した場合などで高い値に変えると、その高い重みがこの列に反映されます（その重みは［ForceAtlas 2］のレイアウトにも影響します）。

　お疲れ様です。Gephi には、さらに詳しい説明が用意されています。では、ワインの卸売りデータのクラスター化に戻りましょう。また、さらにいくつかの視覚化や計算を行うために後から Gephi に戻ります。

↗ ワインの卸売りデータからのグラフの作成

> **✔ 注意**
> ここで使用する Excel ファイルは、「CHAPTER05」フォルダーにある「ワイン卸売データ .xlsx」です。作業を終えた完成状態のファイルは「ワイン卸売データ _ 完成 .xlsx」となります。また、書き出した CSV ファイルは「CSV」フォルダーにあります。ダウンロード URL は「はじめに」の xii ページをご覧ください。

　本章では、顧客購入データ内でクラスターを検出する方法を実演します。このデータはグラフで表現します。いくつかの企業には、既にグラフ化できるデータがあります。たとえば以前説明した高齢者向け医療保険制度の照会データなどです。

　ここで扱う問題の場合、第2章のワイン購入行列からすぐに顧客対顧客の関係を表現することはできません。

最初に、ワイン卸売りデータセットをネットワークとしてグラフ化する方法について検討する必要があります。つまり、図5-2に示されているフレンズの隣接行列に似た隣接行列を作成します。その行列を基に、グラフ上で視覚化したり、必要な情報を計算したりできるようになります。

　この分析は、ワイン卸売データ.xlsx ブックの［行列］シートを使用して説明します。覚えているかもしれませんが、このシートは第2章の始めに作成した［行列］シートと同じもので、ワイン販売の取り引きデータおよび卸売りのキャンペーンのメタデータを基にしています。

　図5-13の［行列］シートの各行は、ジョーイ・バッグ・オードーナッツ・ホールセール・ワイン・エンポリアムが昨年提供した32のワインキャンペーンに関する詳細情報を示しています。シートの列には顧客名が示されており、さらにキャンペーン対顧客の各セルには、その顧客がキャンペーンで購入した場合に1の値が表示されています。

売り出し番号	キャンペーン	品種	購入可能最低量(kg)	割引率(%)	生産地	ピーク過ぎ	Adams	Allen	Anderson	Bailey
1	January	Malbec	72	56	France	FALSE				
2	January	Pinot Noir	72	17	France	FALSE				
3	February	Espumante	144	32	Oregon	TRUE				
4	February	Champagne	72	48	France	TRUE				
5	February	Cabernet Sauvignon	144	44	New Zealand	TRUE				
6	March	Prosecco	144	86	Chile	FALSE				
7	March	Prosecco	6	40	Australia	TRUE				
8	March	Espumante	6	45	South Africa	FALSE				
9	April	Chardonnay	144	57	Chile	FALSE		1		
10	April	Prosecco	72	52	California	FALSE				
11	May	Champagne	72	85	France	FALSE				
12	May	Prosecco	72	83	Australia	FALSE				
13	May	Merlot	6	43	Chile	FALSE				
14	June	Merlot	6	64	Chile	FALSE				
15	June	Cabernet Sauvignon	144	19	Italy	FALSE				
16	June	Merlot	72	88	California	FALSE				
17	July	Pinot Noir	12	47	Germany	FALSE				
18	July	Espumante	6	50	Oregon	FALSE	1			
19	July	Champagne	12	66	Germany	FALSE				
20	August	Cabernet Sauvignon	72	82	Italy	FALSE				
21	August	Champagne	12	50	California	FALSE				
22	August	Champagne	72	63	France	FALSE				
23	September	Chardonnay	144	39	South Africa	FALSE				
24	September	Pinot Noir	6	34	Italy	FALSE			1	
25	October	Cabernet Sauvignon	72	59	Oregon	TRUE				
26	October	Pinot Noir	144	83	Australia	FALSE			1	
27	October	Champagne	72	88	New Zealand	FALSE		1		
28	November	Cabernet Sauvignon	12	56	France	TRUE				
29	November	Pinot Grigio	6	87	France	FALSE	1			
30	December	Malbec	6	54	France	FALSE	1			
31	December	Champagne	72	89	France	FALSE				

図5-13：顧客の購入内容を表示する ［行列］ シート

この第2章からのデータをフレンズの隣接行列に似た形式に変換する必要がありますが、そのためにはどのような操作が必要でしょうか。

第2章のk平均法シルエットの距離行列を作成していれば、類似したデータを既に見たことがあるはずです。その計算では、各顧客が購入したキャンペーンを基に、顧客間の距離の行列を作成しました（図5-14を参照）。

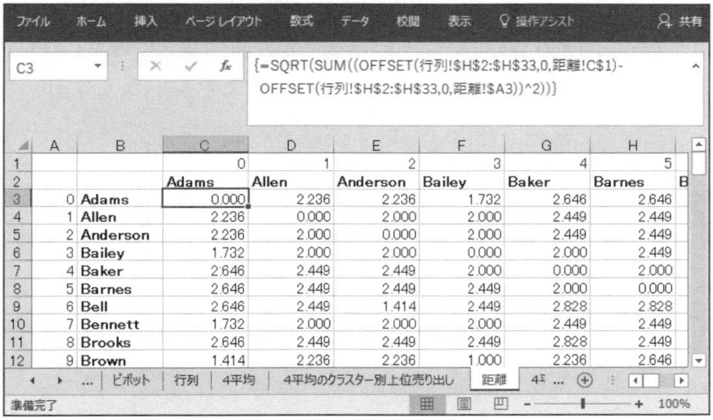

	A	B	C	D	E	F	G	H
1			0	1	2	3	4	5
2			Adams	Allen	Anderson	Bailey	Baker	Barnes
3	0	Adams	0.000	2.236	2.236	1.732	2.646	2.646
4	1	Allen	2.236	0.000	2.000	2.000	2.449	2.449
5	2	Anderson	2.236	2.000	0.000	2.000	2.449	2.449
6	3	Bailey	1.732	2.000	2.000	0.000	2.000	2.449
7	4	Baker	2.646	2.449	2.449	2.000	0.000	2.000
8	5	Barnes	2.646	2.449	2.449	2.449	2.000	0.000
9	6	Bell	2.646	2.449	1.414	2.449	2.828	2.828
10	7	Bennett	1.732	2.000	2.000	2.000	2.449	2.449
11	8	Brooks	2.646	2.449	2.449	2.449	2.828	2.449
12	9	Brown	1.414	2.236	2.236	1.000	2.236	2.646

図5-14：第2章［距離］シート

このデータセットは、フレンズのデータセットと同様に顧客対顧客の形式で配列されています。顧客間の関係は、購入が共通する度合いによって特徴付けられました。

ただし、この第2章で作成した顧客間の距離の行列にはいくつかの問題があります。

- 第2章の終わりでは、購入データの場合、非対称の類似度と顧客間の距離の測定がうまく機能し、ユークリッド距離よりも優れていることがわかりました。購入しないことではなく、購入したことを考慮しました。
- 2つの顧客間にエッジ線を引く場合、2つの顧客が離れている場合ではなく、類似している場合にエッジ線を引く必要があるため、この計算は逆数にする必要があります。購入が類似していることはコサイン類似性から得るため、第2章の距離行列ではなく類似度行列を作成する必要があります。

≫ コサイン類似度行列の作成

　この節では、読者の PC で［行列］シートを取得し、そのデータからコサイン類似性を使用して顧客対顧客のグラフを作成します。これを Excel で行う場合には、行と列に番号を付けて OFFSET 式を使用します。これは、第2章のユークリッド距離シートの作成手順とまったく同じです。OFFSET の詳細については、第1章を参照してください。

　最初に「**類似性**」というシートを作成し、後からその四角形の領域に顧客対顧客のデータを貼り付けます。各顧客には、縦と横の方向に番号が付けられます。［行列］シートの顧客を行方向に貼り付けるときは、Excel の［形式を選択して貼り付け］機能で、［行列を入れ替える］をオンすることを忘れないでください。

　図5-15は、空の四角形の領域を示しています。

図5-15：コサイン類似性の行列における空の四角形の領域

　最初に、Adams と彼自身とのコサイン類似度を計算します（1になるはずです）。復習として、コサイン類似性の定義を思い出してください。これは、第2章で顧客の2進の購入ベクトル間に使用しています。

　2つのベクトルの一致した購入の数を、最初のベクトルの購入数の平方根と2番目のベクトルの購入数の平方根の積で除算する。

　Adams の購入ベクトルは「行列 !$H$2:$H$33」です。したがって、Adams と自分自身のコサイン類似性を計算するには、セル C3 の中で次の式を使用します。

```
=SUMPRODUCT(行列!$H$2:$H$33,行列!$H$2:$H$33)/
  (SQRT(SUM(行列!$H$2:$H$33))*SQRT(SUM(行列!$H$2:$H$33)))
```

この式の分子は、購入ベクトルに SUMPRODUCT を適用して、一致した購入を数えています。分母では、各顧客の購入数の平方根を求めて、それらをかけ合わせています。

さて、この計算は Adams について機能しますが、この式を個々に入力せずにシート全体にドラッグする必要があります。これを実現するために、OFFSET 式を使用します。列の「行列!$H$2:$H$33」を「OFFSET(行列!$H$2:$H$33,0,類似性!C$1)」に置き換え、行にも同様に「OFFSET(行列!$H$2:$H$33,0,類似性!$A3)」を使用することで、列 A と行1の顧客の番号を使用して、類似度の計算で使用されている購入ベクトルを移動する式を作れます。

この修正で、セル C3 の式はちょっと複雑になってしまいました(すみません!)。

```
=SUMPRODUCT(OFFSET(行列!$H$2:$H$33,0,類似性!C$1),
   OFFSET(行列!$H$2:$H$33,0,類似性!$A3))/
   (SQRT(SUM(OFFSET(行列!$H$2:$H$33,0,類似性!C$1)))
   *SQRT(SUM(OFFSET(行列!$H$2:$H$33,0,類似性!$A3))))
```

この式では、「行列!$H$2:$H$33」が絶対参照で固定されています。このためシート全体に式をドラッグしても、この部分は同じセルを参照します。「類似性!C$1」は列は変わりますが、行は1で固定されます。「類似性!$A3」は列 A が固定されます。

まだ完成ではありません。互いに類似している顧客のグラフの作成に注目してきましたが、実を言うと、行列の対角線のセルには配慮していませんでした。そうです、Adams と彼自身は同一で、コサイン類似性は1ですが、グラフでエッジがループして同じ点に戻るものを描画するつもりはありません。それらのセルはすべて0にする必要があります。

この処理は、コサイン類似度の計算を IF 文で囲むだけで実現できます。この IF 文により、行の顧客が列の顧客と等しいかどうかをチェックします。したがって、最終的な式は次のようになります。

```
IF(C$1=$A3,0,SUMPRODUCT(OFFSET(行列!$H$2:$H$33,0,類似性!C$1),
   OFFSET(行列!$H$2:$H$33,0,類似性!$A3))/
   (SQRT(SUM(OFFSET(行列!$H$2:$H$33,0,類似性!C$1)))
   *SQRT(SUM(OFFSET(行列!$H$2:$H$33,0,類似性!$A3)))))
```

式が完成したのでドラッグして貼り付けることができます。C3の右下の角をクリックして保持し、横に CX3 までドラッグし、さらに下に CX102 までドラッグしてください。

これで、顧客がどの顧客と一致するかを示すコサイン類似度行列が完成しました。四角形の領域に条件付き書式を設定することにより、シートは図5-16のように表示されます。

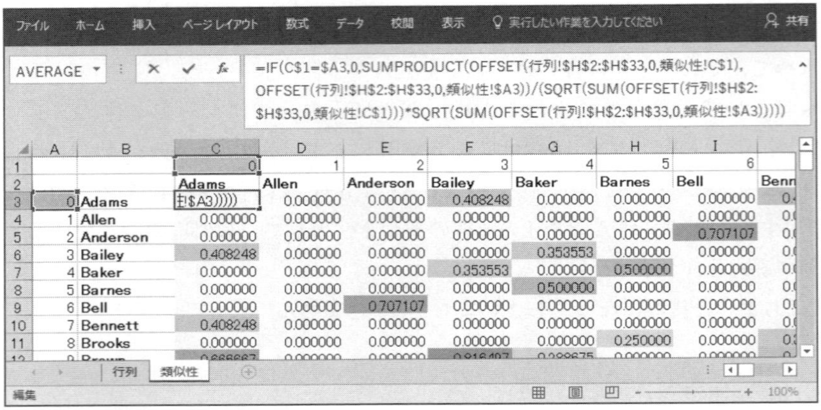

図5-16：完成した顧客のコサイン類似性行列

≫ r- 近傍グラフの作成

［類似性］シートは重みが付けられたグラフです。各顧客のペアの値は、0になるか、0ではないコサイン類似値になっており、それらはエッジの実際の大きさを示しています。このため、この類似度行列は、アフィニティ行列の一種です。

それでは、このアフィニティ行列を単純にダンプして、Gephi内で参照しましょう。多分、ほとんどの人がグラフのそのままの設定で分析を始めようとするでしょう。

確かにこの手順でCSVをエクスポートし、Gephiへインポートすることは可能です。ただし読者の心痛をやわらげるために、Gephiでレイアウト済みのグラフの図（図5-17）を掲載します。エッジが無秩序に描画されて、ゴチャゴチャになっています。接続が多すぎるため、レイアウトアルゴリズムがエッジどうしを適切に分離できず、意味不明の楕円形のかたまりが表示されています。

約300件の購入を取得して、数千のエッジをグラフに表示しましたが、これらのエッジの一部はランダム性に起因していると考えることができます。多分、共通した部分はワイン購入の10分の1くらいしかなく、コサイン類似性もごくわずかしかないでしょう。この場合、ランダムにできたエッジをグラフに表示する価値はあるのでしょうか。

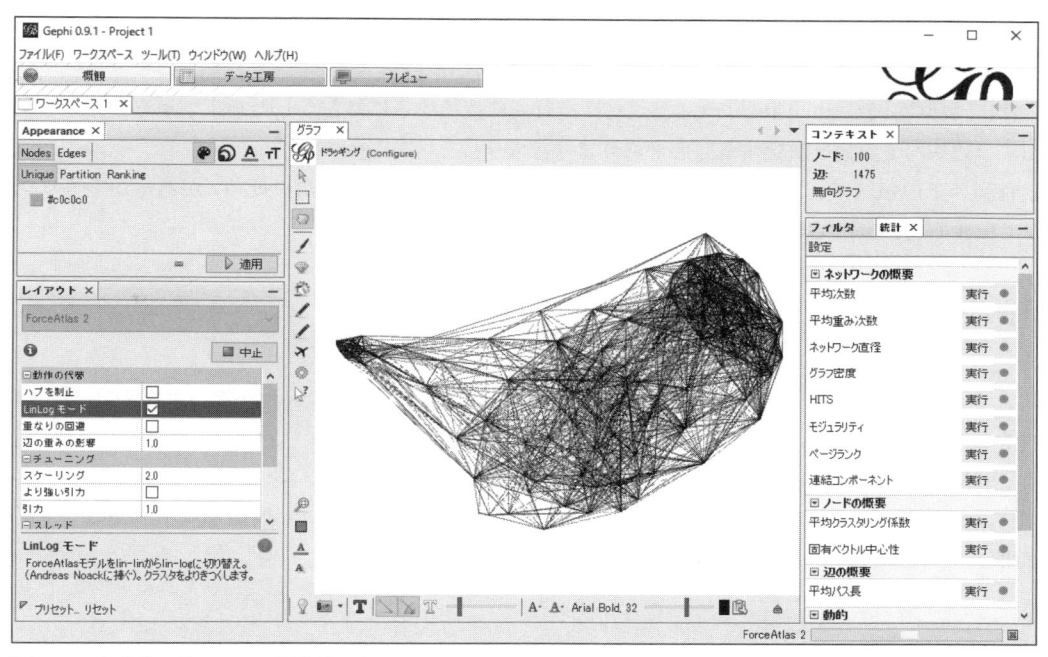

図5-17：無秩序に描画された顧客対顧客のコサイン類似性グラフ

　データを意義のあるものにするために、グラフからまったく重要でないエッジを除去し、最も強い関係を残せれば理想的です。すなわち、偶然に一致した購入から得た関係ではないものです。

　それではどのエッジを除去する必要があるでしょうか。

　ネットワークグラフからのエッジを除去する方法としては、2つの技法がよく知られています。アフィニティ行列を取得することにより、次のいずれかを作成できます。

- **r- 近傍グラフ**：r- 近傍グラフでは、特定の強度を持つエッジだけを残します。たとえば、アフィニティ行列では、エッジの重みは0から1の範囲にわたっています。多分、0.5以下のエッジはすべて除去すべきでしょう。これは r が0.5の r- 近傍グラフの一例になります。
- **k 近傍グラフ (kNN)**：kNN グラフでは、各ノードから出る指定された数（k）のエッジを残します。たとえば、k を5に設定した場合、各ノードからアフィニティが最も高い5つのエッジが残されます。

　これらのグラフに優劣はありません。状況によって使い分けます。

　本章では、前者の r- 近傍グラフに重点を置きます。kNN グラフは練習用として残しておきますので、後から戻ってきて、問題を解決してみてください。Excel での kNN グラフの実装は、LARGE 式を使用す

ればとても簡単です（LARGE の詳細については第1章を参照）。第9章では、外れ値検出に kNN グラフを使用します。

それでは、［類似性］シートを取得して、r- 近傍隣接行列に変換するにはどうしたらよいかを考えましょう。最初に、適切な r の値を決定する必要があります。

類似度行列の下の領域で、アフィニティ行列にいくつのエッジ（0でない類似度値）があるかをカウントします。セル C104 で次の式を使用します。

```
=COUNTIF(C3:CX102,">0")
```

これにより、元の324の販売から生成された2,950のエッジが返されます。それでは上位の20パーセントだけを残したらどうなるでしょうか。これを実現するには、r の値はいくつにすべきでしょうか。2,950のエッジがあるため、上位20パーセントの順位の類似値は590番目のエッジの値になります。したがって、エッジ数の下の C105 で、590番目のエッジの重み値を得るために LARGE 式を使用します（図5-18を参照）。

```
=LARGE(C3:CX102,590)
```

これにより、0.5の値が返されます。したがって、0.5未満のコサイン類似性を持つすべてのエッジを除去することにより、エッジの上位20パーセントを残せます。

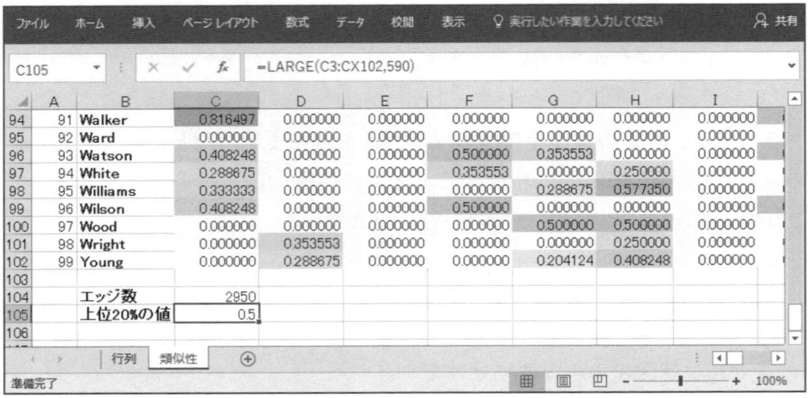

図5-18：上位20パーセントの順位に相当するエッジの重みの計算

r-近傍グラフの切り捨て値を算出できたので、この後の隣接行列の構成は非常に簡単です。最初に、**「r-近傍隣接」**という新しいシートを作成し、列 A と行1に顧客名を貼り付けて四角形の領域を作成します。

　この四角形の領域内のセルで、前の［類似性］シートの類似性値が0.5以上の場合1を表示します。たとえば、セル B2では、次の式を使用します。

```
=IF(類似性!C3>=類似性!$C$105,1,0)
```

　この IF 式は、単純に該当する類似値と類似性!$C$105の切り捨て値（0.5）を照合し、類似値が大きい場合に1を割り当てます。「類似性!$C$105」は絶対参照によって固定されているため、この式は横方向の複数の列にドラッグし、さらに下方向の複数の行にドラッグして、隣接行列全体に式を入力できます。図5-19を参照してください（図を見やすくするために、条件付き書式を使用しています）。

　これで、顧客購買データのr-近傍グラフは完成です。購買データを顧客の関係に変換し、次に意味のある関係だけが残るように絞り込みました。

　r-近傍隣接行列を Gephi にエクスポートし、適切なレイアウトに調整すれば、図5-17のように非常に改善されたグラフになります。読者自身でグラフをエクスポートし、セミコロンの2段階の操作を行ってインポートしたグラフを確認しましょう。

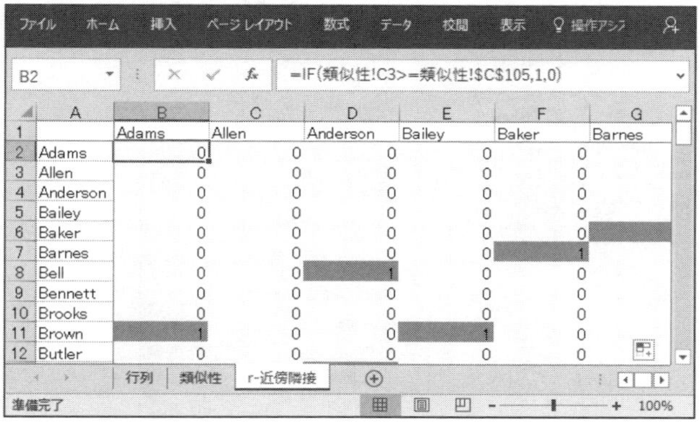

図5-19：0.5-近傍隣接行列

図5-20のとおり、グラフに少なくとも2つの密集したグループがあります。これは、腫瘍のようにも見えます。この1つのグループは、他のグループから明確に分離されており、理想的な結果を示しています。つまり、そのグループの興味が、他の顧客と明確に異なっています。

　さらに、惨めで年老いたParker（パーカー）という顧客がいます。彼にはコサイン類似性が0.5以上のエッジがまったくつながっていません。彼は1人で悲しみに浸っています。正直なところ彼については不満に感じています。レイアウトアルゴリズムは、彼をグラフ内の接続のある部分からできるだけ遠くへ追いやろうとしています。

　これで、目で確認できる、グラフが完成しました。本当に、グラフをレイアウトして目で確認するだけで、コミュニティーを分離できます。この方法も捨てたものではありません。高次元のデータを取得して、第2章の中学校のダンスフロアの場合のような、単純なデータに変換しました。しかし、100件ではなく数千件の顧客がいれば、目視はさほど有効ではなくなります。実際に今でも、グラフには網の目のように顧客が点在し、グループ化することが難しい状況にあります。顧客は1つのコミュニティーに属しているのでしょうか、それとも複数のコミュニティーに属しているのでしょうか。

　これには、「モジュール性の最大化」が役に立ちます。このアルゴリズムは、グラフ内の関係を使用してコミュニティーの割り当てを決定し、目視では困難な場合にも対応します。

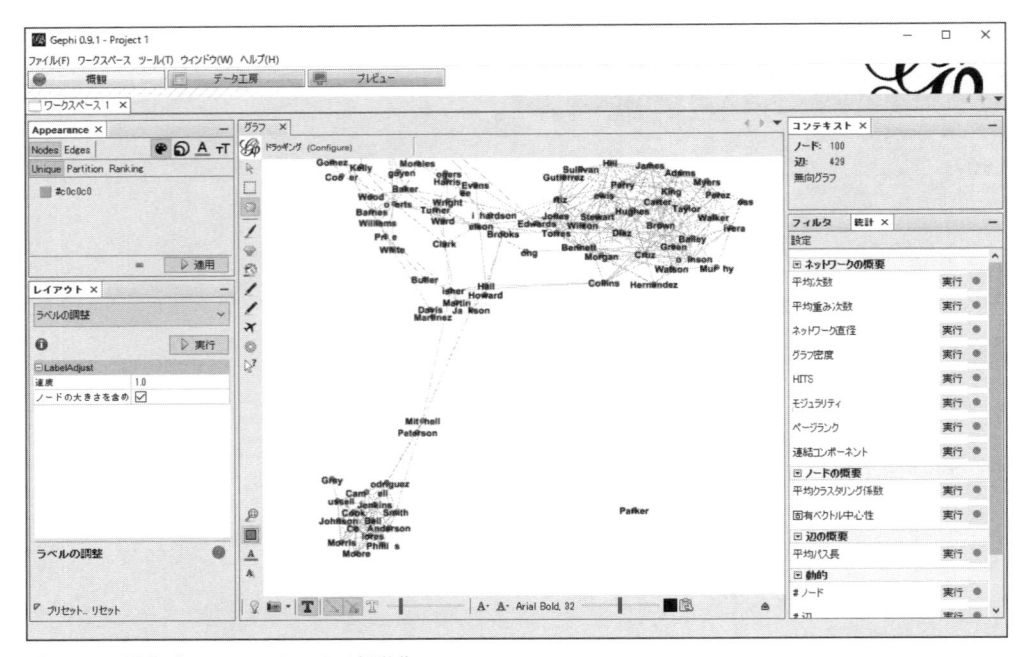

図5-20：r-近傍グラフのGephiによる視覚化

↗ エッジにはどれくらいの価値があるか：グラフのモジュール性でのポイントとペナルティー

グラフ内の顧客が、自分のコミュニティーにどのような人が属しているかを知りたいと望んでいるとします。

自分とエッジがつながっている女性の場合はどうでしょう。多分、おそらく、やはりつながっているでしょう。

グラフの反対側にいる男性で、エッジでつながっていない場合はどうでしょう。うーん、この場合はつながっている可能性が低いでしょう。

グラフのモジュール性は、コミュニティーが接続によって定義されているという、この直感を定量化するものです。この技法では、ノードのペアごとに評価値を割り当てます。2つのノードが接続されていない場合、それらをコミュニティーに入れたときには、ペナルティーを課す必要があります。2つのノードが接続されている場合は、ポイントを与える必要があります。コミュニティーをどのように割り当てても、グラフのモジュール性はノードのペアごとの評価値を合計した値が基準になります。それらの値は最終的にコミュニティーで合計されます。

最適化アルゴリズム（ご存じソルバーが登場します）を使用すると、グラフのさまざまなコミュニティーの割り当てを「試してみる」ことができます。そして、どのコミュニティーが最も多くのポイントを獲得し、ペナルティーが最も少ないかを確認できます。これにより、獲得したモジュール性の評価値を算出できます。

≫ ポイントとペナルティーとは

モジュール性の最大化では、隣接行列でエッジを共有する2つのノードをクラスター化するたびに1ポイントが与えられます。エッジを共有していない2つのノードをクラスター化するたびに0ポイントが与えられます。

単純です。

ペナルティーの場合はどうでしょうか。

これはモジュール性の最大化アルゴリズムの最も独創的な機能です。図5-1に示していたフレンズのグラフをもう一度確認します。

モジュール性の最大化は、ペナルティーに基づいており、2つのノードのペアについて次の質問を行った結果としてペナルティーが課せられます。

このグラフで、各エッジの途中の線を消して、ランダムに「再配線」を何度も実行した場合、2つのノード間のエッジの期待数はいくつになるか。

このエッジの期待値がペナルティーです。

なぜ、2つのノード間のエッジの期待数がペナルティーになるのでしょうか。これは、関係に基づいて人々をクラスター化するモデルにポイントを与えるべきではないためです。両方のグループがとても親しく交流していれば、関係ができる可能性がいずれにしてもあります。

このグラフで意図的な関係と接続がいくつあるか、さらに「チャンドラーは多くの人と関係しているため、フィービーが知り合いになる可能性はその1つにすぎない」というような関係がいくつあるかを知る必要があります。つまり、2人の内向的な人どうしのエッジは「偶然性が少なく」、社交的な2人の間のエッジよりも価値があることを意味します。

これをより明確に理解するために、各エッジの途中の線を消したフレンズのグラフを参照しましょう。これらの不完全なエッジをスタブと呼びます。図5-21を参照してください。

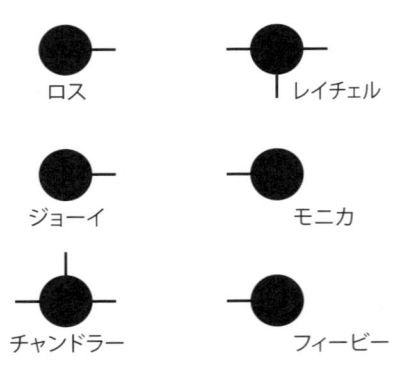

図5-21：スタブ化したフレンズのグラフ

ここで、この図をランダムに描画する場合について考えてみます。図5-22は、ランダムに再接続したものですが、整然としていません。さらに、ランダムな接続では、複数のスタブが出ている人物の場合、自分自身に接続することもまったく可能です。これはひどい。

図5-22は、単に配線の一例にすぎません。エッジが5つのグラフでも、無数の組み合わせがあります。ロスとレイチェルが選択されていますが、これが起こる可能性はどのくらいあるでしょうか。グラフで再接続を何度も繰り返した場合に、この2人の間のエッジの数は確率に基づいて、いくつになることが予想されるでしょうか。

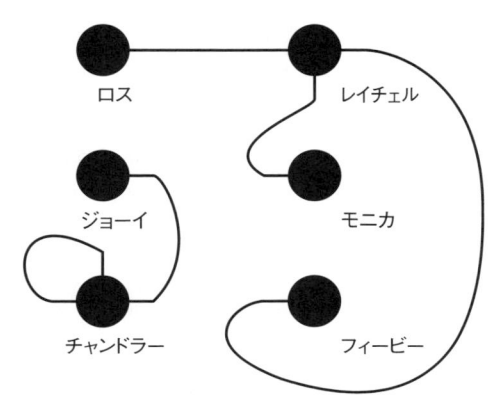

図5-22：フレンズのグラフの再接続

　ランダムにエッジの線を引く場合に、2つのスタブをランダムに選択する必要があります。そうすると、ノードのスタブが選択される確率はいくつになるでしょうか。

　レイチェルの場合、グラフに合計10個（エッジ数の2倍）のスタブがある中で彼女にはスタブが3個あります。ロスにはスタブが1個あります。したがって、任意のエッジでレイチェルを選ぶ確率は30パーセントです。また、任意のエッジでロスのスタブを選ぶ確率は10パーセントです。ノード選択の確率を図5-23に示します。

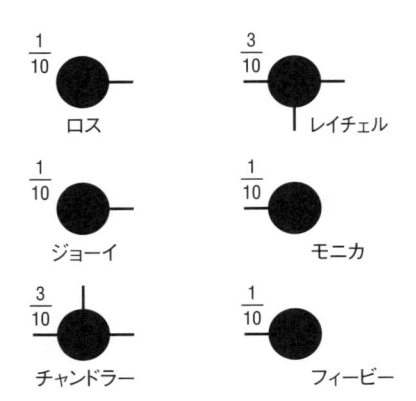

図5-23：フレンズのグラフにおけるノード選択の確率

エッジを接続するために任意のノードを選択する場合、ロスの次にレイチェルを選択したり、レイチェルの次にロスを選択する可能性があります。これは、だいたい10パーセント×30パーセント、または30パーセント×10パーセントになり、0.1×0.3×2になります。算出される確率は6パーセントです。

ただし1つのエッジだけを描画するわけではありません。5つエッジを持つグラフをランダムに描画する必要があるため、そのペアを選択する試みは5回になります。したがって、ロスとレイチェル間のエッジの期待値は、おおよそ6パーセント×5、つまり0.3エッジになります。そうです。これは正しい値で、エッジの期待値は小数になります。

SF映画『インセプション』のように頭を混乱させてしまったでしょうか。これは次のように考えてください。1ドル硬貨を投げて、裏ではなく表が出た場合に読者がその硬貨をもらえるとすると、50パーセントの確率で1ドルを獲得し、50パーセントの確率で何ももらえません。読者の期待される利益は0.5×1ドル＝0.50ドルです。ただし、実際にはゲームで50セントをもらえることはありません。

同様に、ロスとレイチェルが接続されているグラフか、接続されていないグラフしか見ることはありませんが、彼らに期待されるエッジの値は0.3です。

図5-24は、この計算を詳しく記述しています。

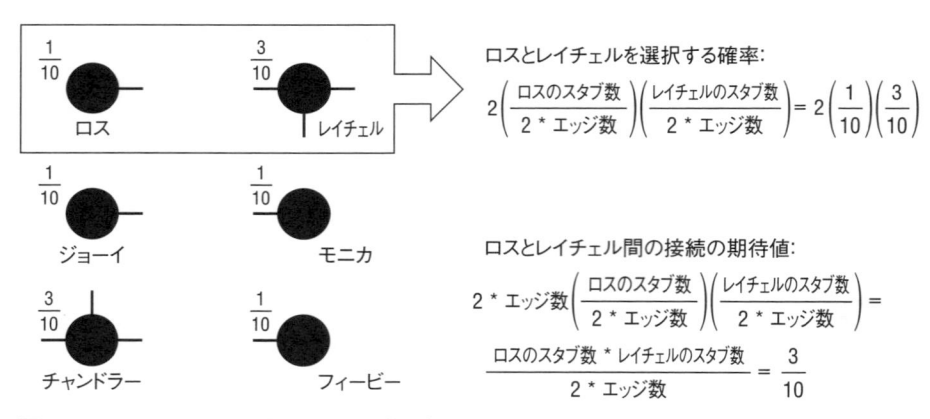

図5-24：ロスとレイチェル間のエッジの期待値

ポイントとペナルティーを利用することで、状況が明確になります。

コミュニティーにロスとレイチェルを入れても、1ポイントがそのまま与えられることはありません。なぜなら、ペナルティーの0.3ポイントも与えられるためです。これは、ランダムなグラフで与えられるエッジの期待値です。このため残りの評価値は0.7です。

ロスとレイチェルをクラスターに入れない場合、0.7ポイントではなく0が与えられます。

一方、レイチェルとフィービーは接続されていません。彼女たちのエッジの期待値も同じ0.3です。こ

れは、彼女たちをコミュニティーに入れた場合、ペナルティーは与えられますが、ポイントは与えられないことを意味します。このため評価値は -0.3 に調整されます。

これはどうしてでしょう。レイチェルのフィービーの間にエッジが存在しないことに原因があります。エッジ数の期待値は 0.3 でしたが、このグラフにはエッジはありません。したがって、評価値ではその意図的な分離も考慮しなければなりません。

レイチェルとフィービーを同じコミュニティーに入れない場合、彼女たちにはまったくスコアが与えられません。すべての値がゼロになり等しくなります。したがって、彼女たちを別のクラスターに分けることが最善の選択になります。

すべての値を合計すると、ポイントとペナルティーによって、実際のグラフの構造が、期待されるグラフの構造からどれだけ逸脱しているかを表す値が算出されます。コミュニティーの割り当てでは、この偏差を考慮する必要があります。

コミュニティーの割り当てのモジュール性は、コミュニティーに入れられたノードのペアについて単純にこれらのポイントとペナルティーを合計し、それをグラフ内のスタブの合計数で割ったものです。スタブ数で割ることにより、グラフの大きさに関係なく、最大のモジュール性の評価値は 1 になります。この性質を利用することでグラフどうしの比較ができます。

≫ 評価値シートの設定

説明はこれまでです。グラフ内の顧客のペアごとに、この評価値を実際に計算しましょう。

最初に、各顧客からいくつスタブが出ているかと、グラフに合計いくつのスタブがあるかを計算します。なお、顧客のスタブの数は、ノードの次数そのものです。

したがって、[r- 近傍隣接] シートでは、列または行を合計することで、ノードの次数を単純に計算できます。1 がある場合それはエッジであり、ゆえにスタブがあり、ゆえにその値をカウントします。たとえば、Adams にはいくつのスタブがありますか。セル B102 に次の式を入力すればカウントできます。

```
=SUM(B2:B101)
```

14 が返されます。同様に、CX2 に次の式を入力することで、行 2 全体を合計できます。

```
=SUM(B2:CW2)
```

この場合も同じ 14 になります。グラフが無向であるため、これは予想どおりの値です。

これらの式を横方向と縦方向にそれぞれコピーすることで、ノードごとにスタブをカウントできます。また、単純に行102の列CXを合計することによって、グラフのスタブの合計数を求めることができます。図5-25のとおり、グラフには合計858個のスタブがあります。

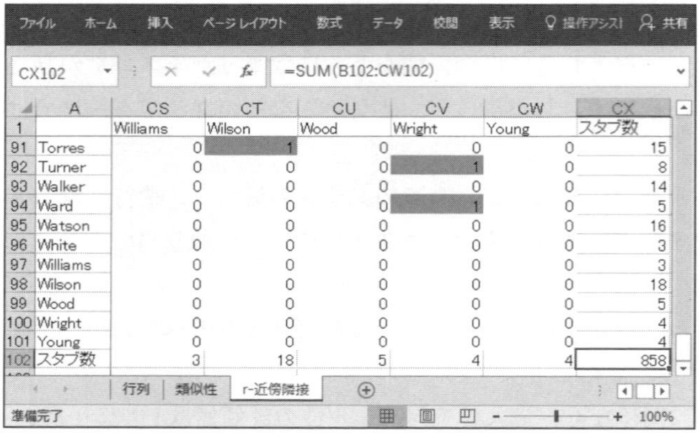

	A	CS	CT	CU	CV	CW	CX
1		Williams	Wilson	Wood	Wright	Young	スタブ数
91	Torres	0	1	0	0	0	15
92	Turner	0	0	0	1	0	8
93	Walker	0	0	0	0	0	14
94	Ward	0	0	0	1	0	5
95	Watson	0	0	0	0	0	16
96	White	0	0	0	0	0	3
97	Williams	0	0	0	0	0	3
98	Wilson	0	0	0	0	0	18
99	Wood	0	0	0	0	0	5
100	Wright	0	0	0	0	0	4
101	Young	0	0	0	0	0	4
102	スタブ数	3	18	5	4	4	858

図5-25：r-隣接グラフのエッジスタブのカウント

スタブ数を計算したので、ブックに[評価値]シートを作成して、[r-近傍隣接]シートのように、行1の横方向と列Aの縦方向に顧客の名前を入力します。

セルB2は、Adamsと自分自身を接続する評価値であるため対処方法について考えます。これには1ポイントを与えますか、それとも0ですか。この値には、隣接行列`'r-近傍隣接'!B2`の値を読み取ることができるため、これ以上の設定は必要ありません。隣接行列が1の場合、その値がコピーされるだけで、

エッジの期待値は、ペナルティーとして追加する必要があります。これは、図5-24と同じ方法で計算できます。

顧客Aのスタブ数×顧客Bのスタブ数/合計スタブ数

ポイントとペナルティーをB2で統合すると、最終的には次の式になります。

```
='r-近傍隣接'!B2 -
(('r-近傍隣接'!$CX2*'r-近傍隣接'!B$102)/
'r-近傍隣接'!$CX$102)
```

0/1の隣接性の評価値から期待数を差し引きます。

この式では、スタブの値に絶対セル参照を使用しているため、式をドラッグすると、必要な変数のみが適切に変更されます。したがって、［評価値］シートの横方向と縦方向にドラッグすることで、図5-26のような表示になります。

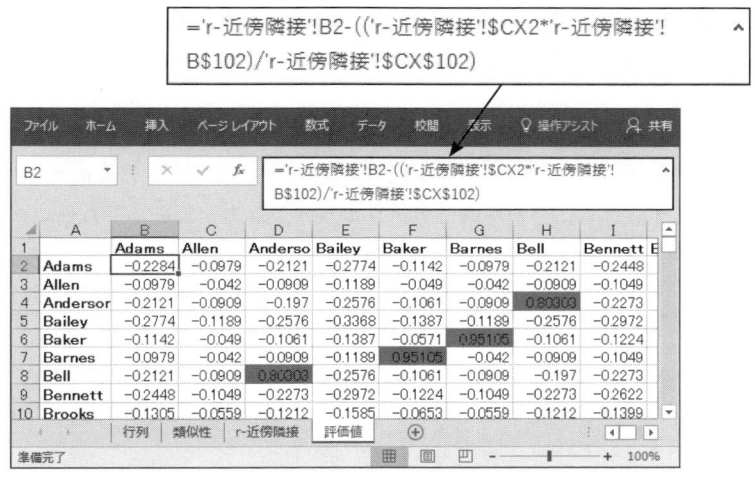

図5-26： ［評価値］シート

この評価値を理解するために、セル K2を確認します。このセルは、Adams と Brown（ブラウン）のクラスタリングの評価値です。その値は0.755です。

Adams と Brown（ブラウン）は隣接行列でエッジを共有しているため、彼らのクラスタリングについて1ポイントが与えられます（式の「'r-近傍隣接'!K2」の部分）。ただし、Adams のスタブ数は14で Brown（ブラウン）は15であるため、エッジの期待数は14×15／858です。式の2番目の部分は次のようになっています。

```
(('r-近傍隣接'!$CX2*'r-近傍隣接'!K$102)/'r-近傍隣接'!$CX$102)
```

この計算結果は0.245です。これらの計算値を合計することにより、評価値の1 − 0.245 = 0.755を得ます。

↗ クラスタリングを始めましょう

　必要な評価値を求めました。次に、最適なコミュニティーの割り当てを見つける最適化モデルを設定する必要があります。

　あらかじめ言っておきますが、グラフのモジュール性を使用して最適なコミュニティーを見つける方法は、第2章で使用した手法よりも強力です。この問題は、多くの場合、複雑な発見的問題解決法（ヒューリスティクス）を使用して解決されます。「Louvain法」などが有名ですが、ここではコードを使用しない方針なので、ソルバーを使用して解決します。

　これには、分枝型クラスタリングまたは階層的分割と呼ばれる手法を使用して問題に取り組みます。要するに、問題を設定して、グラフを2つのコミュニティーに分割する最適な方法を見つけるものです。次に、それらのグループを4つに分割します。さらに分割を続けて、ソルバーがコミュニティーの分割を止めることがモジュール性の最大化に最善であると判定するまで続けます。

> ✔ **注意**
>
> 分枝型クラスタリングは、広く採用されている凝集型クラスタリングと呼ばれるもう1つの手法と相反するものです。凝集型クラスタリングでは、開始時に個々の顧客にクラスターを割り当てて、2つの最も近いクラスターを繰り返し統合し、終了点になるまで統合を続けます。

》 分割その1

　それでは、分枝型クラスタリングの作業を始めます。グラフを2つのコミュニティーに分けて、モジュール性の評価値を最大化します。

　最初に「**分割1**」という新しいシートを作成し、列Aに顧客を貼り付けます。各顧客のコミュニティーの割り当ては列Bに指定します。その列の先頭に「**コミュニティー**」というラベルを入力します。グラフを半分に分割したため、ソルバーで［コミュニティー］列を2進の決定変数に指定します。0/1の値は、コミュニティー0とコミュニティー1のどちらに属しているかを表します。いずれのコミュニティーにも優劣はありません。0であることが恥ではありません。

■ 各顧客のコミュニティーの割り当てに対する評価値の計算

　列Cでは、評価値を計算します。この値は、顧客を対応するコミュニティーに入れるたびに与えられます。このため、Adams（アダムス）をコミュニティー1に入れた場合、モジュール性の合計評価値のAdamsの部分を計算するために、［評価値］シートの彼の行の値を合計します。この際、対応する顧客の

列もコミュニティー1に指定されている場合のみその値を合計します。

これらの評価値を式に追加する方法について考えます。Adams がコミュニティー1に属している場合、[評価値]シートの行2の値のうちで、最適化モデルの対応する顧客にも1が割り当てられているものを合計します。割り当て値は0/1であるため、SUMPRODUCT を使用して、コミュニティーベクトルと評価値ベクトルをかけ合わせて、次に結果を合計します。

評価値は[評価値]シートに横方向に格納されていますが、最適化モデルでは上から下に割り当てが格納されています。このため TRANSPOSE を使用して評価値を入れ替え、正しく計算されるようにする必要があります（また TRANSPOSE を使用することはこれが配列式であることを意味します）。

```
{=SUMPRODUCT(B$2:B$101,TRANSPOSE(評価値!B2:CW2))}
```

この式では、Adams の評価値をコミュニティーの割り当てに単純にかけ合わせています。コミュニティーの割り当てが1に一致する評価値のみが残され、他のものは0になります。SUMPRODUCT は単純にすべての値を合計します。

では、Adams がコミュニティー0に割り当てられた場合はどうしますか。コミュニティーの割り当て値を逆にするだけです。1から割り当て値を引いて、評価値を合計できるようにします。

```
{=SUMPRODUCT(1-(B$2:B$101),TRANSPOSE(評価値!B2:CW2))}
```

理想的な世界では、これらの2つの式を IF 式に入れて、Adams のコミュニティーの割り当てをチェックし、2つの式の1つを使用して正確な隣接値の評価値を合計できるでしょう。ただし、IF 式を使用するには、非線形ソルバーを使用する必要があります（詳細は第4章を参照）。ですが、この問題の場合は、非線形ソルバーで効率を維持しながらモジュール性を最大化することは困難です。問題を線形に変換する必要があります。

■ 評価値の計算を線形モデルに変換

第4章を読まれた方は、「ビッグ M」制約という線形制約を使用して IF 式をモデル化する方法を思い出してください。ここでも「ビッグ M」制約を使用します。

前の2つの式は線形でした。したがって、Adams に、両方の式よりも小さくなるように評価値の変数を設定するにはどうしたらよいでしょうか。モジュール性の評価値を最大化しようとしているため、Adams の評価値は、これらの2つの制約式の低い方の値まで評価値を高める必要があります。

ただし、Adams のコミュニティーの実際の割り当てに対応する評価値の計算のどちらが小さいかを見分けるにはどうすればよいでしょうか。今のままではこれはできません。

　この問題を解決するには、2つの式で使用しない方を無効にする必要があります。Adams に1が割り当てられた場合、1番目の式は上限値になり、2番目の式は無効になります。Adams が0の場合、この反対になります。

　2つの上限の1つを無効にするにはどうしたらよいでしょうか。式に「ビッグ M」を追加します。有効な上限値は小さいため、上限値が無効になる十分に大きな値にします。

　この修正を1番目の式に加えた場合を考えます。

```
{=SUMPRODUCT(B$2:B$101,TRANSPOSE(評価値!B2:CW2))+
(1-B2)*SUM(ABS(評価値!B2:CW2))}
```

　Adams がコミュニティー1に割り当てられた場合、式の最後に追加した式は0になります（1-B2をかけ合わせているため）。この方法により、この式は、前に確認した最初の式と同一になります。Adams がコミュニティー0に割り当てられた場合、この式は適用せず、無効にする必要があります。したがって、式の「(1-B2)*SUM(ABS(評価値!B2:CW2))」の部分が加えられています。この部分は Adams に与えられるすべての評価値の絶対値を合計し、その値に1をかけたものです。これにより、現在使用している反転した式よりも必ず大きくなります。

```
{=SUMPRODUCT(1-(B$2:B$101),TRANSPOSE(評価値!B2:CW2))+
B2*SUM(ABS(評価値!B2:CW2))}
```

　この式でやっているのは、Adams の評価値を正しい計算値以下に設定し、正しくない計算値の場合は大きな値にすることで対象から除外しているだけです。これは、IF 文の処理を再現しています。

　したがって、列 C に評価値の列を作成し、決定変数として指定できます。一方スプレッドシートの列 D と E では、評価値の上限として上記の2つの式を入力します（図5-27を参照）。

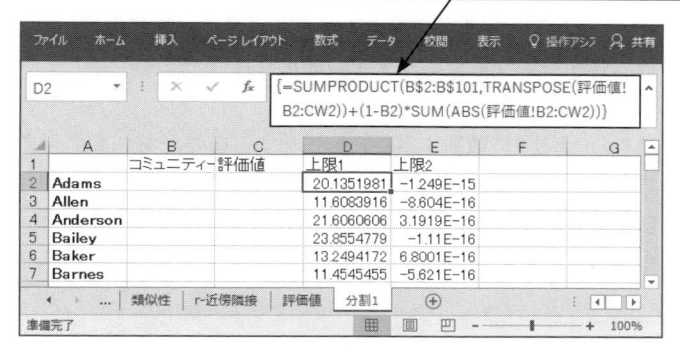

図5-27：各顧客の評価値に2つの上限を追加

それらの式では、絶対参照がコミュニティーの割り当て範囲に対して使用されているため、式を下方向にドラッグしてもこの参照は変化しません。

セルG2で、列Cに最終的に割り当てられたコミュニティーごとに評価値を合計することで、合計の評価値を求めることができます。この値は、モジュール性を計算するために、「'r–近傍隣接 '!CX102」の合計スタブ数によって正規化できます。

```
=SUM(C2:C101)/'r-近傍隣接'!CX102
```

この設定により、シートは図5-28のようになります。

	A	B	C	D	E	F	G
1		コミュニティー	評価値	上限1	上限2		合計
2	Adams			20.1351981	-1.249E-15		0.000
3	Allen			11.6083916	-8.604E-16		
4	Anderson			21.6060606	3.1919E-16		
5	Bailey			23.8554779	-1.11E-16		
6	Baker			13.2494172	6.8001E-16		
7	Barnes			11.4545455	-5.621E-16		
8	Bell			21.6060606	3.1919E-16		

G2　=SUM(C2:C101)/'r-近傍隣接'!CX102

類似性　r-近傍隣接　評価値　分割1

図5-28：[分割1] シートの入力が完了し、最適化できる状態に

■ 線形プログラムの設定

最適化のための設定をすべて行いました。なお、このソルバーは Windows 版の Excel 2016では OpenSolver を利用する必要あります（Mac 版では標準のソルバーで解決可能です）。ソルバーウィンドウを開いて、セル G2 でグラフのモジュール性の評価値を最大化するように指定します。決定変数は、コミュニティーの割り当ての B2:B101 と、モジュール性の評価値の C2:C101 です。

B2:B101 のコミュニティーの割り当てを2進（バイナリ）に強制する制約を追加する必要があります。また、列 C の顧客評価値の変数が、列 D と E の両方の上限値を下回るように指定する必要があります。

次に、図5-29 に示すように、すべての変数が非負になるようにチェックボックスを選択し、最適化アルゴリズムとしてシンプレックス LP を選択します。

図5-29：最初の分割の線形計画（OpenSolverで解決する）

ちょっとまってください。まだあります。

「ビッグ M」制約を使用した場合、ソルバーが実際に検出した最適解を確認できない問題がしばしば起こります。したがって、ソルバーは停止したまま、タイヤが空回りした状態に陥ります。バックグラウンドですばらしい解を検出していても返されることはありません。この問題が発生しないようにするには、OpenSolver の場合は [Model] → [Options] をクリックして、[Maximum Solution Time (Seconds)] を「300」に設定します（標準のソルバーでは、[オプション]ボタンを押して、[子問題の最大数] を「15,000」

に設定）。これにより、私のPCでは20分後にソルバーが処理を終了しました。

では、[Solve] または [解決] を押しましょう。OpenSolverと標準のソルバーのいずれを使用している場合でも、ユーザー定義の制限時間によってアルゴリズムが終了すると、「実現可能なソリューションを検出したが最適解ではない」と通知するメッセージが表示される場合があります。これは、アルゴリズムによって最適性を立証できなかったことを意味します（非線形ソルバーによって最適性を立証できない場合と似ています）。とはいえ、求められた解は有力な値です。

解が求まると、[分割1] シートは図5-30のように表示されます。

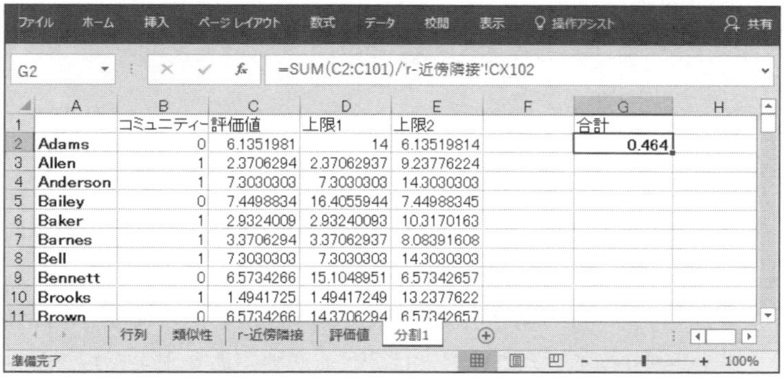

	A	B	C	D	E	F	G	H
1		コミュニティー	評価値	上限1	上限2		合計	
2	Adams	0	6.1351981	14	6.13519814		0.464	
3	Allen	1	2.3706294	2.37062937	9.23776224			
4	Anderson	1	7.3030303	7.3030303	14.3030303			
5	Bailey	0	7.4498834	16.4055944	7.44988345			
6	Baker	1	2.9324009	2.93240093	10.3170163			
7	Barnes	1	3.3706294	3.37062937	8.08391608			
8	Bell	1	7.3030303	7.3030303	14.3030303			
9	Bennett	0	6.5734266	15.1048951	6.57342657			
10	Brooks	1	1.4941725	1.49417249	13.2377622			
11	Brown	0	6.5734266	14.3706294	6.57342657			

図5-30：最初の分割の最適解

私が実行した場合には、モジュール性が0.464になりました。OpenSolverを使用している場合は、これにより高い値になる可能性もあります。列Bを下に移動することで、だれがコミュニティー0でだれがコミュニティー1になったかを確認できます。さて、これで完了でしょうか。コミュニティーは2つのみですか、それとも3つ以上存在しますか。

その質問に答えるには、これらの2つのコミュニティーを2つに分ける必要があります。解決を完了しても、ソルバーから情報は何も返されません。ただし、これらの2つのコミュニティーから3つまたは4つのコミュニティーを作成した場合にモジュール性が改善していれば、ソルバーがその質問に答えたことになります。

≫ 分割その2

それでは、これらのコミュニティーを細胞分裂のように分割します。まず、[分割1] シートを複製し、「**分割2**」という名前を付けます。

次に、列Bのコミュニティー値の後に新しい列を挿入します。この新しい列CのラベルとしてC1に「**前回の結果**」と入力し、列Bの値を列Cにコピーします。この入力により、シートは図5-31のように

なります。

図5-31：［分割2］シートと前回の結果の値

　このモデルでは、決定は同じになります。顧客に1または0が与えられます。ただし、今回は2人の顧客に1が与えられても、同じコミュニティーに必ずしも入っているとは限りません。最初の解決で一方の顧客がコミュニティー0に入り、もう一方の顧客がコミュニティー1に入っていた場合、それらの顧客は異なるコミュニティーに属しています。

　言い換えると、コミュニティー0→コミュニティー1と割り当てられた Adams が与えられるべき評価値は、コミュニティー1→コミュニティー1と割り当てられた顧客とは分ける必要があります。したがって、評価値計算の上限値を変更し、列 E の評価値の計算で前回の結果の列 C を確認しなくてはなりません。次の式は E2 の式です。

```
{=SUMPRODUCT(B$2:B$101,IF(C$2:C$101=C2,1,0),TRANSPOSE(評価値!B2:CW2))}
```

　IF(C$2:C$101=C2,1,0) の部分は、Adams の近傍の顧客が最初の分割で同じコミュニティーに入っていない場合に、ポイントを与えないようにするものです。

　この場合は、列 C が決定変数ではないため、IF 文を使用できます。その分割は前回の実行で確定しているため、非線形になるものはありません。式の「ビッグ M」の部分には、同じ IF 文を追加できます。列 E の最終的な計算式は次のようになります。

```
=SUMPRODUCT(B$2:B$101,IF(C$2:C$101=C2,1,0),TRANSPOSE(評価値!B2:CW2))+
(1-B2)*SUMPRODUCT(IF(C$2:C$101=C2,1,0),TRANSPOSE(ABS(評価値!B2:CW2)))
```

　同様に、列 F の2番目の上限にも同じ IF 文を追加できます。

```
=SUMPRODUCT(1-(B$2:B$101),IF(C$2:C$101=C2,1,0),TRANSPOSE(評価値!B2:CW2))
+B2*SUMPRODUCT(IF(C$2:C$101=C2,1,0),TRANSPOSE(ABS(評価値!B2:CW2)))
```

ここで行ったことは、問題をサイロ化（分断）しただけです。初回の分割でコミュニティー0に入れられた顧客には、それらの顧客だけの評価値が与えられ、使用されます。さらに、初回にコミュニティー1が割り当てられた顧客にも同じように評価値が与えられます。

ソルバーの定式は、都合のよいことにまったく変更する必要がありません。同じ定式およびオプションを使用できます。OpenSolverを使用している場合は、前回のシートの最大時間が残っていない場合があります。再度、最大時間オプションに300秒を設定してください。

私が「分割2」を実行した場合には、最終的なモジュール性は0.553になりました（図5-32を参照）。これは0.464からのかなりの改善です。つまり、分割が適切な判断であったことを意味します（あなたの解が違う結果になったり、さらに良くなったりする場合もあります）。

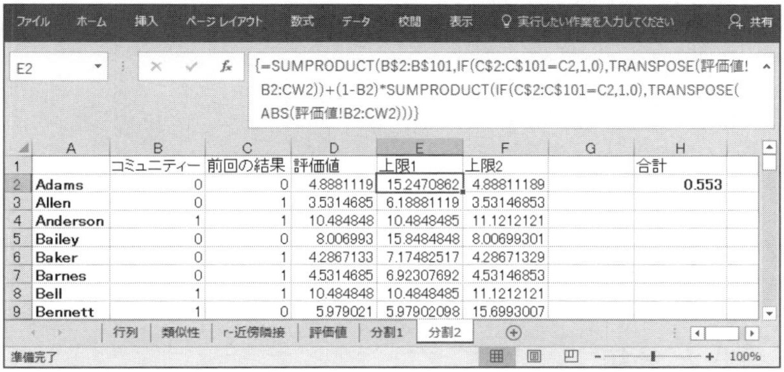

	A	B	C	D	E	F	G	H
1		コミュニティー	前回の結果	評価値	上限1	上限2		合計
2	Adams	0	0	4.8881119	15.2470862	4.88811189		0.553
3	Allen	0	1	3.5314685	6.18881119	3.53146853		
4	Anderson	1	1	10.484848	10.4848485	11.1212121		
5	Bailey	0	0	8.006993	15.8484848	8.00699301		
6	Baker	0	1	4.2867133	7.17482517	4.28671329		
7	Barnes	0	1	4.5314685	6.92307692	4.53146853		
8	Bell	1	1	10.484848	10.4848485	11.1212121		
9	Bennett	1	0	5.979021	5.97902098	15.6993007		

図5-32：分割2の最適解

≫ そして ... 分割その3

さて、ここで止めるべきか、それとも続けるべきでしょうか。これを判断する方法は、再度分割することです。ソルバーによって0.553よりも改善されない場合は、終了します。

[分割2]と同様の要領で[分割3]シートを作成します。[前回の結果]を[**前回の結果2**]に変更し、新しい[前回の結果]を列Cに挿入します。列Bから列Cに値をコピーします。

上限にさらに`IF`文を追加して、前回の結果のコミュニティーの割り当てをチェックします。たとえば、F2は次のようになります。

```
{=SUMPRODUCT(B$2:B$101,
IF(D$2:D$101=D2,1,0),IF(C$2:C$101=C2,1,0),
TRANSPOSE(評価値!B2:CW2))+
(1-B2)*SUMPRODUCT(
IF(C$2:C$101=C2,1,0),IF(D$2:D$101=D2,1,0),
TRANSPOSE(ABS(評価値!B2:CW2)))}
```

この場合も、ソルバーの定式を変える必要はありません。必要に応じて最大のソルバー時間を再設定して実行します。私のモデルでは、モジュール性はむしろ悪くなりました（図5-33を参照）。

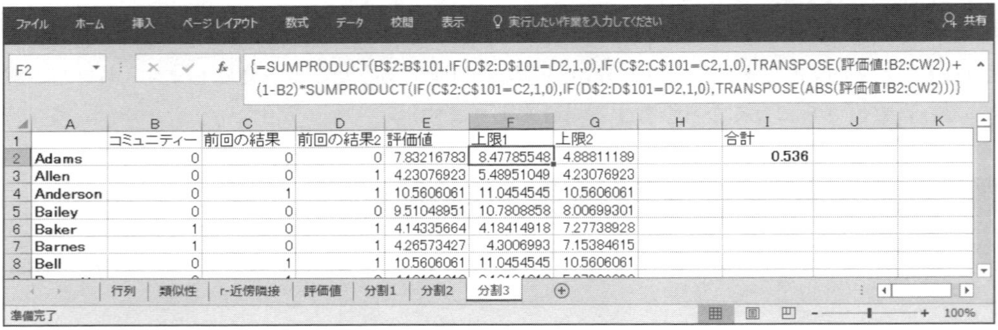

	A	B	C	D	E	F	G	H	I
1		コミュニティー	前回の結果	前回の結果2	評価値	上限1	上限2		合計
2	Adams	0	0	0	7.83216783	8.47785548	4.88811189		0.536
3	Allen	0	0	1	4.23076923	5.48951049	4.23076923		
4	Anderson	0	1	1	10.5606061	11.0454545	10.5606061		
5	Bailey	0	0	0	9.51048951	10.7808858	8.00699301		
6	Baker	1	0	1	4.14335664	4.18414918	7.27738928		
7	Barnes	1	0	1	4.26573427	4.3006993	7.15384615		
8	Bell	0	1	1	10.5606061	11.0454545	10.5606061		

図5-33：分割3ではモジュール性は改善されませんでした

再度分割して改善がないことは、モジュール性が分割2で事実上最大化されたことを意味します。［分割2］シートのクラスター割り当てについて調べましょう。

≫ コミュニティーの符号化と分析

このコミュニティーの割り当てを調べるには、最初に、繰り返し分割して作成した2分木の列を1つのクラスターラベルに変換します。

「**コミュニティー**」というシートを作成し、［分割2］シートから顧客名、コミュニティー、および前回の結果の値を貼り付けます。2つの2進値の列を［**分割2**］および［**分割1**］に名前を変更します。これらの2進値を1つの数値に変えるために、Excelでは、2進から10進に変換する `BIN2DEC` という便利な式が提供されています。列DのD2から、次の式を追加します。

```
=BIN2DEC(CONCATENATE(B2,C2))
```

この式を下方向にコピーすることで、図5-34のようにコミュニティーを割り当てることができます（実際の割り当ては、ソルバーによって異なる場合があります）。

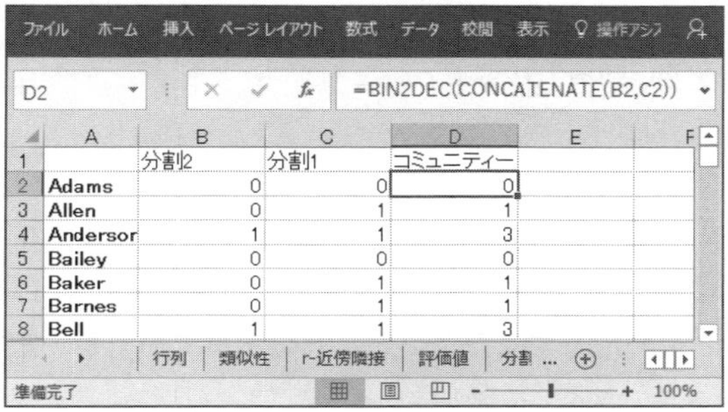

D2: =BIN2DEC(CONCATENATE(B2,C2))

	分割2	分割1	コミュニティー
Adams	0	0	0
Allen	0	1	1
Andersor	1	1	3
Bailey	0	0	0
Baker	0	1	1
Barnes	0	1	1
Bell	1	1	3

図5-34：モジュール性の最大化処理についての最終的なコミュニティーのラベル

クラスターは4つになり、10進コードの0〜3のラベルが付けられます。では、これらの4つの最適化されたクラスターは何のクラスターでしょうか？　第2章でクラスターを調べたのと同じように、クラスターのメンバーの中で最も人気のある購入を調べることで見つけることができます。

初めに、第2章と同じように、「**クラスター別の上位キャンペーン**」というシートを作成し、［行列］シートの列AからGまでのキャンペーン情報を貼り付けます。この行列の横の列Hから列Kの先頭にクラスターのラベルの0から3を指定します。この入力によりシートは図5-35のようになります。

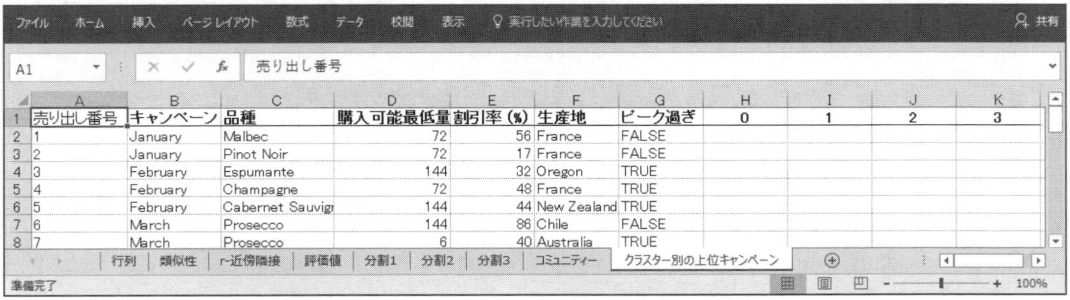

A1: 売り出し番号

売り出し番号	キャンペーン	品種	購入可能最低量	割引率（%）	生産地	ピーク過ぎ	0	1	2	3
1	January	Malbec	72	56	France	FALSE				
2	January	Pinot Noir	72	17	France	FALSE				
3	February	Espumante	144	32	Oregon	TRUE				
4	February	Champagne	72	48	France	TRUE				
5	February	Cabernet Sauvigr	144	44	New Zealand	TRUE				
6	March	Prosecco	144	86	Chile	FALSE				
7	March	Prosecco	6	40	Australia	TRUE				

図5-35：初期の［クラスター別の上位キャンペーン］シート

列Hのラベル0では、［コミュニティー］シートでコミュニティー0に割り当てられているすべての顧客を参照します。さらに、キャンペーンごとに、利用している顧客の数を合計します。第2章や分割シートと同様に、SUMPRODUCT と IF 文を使用してこれを実現します。

```
{=SUMPRODUCT(IF(コミュニティー!$D$2:$D$101=クラスター別の上位キャンペーン!H$1,1,0),
    TRANSPOSE(行列!$H2:$DC2))}
```

この式では、H1の列ラベル0に一致する顧客をチェックします。顧客が一致した場合、［行列］シートでH2:DC2をチェックして、顧客が最初のキャンペーンを利用しているかどうかを示す値を合計します。なお、すべてのデータを垂直に並べるために TRANSPOSE を使用してください。これはすべての計算を配列式で行う必要があることを意味します。

　顧客コミュニティーの割り当て、ヘッダー行、購入行列の列への参照には、絶対参照を使用しています。これにより、式を右および下方向にドラッグでき、クラスターごとに人気のある購入の全体像を確認できるようになります（図5-36を参照）。

　第2章と同様に、シートにフィルターを適用し、列Hのコミュニティー0について降順にキャンペーン数を並べ替える必要があります。これにより、図5-37のように購入最低量の少ない顧客のコミュニティーが現れます（実際の実行結果では、ソルバーが停止したステップの解が異なるために、クラスターの順序や内容が異なる可能性があります）。

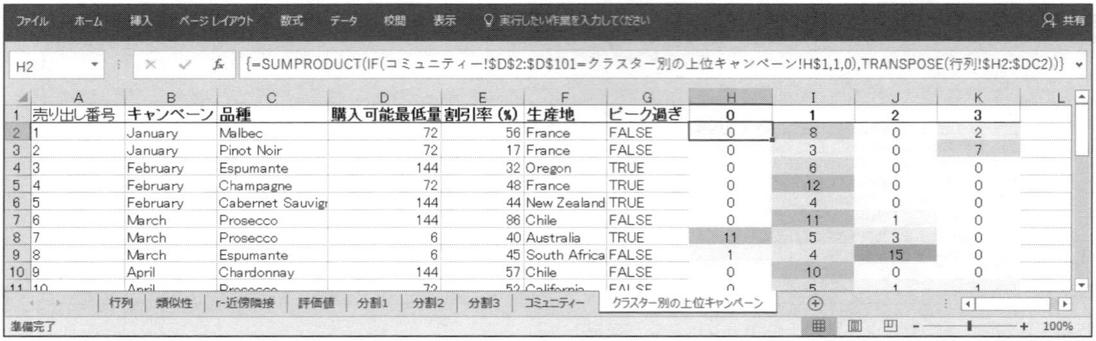

図5-36：購入のカウントが完了した［クラスター別の上位キャンペーン］

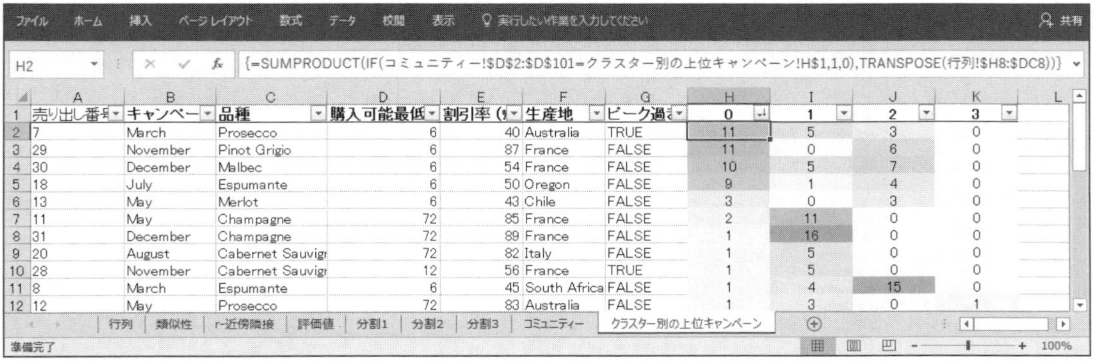

図5-37：コミュニティー0の上位キャンペーン

コミュニティー1で並べ替えると、高数量のフランス産シャンパンのクラスターが表示されます（図5-38を参照）。興味深い結果です。

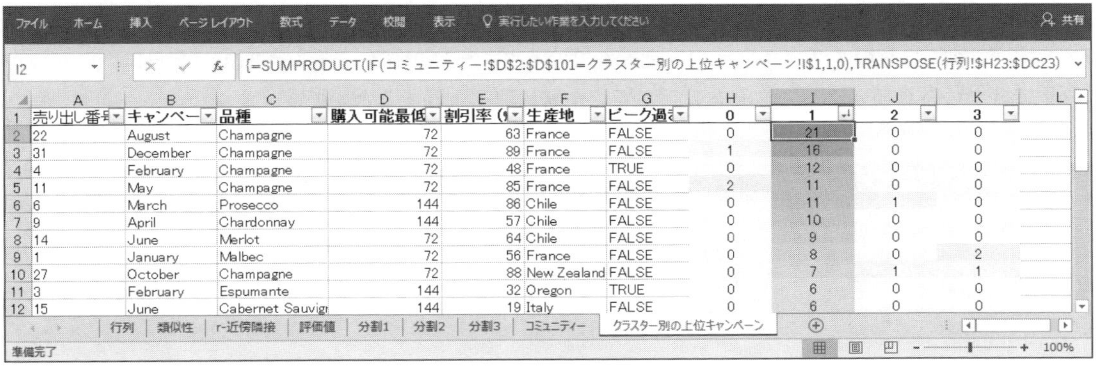

図5-38：スパークリングワインが多いコミュニティー1

コミュニティー2については、コミュニティー0と似ていますが、3月のエスプマンテが主要な取り引きであることが異なります（図5-39を参照）。

ファイル　ホーム　挿入　ページレイアウト　数式　データ　校閲　表示　♀実行したい作業を入力してください　♀共有

J2　｜　×　✓　fx　{=SUMPRODUCT(IF(コミュニティー!$D$2:$D$101=クラスター別の上位キャンペーン!J$1,1,0),TRANSPOSE(行列!$H9:$DC9))}

	A	B	C	D	E	F	G	H	I	J	K	L
1	売り出し番号	キャンペー	品種	購入可能最低	割引率((	生産地	ピーク過ぎ	0	1	2	3	
2	8	March	Espumante	6	45	South Africa	FALSE	1	4	15	0	
3	30	December	Malbec	6	54	France	FALSE	10	5	7	0	
4	29	November	Pinot Grigio	6	87	France	FALSE	11	0	6	0	
5	18	July	Espumante	6	50	Oregon	FALSE	9	1	4	0	
6	7	March	Prosecco	6	40	Australia	TRUE	11	5	3	0	
7	13	May	Merlot	6	43	Chile	FALSE	3	0	3	0	
8	6	March	Prosecco	144	86	Chile	FALSE	0	11	1	0	
9	27	October	Champagne	72	88	New Zealand	FALSE	0	7	1	1	
10	10	April	Prosecco	72	52	California	FALSE	0	5	1	1	
11	22	August	Champagne	72	63	France	FALSE	0	21	0	0	
12	31	December	Champagne	72	89	France	FALSE	0	16	0	0	

行列　類似性　r-近傍隣接　評価値　分割1　分割2　分割3　コミュニティー　クラスター別の上位キャンペーン　⊕

準備完了　　　　　　　　　　　　　　　　　　　　　　　　　　　　　　　　田　回　凹　−　　　＋　100%

図5-39：3月のエスプマンテを好む顧客

　コミュニティー3は、ピノ・ノワールの支持者たちです。そう言えばカベルネ・ソーヴィニオンの支持者というのを聞いたことはありますか？　正直なところ、私はワインの味に詳しくありません。図5-40を参照してください。

　これで完了です。4つのクラスターを作成しました。実のところ、3つのクラスターは完璧に理にかなっていますが、他に3月のエスプマンテのみを好んでいるグループが存在するようです。さらに、いくつかの分析できない外れ値のクラスターを分析して、業務に取り入れることができます。

ファイル　ホーム　挿入　ページレイアウト　数式　データ　校閲　表示　♀実行したい作業を入力してください　♀共有

K2　｜　×　✓　fx　{=SUMPRODUCT(IF(コミュニティー!$D$2:$D$101=クラスター別の上位キャンペーン!K$1,1,0),TRANSPOSE(行列!$H27:

	A	B	C	D	E	F	G	H	I	J	K	L
1	売り出し番号	キャンペー	品種	購入可能最低	割引率((	生産地	ピーク過	0	1	2	3	
2	26	October	Pinot Noir	144	83	Australia	FALSE	0	3	0	12	
3	24	September	Pinot Noir	6	34	Italy	FALSE	0	0	0	12	
4	2	January	Pinot Noir	72	17	France	FALSE	0	3	0	7	
5	17	July	Pinot Noir	12	47	Germany	FALSE	0	0	0	7	
6	1	January	Malbec	72	56	France	FALSE	0	8	0	2	
7	27	October	Champagne	72	88	New Zealand	FALSE	0	7	1	1	
8	10	April	Prosecco	72	52	California	FALSE	0	5	1	1	
9	23	September	Chardonnay	144	39	South Africa	FALSE	0	4	0	1	
10	12	May	Prosecco	72	83	Australia	FALSE	1	3	0	1	
11	16	June	Merlot	72	88	California	FALSE	1	3	0	1	
12	8	March	Espumante	6	45	South Africa	FALSE	1	4	15	0	

行列　類似性　r-近傍隣接　評価値　分割1　分割2　分割3　コミュニティー　クラスター別の上位キャンペーン　⊕

準備完了　　　　　　　　　　　　　　　　　　　　　　　　　　　　　　　　田　回　凹　−　　　＋　100%

図5-40：ピノ・ノワール好きの顧客たち

　この解が第2章で見つかったクラスターとどの程度似ているかを確認してください。第2章では、まったく異なる手法を用いました。各顧客の売り出しベクトルを取得し、クラスターの中心からの距離を計測するために使用しました。ここで使用した手法では、中心の概念はなく、顧客が購入したキャンペーンについても明確にはしませんでした。重要なのは他の顧客との距離です。

↗ Gephiへ再訪問：冒険物語

これでクラスタリングのすべての手順を完了しました。ここでは同じ手順を Gephi で行う方法を紹介したいと思います。図5-20では、Gephiへエクスポートしたr-近傍グラフのレイアウトを確認しました。この節では、再度このグラフを確認します。

次に進む手順は、とても魅力的な手法です。Excelでは、分枝型クラスタリングを使用して最適なグラフのモジュール性を解決しました。Gephiには、［モジュラリティ］ボタンがあります。このボタンは、右側のウィンドウの［統計］タブの［ネットワークの概要］セクションにあります。

［モジュラリティ］ボタンを押すと、設定ウィンドウが開きます。隣接行列をエクスポートしたので、エッジの重みを使用する必要はありません（Gephiの［モジュラリティ］（モジュール性）設定のウィンドウについては図5-41を参照）。

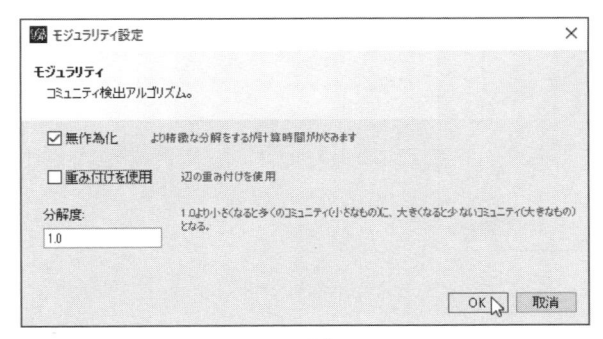

図5-41：Gephiのモジュール性設定

［OK］を押します。モジュール性の最適化が実行され、その際に非常に高速な近似アルゴリズムが使用されます。レポートが開き、最終的なモジュール性の評価値が0.549と表示されます。さらに検出されたクラスのそれぞれのサイズが表示されます（図5-42を参照）。あなたがGephiでこの処理を実行する場合、計算がランダム化されているため、解が異なる場合があります。

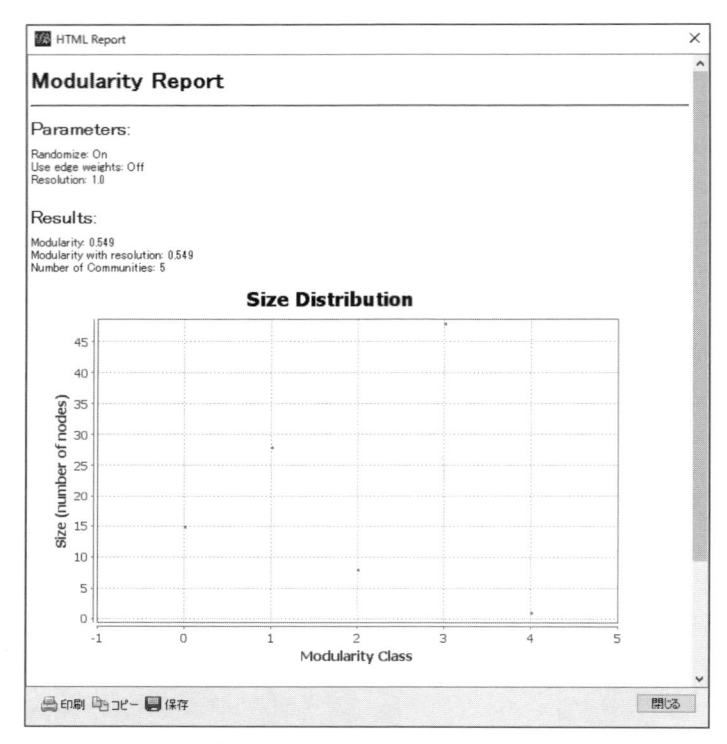

図5-42：Gephiのモジュール性の評価値

　Gephiでクラスターが検出されたら、いくつかの操作を行えます。

　まず、モジュール性を使用してグラフの色を変えることができます。フレンズのグラフをノードの次数を使用してサイズ変更したのと同じように、Gephiの左上のウィンドウの［Ranking］ウィンドウに移動し、カラーパレットのアイコンをクリックします。そのセクションで、ドロップダウンメニューから［Modularity Class］を選択し、好みのカラースキームを選択して、［適用］を押してグラフの色を変えます（図5-43を参照）。

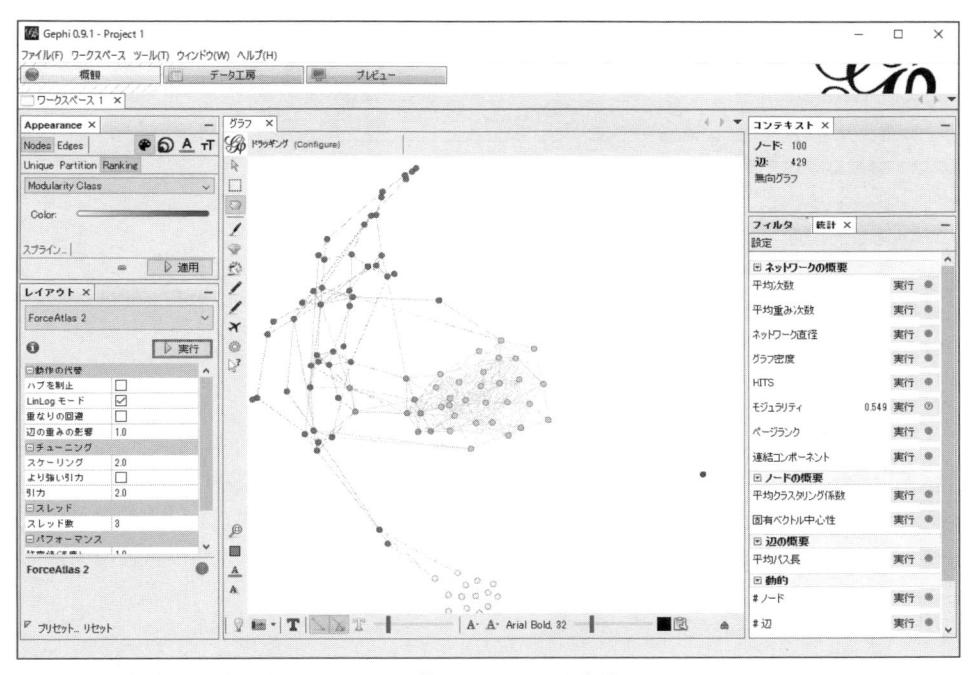

図5-43：顧客グラフの色を変えてモジュール性のクラスターを表現

　すばらしい。グラフに2つの「腫瘍のような」部分が表示され、確かにコミュニティーであることがわかります。グラフの中央に散らばっている部分は、3つのクラスターに分割されました。そして、かわいそうな Parker（パーカー）は、だれにも接続されず自分のクラスター内に配置されています。なんとも孤独で悲しげです。

　モジュール性情報に対して行える2番目の操作は、エクスポートして Excel に戻り確認できることです。これは、以前にクラスターをエクスポートしたのと同じです。エクスポートを行うには、［データ工房］タブに移動します。このタブは Gephi で以前に開きました。モジュール性のクラス（Modularity Class）が、既に［ノード］データテーブルの列として作成されていることに気付くでしょう。［テーブルのエクスポート］を押し、Id とモジュール性クラス（Modularity Class）の列を選択して CVS ファイルへ書き出します（図5-44を参照）。

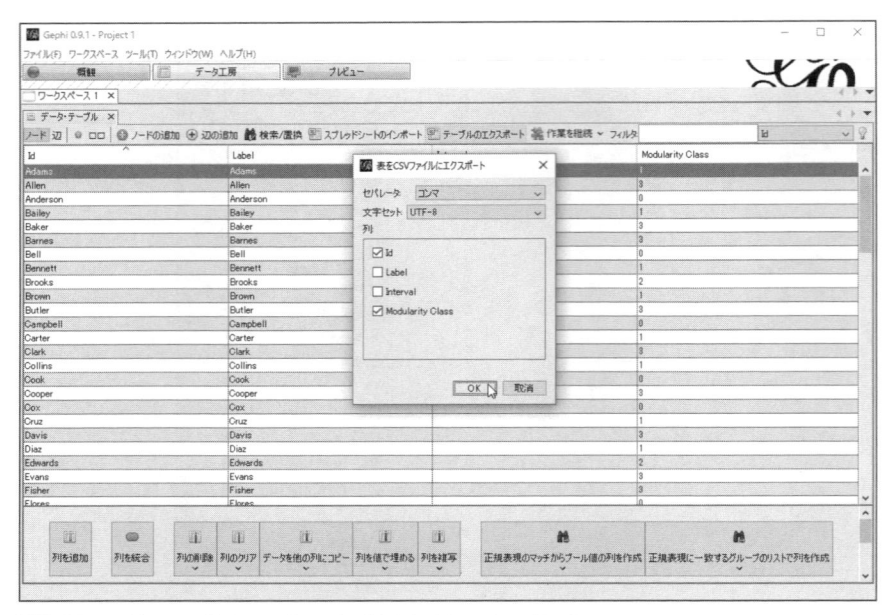

図5-44：モジュール性クラスをExcelに返すためにエクスポート

任意の場所にエクスポートすることができ、そのファイルを Excel で開けます。ここで、メインのブックに「**コミュニティーGephi**」という新しいシートを作成し、Gephi で検出したクラスを貼り付けます（図5-45を参照）。ブックの他のシートと同じように顧客を名前で並べ替えるには、Excel のフィルター機能を使用する必要があります。

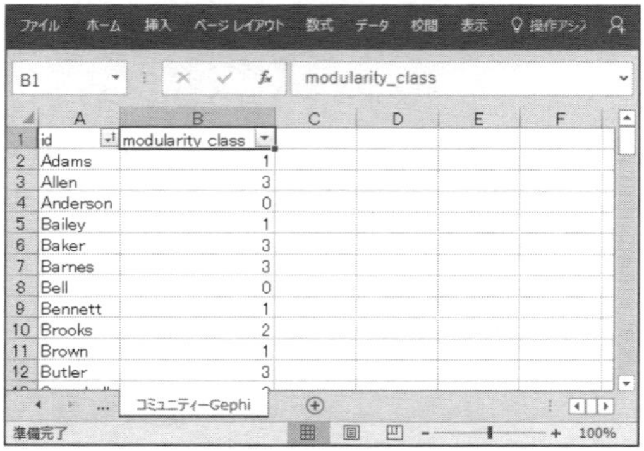

図5-45：Excelに返されたGephiのモジュール性クラス

このクラスタリングが優れているのか、C列に評価値を算出してモジュール性を確認し、元の評価値の
モジュール性と比較してみましょう。線形モデル化の制約によって上限や下限を設定することはできな
いため、次の式を使用して各顧客のモジュール性の評価値を合計します（これはセル C2 の Adams の式
です）。

```
{=SUMPRODUCT(IF($B$2:$B$101=B2,1,0),TRANSPOSE(評価値!B2:CW2))}
```

　この式は、同じクラスターの顧客のみを IF 文を使用してチェックし、同じクラスターの顧客に1、そ
れ以外の顧客に0を与えます。次に SUMPRODUCT を使用して、モジュール性の評価値を合計します。
　この式をダブルクリックすると、列 C の下方向にコピーできます。セル E2で列 C を合計し、「'r− 近
傍隣接 '!CX102」の合計スタブ数により除算します。Gephi を利用した手法では、分枝型クラスタリング
よりも 0.004だけ下回る値になりました。非常に近い数値です（ソルバーの実行環境によっては Gephi の
ほうが上回る場合もあります）。

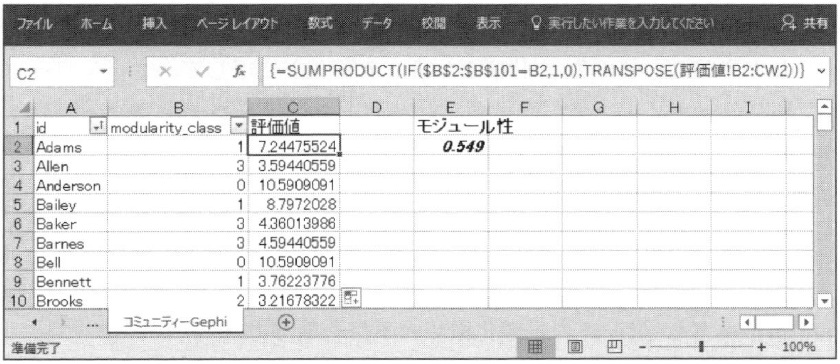

図5-46：Gephiが検出したコミュニティーに対してモジュール性の評価値を再生成

　Gephi が実際に導き出したクラスターがどのようなものかを確認しましょう。初めに、［クラスター別の上
位キャンペーン］シートを複製し「クラスター別の上位キャンペーン Gephi」と名前を付けます。フィルターで
列 A の昇順で並べ替えを行い、順序を戻します。Gephi のクラスタリングでは、ラベル0〜4の5つのクラス
ターがありました（あなたの結果は異なる場合があります。これは Gephi でランダム化を組み込んだアルゴリ
ズムが使用されているためです）。いったんフィルターを解除し、ラベル4を列 L に追加します。
　セル H2の式の一部を「コミュニティー!$D$2:$D$101」から「コミュニティーGephi!$B$2:$B$101」に変
更します。この式をシート内の残りの部分にドラッグしてフィルターを再適用すると、図5-47のようになり
ます。

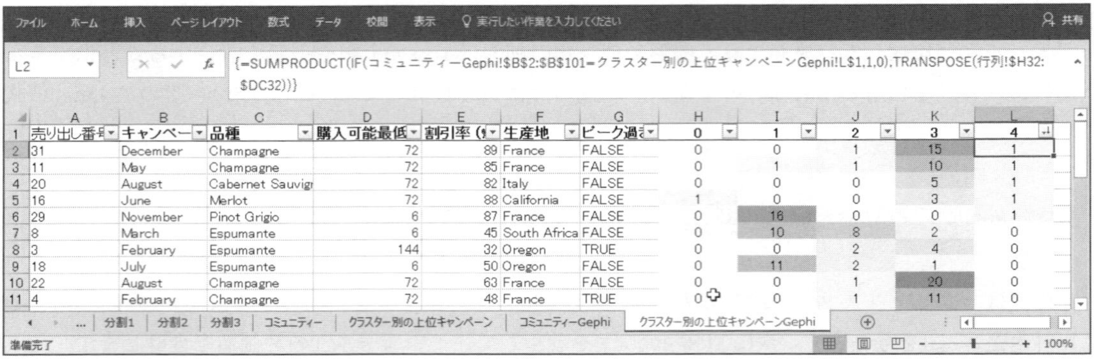

	A	B	C	D	E	F	G	H	I	J	K	L
1	売り出し番号	キャンペー	品種	購入可能最低	割引率 (%	生産地	ピーク過ぎ	0	1	2	3	4
2	31	December	Champagne	72	89	France	FALSE	0	0	1	15	1
3	11	May	Champagne	72	85	France	FALSE	0	1	1	10	1
4	20	August	Cabernet Sauvign	72	82	Italy	FALSE	0	0	0	5	1
5	16	June	Merlot	72	88	California	FALSE	1	0	0	3	1
6	29	November	Pinot Grigio	6	87	France	FALSE	0	16	0	0	1
7	8	March	Espumante	6	45	South Africa	FALSE	0	10	8	2	0
8	3	February	Espumante	144	32	Oregon	TRUE	0	0	2	4	0
9	18	July	Espumante	6	50	Oregon	FALSE	0	11	2	1	0
10	22	August	Champagne	72	63	France	FALSE	0	0	1	20	0
11	4	February	Champagne	72	48	France	TRUE	0	0	1	11	0

図5-47：Gephiで検出されたクラスターごとの上位購入数

再度、列ごとに並べ替えると、おなじみのクラスターを確認できます。ピノ・ノワール支持者、少量、エプスマンテ、スパークリングワイン、そして忘れてはならないパーカー氏1人のクラスターです。

Wrapping Up

第2章では、k平均法クラスタリングを確認しました。本章でも同じデータを使用して、ネットワークグラフとモジュール性の最大化によるクラスタリングを行いました。あなたは、今やデータマイニングの手法についてもとても詳しくなりました。本章で、学習した内容の詳細を以下に示します。

- ネットワークグラフの視覚的な表現方法と、隣接およびアフィニティ行列を使用した数値的な表現方法
- ネットワークグラフをGephiにロードし、Excelの視覚化機能の不足を補う方法
- ネットワークグラフからr-近傍グラフによって不要なエッジを除去する方法。ここではkNNグラフの概念も学習しました。kNNグラフについても、後から詳しく確認することをお勧めします。
- ノードの次数とグラフのモジュール性の定義、および2つのノードをグループ化する場合のモジュール性の評価値の計算方法
- グラフのモジュール性を線形最適化モデルおよび分枝型クラスタリングを使用して最大化する方法
- Gephiでのグラフのモジュール性の最大化と、結果のエクスポート方法

さて、読者は「著者はどうして、Gephiでグラフモジュール性の最大化処理するときに、その手順を詳しく説明してくれなかったのだろう」と疑問に思われるかもしれません。

しかし、本書の目的は、盲目的にボタンを押して、意味を理解しないまま進めることではありません。

読者は、グラフデータを作成し、クラスター検出用に準備する方法を習得しました。さらに、グラフデータでのコミュニティー検出がどのように役立つかを理解しました。必要なことは行ったのです。次に、グラフによるクラスター検出を行うときには、ボタンを押すだけの作業でも、バックグラウンドでどのような処理が行われ、その処理に関する理解度や信頼度のレベルがいかに貴重であるかがわかります。

Gephi はこの分析に最適なツールの1つですが、グラフデータを使用してコーディングするツールが必要な場合には、igraph ライブラリ（R や Python に igraph ライブラリ用のフックがあります）がネットワークグラフを利用するための最高のツールです。

また、Neo4J や Titan グラフデータベースも特筆に値する優れたツールです。これらのデータベースは、グラフデータを保存して、後からクエリーできるように設計されています。そのクエリーは、「ジョンの友達が好きな映画を検索する」のような単純なクエリーから、「Facebook でジョンからケビン・ベーコンへの最短経路を検出する」のような複雑なクエリーまで対応可能です。

以上です。前に進み、グラフを描き、コミュニティーを見つけてください！

第 6 章

初期の教師あり人工知能—回帰

↗ えっ、妊娠しているのですか？

最近のフォーブズの記事で、米国の大手スーパーマーケットのターゲット社が、顧客がいつ妊娠するかを予測する人工知能（AI）モデルを開発したと報じました。ターゲットは、この情報を使用して対象者に妊娠に関連するマーケティングやキャンペーンの提供を開始します。赤ちゃんが生まれる両親は、育児用品に多くのお金を費やします。では、両親は赤ちゃんが生まれる前のいつごろから重要な顧客に変わるのでしょうか。赤ちゃんが生まれた家族では、何年間も自社ブランドのおむつを買い続けます。

このターゲット社の記事は、近年話題になった多数の報道の中の1つです。IBM 社が開発した質問応答システムのワトソンが米国のテレビ番組『ジェパディ！』で優勝しました。Netflix 社が、推奨システムの改善に100万ドルの賞金をかけました。さらに、2012年にオバマ大統領の再選を目指した選挙活動で、有権者訪問、オンライン、放送メディア、資金集めなどの活動の支援に人工知能が使用されました。また、Kaggle.com という Web サイトでは予想コンテストが頻繁に企画され、その予想は、運転手が眠くなるかどうかなどから、食料雑貨店の買い物客が食料雑貨にいくらお金を使うかなどあらゆる物事におよびます。

しかし、これらは記事として話題を集めるために取り上げられているにすぎません。AI は、考え得るあらゆる業界で役に立ちます。クレジットカード会社では、口座での奇妙な取り引きを識別するために AI が使用されています。Xbox のシューティングゲームの敵は、AI によって動作が制御されています。他にも、迷惑メールのフィルター処理、税金詐欺の摘発、スペルの自動修正、ソーシャルネットワークでのお友達の推奨などにも AI が使用されています。

ビジネスでは、単純で優れた AI モデルによって、より適切に決定を下し、より有利な売買を行い、収入を拡大し、コストを減少できます。AI モデルは、営業やサポートの担当者が、商品への問い合わせやサポート依頼の電話を優先するために利用できます。また、従来型の店舗でどのようなキャンペーンを行えば顧客が戻ってくるかを予測できます。AI は、オンラインデートのプロフィールデータベースに保存されている応募者を識別できます。また、来年動脈血栓を発症する申込者を特定できます。とにかく、適切な履歴データがあれば、AI モデルを訓練して活用できます。

↗ 自分を軽んじるな

　AI モデルがどのように処理するかを知らない人たちは、これらのモデルがどのように未来を予言するかを聞いたとき、しばしば畏敬の念と恐怖の両方を感じます。1992年に公開されたすばらしい映画『スニーカーズ』の言葉を借りれば「自分を軽んじるな。思い込みとは違う（AI はそんなに賢くはない）」ということです。

　なぜなら AI モデルは、その構成ブロックの知性を合わせた以上に賢くはならないためです。AI のフローをきわめて単純に言うと、教師あり AI アルゴリズムに、たとえばターゲット社の購入データなどの履歴データを与えて、次に、アルゴリズムに対して「これらの購入は妊娠している人たちのもので、その他の購入は妊娠していない人たちのもの」と教えます。アルゴリズムは、データを咀嚼して、モデルを出力します。その後に、モデルに顧客の購入情報を与えて、「この人は妊娠していますか？」と質問すると、モデルは「いいえ、26歳の役立たずの男です」と答えます。

　これはとても便利ですが、モデルは魔法使いではありません。過去のデータを効果的に定式や一連の規則に変換して、それらを将来の事例について予測するために使用しているだけです。第3章で確認したナイーブベイズのように、データおよび関連する決定ルール、確率、または係数を呼び出すのは AI モデルの機能であり、これらにより予測の効果を高めます。

　私たちは、人工ではない知的生物としてこのような思考を常に行っています。たとえば、私の脳は、個人的な履歴データを使って、特大のサンドイッチに褐色のアルファルファもやしをトッピングして食べると、数時間で体調が悪くなる可能性が高いと考えます。私は過去の（体調が悪くなった）データを取得して、脳を訓練したため、今ではルール、定式、モデルなどが存在し、「褐色のもやし＝胃腸のトラブル」のようにいつでもそれらを呼び出せます。

　本章では、簡単な AI でどのようなことができるかを確認するために、2種類の回帰モデルを実装します。回帰は、初期の教師あり予測モデリングであり、19世紀の初頭から研究されてきました。古い手法ではありますが、その長年使われてきた歴史が大きな強みでもあります。回帰は長い時間をかけてあらゆる点で厳格に構築されており、これは新しい AI 手法にはない特徴です。第3章で感じたナイーブベイズの万能さとは違い、本章で学習する回帰からは、統計的厳格さという重みを感じるでしょう。特に、有意性の検定ではこの特徴が大きく現れます。

　第3章でナイーブベイズモデルを使用した方法と同様に、回帰のモデルを分類に使用します。ただし、これから取り組む問題は、以前に確認した Bag of Words によるドキュメントの分類問題とは大きく異なります。

↗ RetailMart で線形回帰を使用して妊娠している顧客を予言する

✔ 注意

本章で使用する Excel ファイルは、「CHAPTER06」フォルダーにある「リテールマート .xlsx」です。作業を終えた完成状態のファイルは「リテールマート _ 完成 .xlsx」となります。ダウンロード URL は「はじめに」の xii ページをご覧ください。

　あなたは、RetailMart 社の本社で乳幼児向け商品のマーケティングマネージャーを担当しているとします。あなたの仕事は、新しく両親になる顧客に、おむつ、ミルク、乳児用衣料、ベビーベッド、ベビーカー、おしゃぶりなどをより多く販売できるようにすることですが、ある問題に直面しています。

　あなたは、新米の両親が乳児製品の購入でどのような行動をとる傾向があるか、フォーカスグループ（市場調査のための消費者のグループ）から情報を得ています。それらの親は、早い段階から、好みのおむつメーカーを見つけて、そのメーカーの製品を最も安く売っている販売店を選びます。両親はおしゃぶりを探して赤ちゃんに与えます。また2個入りの安いパックがどこで手に入るかを知っています。RetailMart は、これらの新米の両親からおむつを買う最初のお店として選ばれるようにしなければなりません。両親が、RetailMart へ赤ちゃんの買い物に来る確率を最大化する必要があります。

　しかしこれを実現するには、両親がおむつのパッケージを他のお店で最初に買う前に、両親に売り込む必要があります。赤ちゃんが生まれる前に、両親に販促活動を行う必要があるのです。これにより、赤ちゃんが生まれるときには、両親たちに既におむつと軟膏のクーポンを届けます。場合によってはそのクーポンは赤ちゃんが生まれる前に使用される可能性もあります。

　この状況では、単純に、妊娠する可能性のある顧客を特定可能な予測モデルが必要です。そして特定した顧客を対象に、直接売り込みを行います。

》 特徴セット

　あなたには、このモデルの構築のために自由に使える秘密兵器があります。それは顧客の口座データです。このデータは全員分はありません。このため、森の中に住んでいる現金支払いのみの人の場合はお手上げです。ただし、お店のクレジットカードを使用する顧客や、大手のクレジットカードを登録したオンラインアカウントを持つ顧客の場合は、購入と関連付けることができます。これは必ずしも個人というわけにはいきませんが、少なくとも家族には関連付けられます。

　適切に編成されていないすべての購入履歴をモデルに入力するだけでは、期待した予測データを得る

ことはできません。データセットから関連する予測値を取り出すには工夫が必要です。それでは考えてみてください。妊婦がいる家族に対して、過去のどの購買情報が予測に使えるでしょうか。

　最初に、思いつくのは妊娠検査器具の購入です。ある顧客が妊娠検査器具を買った場合、一般的な顧客よりも妊娠している可能性が高くなります。この予測値は、多くの場合モデルの特徴や独立変数と呼ばれます。ただし、予測しようとしている「妊娠（はい／いいえ）」は、その値が、モデルに入れる独立変数のデータに依存する値という観点で従属変数になります。

　少し時間をとって、AI モデルに有効と思われる特徴を書き留めてください。RetailMart ではどの購入履歴を考慮すべきでしょうか。

　顧客の購入記録から生成でき、口座情報に関連付けることができる特徴の例を示します。

- 口座名義人が男性／女性／性別不明のいずれであるか。苗字と顧客台帳とを照合します
- 口座名義人の住所が、一戸建て、集合住宅、私書箱のいずれであるか
- 妊娠検査器具を最近購入したかどうか
- 避妊具を最近購入したかどうか
- 生理処理用品を最近購入したかどうか
- 葉酸サプリメントを最近購入したかどうか
- 妊婦用ビタミン剤を最近購入したかどうか
- マタニティーヨガの DVD を最近購入したかどうか
- 抱き枕を最近購入したかどうか
- ジンジャーエールを最近購入したかどうか
- シーバンド（つわり対策器具）を最近購入したかどうか
- 最近までたばこを定期的に買っていたが、購入を止めた
- たばこを最近購入したかどうか
- 禁煙用品（ガムやパッチなど）を最近購入したかどうか
- 最近までワインを定期的に買っていたが、購入を止めた
- ワインを最近購入したかどうか
- マタニティードレスを最近購入したかどうか

　これらの特徴はどれも完全ではありません。顧客は、すべての用品を RetailMart から購入しません。妊娠検査器具を RetailMart ではなく地元のドラッグストアで購入する可能性があります。また婦人用サプリメントを薬局で処方してもらう可能性もあります。顧客が RetailMart ですべての用品を購入しているとしても、妊婦のいる家族に喫煙者や飲酒をする人がいる可能性があります。マタニティードレスは妊娠していない多くの人が着ています。特にエンパイアスタイル（ウェストが高い服）を好む場合などで

す。エンパイアスタイルの女性が多く登場するジェーン・オースティンの小説の時代でなくて助かりました。ジンジャーエールは吐き気を和らげるために飲まれる可能性がありますが、バーボンと割って飲んでも格別です。ご理解いただけましたでしょうか。

いずれの特徴もうまく当てはまるものではありませんが、それらのパワーを戦隊ヒーロー方式で結合することで、モデルが顧客を合理的に分類できるようになることが期待できます。

≫ 訓練データの収集

RetailMart の6パーセントの顧客家族に常に妊婦がいることが、同社の調査によって明らかになっています。RetailMart データベースの妊婦がいるグループからいくつかの標本を抽出し、それらの家族の出産前の購入履歴からモデル化する特徴を収集する必要があります。同様に、妊娠していない顧客の標本に対してもこれらの特徴を収集する必要があります。

妊婦のいる家族といない家族の集合からこれらの特徴を集めれば、AI モデルを訓練するためにそれらの既知の例を使用できます。

でも、データから過去に妊婦がいた家族を特定するにはどうすればよいでしょうか。訓練セットを作成するために顧客調査を実施することは、常に選択肢の1つです。試作システムを作成しているところなので、赤ちゃんが生まれたばかりの家族を購買行動から予測するだけで十分です。急に新生児のおむつを買い始め、少なくとも1年間徐々にサイズを大きくしながらおむつを買い続けた顧客がいれば、その顧客の家族に新しい赤ちゃんができたと考えるのは妥当なことです。

おむつを買う出来事の前の顧客の購入履歴を見ることによって、妊婦がいる家族の特徴をあらかじめ集めることができます。妊婦がいる家族の500件の標本を採取し、RetailMart データベースからその特徴データを集めるとします。

妊娠していない顧客に関しては、RetailMart データベース内でランダムな顧客から購入履歴を収集することができ、「現在継続しているおむつ購入」の基準を満たす必要はありません。もちろん、1人や2人の妊娠した人が妊娠していない方の分類に入る可能性はあります。ただし、妊婦がいる家族はRetailMart の母集団のわずかな割合しか占めないため（さらにおむつの購入者が先に除外されるため）、この無作為抽出は十分に健全なはずです。この方法で500件の妊娠していない顧客の標本を採取するとします。

この1,000件（妊娠500件、非妊娠500件）をスプレッドシートの1,000行に配置すると、図6-1のようになります。

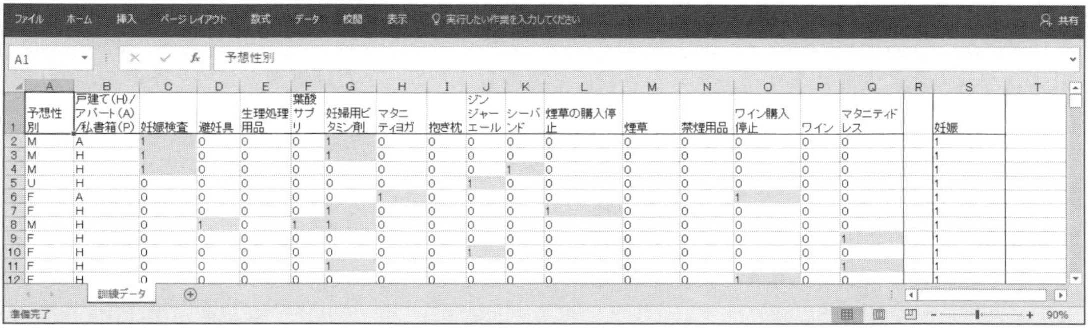

	A	B	C	D	E	F	G	H	I	J	K	L	M	N	O	P	Q	R	S
1	予想性別	戸建て(H)/アパート(A)/私書箱(P)	妊娠検査	避妊具	生理処理用品	葉酸サブリ	妊婦用ビタミン剤	マタニティヨガ	抱き枕	ジンジャーエールンド	シーバンド	煙草の購入停止	煙草	禁煙用品	ワイン購入停止	ワイン	マタニティドレス		妊娠
2	M	A	1	0	0	0	1	0	0	0	0	0	0	0	0	0	0		1
3	M	H	1	0	0	0	0	0	0	0	0	0	0	0	0	0	0		1
4	M	H	1	0	0	0	0	0	0	1	0	0	0	0	0	0	0		1
5	U	H	0	0	0	0	0	0	1	0	0	0	0	0	0	0	0		1
6	F	A	0	0	0	0	1	0	0	0	0	0	0	1	0	0			1
7	F	H	0	0	0	0	0	0	0	1	0	0	0	0	0	0			1
8	M	H	0	1	0	1	0	0	0	0	0	0	0	0	0	0			1
9	F	H	0	0	0	0	0	0	0	0	0	0	0	0	0	1			1
10	F	H	0	0	0	0	0	0	0	0	0	0	0	0	0	1			1
11	F	H	0	0	0	1	0	0	0	0	0	0	0	0	0	1			1
12	F		0											1					

訓練データ

準備完了　　　　90%

図6-1：基になる訓練データ

クラスの不均衡の解決

　通常では、顧客の母集団の常時6パーセントしか妊娠していないことがわかっていますが、収集した訓練セットは50対50の比率です。これは、オーバーサンプリングと呼ばれます。妊娠はデータ内の「少数派」か、まれなクラスであり、標本の均衡をとることで、訓練しようとしている分類子が、妊娠していない顧客によって過剰に影響を受けることがなくなります。結局、標本を6対94の実際の比率のままで分割した場合、すべての顧客に「妊娠していない」とラベルを付けても、94パーセントの正解率になってしまいます。これは危険です。なぜなら妊娠が少数派であっても、マーケティング対象にしたいクラスなのですから。

　訓練データの比率を修正することにより、モデルに偏りができるため、妊娠が実際よりも多いものと認識されます。ただし、モデルから妊娠が存在する実際の確率を求める必要はないため、これは問題ありません。本章で後から説明するとおり、妊娠の評価値の最適な値をモデルから求めればよいだけです。これはモデルで、正検出と誤検出の数を調整することにより求めることができます。

　訓練データセットの最初の2列に、性別と住所の種類についてのカテゴリーデータが指定されています。以降の特徴は2進であり、1がTRUEを表します。たとえば、このスプレッドシート最初の行を見ると、列Sで顧客が妊娠していることを確認できます。この列は、モデルを訓練して予測させるためのものです。さらに、この顧客の過去の購入履歴を見れば、それらが、妊娠検査器具といくつかの妊婦用ビタミン剤を購入していたことがわかります。また、最近タバコやワインは購入していません。

　データをスクロールすれば、あらゆるタイプの顧客を確認できます。あるものは妊娠のサインをたくさん示し、またあるものはほとんど示していません。予想どおり、妊婦がいる家族は、たまにタバコやワインを買うようになり、一方で、妊婦のいない家族は妊娠に関連した製品を買うようになります。

≫ ダミー変数の作成

　AIは、単なる定式と考えてかまいません。数値を取得し、ちょっとだけ処理をして、予測を出力します。予測は、スプレッドシートの列Sの1（妊娠）と0（妊娠していない）と同じようなものです。

　このデータの問題は、最初の2列が現在数値ではないことです。Male（男性）やFemale（女性）のように分類の頭文字が入力されています。

　この問題は、カテゴリーデータの処理に関するもので、有限の数のラベルによって分けられたデータには対応する固有の数値がありません。これは、データマイニングの技術者を常に悩ませる問題です。顧客に送ったアンケートに回答してもらうとき、たとえば従事している仕事、結婚歴、居住国、飼っている犬の品種、ドラマ『ギルモア・ガールズ』の好きなエピソードなどを質問した場合には、カテゴリーデータの取り扱いに行き詰まることがあります。

　これは、既に数値化されて定量的なデータとは対照的です。数値化されている定量的なデータならば、データマイニングの手法もすぐに適用できます。

　では、カテゴリーデータはどのように処理すればよいでしょうか。簡単に言うと、定量化する必要があります。

　カテゴリーデータによっては、元から番号が付いていて、個々のカテゴリーの値を割り当てるために利用できることがあります。たとえば、データセットに対象者からの回答を表す変数があり、サイオン、トヨタ、レクサスのどれを運転しているかを表す場合には、それらの回答を1、2、3の番号だけで示すことがあります。じゃーん。この番号はそのまま使えます。

　ただし、性別のように番号がない場合の方が多くあります。たとえば、男性、女性、および性別不明は、順序についての概念がないラベルであることは明らかです。この場合、ダミーコーディングと呼ばれる手法を使用して、カテゴリーデータを定量的データに変換することが一般的です。

　ダミーコーディングは、1つのカテゴリー列（［予想性別］列など）を取得して、それを複数の2進の列に変換します。つまり、［予想性別］列に代えて、1列を男性用、1列を女性用、もう1列を性別不明として作成します。元の列の値が「M」の場合、男性の列を1、女性の列を0、性別不明の列を0にコード化するわけです。

　これは実際にはやりすぎです。男性と女性の列の両方が0であれば、性別不明であることを暗示していることになります。3番目の列は必要ありません。

　この方法により、カテゴリー変数をダミーコーディングする場合、カテゴリー変数よりも常に1つ少ない列しか必要になりません。最後のカテゴリーは、常に他の値によって暗示されます。統計学の言い方では、「性別のカテゴリー変数には2自由度しかない」と言います。これは自由度が、常に変数が取り得る値の数よりも1つ少ないためです。

ここで扱っている例では、［訓練データ］シートを複製し、「**ダミー変数付き訓練データ**」という名前を付けます。最初の2つの予測値をそれぞれ2列に分けます。したがって列 A および B の内容を削除して、さらに空の2列を列 A の左に挿入します。

　これらの4列のラベルとして「**男性**」、「**女性**」、「**戸建て**」、「**アパート**」をそれぞれ先頭行に入力します（性別不明と私書箱は暗黙的に示唆することになります）。図6-2に示すとおり、空の列が4つできました。これらの列に、2つのカテゴリー変数のダミーコーディングを入力します。

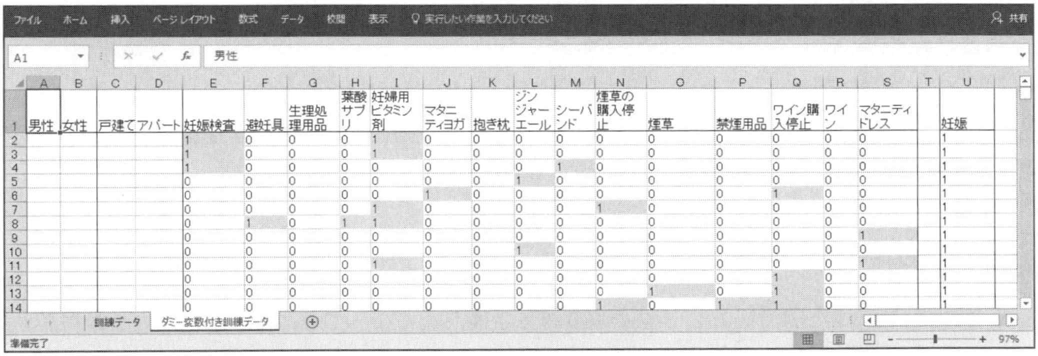

	A	B	C	D	E	F	G	H	I	J	K	L	M	N	O	P	Q	R	S	T	U
	男性	女性	戸建て	アパート	妊娠検査	避妊具	生理処理用品	葉酸サプリ	妊婦用ビタミン剤	マタニティヨガ	抱き枕	ジンジャーエール	シーバンド	煙草の購入停止	煙草	禁煙用品	ワイン購入停止	ワイン	マタニティドレス		妊娠

図6-2：ダミー変数の新しい列が追加された［ダミー変数付き訓練データ］シート

　ここで訓練データの最初の行について考えます。性別の列の「M」をダミーコードデータに変えるには、［男性］列に1を入力し、［女性］列に0を入力します（［男性］列に1が入力されていれば、おのずと性別不明ではないことを暗示します）。

　［ダミー変数付き訓練データ］シートのセル A2で、［訓練データ］シートの古いカテゴリーをチェックし、カテゴリーが「M」に設定されている場合は1を設定します。

```
=IF(訓練データ!A2="M",1,0)
```

　同じ式で、［女性］列の場合は「F」、［戸建て］列の場合は「H」、［アパート］列の場合は「A」にそれぞれ1を設定します。これら4つの式を訓練データのすべての下方向の行にコピーするには、それらをドラッグするか、第1章の説明のとおり、4つの式をすべて強調表示して、D2の右下の角をダブルクリックします。後者の方がより少ない手順でコピーできます。変換された値がシートのD1001まで入力されます。これら2つのカテゴリー列を4つの2進ダミー変数に変換したら（図6-3を参照）、モデル化の準備は完了です。

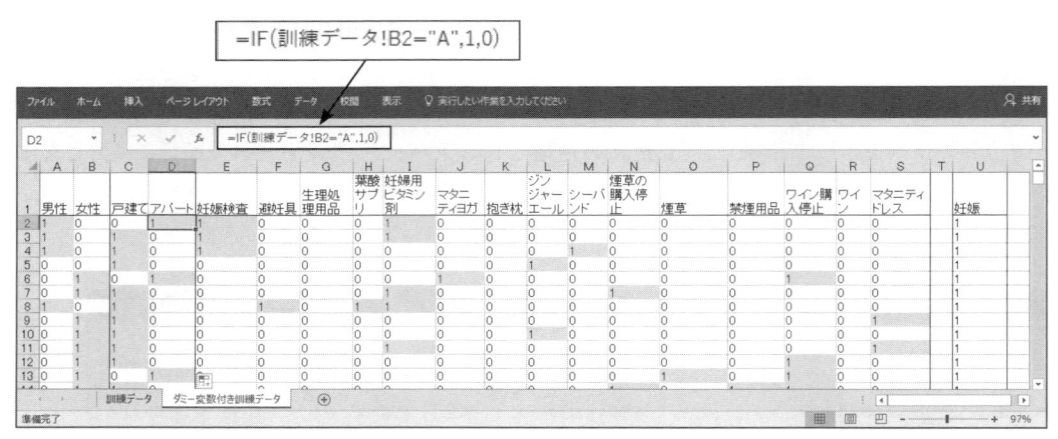

図6-3：ダミー変数が入力された訓練データ

≫ 独自の線形回帰を作成する

　これは筆者の口ぐせなのですが、統計手法の取り得る手段がなくなっても、何らかの方法があります。散布図上の点の集合の中に近似曲線を引けば、AI モデルを作成したことになります。

　きっとあなたはこう思うでしょう。「でも、もうできることはありません。過去に戻って『ターミネーター』のジョン・コナーを阻止するロボットでも作れば、予測もできるでしょう」。

■ 最も単純な線形モデル

　図6-4の単純なデータを使って説明します。

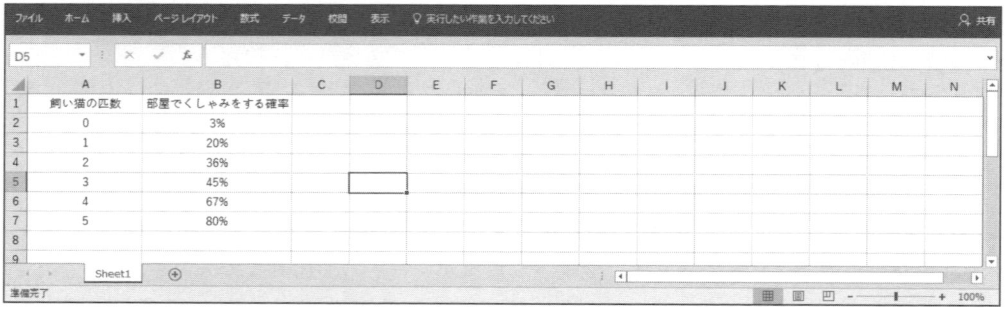

	A	B	C	D	E	F	G	H	I	J	K	L	M	N
1	飼い猫の匹数	部屋でくしゃみをする確率												
2	0	3%												
3	1	20%												
4	2	36%												
5	3	45%												
6	4	67%												
7	5	80%												
8														
9														

図6-4：飼い猫の数に対するくしゃみをする確率（飼い猫.xlsx）

この表では、1列目に家の中で飼っている猫の数、2列目にその家の中で私がくしゃみをする確率を示しています。猫がいない場合でも、結局3パーセントの確率でくしゃみは出ます。これはどこかに空想の猫が存在しているのだと思います。5匹の猫がいる場合、私のくしゃみはほぼ確実にでます。このデータをExcelで散布図に表示して確認します。その図は図6-5のようになります（プロットやグラフの挿入については第1章を参照）。

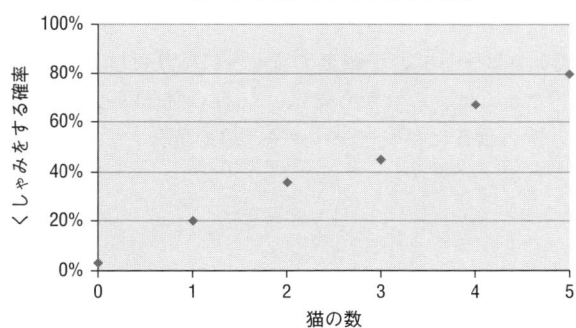

図6-5：猫の数とくしゃみの回数の散布図

　グラフ内のデータの点を右クリックして（グラフ全体ではなく、実際のデータ点を右クリックする必要があります）、メニューから［近似曲線の追加］を選択します。線形回帰モデルをグラフに追加するように選択できます。［近似曲線の書式設定］ウィンドウの［オプション］セクションで［グラフに数式を表示する］にチェックを入れます。［OK］を押すと、近似線とその線の式が表示されます（図6-6を参照）。

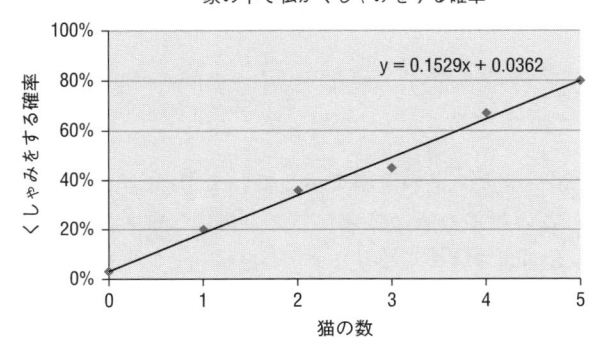

図6-6：グラフに表示した線形モデル

　グラフの近似線は、次の式の猫とくしゃみの関係を適切に示しています。

```
Y = 0.1529x + 0.0362
```

　言い換えると、xが0の場合、この線形モデルでは約3〜4パーセントの確率でくしゃみをする可能性があり、さらに猫1匹ごとに15パーセントずつ確率が増えていきます。

　3〜4パーセントの基になる値は、モデルの切片と呼ばれ、1匹あたりの15パーセントの増加は猫の変数の係数と呼ばれます。この例のように線形モデルで予測することは、将来のデータを取得し、モデルの係数および切片と結合しているにすぎません。

　必要ならば、グラフから「=0.1529x+0.0362」の式をコピーして、予測をするセルに貼り付けることができます。その際、xを実際の数値に置き換えます。たとえば、これから先に、3.5匹の猫（1匹、ドアの近くが大好きな猫がいます）がいる家に入った場合、次のように係数とデータを「線形結合」し、切片を加えて予測値を得ます。

```
0.1529*3.5匹の猫 + 0.0362 = 0.57
```

　57パーセントの確率でくしゃみをします。これは一種のAIモデルです。すなわち、独立変数（猫）と従属変数（くしゃみ）を取得し、これらの関係を履歴データに最も適合する式として表現するようにコンピューターに命令しています。

　さて、ここでコンピューターがどのようにこの近似線をデータから描画したのだろうと思われるでしょう。結果は適切ですが、描画する位置はどのように認識したのでしょうか。基本的に、コンピューターはデータに最も適合する近似線を探します。最も適合するというのは、訓練データとの二乗誤差の合計が最小になる近似線を意味します。

　二乗誤差の合計の意味を理解するために、1匹の猫の近似線を評価すると次の値になります。

```
0.1529×1匹の猫+0.0362＝0.1891
```

　ただし、訓練データは18.91パーセントではなく20パーセントの確率を示しています。したがって、この箇所での近似線の誤差は1.09パーセントです。この誤差の値は二乗して正の値にします。これにより、近似線がデータ点の上と下のどちらにあっても問題ではなくなります。1.09パーセントの二乗は0.012パーセントです。次に、訓練データの各点に対するこれらの二乗誤差の値を合計することで、二乗誤差の合計を求めることができます（多くの場合、単純に二乗和と言います）。Excelは、くしゃみのグラフに近似線を適合するとき、この二乗誤差の合計を最小化します。

RetailMart のデータに含まれる次元数は散布図に表示するには多すぎますが、以下の節では、まったく同じタイプの線をデータに適合する手順について最初から説明します。

■ RetailMart データへ戻る

それでは、RetailMart のデータセットについて、猫とくしゃみのモデルと同じ線形モデルを作成します。最初に、「**線形モデル**」という新しいシートを作成して、[ダミー変数付き訓練データ] シートから値を貼り付けます。ただし、貼り付けるときは列 B を先頭にして、列 A に行のラベルを入力する領域を確保し、さらに行7を先頭にして、シートの上部の領域を今後参照する線形モデルの係数やその他の評価データ用に確保します。

さらに、従属変数の先頭行を同じ列の行1に貼り付けます。列 U で、「**切片**」というラベルを先頭に入力します。前の例と同じように、この線形モデルでも基準となる値が必要です。さらに、切片をモデルに簡単に追加できるように、切片の列 (U8:U1007) に1を入力しておきます。これによりモデルを評価できるようになりました。SUMPRODUCT で係数の行とデータ行の積和をとり、切片値も含められます。

このモデルの係数はすべてスプレッドシートの行2に入力されます。したがって、行2の先頭に「**モデルの係数**」のラベルを入力し、各セルに1の初期値を入力します。さらに、係数の行に条件書式を設定できます。条件書式を設定すれば、値を区別できるようになります。

この時点で、データセットは図6-7のように表示されます。

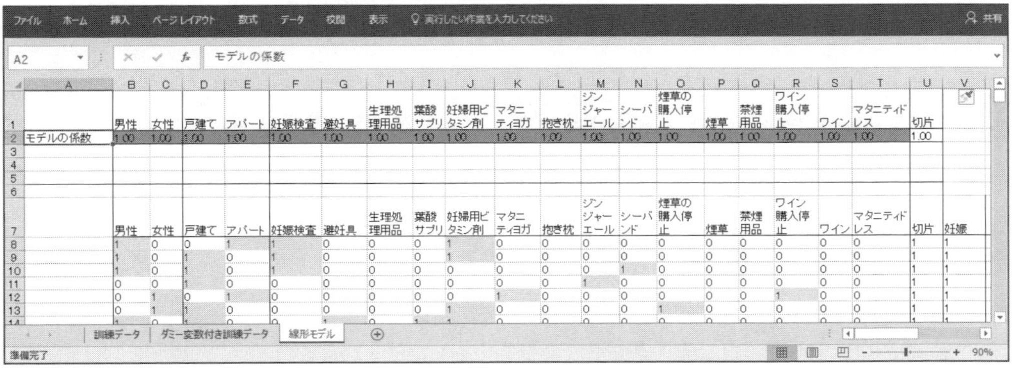

図6-7：線形モデルの設定

行2に係数を設定すれば、係数と顧客データの行との線形結合を行って（SUMPRODUCT 式を使用）、妊娠の予測を行うことができます。

このシートには列が多すぎるため、猫で行った手法でグラフ化することにより線形モデルを作成することは困難なため、その代わりにモデルをあなた自身で訓練します。最初に、スプレッドシートに列を追加して、1つの行のデータについての予測を計算します。

顧客データの横の列 W で、行7に「**線形結合（予測）**」の列ラベルを追加し、下の行で係数と顧客データの線形結合を求めます（切片の列も含めます）。最初の顧客に対してこの計算を行には、行8に次の式を入力します。

```
=SUMPRODUCT(B$2:U$2,B8:U8)
```

行2の参照には絶対参照を挿入する必要があります。これにより、他のすべての顧客に式をドラッグすることができ、その場合も係数行は変わりません。

ヒント
また、列 W を強調表示して右クリックし、［セルの書式設定 ...］を選択して、値の書式を小数点2桁にすることもできます。これで、小数点以下のたくさんの桁を見て目が充血することもありません。

この列を追加すると、データは図6-8のようになります。

図6-8：線形モデルの予測列

予測列（列 W）は、既知の事実（列 V）と同一であることが理想ですが、すべての変数に対して係数に1を使用することで、間違っていないかどうかを容易に確認できます。妊娠を1、非妊娠を0で表しているにもかかわらず最初の顧客には予測値として5が与えられています。5は何を意味するでしょうか。本当に妊娠でしょうか。

■ 誤差計算の追加

コンピューターにこれらのモデルの係数を設定させる必要ありますが、その方法を教育するために、予測が正しいときと、予測が間違っているときをコンピューターに教える必要があります。

このために、列 X に誤差の計算を追加します。誤差の計算には二乗誤差を使用します。二乗誤差は、予測値（列 W）から妊娠（V 列）の値までの距離を単純に二乗したものです。

誤差を二乗することで、それぞれの誤差の計算値が正になり、二乗誤差を合計することでモデル全体の誤差を求めることができます。正の誤差と負の誤差が相殺されることは望んでいません。このため、シートの最初の顧客の式は次のようになります。

```
=(V8-W8)^2
```

下の残りのセルにドラッグすることで、それぞれのセルで予測の誤差を計算できます。

ここで、予測の上にセルを追加します。セル X1（ラベルはセル W1に「**二乗誤差の合計**」と入力）では、次の式を使用して二乗誤差列を合計します。

```
=SUM(X8:X1007)
```

この時点で、スプレッドシートは**図6-9**のようになります。

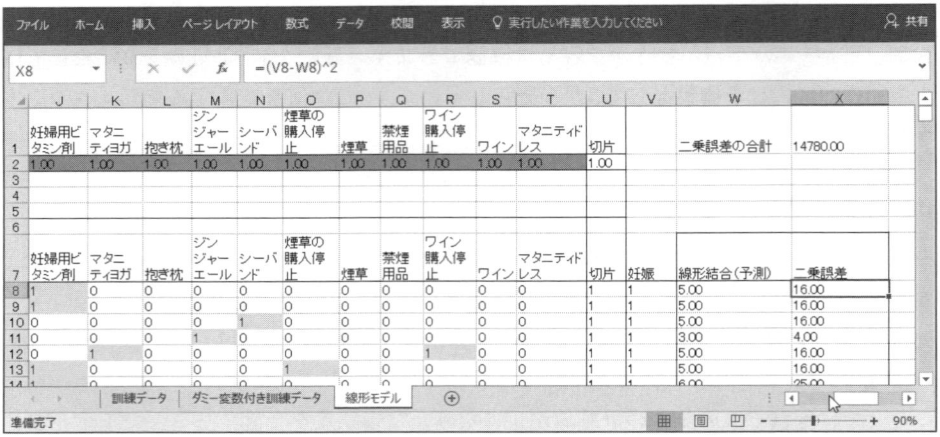

図6-9：予測と二乗誤差の合計

■ ソルバーによる訓練

　線形モデルを訓練する準備が完了しました。各変数には係数を設定して、二乗誤差の合計ができるだけ小さくなるようにする必要があります。これが、ソルバーの処理と似ていると感じたのなら、その感覚は正しいです。第2章、第4章、および第5章で最適解を求めたのと同じように、ソルバーを開いて、最適な係数を求めるようにコンピューターを設定します。

　目的変数は、セル X1 の二乗誤差の合計にします。セル X1 の値は、モデルの係数であるセル B2 からU2 の「変数セルを変える」ことにより最小化する必要があります。

　ここでは、二乗誤差は決定変数である係数の二次関数であるため、第4章で多用した解決手法のシンプレックス LP を使用することはできません。シンプレックスはとても高速で最適解を検出することが保証されますが、決定の線形結合のみを考慮するモデルしか使用できません。したがって、ソルバーのエボリューショナリーアルゴリズムを使用する必要があります。

> **参考情報**
> 非線形最適化モデルとエボリューショナリー最適化アルゴリズムの内部処理については第4章を参照してください。また、他の非線形最適化アルゴリズムについて興味がある場合は、Excel で提供されている GRG というアルゴリズムを使用することができます。

　基本的に、ソルバーは、二乗和が真の適切な解に到達したと思われるまで係数の値を変化させます。ただし、エボリューショナリーアルゴリズムを効率的に使用するために、設定しようとしている各係数に対する上限と下限を指定する必要があります。

この上限値と下限値をうまく利用することをお勧めします。これらの制限を厳しくすればするほどアルゴリズムの処理効率が向上します。ただし厳しくしすぎないでください！　このモデルの場合、制限を-1から1の間に設定しました。

　これらの項目の設定が終わると、ソルバーは図6-10のようになります。

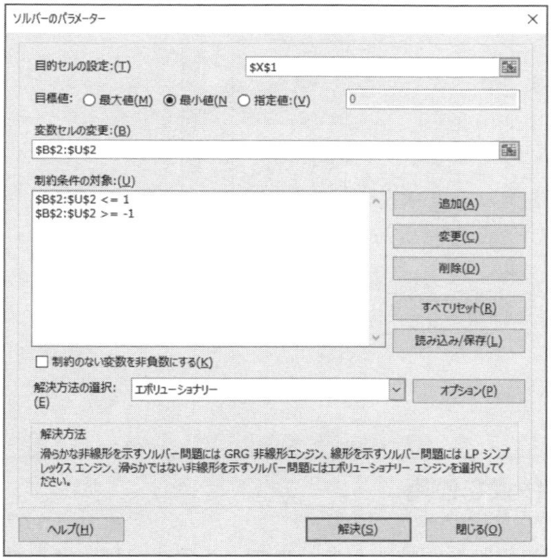

図6-10：ソルバー設定

　[解決]ボタンを押して、待機します。ソルバーが終了すると、問題が最適化されたことが通知されます。[OK]をクリックすると、モデルに戻れます。

　図6-11では、ソルバーの処理が終了し、二乗誤差の合計が135.52になっていることがわかります。この手順に沿って、ソルバーを自分で実行した場合、エボリューショナリーアルゴリズムを二度実行しても同じ結果にならないため注意してください。実際に計算した二乗和が、本書の値よりも高くなったり低くなったりする可能性があり、最終的なモデルの係数も多少異なる場合があります。最適化された線形モデルは、図6-11のようになります。

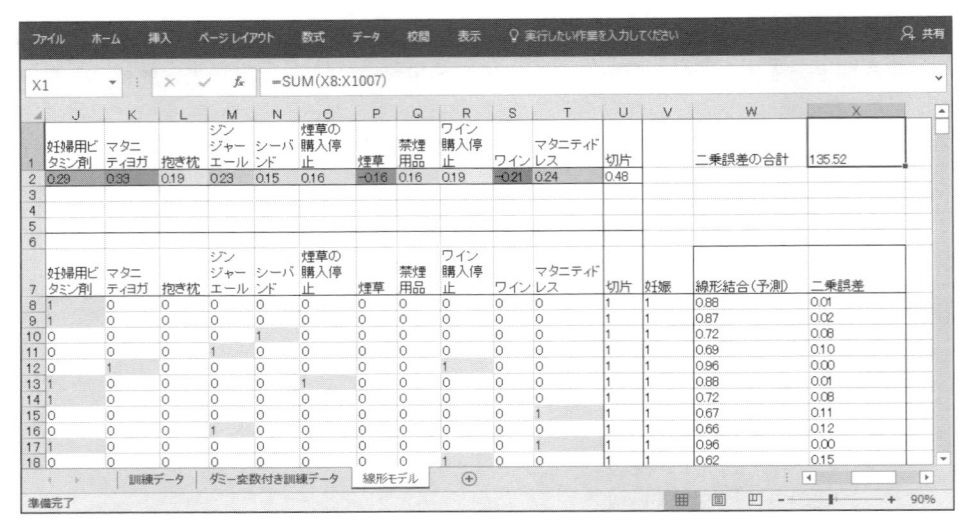

図6-11：最適化された線形モデル

線形回帰に LINEST() 式を使用

　お気づきかもしれませんが Excel には LINEST() という独自の線形回帰式があります。この式では、今手動で実行した手順をまさに一気に実行できます。ただし、LINEST() は 64 の特徴までしか処理できないため、大きな回帰モデルの場合はいずれにしても自作するしかありません。

　このデータセットで気軽に LINEST() を試してみてください。ただし、この式についての Excel のヘルプドキュメントを注意深くお読みください。LINEST() によってすべての係数を求めるには、配列式を使用する必要があります（第1章を参照）。また、LINEST() では係数が逆の順番で出力されます（「男性」が切片の前の最後の係数になります）。これは本当に面倒です。

　LINEST() の非常に便利な点は、多数の値を自動的に計算することです。それらの値は、線形モデルへの統計テストの実行に必要であり、たとえば次の節の骨の折れる係数の標準誤差の計算などに役立ちます。

　本章では、すべての処理を手動で入力します。このため、LINEST()（および他のソフトウェアパッケージの線形モデリング機能）がどのような処理をしているかを十分に理解でき、さらに今後この機能を学ぶときも学習を容易に進めることができるでしょう。さらに、手動で設定することによって、ロジスティック回帰への移行も容易にできます。これは Excel ではサポートされていません。

中央値回帰を使用したより適切な外れ値の処理

中央値回帰では、二乗誤差の合計ではなく誤差の絶対値の合計を最小化します。線形回帰との違いはこの点のみです。

中央値回帰にはどのような利点があるのでしょうか。

線形回帰では、訓練データセット内の外れ値（他のデータから著しく離れた値）は、近似値を強く引き付けて、モデルのフィッティング処理の適合率を低下させる可能性があります。線形回帰では、外れ値の誤差が大きいほど、その値に引き付けられます。大きな誤差と、多数の通常点の小さな誤差との格差は、中央値回帰の場合よりも大きくなります。中央値回帰では、データに適合される線は、内側の標準的なデータ点の近くに配置され、外れ値にさほど引き寄せられません。

本章では、中央値回帰について詳しく触れませんが、さほど難しい手法ではなく、独自に学習することが可能です。二乗誤差の項を絶対値に置き換えるだけで（Excel には ABS 関数があります）、すぐに利用できるようになります。

ところで、OpenSolver をインストールしている場合は（第1章を参照）、ここで大きなボーナス問題に挑戦できます！

中央値回帰では誤差を最小化します。さらに、絶対値は最大化関数とみなすことができるため（値の最大値、または値に -1 をかけた最大値）、中央値回帰をミニマックス風の最適化モデルとして線形化することに挑戦してみてください（ミニマックス最適化モデルについては第4章を参照してください）。

ヒント：訓練データで1行あたり1つの変数を作成する必要があるため、OpenSolver が必要になります。通常のソルバーでは1,000件の決定と2,000件の制約を処理することはできません。がんばってください。

≫ 線形回帰統計：R 二乗、F 検定、t 検定

> ✔ **注意**
>
> 次の節は、統計手法を使用した本書で一番難しい部分です。本当に、本書全体で最も複雑な計算であり、それはモデルの係数の標準誤差計算です。できるだけ直感的にわかるように説明しましたが、一部の計算は文章で説明するには適していませんでした。また、ここで線形代数の説明を省きたくはありませんでした。
>
> 以降の概念をできる限り理解するように試みてください。そして実践してみてください。さらに詳しく学びたい場合は、統計の入門レベルの教科書を参考にしてください。
>
> 内容に行き詰まった場合は、この節が他の章を読むための前提にはなっていないことを覚えておいてください。省略して先に進み、必要なときに戻ってきて参照しても OK です。

現在線形モデルがあり、二乗和を最小化することでフィッティングしています。列 W の予測を一見すると、問題ないように見受けられます。たとえば、行27の妊娠している顧客は妊娠検査器具、妊婦用ビタミン剤、およびマタニティー衣料を購入しており、予測値が1.07です。一方、行996の顧客は今までワインしか買ったことがなく、予測値が0.15です。でも、次の疑問点があります。

- 回帰によって、直感的な観点ではなく、どのくらい定量的にデータに近づいているか？
- 偶然によって全体的に適合したものか、それとも統計的に意味（有意性）があるか？
- それぞれの特徴はモデルにとってどの程度有用であるか？

これらの線形回帰についての質問に答えるために、各係数に対して R 二乗、F 検定、t 検定を計算することができます。

■ R 二乗—適合度の評価

訓練セットの顧客について何も知識がない場合に（列 B から列 T が抜け落ちている場合）に、何としても妊娠の予測を行わなければならないときには、シートの列 V の平均を単純に各予測値に入力することが、二乗誤差の合計を最小化する方法として最も優れています。この場合、訓練データを500対500で分割しているときには、平均が0.5になります。さらに、実際の値が0または1なので、各誤差は0.5になり、二乗誤差はそれぞれ0.25になります。1,000件の予測では、平均値を予測するという方針により、二乗和が250になります。

この値は、「総二乗和」と呼ばれます。これは列 V の平均と各値との偏差の二乗和です。Excel では、この計算を1手順で実行できる DEVSQ という便利な式が提供されています。

X2で、総二乗和を次のように計算できます。

```
=DEVSQ(V8:V1007)
```

すべての予測に平均値を使用すると二乗誤差の合計が250になりましたが、前に適合した線形モデルの二乗誤差の合計はこれよりもかなり小さな値になります。135.52しかありません。

これは、総二乗和250のうち135.52は、回帰を適合した後も、未説明として残ることを意味します（この状況での、二乗誤差の合計はしばしば「残差二乗和」と呼ばれます）。

この値を反転した「被説明二乗和」（これは文字どおりの意味で、モデルで説明済みの量です）は250 − 135.52です。次の式を X3に入力します。

```
=X2−X1
```

これにより、被説明二乗和が114.48になります（あなたが回帰を適用した場合に二乗誤差の合計が135.52にならなかった場合は、結果が多少変動した可能性があります）。

では、この適合はどの程度適切でしょうか。

この答は、一般的に、被説明二乗和と総二乗和との比率を見ればわかります。この値は「R 二乗」と呼ばれます。この比率は X4で次のように計算します。

```
=X3/X2
```

図6-12に示すとおり、この式によりR 二乗は0.46になります。モデルが完全に適合している場合、二乗誤差は0になり、被説明二乗和は総二乗和と同じになり、R 二乗は完全な1になります。モデルの近似がまったく外れている場合は、R 二乗は0に近い値になります。したがってこのモデルの場合は、訓練データの入力を与えると、モデルは「完全ではないが有効」な処理で妊娠しているかどうかを返します。

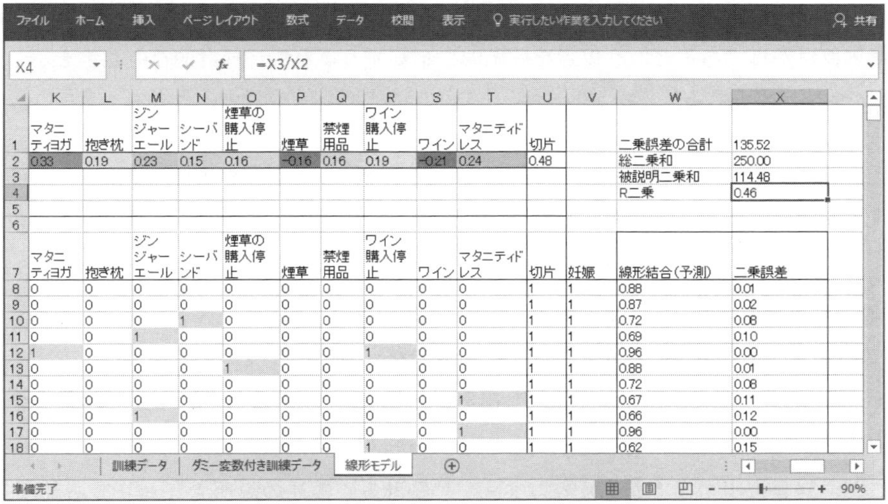

	K	L	M	N	O	P	Q	R	S	T	U	V	W	X
1	マタニティヨガ	抱き枕	ジンジャーエール	シーバンド	煙草の購入停止	煙草	禁煙用品	ワイン購入停止	ワイン	マタニティドレス	切片		二乗誤差の合計	135.52
2	0.33	0.19	0.23	0.15	0.16	-0.16	0.16	0.19	-0.21	0.24	0.48		総二乗和	250.00
3													被説明二乗和	114.48
4													R二乗	0.46
5														
6														
7	マタニティヨガ	抱き枕	ジンジャーエール	シーバンド	煙草の購入停止	煙草	禁煙用品	ワイン購入停止	ワイン	マタニティドレス	切片	妊娠	線形結合（予測）	二乗誤差
8	0	0	0	0	0	0	0	0	0	0	1	1	0.88	0.01
9	0	0	0	0	0	0	0	0	0	0	1	1	0.87	0.02
10	0	0	0	1	0	0	0	0	0	0	1	1	0.72	0.08
11	0	0	1	0	0	0	0	0	0	0	1	1	0.69	0.10
12	1	0	0	0	0	0	0	1	0	0	1	1	0.96	0.00
13	0	0	0	0	1	0	0	0	0	0	1	1	0.88	0.01
14	0	0	0	0	0	0	0	0	0	0	1	1	0.72	0.08
15	0	0	0	0	0	0	0	0	0	1	1	1	0.67	0.11
16	0	0	1	0	0	0	0	0	0	0	1	1	0.66	0.12
17	0	0	0	0	0	0	0	0	0	1	1	1	0.96	0.00
18	0	0	0	0	0	0	0	1	0	0	1	1	0.62	0.15

図6-12：線形回帰のR二乗は0.46

なお、R 二乗の計算は、データ間に線形の関係がある場合にしか正しく機能しないことに注意してください。モデルの従属変数と独立変数の間に、独創的な非線形の関係（おそらくV 字形またはU 字形）がある場合には、R 二乗値でその関係を検出することはできません。

■ F 検定—適合が統計的に有意であるか？

多くの場合、回帰の適合性を分析するとき、R 二乗までで止めてしまいます。

「おっと、いい結果だ！　これにて終了」。

これではいけません。

R 二乗は、モデルがどの程度データに良好に適合しているかを示すだけです。その適合が統計的に有意であるかどうかを示すものではありません。

F 検定は、特に要素が少ないデータセットの場合（観測値が数個のみ）に、適合性が良好でも統計的に有意でないモデルを簡単に検出できます。統計的に有意でないとは、特徴と独立変数の関係が実際には実在しないことを意味します。

モデルは偶然適合したものではありませんか？　単なる幸運ではありませんか？　モデルの統計的な有意性を確保するには、このような「偶然に適合したのでは？」という仮定を排除できなければなりません。それでは、ここからしばらくの間、モデルの適合性がまったくのまぐれであると仮定します。「ここで得られた全体的な適合は、RetailMart データベースから1,000件の観測値をまったくランダムに採取した際にも発生しうる偶然のもの」。この意地悪な仮定は、帰無仮説と呼ばれます。

通常の手順では、帰無仮説が真であるという仮定を確率的に棄却することで、統計的な有意性を示します。一般にある適合が偶然に得られる確率が5パーセント以下であれば、有意であるとされさます。この確率は多くの場合、p 値と呼ばれます。

この確率を計算するには、F 検定を実行します。F 検定は、モデルについて3種類の情報を取得し、それらを F 分布と呼ばれる確率分布によって処理します（確率分布の用語の説明については、第4章の正規分布の説明を参照してください）。それらの3種類の情報は次のとおりです。

- **モデルの係数の数**—この事例の場合は、20個です（19の特徴と1つの切片）。
- **自由度**—これは訓練データの観測値の数からモデルの係数の数を引いたものです。
- **F 統計量**—F 統計量は、被説明二乗誤差と残差二乗誤差の比率（シートの X3/X1）に、自由度と従属変数の比率をかけ合わせたものです。

F 統計量が大きいほど、帰無仮説の確率が低くなります。F 統計量が前述の説明のとおりであれば、どのようにこの値を大きくすればよいでしょうか。計算式の中の2つの比率のうち、1つを大きくします。データの説明量を増やす（つまり、適合性をより高くする）か、または変数の数は同じままでより多くのデータを与えます（つまり、より大きな標本内で適合を行う）。

シートに戻り、観測値の数と、使用しているモデルの係数の数をカウントする必要があります。

Y1に「観測数」のラベルを入力し、Z1で、列 V のすべての妊娠の値をカウントします。

```
=COUNT(V8:V1007)
```

観測値は、予期しているとおり、1,000件になるはずです。

Z2では、「モデルの係数の数」により行2のモデルの係数の数を求めます。

```
=COUNT(B2:U2)
```

この値は切片も含め20になります。次に、Z3で自由度を計算できます。観測数からモデルの係数の数を引きます。

```
=Z1-Z2
```

自由度の値は980になります。

次はZ4でF統計量を求めます。前述のとおり、これは被説明二乗誤差と残差二乗誤差の比率（X3/X1）に、自由度と従属変数の比率（Z3/(Z2-1)）をかけ合わせたものです。

```
=(X3/X1)*(Z3/(Z2-1))
```

次に、Z5で、これらの値をF分布に入力します。これにはExcelのFDIST関数を使用します。Y5に「**F検定のP値**」のラベルを入力します。FDISTはF統計量、モデルの従属変数の数、および自由度を入力に取ります。

```
=FDIST(Z4,Z2-1,Z3)
```

図6-13のように、帰無仮説が正しい場合にこのような適合が起こるのはほぼゼロ（4.46×10^{-116}）です。したがって、帰無仮説を棄却し、この適合性が統計的に有意であると結論できます。

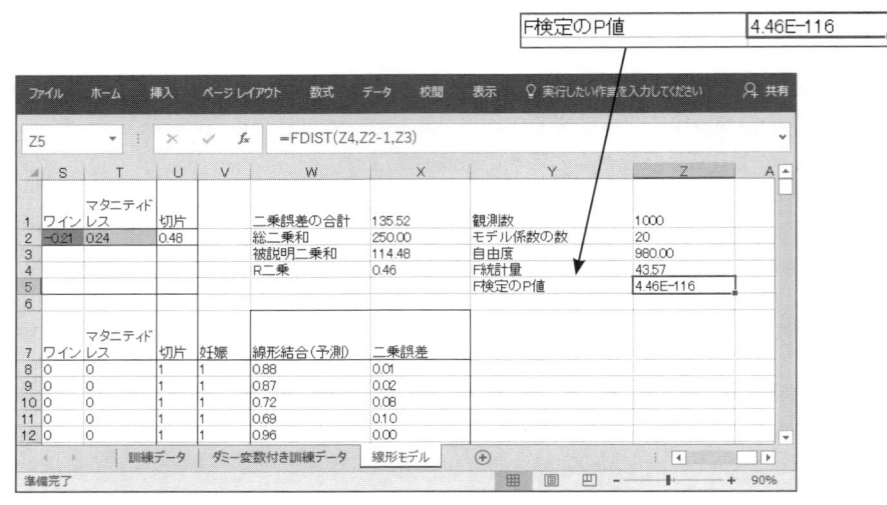

図6-13：F検定の結果

■ 係数の t 検定―どの変数が有意であるか？

> ⚠ **警告：行列演算を行う前に！**
> 前の2つの統計値はさほど計算が難しくはありませんでしたが、複数の線形回帰にt検定を実行する場合、行列の乗算と反転が必要になります。この演算方法になじみがない場合は、線形代数や微積分の教科書をお読みいただくか、ウィキペディアを参照してください。さらに、ダウンロードデータを使用して計算が正しいかどうかを確認しましょう。Excel では、行列の乗算に MMULT 関数を使用し、反転には MINVERSE 関数を使用します。行列は、数値の長方形配列なので、これらの式は配列式として使用します（Excel での配列式については第1章を参照してください）。

　F 検定は、回帰全体が有意であることを検証しましたが、個々の変数の有意性を確認することもできます。1つの特徴の有意性を検定することによって、モデルの結果がどの入力の影響を大きく受けているかを把握できます。統計的に有意性のない変数は除外できます。また、有意性のない変数が必要であると思われる場合には、訓練セットにデータの精度に問題がないかを調べられます。

　モデルの係数の有意性に関するこの検定は、t 検定と呼ばれます。t 検定の実行は、F 検定とよく似ており、検定しているモデルの係数に重要性はなく、0になると仮定します。t 検定は、この仮定に従って、0からできるだけ離れた係数を取得する確率を、実際に標本から取得する確率として計算します。

　t 検定を従属変数に対して実行するとき、最初に予測の標準偏差を計算する必要があります（標準偏差の詳細は第4章を参照）。これはモデルの予測誤差のばらつきを表す尺度となります。

予測の標準誤差は、セルX5で二乗誤差の合計（X1）を自由度（Z3）で割り、さらに平方根をとることで計算できます。

```
=SQRT(X1/Z3)
```

これにより、シートは図6-14のようになります。

この値を使用することで、モデルの係数の標準誤差を計算できます。係数の標準誤差は、係数の標準偏差とみなせる場合があります。それは、RetailMartデータベースからの新しい数千の顧客標本の取得を継続し、それらの訓練セットへ新しい線形回帰の適合を続けた場合です。係数は、毎回同じ値になるとは限りません。多少の変動があります。さらに係数の標準誤差は、確認しようとしている変動性を定量化します。

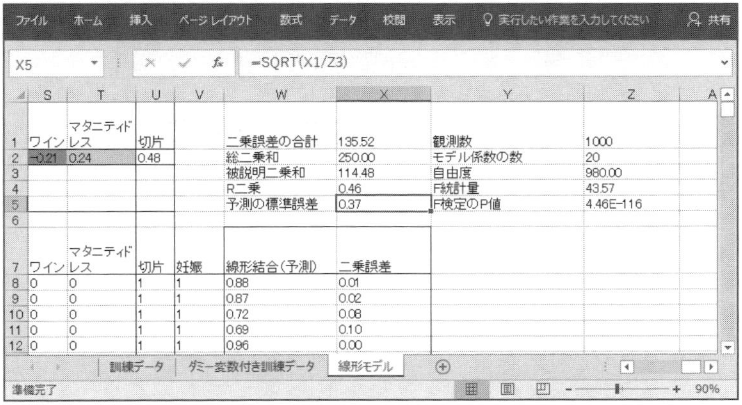

図6-14：線形回帰の予測の標準誤差

この計算を開始するために、ブックに「**モデル係数標準誤差**」という新しいシートを作成します。さて、標準誤差の計算を難しくしているのは、係数の訓練データ自体のばらつきと、他の変数と合わせた場合のばらつきの両方を把握しなければならない点です。これらを明確にする最初の手順は、訓練セットを1つの巨大な行列（多くの場合、線形回帰の計画行列と呼ばれます）としてそれ自身に乗算することです。

この計画行列（B8:U1007）とそれ自身との積は、二乗和積和（SSCP）行列と呼ばれます。これがどのようなものかを確認するには、最初に線形モデルの行見出しを［モデル係数標準誤差］シートのB1〜U1に貼り付けます。次にその行を縦方向に入れ替えてA2〜A21に貼り付けます。これには、［切片］の見出しも含めます。

計画行列をそれ自身に乗算するには、Excel の MMULT 関数に転置行列、元の行列の順に入力します。

```
{=MMULT(TRANSPOSE(線形モデル!B8:U1007),線形モデル!B8:U1007)}
```

この式によって、変数 × 変数の大きさの行列が返されるため、実際に［モデル係数標準誤差］シートのB1～U21の範囲全体を強調表示し、関数を配列式として実行します（配列式の詳細は第1章を参照）。

これにより、［モデル係数標準誤差］シートは図6-15のようになります。

SSCP 行列内の値を確認してください。対角線に沿った値は、各変数とそれ自体との一致をカウントしています。これは、計画行列の各列にある1を合計した値と同じになります。たとえば、U21の切片の値は1,000になっています。これは、元の訓練データで切片の列に1,000個の1が入力されているためです。

対角線以外のセルは、異なる予測値間での一致の数を示しています。［男性］と［女性］は言うまでもなく一致はありませんが、［妊娠検査］と［避妊具］は、訓練データの6つの顧客行で一致しています。

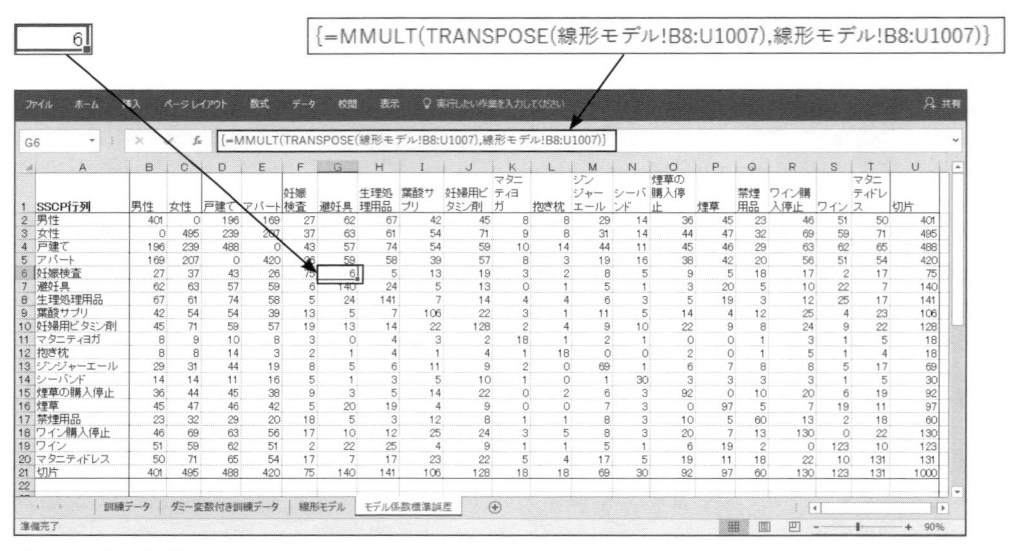

図6-15：SSCP行列

SSCP 行列によって、ひとめで各変数の大きさや、変数どうしの重複および影響を確認できます。

係数の標準誤差の計算ではSSCP 行列の逆元を使用します。逆元を求めるために、SSCP 行列の下のB24～U24とA25～A44に再度変数の見出しを貼り付けます。次に、B2:U21のSSCP 行列の逆元を計算するために、B25～U44を強調表示し、`MINVERSE` 関数を配列式として実行します。

```
{=MINVERSE(B2:U21)}
```

これにより、シートは図6-16のようになります。

係数の標準誤差の計算に必要な値が、SSCP の逆行列の対角線上に表示されます。各係数の標準誤差によって、モデル全体の予測の標準誤差が計算され（以前に［線形モデル］シートのセルX5で計算し、0.37となっています）、SSCP の逆元の対角線上にある該当する値の平方根がかけ合わされます。

たとえば、［男性］の係数標準誤差は、SSCP の逆行列にある［男性］対［男性］のセルの値の平方根（0.0122の平方根）に予測の標準誤差をかけたものになります。

これをすべての変数について計算するには、まずB46～U46セルに1から20の変数番号を入力します。対応する対角線上の値を`INDEX`式を使用してそれぞれの予測で読み取ることができます。たとえば、`INDEX(モデル係数標準誤差!B25:B44,モデル係数標準誤差!B46)`は、［男性］対［男性］の対角線上の値を返します（`INDEX`式の詳細は第1章を参照してください）。

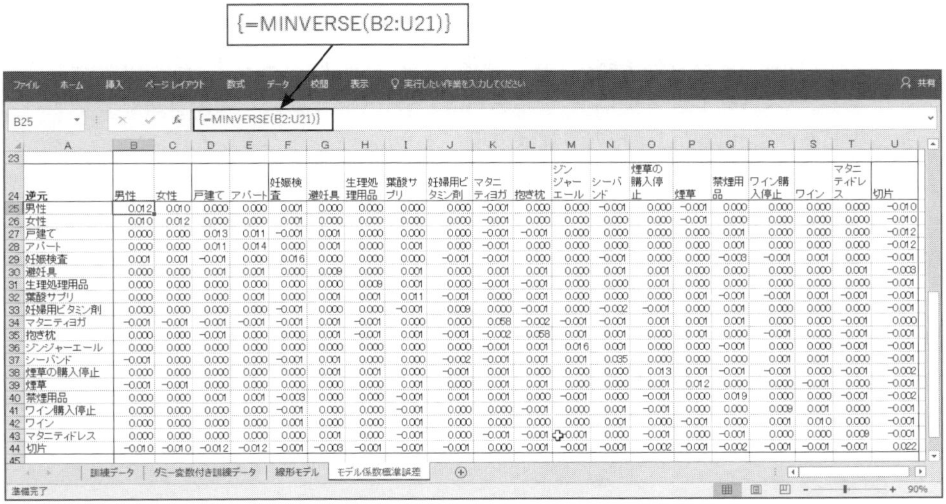

逆元	男性	女性	戸建て	アパート	妊娠検査	避妊具	生理処理用品	葉酸サプリ	妊婦用ビタミン剤	マタニティヨガ	抱き枕	ジンジャーエール	シーバンド	煙草の購入停止	煙草	禁煙用品	ワイン購入停止	ワイン	マタニティドレス	切片
男性	0.012	0.010	0.000	0.000	0.001	0.000	0.000	0.000	0.000	−0.001	0.000	0.000	−0.001	0.000	−0.001	0.000	0.000	0.000	0.000	−0.010
女性	0.010	0.012	0.000	0.000	0.001	0.000	0.000	0.000	0.000	−0.001	0.000	0.000	0.000	0.000	−0.001	0.000	0.000	0.000	0.000	−0.010
戸建て	0.000	0.000	0.013	0.011	−0.001	0.001	0.000	0.000	0.000	−0.001	−0.001	0.000	0.000	0.000	0.000	0.001	0.000	0.000	0.000	−0.012
アパート	0.000	0.000	0.011	0.014	0.000	0.001	0.000	0.001	0.000	−0.001	0.000	0.000	0.000	0.000	0.000	0.001	0.000	0.000	0.000	−0.012
妊娠検査	0.001	0.001	−0.001	0.000	0.016	0.000	0.000	0.000	−0.001	−0.001	0.000	0.000	−0.001	0.000	0.000	−0.003	−0.001	0.001	0.000	−0.001
避妊具	0.000	0.000	0.001	0.001	0.000	0.009	0.000	0.001	0.000	0.001	0.001	0.000	0.001	0.001	0.000	0.000	0.000	0.000	0.001	−0.003
生理処理用品	0.000	0.000	0.000	0.000	0.000	0.000	0.009	0.001	0.000	−0.001	−0.001	0.000	0.000	0.001	0.000	0.000	0.000	0.000	0.000	−0.001
葉酸サプリ	0.000	0.000	0.000	0.001	0.000	0.001	0.001	0.011	−0.001	0.000	0.001	0.000	0.000	0.000	0.001	−0.001	−0.001	0.001	−0.001	−0.001
妊婦用ビタミン剤	0.000	0.000	0.000	0.000	−0.001	0.000	0.000	−0.001	0.009	0.000	−0.001	0.000	−0.002	−0.001	0.000	0.001	0.000	0.000	0.000	−0.001
マタニティヨガ	−0.001	−0.001	−0.001	−0.001	−0.001	0.001	−0.001	0.000	0.000	0.058	−0.002	−0.001	−0.001	0.001	0.001	0.001	0.000	0.000	−0.001	0.000
抱き枕	0.000	0.000	−0.001	0.000	0.000	0.001	−0.001	0.001	−0.001	−0.002	0.058	0.001	0.001	0.000	0.001	0.000	−0.001	0.000	−0.001	−0.001
ジンジャーエール	0.000	0.000	0.000	0.000	0.000	0.000	0.000	0.000	0.000	−0.001	0.001	0.016	0.001	0.000	0.000	−0.001	0.000	0.000	−0.001	−0.001
シーバンド	−0.001	0.000	0.000	0.000	−0.001	0.001	0.000	0.000	−0.002	−0.001	0.001	0.001	0.035	0.000	0.000	0.000	0.001	0.001	0.000	−0.001
煙草の購入停止	0.000	0.000	0.000	0.000	0.000	0.001	0.001	0.000	−0.001	0.001	0.000	0.000	0.000	0.013	0.001	−0.001	−0.001	0.000	−0.001	−0.002
煙草	−0.001	−0.001	0.000	0.000	0.000	0.000	0.000	0.001	0.000	0.001	0.001	0.000	0.000	0.001	0.012	0.000	0.000	−0.001	0.000	−0.001
禁煙用品	0.000	0.000	0.001	0.001	−0.003	0.000	0.000	−0.001	0.001	0.001	0.000	−0.001	0.000	−0.001	0.000	0.019	0.000	0.000	−0.001	−0.002
ワイン購入停止	0.000	0.000	0.000	0.000	−0.001	0.000	0.000	−0.001	0.000	0.000	−0.001	0.000	0.001	−0.001	0.000	0.000	0.009	0.001	0.000	−0.001
ワイン	0.000	0.000	0.000	0.000	0.001	0.000	0.000	0.001	0.000	0.000	0.000	0.000	0.001	0.000	−0.001	0.000	0.001	0.010	0.000	−0.001
マタニティドレス	0.000	0.000	0.000	0.000	0.000	0.001	0.000	−0.001	0.000	−0.001	−0.001	−0.001	0.000	−0.001	0.000	−0.001	0.000	0.000	0.009	−0.001
切片	−0.010	−0.010	−0.012	−0.012	−0.001	−0.003	−0.001	−0.001	−0.001	0.000	−0.001	−0.001	−0.001	−0.002	−0.001	−0.002	−0.001	−0.001	−0.001	0.022

図6-16：SSCPの逆行列

この値の平方根をとり、予測の標準誤差とかけ合わせることで、[男性] の係数の標準誤差はセルB47で次のように計算されます。

```
=線形モデル!$X5*SQRT(INDEX(モデル係数標準誤差!B25:B44,
モデル係数標準誤差!B46))
```

この場合、このブックでのモデルの適合度は0.04となります。

この式を列Uまでドラッグし、すべての係数の標準誤差の値を求めます。図6-17を参照してください。

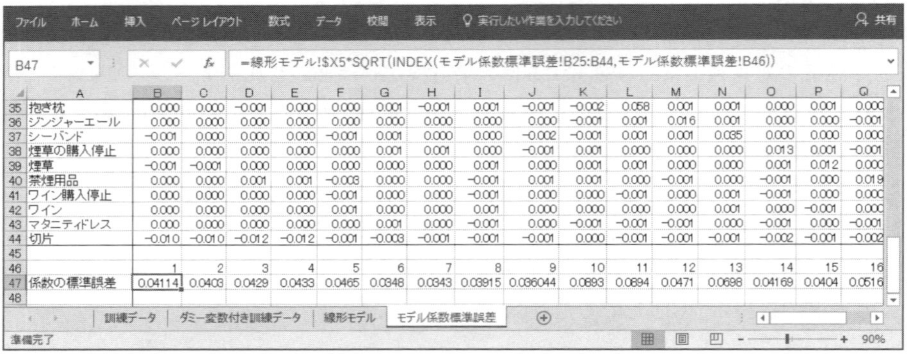

B47 =線形モデル!$X5*SQRT(INDEX(モデル係数標準誤差!B25:B44,モデル係数標準誤差!B46))

	A	B	C	D	E	F	G	H	I	J	K	L	M	N	O	P	Q
35	抱き枕	0.000	0.000	−0.001	0.000	0.000	0.001	−0.001	0.001	−0.001	−0.002	0.058	0.001	0.001	0.000	0.001	0.000
36	ジンジャーエール	0.000	0.000	0.000	0.000	0.000	0.000	0.000	0.000	0.000	−0.001	0.001	0.016	0.001	0.000	0.000	−0.001
37	シーバンド	−0.001	0.000	0.000	0.000	−0.001	0.001	0.000	0.000	−0.002	−0.001	0.001	0.001	0.035	0.000	0.000	0.000
38	煙草の購入停止	0.000	0.000	0.000	0.000	0.000	0.001	0.001	0.000	−0.001	0.001	0.000	0.000	0.000	0.013	0.001	−0.001
39	煙草	−0.001	−0.001	0.000	0.000	0.000	0.000	0.000	0.001	0.000	0.001	0.001	0.000	0.000	0.001	0.012	0.000
40	禁煙用品	0.000	0.000	0.001	0.001	−0.003	0.000	0.000	−0.001	0.001	0.001	0.000	−0.001	0.000	−0.001	0.000	0.019
41	ワイン購入停止	0.000	0.000	0.000	0.000	−0.001	0.000	0.000	−0.001	0.000	0.000	−0.001	0.000	0.001	−0.001	0.000	0.000
42	ワイン	0.000	0.000	0.000	0.000	0.001	0.000	0.000	0.001	0.000	0.000	0.000	0.000	0.001	0.000	−0.001	0.000
43	マタニティドレス	0.000	0.000	0.000	0.000	0.000	0.001	0.000	−0.001	0.000	−0.001	−0.001	−0.001	0.000	−0.001	0.000	−0.001
44	切片	−0.010	−0.010	−0.012	−0.012	−0.001	−0.003	−0.001	−0.001	−0.001	0.000	−0.001	−0.001	−0.001	−0.002	−0.001	−0.002
45																	
46		1	2	3	4	5	6	7	8	9	10	11	12	13	14	15	16
47	係数の標準誤差	0.04114	0.0403	0.0429	0.0433	0.0465	0.0348	0.0343	0.03915	0.036044	0.0893	0.0894	0.0471	0.0698	0.04169	0.0404	0.0516
48																	

図6-17：各モデルの係数の標準誤差

[線形モデル] シートのA3に、「**係数の標準誤差**」とラベルを入力します。[モデル係数標準誤差] シートの係数の標準誤差をコピーし、[線形モデル] シートに戻って、行3 (B3～U3) に値貼り付けします。

やれやれ。峠は越えました。これ以降は、行列演算は出現しません。誓います。

これで、係数の統計量 (前節のモデル全体のF統計量とほぼ同じ) を計算するために必要なすべての準備ができました。両側t検定と呼ばれる検定を実行します。すなわち、特徴と従属変数間に実際に関係が存在しない場合に、係数を求めることができる確率で、正または負の方向のいずれか大きい方の値を計算します。

この検定のt統計量は行4で計算し、係数の標準誤差によって正規化された係数の絶対値として求めます。[男性] の特徴の場合は次のようになります。

```
=ABS(B2/B3)
```

この式を列Uまでのすべての変数にコピーします。

これによりt検定を実行できます。すなわち特定の自由度の値に対応するt統計量の値でt分布を評価します（他の統計分布には第4章で紹介した正規分布などがあります）。行5の先頭にラベルとして「t検定のp値」を入力し、B5でTDIST式を使用して、係数が帰無仮説によって与えられた値の大きさ以上になる確率を計算します。

```
=TDIST(B4,$Z3,2)
```

この式の2は、両側t検定を実行することを設定しています。この式を横方向のすべての変数にコピーし、条件書式を0.05を超えるセル（5パーセントの確率）に適用します。これにより、どの特徴が統計的に有意ではないかがわかります。モデルの適合性によって結果は変動する可能性がありますが、図6-18に示すブックでは、「女性」、「戸建て」、および「アパート」列が有意ではないことが表示されています。

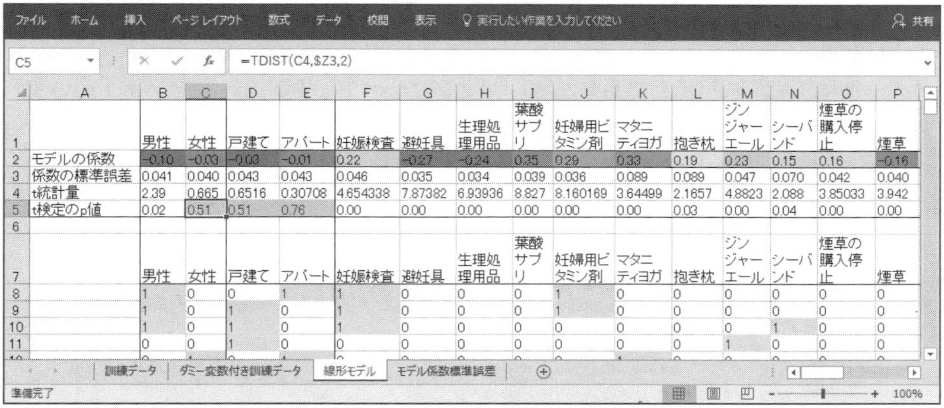

	A	B	C	D	E	F	G	H	I	J	K	L	M	N	O	P
1		男性	女性	戸建て	アパート	妊娠検査	避妊具	生理処理用品	葉酸サプリ	妊婦用ビタミン剤	マタニティヨガ	抱き枕	ジンジャーエール	シーバンド	煙草の購入停止	煙草
2	モデルの係数	−0.10	−0.03	−0.03	−0.01	0.22	−0.27	−0.24	0.35	0.29	0.33	0.19	0.23	0.15	0.16	−0.16
3	係数の標準誤差	0.041	0.040	0.043	0.043	0.046	0.035	0.034	0.039	0.036	0.089	0.089	0.047	0.070	0.042	0.040
4	t統計量	2.39	0.665	0.6516	0.30708	4.654338	7.87382	6.93936	8.827	8.160169	3.64499	2.1657	4.8823	2.088	3.85033	3.942
5	t検定のp値	0.02	0.51	0.51	0.76	0.00	0.00	0.00	0.00	0.00	0.00	0.03	0.00	0.04	0.00	0.00
6																
7		男性	女性	戸建て	アパート	妊娠検査	避妊具	生理処理用品	葉酸サプリ	妊婦用ビタミン剤	マタニティヨガ	抱き枕	ジンジャーエール	シーバンド	煙草の購入停止	煙草
8		1	0	0	1	1	0	0	0	1	0	0	0	0	0	0
9		1	0	1	0	1	0	0	0	1	0	0	0	0	0	0
10		1	0	1	0	1	0	0	0	0	0	0	0	1	0	0
11		0	0	1	0	0	0	0	0	0	0	0	1	0	0	0

図6-18： 検定によると「女性」、「戸建て」、「アパート」の予測値は有意ではない

これらの列は、今後トレーニングを実施するときにモデルから除外できます。

これで、統計的検定を使用するモデルの評価方法の学習は完了です。ここからはギアチェンジして、テストデータから実際に予測を行うことで、モデルの性能を測ってみましょう。

≫ 特定の新しいデータについて予測を行い、性能を測定する

前の節はすべて統計に関係するものでした。実験的な予測であるとも言えます。今までで一番面白い内容とは言えませんが、適合の妥当性と有意性を検証することは重要なスキルです。これからは、このモデルを実際の例で使用するので、少しは楽しめると思います。

作成した線形モデルにより、実際の現場で適切に予測できるかどうかはどのようにすれば確認できるでしょうか？　結局、使用した訓練セットは発生し得るすべての顧客レコードをカプセル化したものではなく、係数は訓練セットに適合するための専用のものでした（ただし、収集作業を適切に行えば、訓練セットは現実世界の全体的な傾向ととても近くなります）。

モデルを実際の環境で使用する方法を適切に理解するためには、訓練の段階で使用しなかった顧客にモデルを適用します。モデルのテストに使用するこの分離されたサンプルセットは、しばしば検証セット、テストセット、またはホールドアウトセットなどと呼ばれます。

テストセットを収集するには、あなたの会社の顧客データベースに戻って、別の顧客のデータを選択するだけです（訓練で使用した顧客を選択しないように特に注意してください）。以前に説明したように、RetailMartの顧客の6パーセントは妊娠しています。したがって、データベースからランダムに1,000人の顧客を選択すると、それらのおよそ60人は妊娠しています。

モデルの訓練では、妊娠のクラスをオーバーサンプリングしましたが、テストでは、妊婦のいる家族の割合は6パーセントのままにして、モデルの現実の設定での振る舞いを再現し、モデルの適合率の測定が正確になるようにします。

テストセットのデータは、すでに用意してあります。ダウンロードデータのExcelファイルのいずれかのシートを右クリックして［再表示］を選択すれば、「テストセット」というシートを表示できます。訓練データと同様に1,000行のデータが格納されています。先頭から60行までの顧客は妊娠しており、残りの940の顧客は妊娠していません（図6-19を参照）。

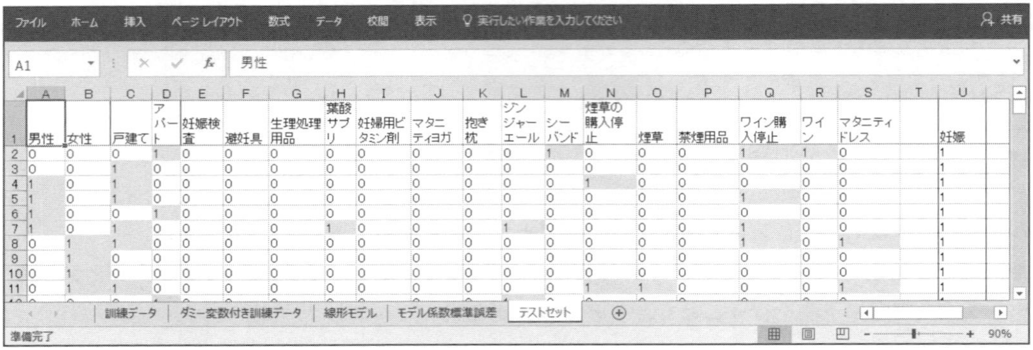

	A	B	C	D	E	F	G	H	I	J	K	L	M	N	O	P	Q	R	S	T	U
1	男性	女性	戸建て	アパート	妊娠検査	避妊具	生理処理用品	葉酸サプリ	妊婦用ビタミン剤	マタニティヨガ	抱き枕	ジンジャーエール	シーバンド	煙草の購入停止	煙草	禁煙用品	ワイン購入停止	ワイン	マタニティドレス		妊娠
2	0	0	0	1	0	0	0	0	0	0	0	0	1	0	0	0	1	1	0		1
3	0	0	1	0	0	0	0	0	0	0	0	0	0	0	0	0	0	0	0		1
4	1	0	1	0	0	0	0	0	0	0	0	0	0	1	0	0	0	0	0		1
5	1	0	1	0	0	0	0	0	0	0	0	0	0	0	0	0	1	0	0		1
6	1	0	0	1	0	0	0	0	0	0	0	0	0	0	0	0	0	0	0		1
7	1	0	1	0	0	0	0	1	0	0	0	1	0	0	0	0	1	0	0		1
8	0	1	1	0	0	0	0	0	0	0	0	0	0	0	0	0	1	0	1		1
9	0	1	0	0	0	0	0	0	0	0	0	0	0	0	0	0	0	0	0		1
10	0	1	0	0	0	0	0	0	0	0	0	0	0	0	0	0	0	0	0		1
11	0	1	1	0	0	0	0	0	0	0	0	0	0	1	1	0	0	0	1		1

図6-19：テストセットデータ

［線形モデル］シートでの作業と同じように、モデルをこのデータに適用します。顧客データと係数の線形結合を行い、切片を加えます。この予測は列Vに配置し、行2の最初の顧客に次の式を設定します（テストセットには［切片］列がないため、別途追加します）。

```
=SUMPRODUCT(線形モデル!B$2:T$2,テストセット!A2:S2)+線形モデル!U$2
```

この計算を下方向のすべての顧客にコピーします。最終的なスプレッドシートは、図6-20のようになります。

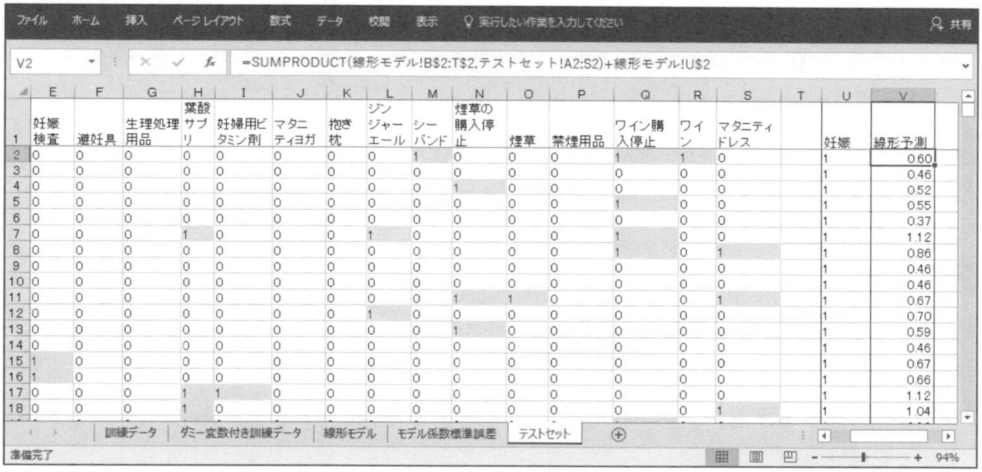

	E	F	G	H	I	J	K	L	M	N	O	P	Q	R	S	T	U	V
1	妊娠検査	避妊具	生理処理用品	葉酸サプリ	妊婦用ビタミン剤	マタニティヨガ	抱き枕	ジンジャーエール	シーバンド	煙草の購入停止	煙草	禁煙用品	ワイン購入停止	ワイン	マタニティドレス		妊娠	線形予測
2	0	0	0	0	0	0	0	0	1	0	0	0	1	1	0		1	0.60
3	0	0	0	0	0	0	0	0	0	0	0	0	0	0	0		1	0.46
4	0	0	0	0	0	0	0	0	0	1	0	0	0	0	0		1	0.52
5	0	0	0	0	0	0	0	0	0	0	0	0	1	0	0		1	0.55
6	0	0	0	0	0	0	0	0	0	0	0	0	0	0	0		1	0.37
7	0	0	0	1	0	0	0	1	0	0	0	0	1	0	0		1	1.12
8	0	0	0	0	0	0	0	0	0	0	0	0	1	0	1		1	0.86
9	0	0	0	0	0	0	0	0	0	0	0	0	0	0	0		1	0.46
10	0	0	0	0	0	0	0	0	0	0	0	0	0	0	0		1	0.46
11	0	0	0	0	0	0	0	0	0	1	1	0	0	0	1		1	0.67
12	0	0	0	0	0	0	0	1	0	0	0	0	0	0	0		1	0.70
13	0	0	0	0	0	0	0	0	0	1	0	0	0	0	0		1	0.59
14	0	0	0	0	0	0	0	0	0	0	0	0	0	0	0		1	0.46
15	1	0	0	0	0	0	0	0	0	0	0	0	0	0	0		1	0.67
16	1	0	0	0	0	0	0	0	0	0	0	0	0	0	0		1	0.66
17	0	0	0	1	1	0	0	0	0	0	0	0	0	0	0		1	1.12
18	0	0	0	1	0	0	0	0	0	0	0	0	0	0	1		1	1.04

図6-20：テストセットの予測値

図6-20のとおり、モデルよって妊婦のいる家族の多くが識別され、予測値に0よりも1に近い値が与えられていることがわかります。高い予測値は、葉酸や妊婦用ビタミン剤のような妊娠と明確に関係する製品を買った家族に与えられています。

一方で、妊婦がいる60件の家族の中には、妊娠していることを示す製品をまったく購入していない家族も存在します。もちろん、アルコールやタバコを買っていませんが、それらの低い妊娠の予測値は、特定のものを買わないことではまったく値が高くならないことがわかります。

逆に、妊娠していない人々の予測を見れば、間違った予測がいくつかあることがわかります。たとえば、ブックの中を順番に見ていくと行154では妊娠していない顧客がマタニティードレスを購入し、たばこを買うのを止めています。これにより、モデルは0.76の予測値を与えています。

これらの予測値を実際の営業活動で使用する場合は、特定の人を妊娠していると仮定し、その人に販

1
2
3
4
5
6
7
8
9
10

売資料で勧誘するときのために予測値のしきい値を設定する必要があります。もしかすると、予測値が0.8以上の顧客にしか資料を送付しないかもしれません。また、カットオフ値を0.95にすれば、信頼度は非常に高くなるでしょう。

　この分類しきい値を設定するためには、モデルの予測精度の測定値を取捨選択する必要があります。ほとんどの予測モデルの精度の測定値は、テストセットの予測値から抽出された次の4つの値の数と比率に基づいています。

- **真陽性**—妊娠している顧客を妊娠と判定する。
- **真陰性**—妊娠していない顧客を妊娠していないと判定する。
- **偽陽性（またはタイプ I エラーと呼ばれます）**—妊娠していない顧客を妊娠と判定する。私の経験では、この偽陽性は、面と向かって言うと大変失礼です。家でやってはいけません。
- **偽陰性（またはタイプ II エラーと呼ばれます）**—妊娠した顧客の識別を見落とす。この場合は、私の経験ではほとんど失礼になることはありません。

　後から、予測モデル用の性能の測定値を数多く説明しますが、すべてテキサス流メキシコ料理といった風情です。それらは基本的に、前述の同じ4つの材料を組み合わせたものです。

■ カットオフ値の設定

　「**性能**」というシートを新規作成します。妊娠と非妊娠との間のカットオフに使用できる値で最低のものは、実際にはテストセットの最低の予測値です。A1にラベルとして「**最低予測値**」と入力し、A2で次のように計算します。

```
=MIN(テストセット!V2:V1001)
```

　同様に、最も高いカットオフ値はテストセットの最大の予測値になります。A4にラベルとして「**最大予測値**」と入力し、A5で次のように計算します。

```
=MAX(テストセット!V2:V1001)
```

　返される値は、それぞれ -0.35 と 1.25 です。線形回帰では0以下と1以上の予測値を算出する場合があります。これは実際のクラスの確率を返しているわけではないためです（実際の確率を返す問題について後から別のモデルで取り組みます）。

　列Bで、「妊娠分類の確率のカットオフ値」を先頭行に入力し、その下に -0.35 から始まるカットオフ値

の範囲を指定します。図6-21のシートでは、カットオフ値が0.05刻みで最大1.25まで増えるように選択されています（最初の3つの値を手動入力して、強調表示し、下にドラッグすれば残りの部分にコピーできます）。

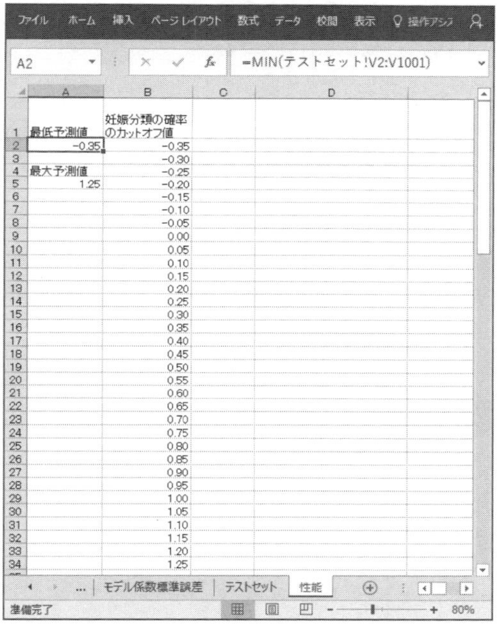

	A	B
1	最低予測値	妊娠分類の確率のカットオフ値
2	-0.35	-0.35
3		-0.30
4	最大予測値	-0.25
5	1.25	-0.20
6		-0.15
7		-0.10
8		-0.05
9		0.00
10		0.05
11		0.10
12		0.15
13		0.20
14		0.25
15		0.30
16		0.35
17		0.40
18		0.45
19		0.50
20		0.55
21		0.60
22		0.65
23		0.70
24		0.75
25		0.80
26		0.85
27		0.90
28		0.95
29		1.00
30		1.05
31		1.10
32		1.15
33		1.20
34		1.25

図6-21：妊娠の分類のためのカットオフ値

または、丁寧にやりたい場合は、テストセットの個々の予測値をカットオフ値として指定することもできます。それ以上丁寧にする必要はありません。

■ 適合率（陽性予測値）

ここで、これらのカットオフ値のそれぞれにモデルの性能測定値を入力します。カットオフ値には［テストセット］の適合率（陽性予測値とも呼ばれます）から始まるデータ予測値を使用します。

適合率は、モデルが妊娠していると判定したすべての家族のうち、妊婦がいる家族のいくつが正しく識別されたかを表す尺度です。業界用語を使うと、適合率とは、網にかかった魚がイルカではなくマグロである割合です。

列Cの先頭行にラベルとして「**適合率**」と入力します。B2のカットオフの-0.35について考えます。-0.35以上の値の人が妊娠すると考えた場合、このモデルの適合率はいくつになるでしょう。

これを計算するには、[テストセット] シートに移動し、-0.35以上の値が付けられた妊婦のいる家族の数を -0.35以上の予測値を持つ合計行数で割ります。COUNTIFS式を使用して、実際の値と予測値をチェックします。セル C2の式は次のようになります。

```
=COUNTIFS(テストセット!$V$2:$V$1001,">="&B2,
 テストセット!$U$2:$U$1001,"=1")/COUNTIF(テストセット!$V$2:$V$1001,">="&B2)
```

この式の中の最初の `COUNTIFS` 式は、実際の妊娠とモデルの予測の一致を検出します。一方分母の `COUNTIF` は、妊娠に関係なく -0.35よりも大きな予測値を持つ顧客のみをカウントしています。この式は、評価するすべてのしきい値にコピーできます。

図6-22のとおり、モデルの適合率はカットオフ値により向上し、カットオフ値が1の場合にはモデルが完全に正確になります。完璧に適合しているモデルは、妊娠している顧客のみを妊娠として識別します。

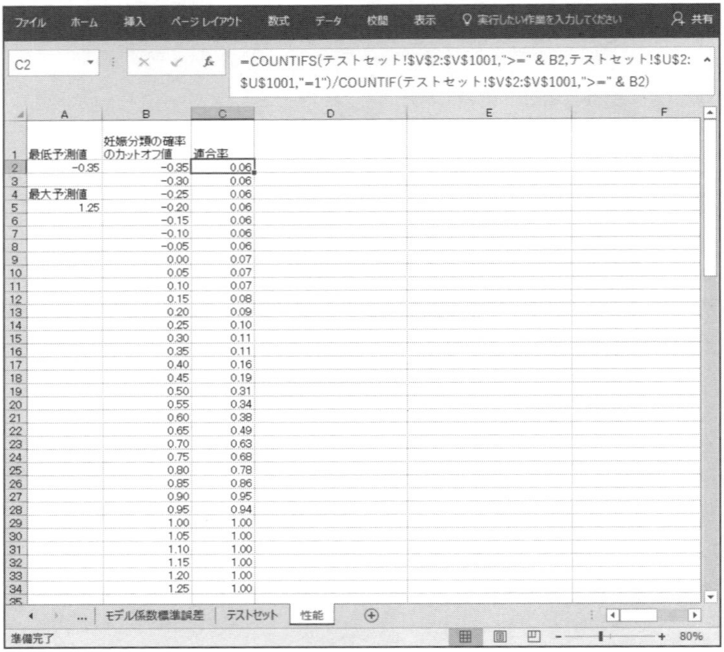

	A	B	C
1	最低予測値	妊娠分類の確率のカットオフ値	適合率
2	−0.35	−0.35	0.06
3		−0.30	0.06
4	最大予測値	−0.25	0.06
5	1.25	−0.20	0.06
6		−0.15	0.06
7		−0.10	0.06
8		−0.05	0.06
9		0.00	0.07
10		0.05	0.07
11		0.10	0.07
12		0.15	0.08
13		0.20	0.09
14		0.25	0.10
15		0.30	0.11
16		0.35	0.11
17		0.40	0.16
18		0.45	0.19
19		0.50	0.31
20		0.55	0.34
21		0.60	0.38
22		0.65	0.49
23		0.70	0.63
24		0.75	0.68
25		0.80	0.78
26		0.85	0.86
27		0.90	0.95
28		0.95	0.94
29		1.00	1.00
30		1.05	1.00
31		1.10	1.00
32		1.15	1.00
33		1.20	1.00
34		1.25	1.00

図6-22：テストセットの適合率の計算

■ 特異度（真陰性率）

その他の性能の測定値で、カットオフ値と共に向上するものに特異度があります。特異度は、真陰性率とも呼ばれ、妊娠していない顧客が正しく予測された（真陰性）数を、妊娠してない顧客の総数で割った値です。

列Dの先頭にラベルとして「**特異度／真陰性率**」を入力し、D2でその値を計算します。これには、分子でCOUNTIFSを使用して真陰性をカウントし、分母でCOUNTIFを使用して妊娠していない顧客の合計数をカウントします。

```
=COUNTIFS(テストセット!$V$2:$V$1001,"<"&B2,
 テストセット!$U$2:$U$1001,"=0")/COUNTIF(テストセット!$U$2:$U$1001,"=0")
```

この計算を下の他のカットオフ値のセルにコピーすると、それらの値が増加しているのを確認できます（図6-23を参照）。カットオフ値が0.85に到達すると、テストセット内の妊娠していない顧客の100パーセントが適切に予測されています。

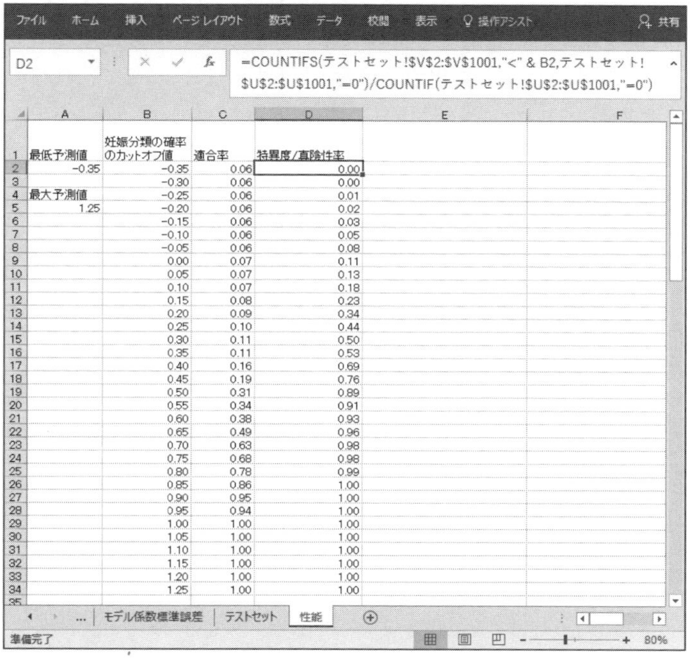

	A	B	C	D
1	最低予測値	妊娠分類の確率のカットオフ値	適合率	特異度/真陰性率
2	−0.35	−0.35	0.06	0.00
3		−0.30	0.06	0.00
4	最大予測値	−0.25	0.06	0.01
5	1.25	−0.20	0.06	0.02
6		−0.15	0.06	0.03
7		−0.10	0.06	0.05
8		−0.05	0.06	0.08
9		0.00	0.07	0.11
10		0.05	0.07	0.13
11		0.10	0.07	0.18
12		0.15	0.08	0.23
13		0.20	0.09	0.34
14		0.25	0.10	0.44
15		0.30	0.11	0.50
16		0.35	0.11	0.53
17		0.40	0.16	0.69
18		0.45	0.19	0.76
19		0.50	0.31	0.89
20		0.55	0.34	0.91
21		0.60	0.38	0.93
22		0.65	0.49	0.96
23		0.70	0.63	0.98
24		0.75	0.68	0.98
25		0.80	0.78	0.99
26		0.85	0.86	1.00
27		0.90	0.95	1.00
28		0.95	0.94	1.00
29		1.00	1.00	1.00
30		1.05	1.00	1.00
31		1.10	1.00	1.00
32		1.15	1.00	1.00
33		1.20	1.00	1.00
34		1.25	1.00	1.00

図6-23：テストセットの特異度の計算

■ 偽陽性率

　偽陽性率は、モデルの性能を理解するために参照する一般的な測定値です。真陰性率を既に計算したので、1から正除外率を引くことで簡単に計算できます。列Eの先頭にラベルとして「**偽陽性率（1−特異度）**」を入力し、それ以下の各セルで、1から隣のDのセルの値を引きます。E2の場合は次のように入力します。

```
=1-D2
```

　この式を下にコピーすると、カットオフ値が増加するにつれて、偽陽性が下がっているのを確認できます。別の言い方をすれば、タイプⅠエラー（妊娠していない顧客を妊娠していると判定する）を犯す可能性が小さくなります。

■ 真陽性率 / 再現度 / 感度

　モデルの性能を計算できる最後の測定値は真陽性率と呼びます。さらに再現度、さらに感度とも呼びます。1つの名前に統一してほしいものです。

　真陽性率は、妊娠した女性を正しく識別した数を、テストセットの実際に妊娠している女性の合計数で割った比率です。列Fの先頭にラベルとして「**真陽性率 / 再現率 / 感度**」と入力します。F2で、-0.35のカットオフ値に対する真陽性率を次のように計算します。

```
=COUNTIFS(テストセット!$V$2:$V$1001,">="&B2,
 テストセット!$U$2:$U$1001,"=1")/COUNTIF(テストセット!$U$2:$U$1001,"=1")
```

　真陰性率の列をもう一度見てください。この計算は「<」が「>=」になり、0が1になった以外はまったく同じです。

　この測定値の式を下にコピーすると、カットオフ値が増加すると共に、妊娠した女性の何人かが識別されなくなり（これはタイプⅡエラーです）、真陽性率が下がっていることを確認できます。図6-24の列Eと列Fには、偽陽性率および真陽性率が表示されています。

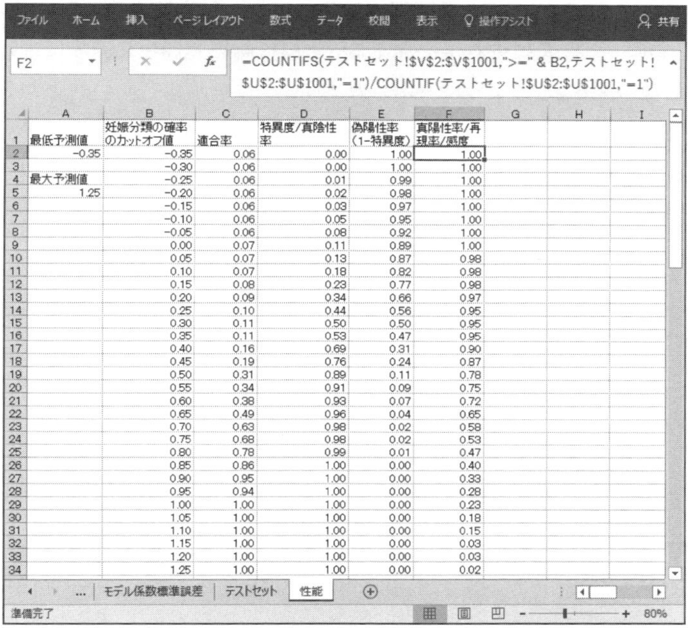
ファイル ホーム 挿入 ページレイアウト 数式 データ 校閲 表示 操作アシスト 共有
F2
=COUNTIFS(テストセット!$V$2:$V$1001,">=" & B2,テストセット!$U$2:$U$1001,"=1")/COUNTIF(テストセット!$U$2:$U$1001,"=1")
モデル係数標準誤差 テストセット 性能
準備完了 80%

	A	B	C	D	E	F
1	最低予測値	妊娠分類の確率のカットオフ値	適合率	特異度/真陰性率	偽陽性率（1-特異度）	真陽性率/再現率/感度
2	-0.35	-0.35	0.06	0.00	1.00	1.00
3		-0.30	0.06	0.00	1.00	1.00
4	最大予測値	-0.25	0.06	0.01	0.99	1.00
5	1.25	-0.20	0.06	0.02	0.98	1.00
6		-0.15	0.06	0.03	0.97	1.00
7		-0.10	0.06	0.05	0.95	1.00
8		-0.05	0.06	0.08	0.92	1.00
9		0.00	0.07	0.11	0.89	1.00
10		0.05	0.07	0.13	0.87	0.98
11		0.10	0.07	0.18	0.82	0.98
12		0.15	0.08	0.23	0.77	0.98
13		0.20	0.09	0.34	0.66	0.97
14		0.25	0.10	0.44	0.56	0.95
15		0.30	0.11	0.50	0.50	0.95
16		0.35	0.11	0.53	0.47	0.95
17		0.40	0.16	0.69	0.31	0.90
18		0.45	0.19	0.76	0.24	0.87
19		0.50	0.31	0.89	0.11	0.78
20		0.55	0.34	0.91	0.09	0.75
21		0.60	0.38	0.93	0.07	0.72
22		0.65	0.49	0.96	0.04	0.65
23		0.70	0.63	0.98	0.02	0.58
24		0.75	0.68	0.98	0.02	0.53
25		0.80	0.78	0.99	0.01	0.47
26		0.85	0.86	1.00	0.00	0.40
27		0.90	0.95	1.00	0.00	0.33
28		0.95	0.94	1.00	0.00	0.28
29		1.00	1.00	1.00	0.00	0.23
30		1.05	1.00	1.00	0.00	0.18
31		1.10	1.00	1.00	0.00	0.15
32		1.15	1.00	1.00	0.00	0.03
33		1.20	1.00	1.00	0.00	0.03
34		1.25	1.00	1.00	0.00	0.02

図6-24：偽陽性率および真陽性率

■ 測定値の取捨選択と受信者操作特性曲線の評価

2進の分類子のしきい値を選択するときには、これらの性能の測定値のバランスを最適化することが重要です。たとえば、カットオフ値を高くすれば、モデルの適合率が向上しますが、再現度が低くなります。これらの性能の取捨選択を行うために使用される最も一般的な視覚化の手法の1つに、受信者操作特性（ROC）曲線があります。ROC曲線は、単純に偽陽性率対真陽性率をグラフ化したものです（[性能] シートの列Eと列F）。

受信者操作特性と呼ばれる理由

この簡単なグラフに複雑な名前が付けられている理由は、第二次世界大戦中にレーダー技術者たちが開発したためです。マーケティング担当者が顧客の妊娠について予測するために開発したものではありません。

彼らは、戦場の敵兵や敵機材を見つけるために信号を使用しました。また、識別の真偽のトレードオフの関係を適切に視覚化したいと考えていました。

このグラフを挿入するには、Excel で列 E と列 F のデータを強調表示し、直線の散布図を選択します（グラフの挿入の詳細については第1章を参照）。書式に少し手を加えると（座標軸の範囲を0から1に設定し、フォントを大きくします）、ROC 曲線が図6-25のように表示されます。

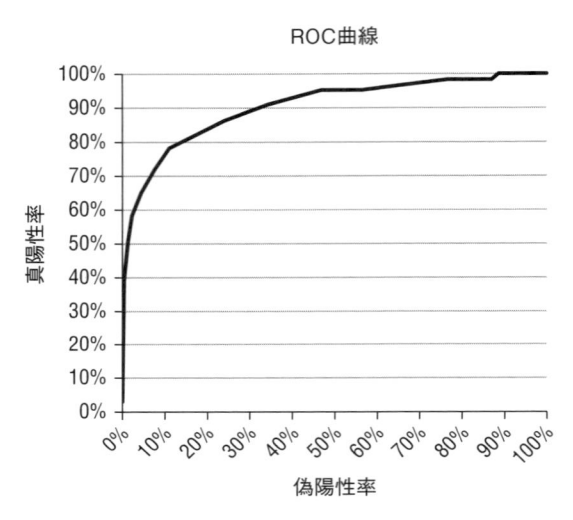

図6-25：線形回帰のROC曲線

ROC 曲線により、偽陽性率と関連する真陽性率を簡単に評価でき、どのような選択肢があるかを理解できます。たとえば、図6-25では、カットオフ値に0.85を採用して真陽性を40% あたりまで抑えた場合、偽陽性エラーを1件も出さずに済むことがわかります。すばらしい。

さらに、妊婦のいない家族に妊娠関係のクーポンを送ることがあってもかまわない場合は、このモデルで75パーセントの真陽性率を達成しながら、偽陽性率を9パーセントに抑えることができます。

妊娠者に働きかける場合の予測値のしきい値は、経営的判断によって決定します。純粋な分析のみで判断するものではありません。特定の顧客の妊娠の予測確率が若干低い場合には、高い真陽性率を得るために、適合率を下げることができます。でも、融資申請において不履行の確率を予測する場合、特異性が必要になり、適合率はもう少し高くなければなりません。諜報機関の情報を基に海外の脅威が事実かどうかを検証する場合、モデルの運用者は無人飛行システムの出動を要請するときに非常に高い適合率を必要とするでしょう。

郵便でクーポンを送付する場合、融資を許可する場合、または爆弾を投下する場合のいずれについて話し合っていても、これらの性能の測定値のバランスをどのように取るかは、戦略的な決定に委ねられます。

モデルと別のモデルを比較する

....

　後述のとおり、ROC 曲線はある予測モデルと別のモデルと比較して選択する場合にも有効です。ROC 曲線は、y 軸方向に急激に上昇してできるだけ早く 1 に到達し、グラフの端までそのままの状態を維持することが理想です。したがって、このような特性を示すモデル（「濃度曲線下面積または AUC を持つ」とも言います）が多くの場合、優れていると考えられます。

　さて、ここまででモデルをテストデータに対して実行し、予測を行い、テストセットでモデルの性能をさまざまなカットオフ値を使って計算し、ROC 曲線を使用して性能を視覚化しましたが、モデルの性能を比較にするには、競争相手の別のモデルが必要です。

↗ RetailMart でロジスティック回帰を使用して妊娠している顧客を予言する

　線形回帰から求められた予測値を確認した場合、モデルが分類に役立つことは明らかですが、予測値自体は、クラスの確率にまったく近くありません。125 パーセントや -35 パーセントの確率で妊娠することはありません。

　では、予測値が実際のクラスの確率に相当するモデルは存在するのでしょうか。私たちが作ることができるそのようなモデルの 1 つに、ロジスティック回帰と呼ばれるものがあります。

≫ まずリンク関数が必要

　現在、線形モデルで計算されている予測について考えてみてください。0 から 1 の範囲で予測値を出力するように指定できる式は存在するでしょうか。このような関数はリンク関数と呼ばれ、次のような簡単な計算式も存在します。

```
exp(x)/(1 + exp(x))
```

　この式の x は、［線形モデル］シートの列 W の線形結合であり、exp は指数関数です。指数関数 exp(x) は、単純に数学の定数 e（2.71828... は円周率と近いですが、わずかに低い値です）を x でべき乗します。

　図 6-26 に示されたこの関数のグラフを参照してください。

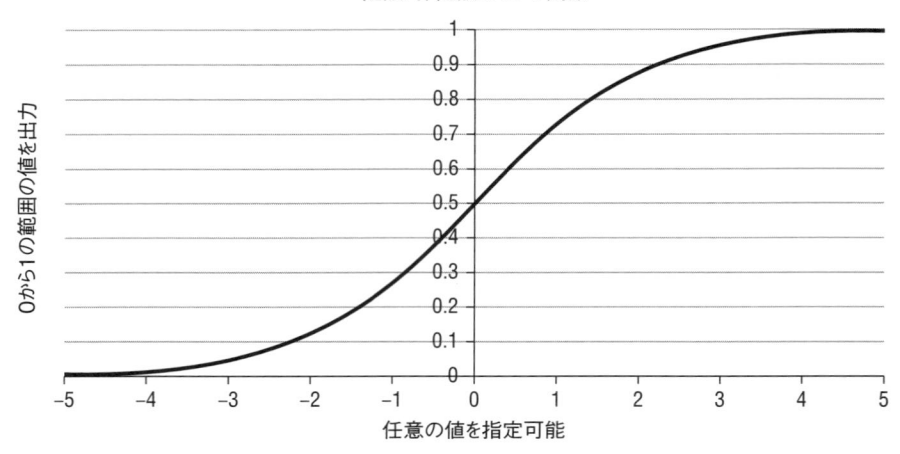

妊娠/非妊娠のリンク関数

図6-26：リンク関数

　このリンク関数は、横に長いＳ字のようであり、モデルの係数と顧客データの行をかけ合わせたあらゆる値を取り、0から1の数値を出力します。でも、なぜこの奇妙な関数は、このような波形なのでしょうか。

　それでは、eの端数を切り捨てて簡単な2.7にして考えます。この関数への入力が10など、かなり大きな値の場合、リンク関数は次のようになります。

```
exp(x)/(1 + exp(x)) = 2.7^10 / (1+ 2.7^10) = 20589/20590
```

　その値はほぼ1ですが、xが大きくなるにつれて、分母の1を無視できるほどexp(x)が大きくなることがわかります。ではxが負の数値の場合はどうでしょうか。-10の場合を考えます。

```
exp(x)/(1 + exp(x)) = 2.7^-10 / (1+ 2.7^-10) = 0.00005/1.00005
```

　計算結果はほぼ0です。この場合、分母の1が大部分を占め、小さな値はほぼ0です。

　これは便利ではありませんか。実際に、このリンク関数がとても便利だったので、これまでにだれかが名前を付けています。この関数は「ロジスティック」関数と呼ばれます。

≫ ロジスティック関数の導入と最適化

それでは、スプレッドシートで［線形モデル］シートを複製し、「**ロジスティックリンクモデル**」という名前を付けます。シートから統計検定のデータをすべて削除します。それらは主に線形回帰用です。行3から行5を強調表示して行ごと削除し、列WからZの先頭の値をすべて削除します。ただし、［二乗誤差の合計］プレースホルダーは残します。さらに、［二乗誤差］列も削除し、名前を「**予測（リンク関数の出力）**」とします。この時点でシートは、図6-27のようになります。

図6-27：最初のロジスティックモデルシート

列Xを使用して、列Wの係数とデータの線形結合をとり、ロジスティック関数を適用します。たとえば、モデル化された顧客データの最初の行はロジスティック関数を通って送り出されます。次の式をセルX5に入力します。

```
=EXP(W5)/(1+EXP(W5))
```

この式をそれ以下のセルにコピーすれば、新しい値がすべて0と1の間にあることがわかります（図6-28を参照）。

図6-28：ロジスティック関数を適用した値

> ✔ **注意**
> 開始時に、シートの列 W と X の実際の値が若干異なることがあります。これは、モデルの係数が、前のシートで実行されたエボリューショナリーアルゴリズムによって出力された値であるためです。

　ただし、ほとんどの予測値が 0.4 から 0.7 の中央に集まっているようです。これは、［線形モデル］シートの係数をこの新しいタイプのモデルに合わせて最適化していないためです。再度最適化する必要があります。

　二乗誤差の列を再度列 Y に追加します。ただし、今回は、誤差計算に列 X のリンク関数から返される予測を使用します。

```
=(V5-X5)^2
```

　この値も、線形モデルと同じようにセル X1 で合計します。

```
=SUM(Y5:Y1004)
```

　次に、この新しいモデルの二乗和を線形モデルとまったく同じ設定で最小化します（図6-29を参照）。なお、ここで変数に制限値を指定して試すこともできます。予測値が少し広がり、ロジスティックモデ

ルに合わせて最適化されたことを確認できます。図6-29では、係数が-5〜5の間に収まるように上限と下限が設定されています。

新しいリンク関数に合わせて再度最適化すると、訓練データに対する予測値がすべて0から1の間に入り、多くの予測値が、明確に0または1の値を示しています。図6-30からわかるように、洗練さでいうと、これらの予測が線形回帰の予測に勝っているように感じます。

図6-29：ロジスティックモデルへの同一のソルバー設定

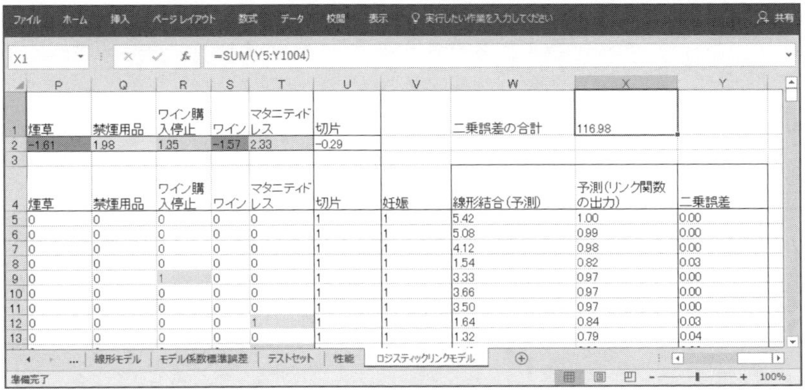

図6-30：ロジスティックモデルよる適切な予測

≫ 実際のロジスティック回帰の作成

　実のところ、正確で偏りのないクラスの予測値を返す現実のロジスティック回帰を作成するために、二乗誤差の合計を最小化することは、本書の説明範囲を超えるためここでは行いません。

　代わりに、複合確率を最大化するモデルの係数を見つけることでモデルを適合します（複合確率については第3章を参照してください）。この最適化は、RetailMart データベースから採取したこの訓練セットに対して行い、モデルが正確に現実を再現していると仮定します。

　では、ロジスティックモデルの一連のパラメーターを与えた訓練行の確率（尤度・ゆうど）はいくらになるでしょう。訓練セットの特定の行において、列 X でロジスティックモデルによって求められるクラスの確率を p とします。列 V に格納されている実際の妊娠値を y とします。この訓練行の尤度について、モデルのパラメーターが次の式で表されると仮定します。

$$p^y(1-p)^{(1-y)}$$

　妊娠している顧客（y=列V=1）で、予測が1の場合（p=列X=1）、この尤度の計算の値も同様に1になります。ただし、妊娠している顧客に対して予測が0の場合（y=1, p=0）、上記の計算は0です（数値を代入して確認してください）。したがって、予測値と実際の値の両方が揃っている場合、各行の尤度が最大になります。

　データの各行が独立していると仮定した場合（独立性についての詳細は第3章を参照）、データベースから適切に無作為の採取を行った場合と同様に、データの複合確率の対数を計算できます。これには、これらの各尤度の対数を求めて合計します。上記方程式の対数には、第3章の浮動小数点のアンダーフローの節で説明したのと同じルールを使用します。この式は次のようになります。

$$y*\ln(p)+(1-y)*\ln(1-p)$$

　対数尤度は、前の式が1に近いとき（つまりモデルの適合性が良好な場合)0に近づきます。

　二乗誤差の合計を最小化するのではなく、この対数尤度値を予測ごとに計算し、合計することができます。データの結合尤度を最大化するモデルの係数が最良の係数になります。

　最初に、［ロジスティックリンクモデル］シートを複製し、「**ロジスティック回帰**」と名付けます。列 Y で、［二乗誤差］列のラベルを「対数尤度」に変更します。セル Y5で、最初の対数尤度を次のように計算できます。

```
=IFERROR(V5*LN(X5)+(1-V5)*LN(1-X5),0)
```

対数尤度の計算全体をIFERROR式で囲みます。これは、モデルの係数によって、予測値が実際の0/1のクラス値と非常に近い値になる場合、数値的不安定に陥る場合があるためです。この式により、対数尤度が完全一致の予測値である0に設定されても問題ありません。

この式を列Yの下方向にコピーし、X1で対数尤度を合計します。ソルバーで最適化する際は、目標値を［最大値］に変更します。求められた係数は二乗和の係数と近い値ですが、いくつもの箇所で若干のズレが見られます。図6-31を参照してください。

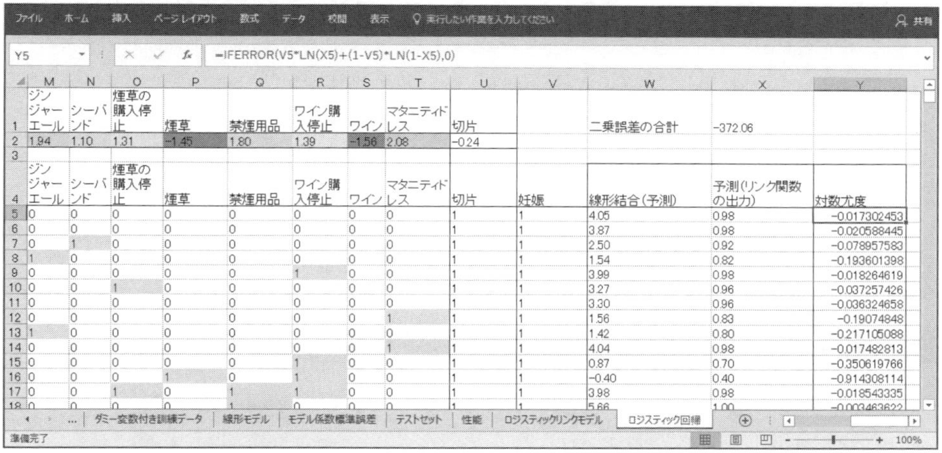

	M	N	O	P	Q	R	S	T	U	V	W	X	Y
1	ジンジャーエール	シーバンド	煙草の購入停止	煙草	禁煙用品	ワイン購入停止	ワイン	マタニティドレス	切片		二乗誤差の合計	-372.06	
2	1.94	1.10	1.31	-1.45	1.80	1.39	-1.56	2.08	-0.24				
3													
4	ジンジャーエール	シーバンド	煙草の購入停止	煙草	禁煙用品	ワイン購入停止	ワイン	マタニティドレス	切片	妊娠	線形結合（予測）	予測（リンク関数の出力）	対数尤度
5	0	0	0	0	0	0	0	0	1	1	4.05	0.98	-0.017302453
6	0	0	0	0	0	0	0	0	1	1	3.87	0.98	-0.020588445
7	0	1	0	0	0	0	0	0	1	1	2.50	0.92	-0.078957583
8	1	0	0	0	0	0	0	0	1	1	1.54	0.82	-0.193601398
9	0	0	0	0	0	1	0	0	1	1	3.99	0.98	-0.018264619
10	0	0	1	0	0	0	0	0	1	1	3.27	0.96	-0.037257426
11	0	0	0	0	0	0	0	0	1	1	3.30	0.96	-0.036324658
12	0	0	0	0	0	0	0	1	1	1	1.56	0.83	-0.19074848
13	1	0	0	0	0	0	0	0	1	1	1.42	0.80	-0.217105088
14	0	0	0	0	0	0	0	1	1	1	4.04	0.98	-0.017482813
15	0	0	0	0	0	1	0	0	1	1	0.87	0.70	-0.350619766
16	0	0	0	1	0	1	0	0	1	1	-0.40	0.40	-0.914308114
17	0	0	1	0	1	1	0	0	1	1	3.98	0.98	-0.018543335
18	0	0	0	0	1	0	0	0	1	1	5.66	1.00	-0.003463622

図6-31：［ロジスティック回帰］シート

実際にロジスティック回帰を行った場合に二乗誤差の合計を確認すると、いずれにしろほぼ最適化された値が表示されているはずです。

ロジスティック回帰の統計的検定

ロジスティック回帰には、R二乗、F検定、およびt検定に類似した統計概念があります。擬似R二乗、モデルの逸脱度、およびワルド統計量の計算によって、ロジスティック回帰は線形回帰と同程度の厳格さになります。詳細については、統計学の専門書などを参照してください。

≫ モデルの選択―線形およびロジスティック回帰の性能の比較

2番目のモデルが完成したので、テストセットに対して実行し、ロジスティック回帰の性能を線形回帰と比較できます。ロジスティック回帰を使用した予測は、[ロジスティック回帰] シートの列 W および列 X でモデル化したのとまったく同じ方法で行えます。

[テストセット] シートのセル W2では、次のようにモデルの係数とテストデータの線形結合を求めます。

```
=SUMPRODUCT(ロジスティック回帰!B$2:T$2,テストセット!A2:S2)+ ロジスティック回帰!U$2
```

X2で、これにリンク関数を適用して、クラスの確率を求めます。

```
=EXP(W2)/(1+EXP(W2))
```

これらのセルをテストセット全体に下方向にコピーすると、シートが図6-32のようになります。

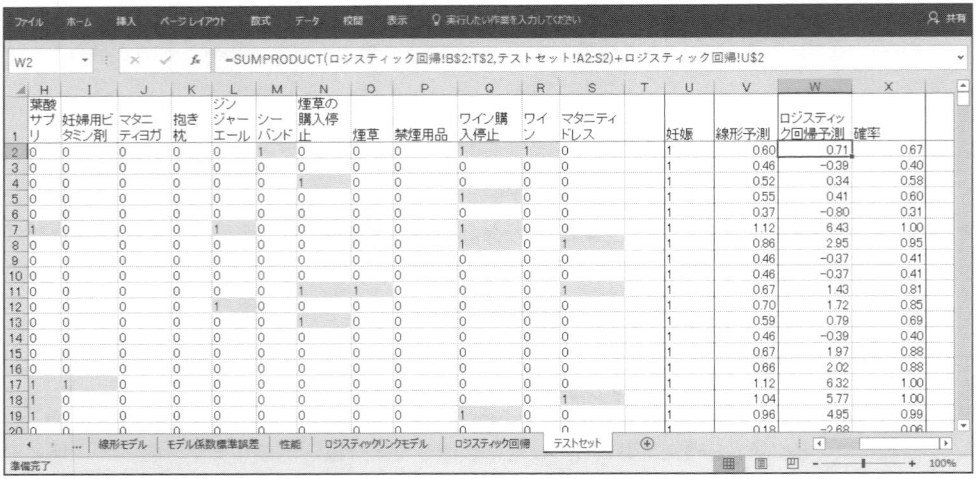

	H	I	J	K	L	M	N	O	P	Q	R	S	T	U	V	W	X
1	葉酸サプリ	妊婦用ビタミン剤	マタニティヨガ	抱き枕	ジンジャーエール	シーバンド	煙草の購入停止	煙草	禁煙用品	ワイン購入停止	ワイン	マタニティドレス		妊娠	線形予測	ロジスティック回帰予測	確率
2	0	0	0	0	0	1	0	0	0	1	1	0		1	0.60	0.71	0.67
3	0	0	0	0	0	0	0	0	0	0	0	0		1	0.46	−0.39	0.40
4	0	0	0	0	0	0	1	0	0	0	0	0		1	0.52	0.34	0.58
5	0	0	0	0	0	0	0	0	0	1	0	0		1	0.55	0.41	0.60
6	0	0	0	0	0	0	0	0	0	0	0	0		1	0.37	−0.80	0.31
7	1	0	0	0	1	0	0	0	0	1	0	0		1	1.12	6.43	1.00
8	0	0	0	0	0	0	0	0	0	1	0	1		1	0.86	2.95	0.95
9	0	0	0	0	0	0	0	0	0	0	0	0		1	0.46	−0.37	0.41
10	0	0	0	0	0	0	0	0	0	0	0	0		1	0.46	−0.37	0.41
11	0	0	0	0	0	0	1	1	0	0	0	1		1	0.67	1.43	0.81
12	0	0	0	0	1	0	0	0	0	0	0	0		1	0.70	1.72	0.85
13	0	0	0	0	0	0	1	0	0	0	0	0		1	0.59	0.79	0.69
14	0	0	0	0	0	0	0	0	0	0	0	0		1	0.46	−0.39	0.40
15	0	0	0	0	0	0	0	0	0	0	0	0		1	0.67	1.97	0.88
16	0	0	0	0	0	0	0	0	0	0	0	0		1	0.66	2.02	0.88
17	1	1	0	0	0	0	0	0	0	0	0	0		1	1.12	6.32	1.00
18	1	0	0	0	0	0	0	0	0	0	0	1		1	1.04	5.77	1.00
19	1	0	0	0	0	0	0	0	0	1	0	0		1	0.96	4.95	0.99
20	0	0	0	0	0	0	0	0	0	0	0	0		1	0.18	−2.68	0.06

図6-32：テストセットでのロジスティック回帰の予測

この予測値を比較するために、[性能] シートを複製して、「**ロジスティックの性能**」という名前を付けます。[最低予測] と [最大予測] の式を [テストセット] シートの列 X をポイントする形に変更すると、値が0と1に戻ります。これで、モデルが期待どおりクラスの実際の確率を返しており、線形回帰とは違うことがわかります。

✔ 注意

ロジスティック回帰がクラスの確率 (0から1の実際の予測値) を返すとき、その確率は、妊娠と非妊娠の顧客が50対50で分けられた比率が変えられたトレーニングセットに基づいています。
これは、取り扱う問題が実際の確率を使用するものではなく、特定のカットオフ値で2つのいずれかに分類するものであれば問題ありません。

カットオフ値を0から1まで0.05刻みで選択します (実際には1を0.999にするか、適合率の式で0による除算を回避しなければならない場合があります) 。行22より下はすべて削除することができます。性能の測定値は、[テストセット] シートの列 V の代わりに列 X をチェックするように変更するだけです。これによりシートは図6-33のようになります。

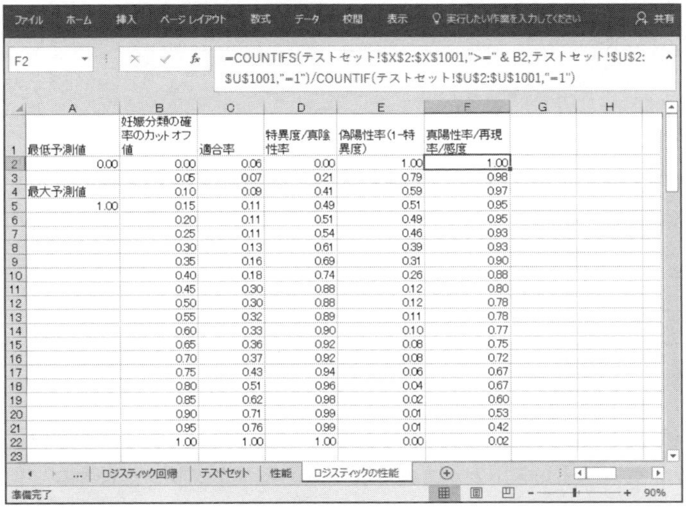

	A	B	C	D	E	F
1	最低予測値	妊娠分類の確率のカットオフ値	適合率	特異度/真陰性率	偽陽性率(1-特異度)	真陽性率/再現率/感度
2	0.00	0.00	0.06	0.00	1.00	1.00
3		0.05	0.07	0.21	0.79	0.98
4	最大予測値	0.10	0.09	0.41	0.59	0.97
5	1.00	0.15	0.11	0.49	0.51	0.95
6		0.20	0.11	0.51	0.49	0.95
7		0.25	0.11	0.54	0.46	0.93
8		0.30	0.13	0.61	0.39	0.93
9		0.35	0.16	0.69	0.31	0.90
10		0.40	0.18	0.74	0.26	0.88
11		0.45	0.30	0.88	0.12	0.80
12		0.50	0.30	0.88	0.12	0.78
13		0.55	0.32	0.89	0.11	0.78
14		0.60	0.33	0.90	0.10	0.77
15		0.65	0.36	0.92	0.08	0.75
16		0.70	0.37	0.92	0.08	0.72
17		0.75	0.43	0.94	0.06	0.67
18		0.80	0.51	0.96	0.04	0.67
19		0.85	0.62	0.98	0.02	0.60
20		0.90	0.71	0.99	0.01	0.53
21		0.95	0.76	0.99	0.01	0.42
22		1.00	1.00	1.00	0.00	0.02

図6-33： [ロジスティックの性能] シート

ROC 曲線は、以前とまったく同じ方法で設定できます。ただし、ロジスティック回帰と線形回帰を比較するために、両モデルの性能測定値のデータ列を追加します。グラフを右クリックして［データの選択］（または［グラフ データの選択］）を選び、「凡例項目」の「追加」（または＋）ボタンをクリックします。系列 X に［性能］シートの E 列、系列 Y に［性能］シートの F 列を設定しましょう。図6-34では、2つのモデルの ROC 曲線がほとんど重なっていることがすぐにわかります。

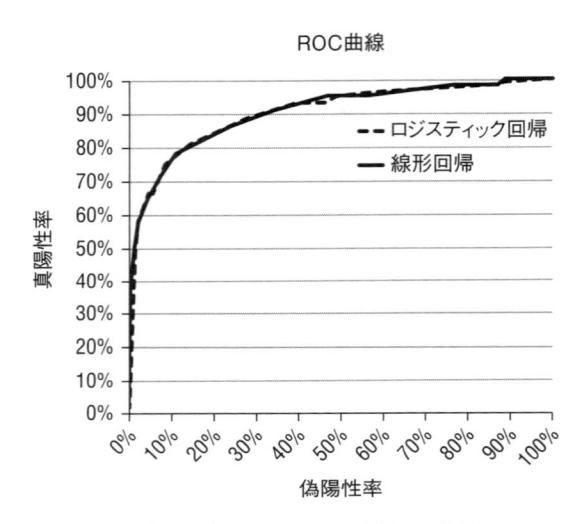

図6-34：線形およびロジスティック回帰ROC曲線

モデルどうしの性能がほぼ同じ場合、ロジスティック回帰を使用することを検討してください。モデルで、0から1の範囲に制限されたクラスの実際の確率を求めることができます。他に特に重視する理由がなければこちらをお勧めします。また、少なくともロジスティック回帰の方が洗練されています。

注意点

実際の世界でのモデル選択について、いろいろなことを耳にしていると思います。「なぜサポートベクターマシンか、ニューラルネットワークか、ランダムフォレストか、またはブースティングツリーを使わないのですか」と尋ねられたことはありませんか。AI モデルにはさまざまな種類があり、それぞれにメリットとデメリットがあります。したがって、それらの資料を読まれることをお勧めします。仕事で AI モデルを使用することになった場合は、それらのモデルのいくつかを1つずつ試してみてください。

さまざまな AI モデルを試してみることは、AI モデリングプロジェクトではさほど重要でありません。AI モ

デルの選択は最後の段階であり、ケーキのデコレーションのようなものです。Kaggle.com（AI モデリングの比較サイト）などの Web サイトは、この点の認識が間違っています。

　モデルを選択するのではなく適切なデータや特徴を選択するのに時間をかければ、それに勝る多くのものを得られます。たとえば、本章で紹介した問題を有効な新しい特徴に対して試せば優れた結果を残すでしょう。たとえば「顧客はリステリア症を恐れて、昼食を買うのを止めた」のような特徴です。さらに、訓練データが完全であることを確かめることは、古い訓練データをニューラルネットで試すよりも役立ちます。

　これは、「ゴミを入れれば、ゴミしか出ない」（データが悪ければ、悪い結果した得られない）というたとえが、どのような分野よりも AI に一番当てはまるからです。AI モデルは万能ではありません。できの悪いデータを取り入れることもできなければ、そのデータの活用方法を魔法のように見つけ出すこともできません。したがって、自分の AI モデルに手を尽くし、見つけられる限りで最も有効で最適な特徴を与えてください。

↗ Wrapping Up

　おめでとうございます！　スプレッドシートでの分類モデルの構築を完成しました。実際には2つのモデルを構築しました。2.5個のモデルとも言えなくはありません。さらに、中央値回帰の課題もこなしている方は、強力な知識を身に着けました。

　本章で説明した項目を次にまとめます。

- 特徴の選択と訓練データの収集—カテゴリー予測値からのダミー変数の作成など
- 線形回帰モデルの訓練—二乗誤差の合計の最小化
- R 二乗の計算、F 検定を使用したモデルの統計的有意性の立証、さらに t 検定を使用したモデルの個別係数についての有意性の立証
- ホールドアウトセットでさまざまな分類のカットオフ値を使用してモデルの性能を評価—適合率、特異度、偽陽性率、再現度の計算
- ROC 曲線のグラフ表示
- ロジスティックリンク関数を一般的な線形モデルへ追加し、再度最適化
- ロジスティック回帰の尤度の最大化
- ROC 曲線によるモデルの比較

まず、本章のデータが架空のものであることは認めますが、ロジスティックモデルの性能が軽視できないレベルであることは認めざるを得ないでしょう。これと似たようなモデルを実際の業務の生産量決定支援システムや自動マーケティングシステムで使用することができます。

　AI の学習をこのまま続けたい方には、次の章でアンサンブルモデルという別の AI の手法を紹介します。

第 7 章

アンサンブルモデル：
大量のまずいピザ

人気テレビ番組『The Office』のアメリカ版で、上司であるマイケル・スコットが部下にピザをおごるシーンがあります。部下たちは上司が注文したピザが Alfredo's Pizza のピザではなく、Pizza by Alfredo のピザであることを知ると、みな不満を口にしました。Pizza by Alfredo のピザのほうが安かったのですが、どうやらひどい味のようです。

　文句を言う部下たちに対して、マイケルは次のような質問をします。「うまいピザを少しだけ食べるのと、まずいピザをたくさん食べるのとではどっちがいいかい？」

　これを実用的な AI の処理に当てはめて考えると、多くの場合、答えは後者になります。前章では、RetailMart での妊婦がいる世帯の買い物を予測するため、単一の優れたモデルを作成しました。では、もし単一のモデルではなく、投票制にしてみたらどうなるでしょうか？　あからさまに質の悪いモデルを大量に作成して、顧客が妊娠中であるかどうかを投票させたらどうなるでしょうか？　このとき、投票結果は単一の予測として使用するものとします。

　このような手法は、アンサンブルモデリングと呼ばれます。これからお見せするように、単純な観察データを黄金に変えることができます。

　これから検討するのは、バギング決定株と呼ばれるアンサンブルモデルの一種です。これは業界でよく使用されるランダムフォレストモデルという手法に非常に近いモデルです。実際このモデルは、スパムが送信されるタイミングを予測するために、私が MailChimp.com で日常的に使用しているものとほぼ同じ手法です。

　バギングの後は、ブースティングというまた別のすばらしい手法を検討します。この2つの手法では、どちらも独創的な方法で訓練データを繰り返し使用して、分類器のアンサンブル全体を訓練します。またこの2つの手法には直感的な感じがあり、その点でナイーブベイズに似ています。1つひとつは愚かな分類器でも、全体としては賢くなるのです。

↗ 第6章のデータを使用

> **✔ 注意**
> 本章で使用する Excel ファイルは、「CHAPTER07」フォルダーにある「アンサンブル.xlsx」です。作業を終えた完成状態のファイルは「アンサンブル_ 完成.xlsm」となります。ダウンロード URL は「はじめに」の xii ページをご覧ください。

　第6章の RetailMart のデータを使用するため、この章はすばやく進みます。同じデータを使用することで、この2つのモデルの処理と前章の回帰モデルとの違いがわかります。この章で示すモデリング手法は、最近になって開発されたものです。どちらかというと直感的な手法ですが、今日すぐに利用できる AI 技術の中では、最も強力な部類に入ります。

また、この章でも第6章と同じROC曲線を作成します。そのため、パフォーマンス指標の計算についての説明にはあまり時間を割きません。適合率や再現率などの概念を知りたい場合は、第6章を参照してください。

まず、ダウンロードデータのブック内にある［訓練データ］という名前のシートを見てください。このシートには、第6章の訓練データと、あらかじめ適切に設定したダミー変数が含まれています（この点についての詳細は第6章を参照）。また、行2で各特徴に0から18まで番号を付しています。これは後で記録を付ける際に役立ちます（図7-1を参照）。

このブックには、第6章で使用した［テストセット］シートも含まれています。

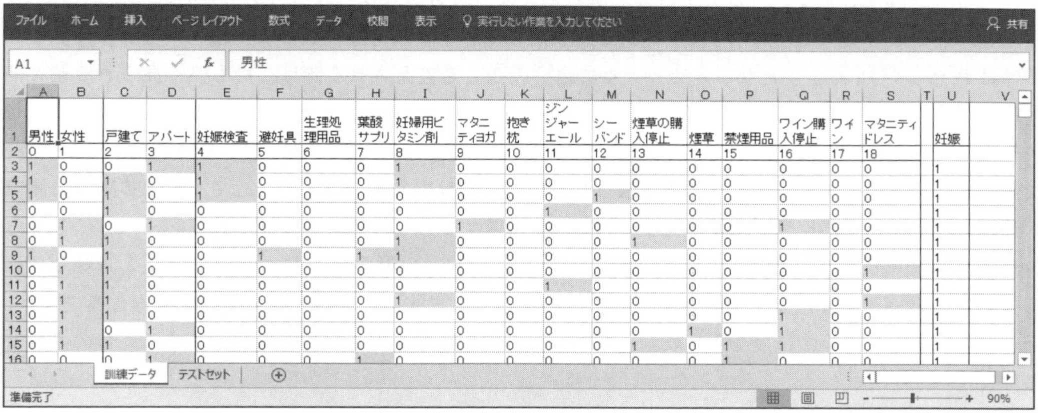

	A	B	C	D	E	F	G	H	I	J	K	L	M	N	O	P	Q	R	S	T	U
1	男性	女性	戸建て	アパート	妊娠検査	避妊具	生理処理用品	葉酸サプリ	妊婦用ビタミン剤	マタニティヨガ	抱き枕	ジンジャーエール	シーバンド	煙草の購入停止	煙草	禁煙用品	ワイン購入停止	ワイン	マタニティドレス		妊娠
2	0	1	2	3	4	5	6	7	8	9	10	11	12	13	14	15	16	17	18		
3	1	0	0	1	1	0	0	0	1	0	0	0	0	0	0	0	0	0	0		1
4	1	0	1	0	1	0	0	0	1	0	0	0	0	0	0	0	0	0	0		1
5	1	0	1	0	1	0	0	0	0	0	0	0	1	0	0	0	0	0	0		1
6	0	0	1	0	0	0	0	0	0	0	0	1	0	0	0	0	0	0	0		1
7	0	1	0	1	0	0	0	0	0	1	0	0	0	0	0	0	1	0	0		1
8	0	1	1	0	0	0	0	0	1	0	0	0	0	1	0	0	0	0	0		1
9	1	0	1	0	0	1	0	1	1	0	0	0	0	0	0	0	0	0	0		1
10	0	1	1	0	0	0	0	0	0	0	0	0	0	0	0	0	0	0	1		1
11	0	1	1	0	0	0	0	0	0	0	0	1	0	0	0	0	0	0	0		1
12	0	1	1	0	0	0	0	0	1	0	0	0	0	0	0	0	0	0	1		1
13	0	1	1	0	0	0	0	0	0	0	0	0	0	0	0	0	1	0	0		1
14	0	1	0	1	0	0	0	0	0	0	0	0	0	0	1	0	1	0	0		1
15	0	1	1	0	0	0	0	0	0	0	0	0	0	1	0	1	1	0	0		1
16	0	0	0	1	0	0	0	1	0	0	0	0	0	0	0	1	0	0	0		1

図7-1：第6章のデータが入っている［訓練データ］シート

このデータを使い、第6章とまったく同じことをします。つまり、A～S列にあるデータを使い、U列のデータの値（妊娠しているかどうか）を予測します。そしてホールドアウトセットでその精度を検証します。

欠測値の補完

第6章で取り上げ、ここでも引き続き使用するRetailMartの例では、穴がないデータセットを使用しています。ビジネス取引データを基に構築されたモデルならば、大抵の場合、欠測値はありません。しかし、データセットの行の一部の要素が欠けている場合もあるでしょう。

たとえば、交際マッチングサイトのレコメンデーションAIモデルを構築していて、ユーザープロフィールのアンケートで「シンフォニックメタルバンドのエヴァネッセンスを聞きますか」と質問する場合、その質問が空欄のままにされるケースが予想されます。

では、訓練セット内にエヴァネッセンスの質問を空欄のままにした人がいる場合、どのようにモデルを訓練すればよいでしょうか?

　この問題にはあらゆる種類の対応策がありますが、基本的なものをいくつかごく簡単に挙げます。

- 欠測値がある行を単純に削除します。欠測値がおおむねランダムに存在する場合、訓練データの何行かを削除しても致命的なことにはなりません。マッチングサイトの例では、こうした空欄の箇所はランダムというよりは意図的である可能性が高く、行を削除することで訓練データが示す実態が歪められる可能性があります。

- 行が数値である場合は、欠測値に数値の中央値を補います。欠測値を補うことは、しばしばインピュテーションと呼ばれます。行がカテゴリである場合は、最も多く見られるカテゴリの値を使用します。ただし、恥ずかしくてエヴァネッセンスのファンであることを答えない人がいた場合、最も多く見られる値はおそらく「いいえ」となるため、人々に自分のことを答えさせる際は、最も多く見られる値を補うことが誤りとなる場合もあります。

- 中央値を補う方法で、インジケータ行を1行追加し、元の行に欠測値がある場合はその行に0を入れ、欠測値がない場合は1を入れるという方法をとることもあります。そうすることで、できる限り欠測値を補いながら、モデルに補った値を完全には信頼させないようにすることができます。

- 中央値を単純に使用する代わりに、第6章で示した一般的な線形モデルのようなモデルを訓練し、その他の列のデータを使用して欠測値を予測することもできます。これはかなり大がかりな作業ですが、データセットが小さく、精度を下げたり行を削除したりする余裕がない場合は、そうするだけの価値はあります。

- 残念ながら、最後のこの手法は(ここで挙げた他のすべての手法と同じく)自分の力を少々過信しています。回帰直線を基に欠測値を予測すると、補完されたデータポイントは「一級市民」のように扱われてしまいます。これに対処するため、統計の専門家は、いくつかの統計モデルを使用して複数の回帰直線を生成するということをよく行います。この回帰モデルを使用して空のデータを複数回補充し、そのたびごとに補完された新しいデータセットを作成します。解析を行う場合は、補完されたデータセットのそれぞれについて実行し、結果は解析の最後に結合します。この手法は多重代入法と呼ばれます。

- 試してみる価値のあるもう1つの手法は、k近傍補完法と呼ばれるものです。これは距離(第2章を参照)またはアフィニティ行列(第5章)を使用して、欠損値のあるエントリのk近傍値を求める手法です。距離による近傍値の加重平均値(希望であれば最も多く見られる値)を取り、欠損値を補完します。

↗ バギング：シャッフルと訓練を繰り返す

バギングとは、各分類器の訓練に同じ訓練データのセットを使用することなく、複数の分類器を（つまりアンサンブルを）訓練する手法です。同じデータで複数の分類器を訓練すると、それらはすべて同じものになってしまいます。欲しいのは多様なモデルであり、同じモデルの大量のコピーではありません。バギングを使うと、使わない場合には得られないような多様性を分類器のセットにいくらか加えることができます。

≫ 決定株は愚かな予測器の呼び名としては魅力に欠ける

これから作成するバギングモデルでは、決定株が個々の分類器になります。決定株は、データについて尋ねる1つの質問にすぎません。回答を基に、当該の世帯に妊婦がいるかどうかを判別します。このような単純な分類器は、しばしば弱学習器と呼ばれます

たとえば、訓練データで、H3からH502までを範囲選択して、妊婦がいる世帯が葉酸サプリメントを購入した回数を集計し、ステータスバーで合計値を見ると、妊婦がいる世帯で出産前に葉酸サプリメントを購入した世帯は104戸であることがわかります。一方で、葉酸サプリメントを購入した顧客で妊娠していない顧客は、たったの2人だけです。

したがって、葉酸サプリメントの購入と妊娠していることには関係があることがわかります。この単純な関係を使用して、次のような弱学習器を構築することができます。

> ご家庭で葉酸サプリメントを購入しましたか？　はいの場合、その世帯に妊婦がいると想定します。いいえの場合、その世帯に妊婦はいないと想定します。

図7-2はこの予測器を視覚化したものです。

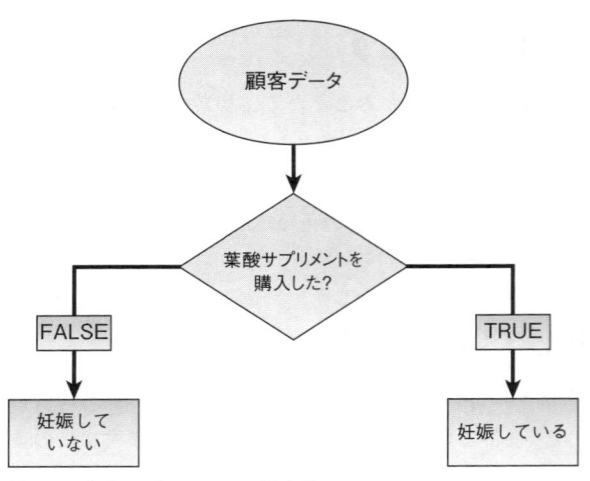

図7-2：葉酸サプリメントの決定株

≫ そこまでは愚かに見えない

　図7-2の決定株で、訓練用のレコードセットは2つのサブセットに分類されます。さて、この決定株にはどこにもおかしな点はないとお考えではないでしょうか？　確かにおかしな点はありません。しかし、完全なものではないのです。結局のところ、訓練データ内の妊婦のいる400世帯近くが葉酸サプリメントを購入しておらず、決定株によって誤った分類にされてしまいます。

　モデルがないよりはまだましなのでしょうか。

　ましには違いありません。しかし問題は、モデルがない場合と比べて決定株がどれだけましかということです。これを評価する方法の1つに、ノードの不純度というものを使用した測定方法があります。

　ノードの不純度とは、決定株のサブセット内の顧客の分布に従い、選択した顧客レコードにラベルをランダムに割り当てた場合に、そのレコードの妊娠中か妊娠中でないかというラベルがどのくらいの頻度で誤っているかということを測定したものです。

　たとえば、まず1,000件の訓練レコードすべてを同じサブセットに入れます。つまりモデルなしで始めるということです。

　そのサブセットから妊娠者が抽出される確率は50％です。そして50対50の分布に従いラベルをランダムに付けると、ラベルを適切に推測できる確率は50％となります。

　したがって、妊娠中の顧客を抽出して、かつ妊娠中であると適切に推測できる確率は、50％×50％＝25％となります。同様に、妊娠中でない顧客を抽出して、かつ妊娠中でないと推測できる確率は、25％となります。この2つに該当しないケースは、何らかの形で正しくない推測ということになります。

つまり、顧客のラベルが誤っている確率は、100% − 25% − 25% = 50%です。したがって、この単一の起点ノードの不純度は、50%ということになります。

さて、葉酸の決定株を使用すると、この1,000件のレコードは2つのグループに分類されます。葉酸サプリメントを購入していないのは894人、購入したのは106人です。この2つのサブセットはそれぞれ不純度が異なるので、この2つのサブセットの不純度を平均すれば（人数の違いに合わせて調整すれば）、決定株がどれだけ状況の改善に貢献したかがわかります。

非妊娠者に分類された894人の顧客は、44%が妊娠中であり、56%が妊娠中ではありません。これをもとに不純度を計算すると、100% − 44%^2 − 56%^2 = 49%となります。これではあまり改善していません。

一方、妊娠者に分類された106人の顧客は、98%が妊娠中であり、2%が妊娠中ではありません。これをもとに不純度を計算すると、100% − 98%^2 − 2%^2 = 4%となります。非常に良い結果です。これらを平均すると、決定株全体の不純度は44%となります。コイン投げよりも良い値になりましたね。

図7-3に不純度の計算を示します。

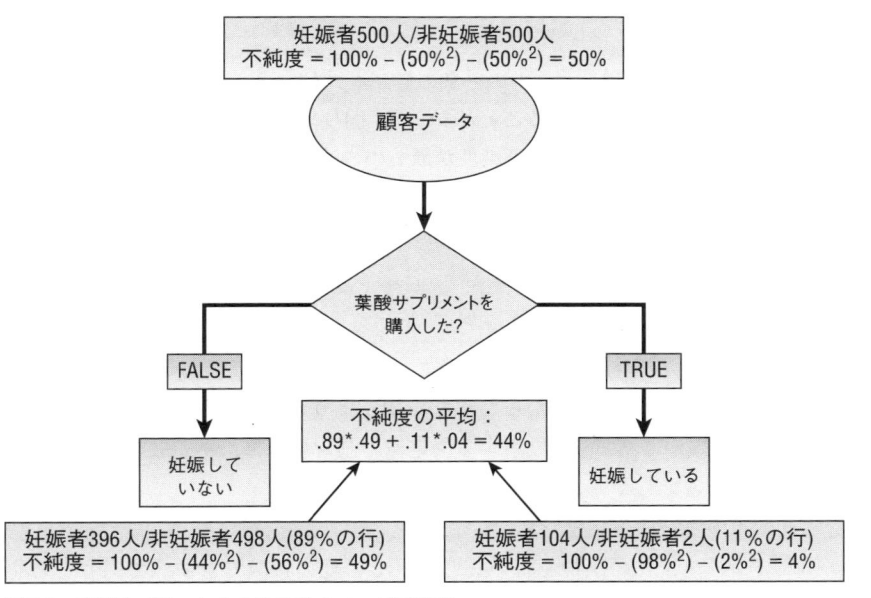

図7-3：葉酸サプリメントの決定株のノード不純度

RetailMart の例では、独立変数はすべて2進数です。決定木を作成するとき、訓練データを分割する方法を決める必要はありませんでした。1と0で分割すればよいからです。しかし、あらゆる種類の値を持つ特徴がある場合はどうなるでしょうか？

たとえば、MailChimp で予測している事柄の1つに、「メールアドレスが有効であり、メールを受信できる状態かどうか」というものがあります。これを予測するために当社が使用している指標の1つは、「そのアドレスにだれかが最後にメールを送ってから経過した日数」というものです（当社では月間およそ70億件のメールを送信しているので、あらゆる人についてデータを大量に持っています）。

この特徴は2進数とは似ても似つかないものです。そこで、この特徴を使用して決定木を訓練する場合、訓練データの一部を1つの分類に分け、残りを別の分類に分けるためには、どのようにしてデータの分割基準とする値を決定すればよいのしょうか？

これは実際には非常に簡単です。

分割に使える値は限られた数しかありません。最大でも、訓練セット内のレコード1つにつき一意の値が1つあるだけです。そしておそらく、訓練セット内のアドレスには、最後にメールを送信した日付がまったく同じものがいくつか存在するでしょう。

これらの値だけを考慮すればよいのです。訓練レコードの一意の値が4つ（たとえば10日、20日、30日、40日）であった場合、35で分割することは30で分割することとまったく同じです。そこで、分割基準とする各値を選択したら、得られる不純度のスコアを確認し、不純度が最も小さくなるものを選択してください。それだけでおしまいです。

≫ もっと力が必要だ

1つの決定株だけでは足りません。もし決定株をたくさん用意し、異なるデータでそれぞれを訓練して、各決定株の不純度を50%より若干低くなるようにしたらどうなるでしょうか？ すると投票させることができるようになります。そして「妊娠中である」に投票する決定株の割合を基に、ある顧客を妊娠中であると判定することができるようになるでしょう。

ただし、そのためにはもっと多くの決定株が必要です。

ところで、葉酸サプリの列で1つの決定株の訓練を行いました。その他の特徴でもすべて同じことを行ってみてはどうでしょうか？

特徴は19個しかありません。はっきり言って、これらの特徴の一部は、「顧客の住所がアパートである」などきわめてひどいものです。そのため、質が疑わしい19個の決定株で我慢するしかありません。

バギングでは好きな数だけ決定株を作ることができます。バギングは次のような手順で行います。

1. まず、データセットの一部を取り出します。一般的には、特徴数の平方根くらいの数の列（この場合は4つの列）と、全体の3分の2の行をランダムに取り出します。
2. 選択した4つの特徴のそれぞれについて、ランダムに取り出したデータの3分の2だけを使用して決定株を作成します。
3. この4つの決定株の中からもっとも不純度が低いものを選び出します。それを記録します。すべてを元に戻してから、また新しい決定株を訓練します。
4. 決定株を大量に作成したら、そのすべてを使い投票を行わせて、それを1つのモデルとします。

≫ 訓練しよう

訓練データから行と列のセットをランダムに選び出す必要があります。最も簡単なのは、トランプのように行と列をシャッフルしたうえで、表の左上から必要なものを選択するというやり方です。

まず、［訓練データ］シートの A2〜U1002をコピーして、「**訓練データ_BAG**」という名前の新しいシートに貼り付けます（特徴の名前は不要なため、2行目のインデックスの値からコピーします）。TD_BAG をシャッフルする最も簡単な方法は、データの上と右に行と列を追加し、`=RAND()` 式を使用してランダムな数値を入力する方法です。ランダムな値を上から下および左から右に並べ替えたら、テーブルの左上から必要な分のデータを取り出せば、ランダムな行と特徴のサンプルが得られます。

■ ランダムサンプルを取得する

特徴のインデックスの上に行を挿入して、数式 `=RAND()` を行1（A1〜S1）と列 V（V3〜V1002）に追加します。するとシートは図7-4のようになります。行 V には「**ランダム**」という名前を付けています。

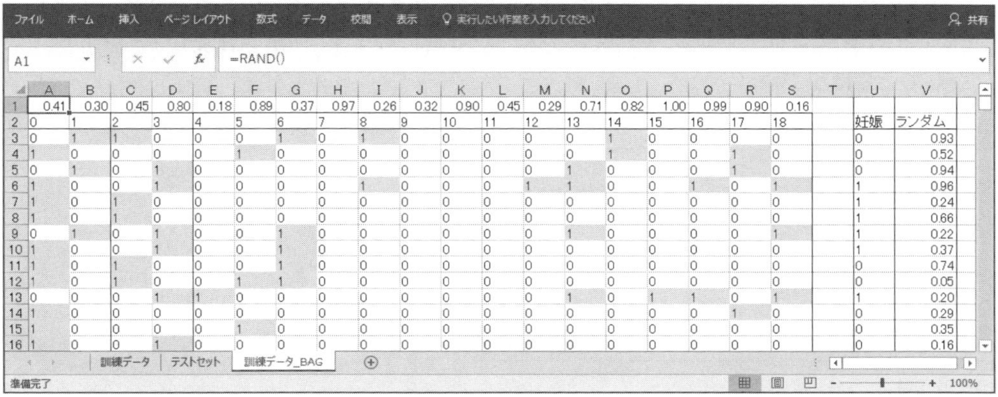

	A	B	C	D	E	F	G	H	I	J	K	L	M	N	O	P	Q	R	S	T	U	V
1	0.41	0.30	0.45	0.80	0.18	0.89	0.37	0.97	0.26	0.32	0.90	0.45	0.29	0.71	0.82	1.00	0.99	0.90	0.16			
2	0	1	2	3	4	5	6	7	8	9	10	11	12	13	14	15	16	17	18		妊娠	ランダム
3	0	1	1	0	0	0	1	0	1	0	0	0	0	0	1	0	0	0	0		0	0.93
4	1	0	0	0	0	1	0	0	0	0	0	0	0	0	1	0	0	1	0		0	0.52
5	0	1	0	1	0	0	0	0	0	0	0	0	0	1	0	0	0	1	0		0	0.94
6	1	0	0	1	0	0	0	0	1	0	0	0	1	1	0	0	1	0	1		1	0.96
7	1	0	1	0	0	0	0	0	0	0	0	0	0	0	0	0	0	0	0		1	0.24
8	1	0	1	0	0	0	0	0	0	0	0	0	0	0	0	0	0	0	0		1	0.66
9	0	1	0	1	0	0	1	0	0	0	0	0	0	1	0	0	0	0	1		1	0.22
10	1	0	0	1	0	0	1	0	0	0	0	0	0	0	0	0	0	0	0		1	0.37
11	1	0	1	0	0	0	1	0	0	0	0	0	0	0	0	0	0	0	0		0	0.74
12	1	0	1	0	0	1	1	0	0	0	0	0	0	0	0	0	0	0	0		0	0.05
13	0	0	0	1	1	0	0	0	0	0	0	0	0	1	0	1	1	0	1		1	0.20
14	1	0	0	0	0	0	0	0	0	0	0	0	0	0	0	0	0	1	0		0	0.29
15	1	0	0	0	0	1	0	0	0	0	0	0	0	0	0	0	0	0	0		0	0.35
16	1	0	0	1	0	0	0	0	0	0	0	0	0	0	0	0	0	0	0		0	0.16

図7-4：データの上と右にランダムな数値を入力（U2に「妊娠」のラベルを入力しなおしています）

列と行をランダムに並び替えます。まずは列を並び替えましょう。左右方向の並び替えは少し独特だからです。列を並び替えるため、列 A 〜列 S を範囲選択します。妊娠の列は選択しないでください。これは特徴ではなく、従属変数であるためです。

　[並べ替え]ウィンドウを開きます（カスタムの並べ替えについては第1章を参照してください）。[並べ替え]ウィンドウ（図7-5）から、[オプション]ボタンをクリックして、列を並び替えるために[列単位]を選択します。並び替えの基準とする列に[行1]（ランダムな数値が入力されている列）を選択してください。また、[先頭行をデータの見出しとして使用する]チェックボックスがオフになっていることを確認してください。列の見出しは存在しないためです。

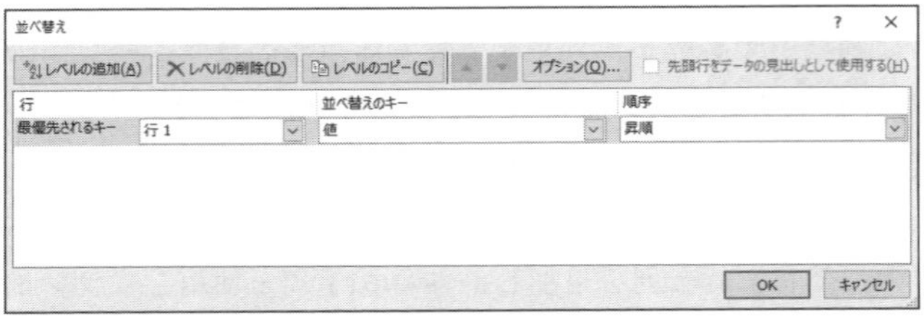

図7-5：横方向に並べ替え

　[OK]を押します。これでシート内の列の順番が入れ替わりました。

　次は同じ操作を列に対して行う必要があります。今回は妊娠の列を含む A2〜V1002 の範囲を選択して、妊娠の列とそのデータとのつながりは維持しつつ、シート最上部のランダムな数値は取り除きます。

　[並べ替え]ウィンドウを再度開きます。[オプション]のウィンドウから、ここでは[行単位]を選択します。

　また、[先頭行をデータの見出しとして使用する]チェックボックスがオンになっていることを確認してください。そしてランダム行をドロップダウンリストから選択します。[並べ替え]ウィンドウは図7-6のようになっているはずです。

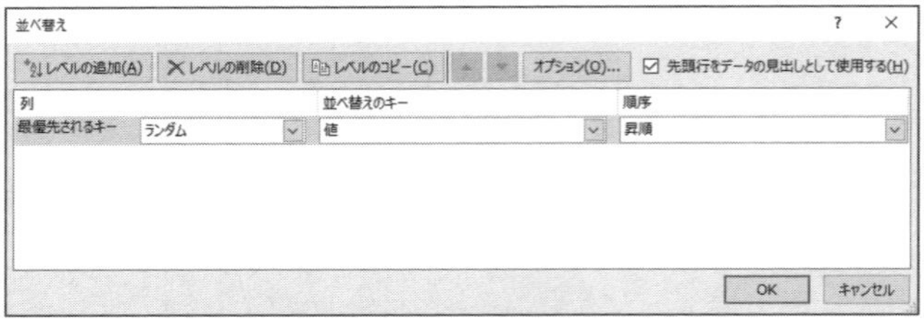

図7-6：縦方向に並べ替え

訓練データをランダムに並べ替えましたので、左から4行目までと、上から666列目までの範囲をランダムサンプルとして取り出せるようになりました。「**ランダム選択**」という名前の新規シートを作成します。ランダムサンプルを取り出すため、セル A1 に参照先を次のように入力します。

```
=訓練データ_BAG!A2
```

　そしてこの数式を D667 までコピーします。

　妊娠の値は、サンプルの横の E 列に取得します。E1 の参照先は、次のように［訓練データ_BAG］シートの U2 セルにします。

```
=訓練データ_BAG!U2
```

　この数式をダブルクリックして、シートの下の方まで入力します。この操作が終わると、データから取り出したランダムサンプルだけが残ります（図7-7を参照）。データをランダムに並べ替えたので、ばらばらの種類の特徴の列が4つ得られているでしょう。

　また、［訓練データ_BAG］シートに戻りもう一度並び替えると、サンプルが自動的に更新されます。

図7-7：ランダムに取り出した4列と3分の2の行

■ サンプルから決定株を取得する

　この4つの特徴のいずれかを見ると、その特徴と従属変数の妊娠の値との間で生じる可能性がある関係は、次の4つだけです。

- 特徴が0であり、かつ妊娠の値が1である。
- 特徴が0であり、かつ妊娠の値が0である。
- 特徴が1であり、かつ妊娠の値が1である。
- 特徴が1であり、かつ妊娠の値が0である。

図7-2で示した決定株のような、特徴に関する決定株を作成するには、これらのケースそれぞれに該当する訓練データ行の数を集計する必要があります。これを行うため、0と1の4通りの組み合わせをG2〜H5に列挙します。I1〜L1を A1〜D1の列のインデックスと同じになるように設定します。

するとシートは図7-8のようになります。

図7-8：訓練データの4通りの組み合わせ

このような小さいテーブルを用意したら、左側にある特徴と妊娠の値の組み合わせと一致する値を持つ訓練データ行の数を取得してテーブルを埋める必要があります。表の左上端のセルでは（私のランダムサンプル内の1つめの特徴は0番になりました）、特徴0の値が0であり、かつ妊娠列の値が1である訓練データ行の数を集計します。その際、次の数式を使います。

```
=COUNTIFS(A$2:A$667,$G2,$E$2:$E$667,$H2)
```

COUNTIFS() の数式を使うと、複数の基準に一致する列を集計することができます。IF の後に S が付いているのはそのためです。最初の基準は0番の特徴の範囲（A2〜A667）を参照し、G2の値（0）と同一の行を調べます。一方、2つめの基準は妊娠の範囲（E2〜E667）を参照し、H2の値（1）と同一の行を調べます。

この数式をテーブル内の他のセルにコピーして、それぞれのケースの数を取得します（図7-9を参照）。

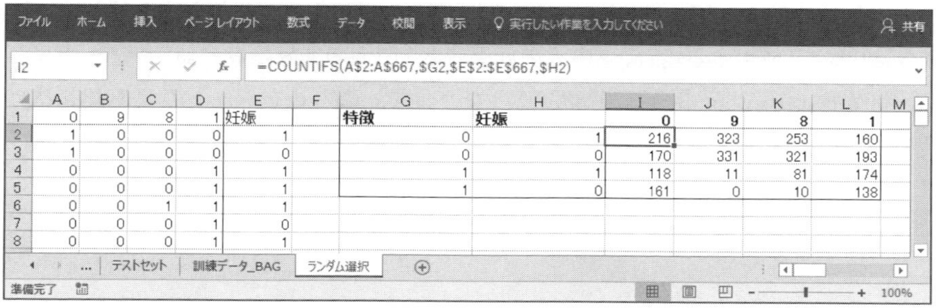

	A	B	C	D	E	F	G	H	I	J	K	L	M
1	0	9	8	1	妊娠		特徴	妊娠	0	9	8	1	
2	1	0	0	0	1		0	1	216	323	253	160	
3	1	0	0	0	0		0	0	170	331	321	193	
4	0	0	0	1	1		1	1	118	11	81	174	
5	0	0	0	1	1		1	0	161	0	10	138	
6	0	0	1	1	1								
7	0	0	0	1	0								
8	0	0	0	1	1								

図7-9：ランダムサンプル内の各特徴と回答の組み合わせ

これらの特徴を、それぞれ決定株として扱うとします。その場合、どの特徴の値が妊娠を示していると言えるのでしょうか？　それは、サンプル内の妊娠者が最も集中している値です。

そこで、集計値の下にある行6で、次の2つの比率を比較しましょう。I6に次の数式を入力します。

```
=IF(I2/(I2+I3)>I4/(I4+I5),0,1)
```

当該特徴の0の値と関連する妊娠者の割合（I2/(I2＋I3)）が、当該特徴の1の値と関連する妊娠者の割合（I4/(I4＋I5)）よりも大きいならば、この決定株で妊娠を予測する指標となるのは0ということになります。逆に小さいならば、1ということになります。この数式を列Lまでコピーします。するとシートは図7-10のようになります。

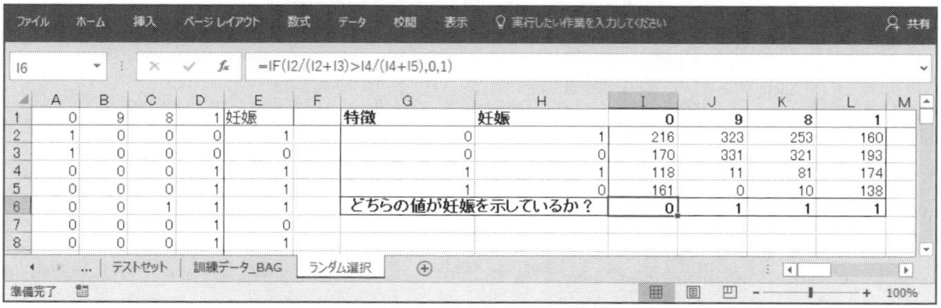

	A	B	C	D	E	F	G	H	I	J	K	L	M
1	0	9	8	1	妊娠		特徴	妊娠	0	9	8	1	
2	1	0	0	0	1		0	1	216	323	253	160	
3	1	0	0	0	0		0	0	170	331	321	193	
4	0	0	0	1	1		1	1	118	11	81	174	
5	0	0	0	1	1		1	0	161	0	10	138	
6	0	0	1	1	1		どちらの値が妊娠を示しているか？		0	1	1	1	
7	0	0	0	1	0								
8	0	0	0	1	1								

図7-10：どの特徴の値が妊娠と関連しているか計算

この特徴でデータの分割を行うのであれば、行2から5までの集計値を使用して、各決定株のノードの不純度を算定するとよいでしょう。

集計表の下の列8に不純度の計算式を加えましょう。図7-3のように、特徴の値が0である訓練データ

の不純度を計算した上で、特徴の値が1である訓練データの不純度との平均を出す必要があります。

1つめの特徴（私の場合は0番）を使用する場合、216人の妊娠者と170人の非妊娠者が値0のノードに存在するため、不純度は、100% − (216/386)^2 − (170/386)^2となります。この式をシートのセルI8に次のように入力します。

```
=1-(I2/(I2+I3))^2-(I3/(I2+I3))^2
```

同様に、値1のノードの不純度の計算式は次のように記述できます。

```
=1-(I4/(I4+I5))^2-(I5/(I4+I5))^2
```

次のとおり、それぞれの不純度にそのノードの訓練データの件数を掛けてから、それらの和を求め、さらに訓練データの全件数666で割り、2つの不純度の加重平均を算出します。

```
=(I8*(I2+I3)+I9*(I4+I5))/666
```

この不純度の計算式を4つの特徴すべてのセルにドラッグすれば、図7-11に示すとおり、それぞれの決定株候補について、合算した不純度を出すことができます。

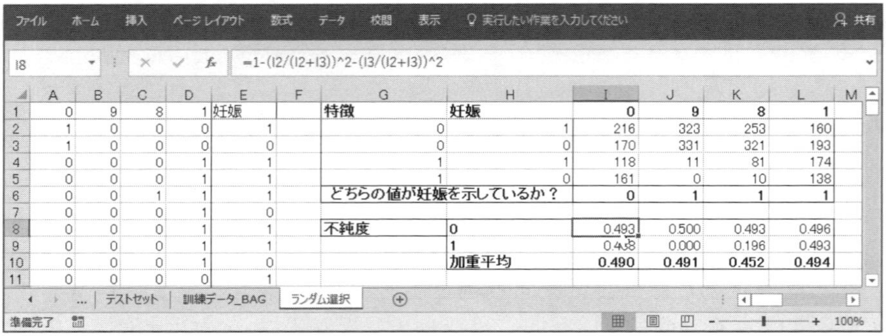

	A	B	C	D	E	F	G	H	I	J	K	L	M
1	0	9	8	1	妊娠		特徴	妊娠	0	9	8	1	
2	1	0	0	0	1		0	1	216	323	253	160	
3	1	0	0	0	0		0	0	170	331	321	193	
4	0	0	0	1	1		1	1	118	11	81	174	
5	0	0	0	1	1		1	0	161	0	10	138	
6	0	0	1	1	1		どちらの値が妊娠を示しているか？		0	1	1	1	
7	0	0	0	1	0								
8	0	0	0	1	1		不純度	0	0.493	0.500	0.493	0.496	
9	0	0	0	1	1			1	0.4[illegible]8	0.000	0.196	0.493	
10	0	0	0	1	0			加重平均	0.490	0.491	0.452	0.494	
11	0	0	0	0	1								

図7-11：4つの決定株の合算した不純度の値

不純度の値に目を通すと、私のブックの場合は（ランダムに並び替えたので読者の方のものは異なる可能性があります）、勝利した特徴は8番（［訓練データ］シートに戻って確認すると、これは妊婦用ビタミ

ン剤です）であり、不純度は0.452でした。

■ 勝者を記録する

さて、私の場合は妊婦用ビタミン剤が勝利しました。みなさんの場合は勝者が違うかもしれません。この勝者をどこかに記録しておく必要があります。

セルN1とN2に、それぞれ「**勝者**」、「**妊娠を示す値**」というラベルを入力します。勝利した決定株を列Oに記録しましょう。まずは勝利した列の番号をセルO1に記録します。勝利した列とは、I1～L1の値の中で不純度が最も低いものです（私の場合は8番でした）。MATCHとINDEXの数式を組み合わせることで、このような検索を実行できます（これらの数式の詳細については、第1章を参照してください）。

```
=INDEX(I1:L1,0,MATCH(MIN(I10:L10),I10:L10,0))
```

MATCH(MIN(I10:L10),I10:L10,0)によって、行10で不純度が最も低い列を検索し、その値をINDEXに渡します。そしてINDEXで、勝利した特徴の適切なラベルを特定します。

同様にO2で、不純度が最も低い列の行6の値を参照して、0と1のどちらが妊娠と関連しているかを表示します。

```
=INDEX(I6:L6,0,MATCH(MIN(I10:L10),I10:L10,0))
```

図7-12で示されているように、勝利した決定株と妊娠と関連している方のノードが呼び出されます。

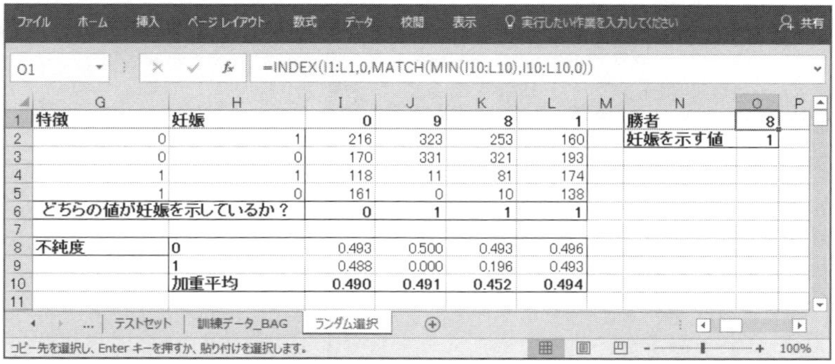

	G	H	I	J	K	L	M	N	O
1	特徴	妊娠	0	9	8	1		勝者	8
2	0	1	216	323	253	160		妊娠を示す値	1
3	0	0	170	331	321	193			
4	1	1	118	11	81	174			
5	1	0	161	0	10	138			
6	どちらの値が妊娠を示しているか？		0	1	1	1			
7									
8	不純度	0	0.493	0.500	0.493	0.496			
9		1	0.488	0.000	0.196	0.493			
10		加重平均	0.490	0.491	0.452	0.494			
11									

図7-12：4つの決定株から選び抜かれた勝者

■ 決定株を200個つくる

やれやれ。決定株を1つ作るのにも、多くの細かい作業が必要でした。ただ、もうすべての数式を用意したので、さらに数百個作るとしても、はるかに簡単に作成できます。

2つめの決定株はすぐに作成できます。しかしその前に、今作成した決定株を記録しておきましょう。O1〜O2をコピーして右のP1〜P2に値貼り付けしておいてください。

続いて新しい決定株を作成するため、[訓練データ_BAG]シートに戻り、行と列を再度シャッフルします。

[ランダム選択]シートに戻ります。はい、できあがり。勝者が変わりました。私の場合は葉酸でした。また妊娠と関連する値は1でした（図7-13を参照）。前の決定株が右側に記録されています。

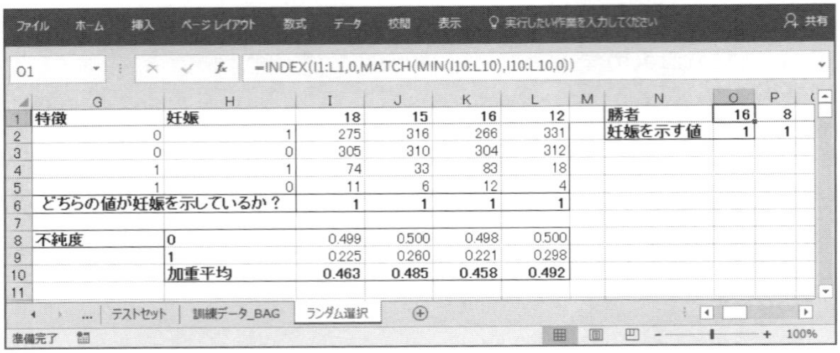

図7-13：データを再度シャッフルして新しい決定株を作成

この2つめの決定株を記録するため、列Pを右クリックして[挿入]を選択し、最初の決定株の値を右方向にシフトします。続いて新しい決定株を列Pに値貼り付けします。するとアンサンブルは図7-14になります。

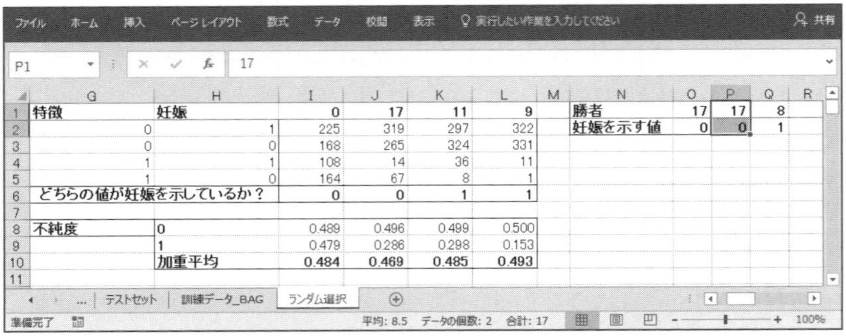

図7-14：2つになった決定株

さて、2つめの決定株は、確かに最初のものよりも時間はかかりませんでした。ここで困ったことがあります。

たとえば、このアンサンブルモデルに200個の決定株が必要だとしましょう。その場合、このような手順をあと198回繰り返す必要があります。不可能ではありませんが、面倒です。

そこで、自分の操作のマクロを記録して、そのマクロを実行することにしましょう。結局のところ、シャッフル操作はマクロに最適です。

マクロの記録を一度も行ったことがない方のために説明しておくと、マクロとは、腱鞘炎にならないように、一連の反復的なボタン操作を記録して、後から再生できるようにしたものにすぎません。

そこで、[表示]→[マクロ]（Macの場合は[ツール]→[マクロ]）の順に進み、[マクロの記録]を選択します。

するとウィンドウが開きます。ここでマクロに「**決定株の取得**」のような名前を付けます。また、便宜のために、ショートカットキーをマクロに関連付けておきましょう。ショートカットキーのボックスには「e」を入れることにします。今日はそんな気分だからです（図7-15を参照）。

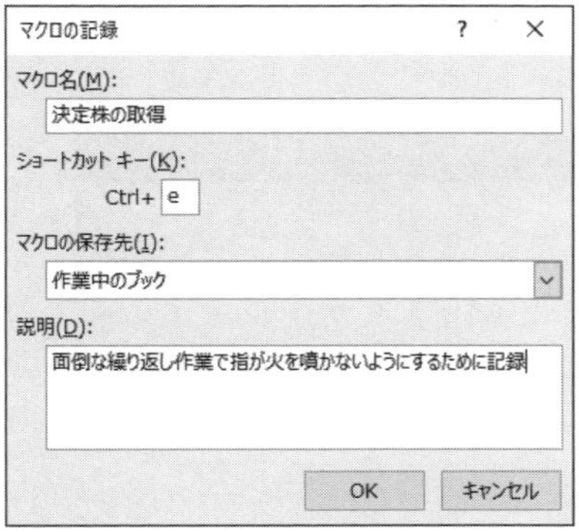

図7-15：マクロを記録する準備

［OK］をクリックして記録を開始します。完全な決定株を記録する手順を次に示します。

1. ［訓練データ_BAG］シートをクリックします。
2. 列AからSまでを範囲選択します。
3. 設定をカスタマイズして列を並び替えます。
4. A2〜V1002まで範囲選択します。
5. 設定をカスタマイズして行を並び替えます。
6. ［ランダム選択］シートをクリックします。

7. 列Pを右クリックして、新しい行を挿入します。

8. 勝利した決定株のO1とO2をコピーします。

9. ［形式を選択して貼り付け］でP1とP2に値貼り付けします。

［表示］→［マクロ］→［記録終了］（Macの場合は［ツール］→［マクロ］→［記録終了］）の順に選択して記録を終了します。

これで、ショートカットキーを1回押してマクロを有効にするだけで、新しい決定株を生成できるようになりました。これをあと198回ほど押し続けてください。

≫ バギングを行ったモデルを評価する

以上がバギングです。データをシャッフルし、サブセットを取り出し、単純な分類器を訓練することを何度も繰り返すだけです。アンサンブル内に多数の分類器が用意できたら、予測を行うことができます。

決定株のマクロを198回実行すると、［ランダム選択］シートは図7-16のようになります（読者の方の決定株は異なる可能性があります）。

図7-16：200個の決定株（HG列まであります）

■ テストセットでの予測

決定株の準備ができましたので、次はこの決定株全体にテストセットデータをかけます。［テストセット］シートを複製して、「**テストBAG**」という名前を付けます。

［テストBAG］シートに移動して、シートの一番上に2行を挿入して、決定株用のスペースを作ります。［ランダム選択］シートの決定株（決定株が200個の場合はP1:HG2）を［テストBAG］シートの列Wの上に貼り付けます。するとシートは図7-17のようになります。

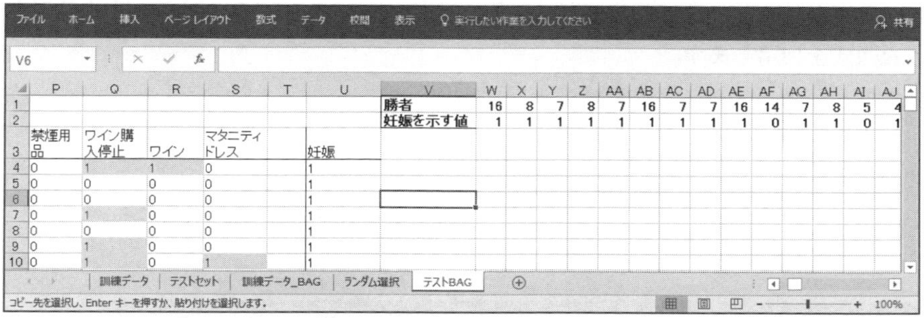

図7-17：［テストBAG］シートに決定株を追加

　テストセットの各行をそれぞれの決定株にかけます。まずはデータの最初の行（行4）を列 W の最初の決定株にかけます。OFFSET の数式を使用すると、W1に表示されている決定株の値を参照できます。もしその値が W2 と等しい場合、その決定株は顧客が妊娠中であることを予測していることになります。等しくない場合、その決定株は顧客が妊娠中でないことを予測していることになります。W4の数式は次のようになります。

```
=IF(OFFSET($A4,0,W$1)=W$2,1,0)
```

　この数式は、すべての決定株に対して、またシートの下の方までコピーできます（絶対参照を使用しています）。するとシートは図7-18のようになります。

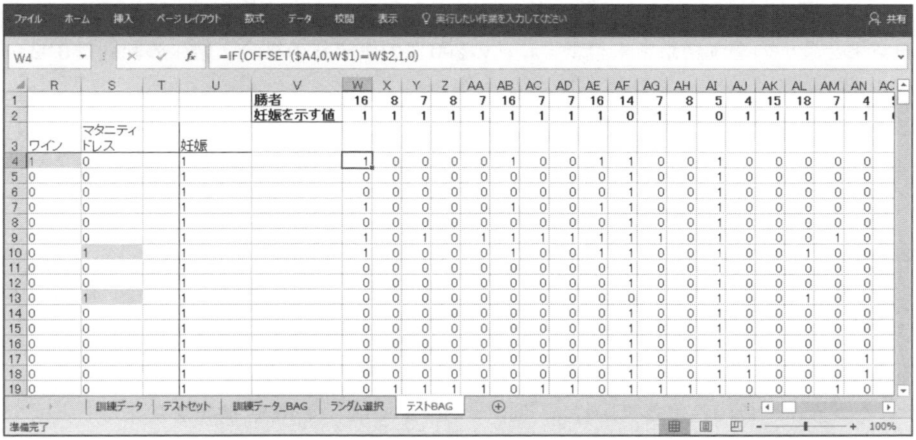

図7-18：［テストBAG］のデータセットで決定株を評価

妊娠のクラス確率を取得するため、左側の列 V で行の平均を出します。たとえば、200個の決定株がある場合、V4で次のような数式を使用します。

```
=AVERAGE(W4:HN4)
```

図7-19のように、この数式を列 V の下の方までコピーして、テストセットの各行の予測結果を出します。

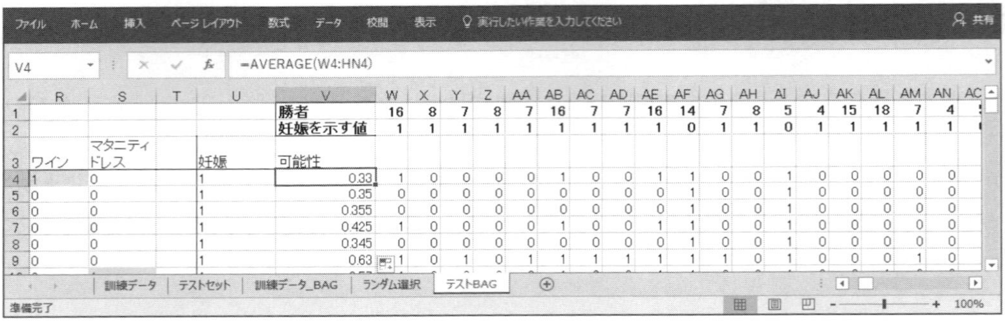

V4				fx	=AVERAGE(W4:HN4)																		
	R	S	T	U	V	W	X	Y	Z	AA	AB	AC	AD	AE	AF	AG	AH	AI	AJ	AK	AL	AM	AN	AC
1					勝者	16	8	7	8	7	16	7	7	16	14	7	8	5	4	15	18	7	4	5
2					妊娠を示す値	1	1	1	1	1	1	1	1	1	0	1	1	0	1	0	1	1	1	1
3	ワイン	マタニティ ドレス		妊娠	可能性																			
4	1	0		1	0.33	1	0	0	0	0	1	0	0	1	0	0	1	0	0	1	1	1		
5	0	0		1	0.35	0	0	0	0	0	0	0	0	0	0	0	0	0	0	0	0	0		
6	0	0		1	0.355	0	0	0	0	0	0	0	0	0	0	0	0	0	0	0	0	0		
7	0	0		1	0.425	1	0	0	0	0	0	0	0	1	0	0	0	0	0	0	0	0		
8	0	0		1	0.345	0	0	0	0	0	0	0	0	0	0	0	0	0	0	0	0	0		
9	0	0		1	0.63	1	1	1	1	1	1	1	1	1	0	1	0	0	0	1	1	1		

| 訓練データ | テストセット | 訓練データ_BAG | ランダム選択 | テストBAG |

準備完了

図7-19：各行の予測

■ パフォーマンス

これらの予測結果は、第6章で使用したパフォーマンス測定基準と同じものを使用して評価することができます。手法は第6章で説明したものとまったく同じであるため、その計算方法についてここでは細かく論じません。まず、「**バギング性能**」という名前の新規シートを作成します。第6章の時と同じく、最初の行で最大の予測結果と最小の予測結果を求めます。私の200個の決定株の場合、結果の範囲は0.02から0.75となりました。

列 B にカットオフ値の範囲を最小のものから最大のものまで並べます（私の場合、0.02ずつ増やしました）。適合率、特異度、偽陽性率、再現度は、すべて第6章と同じ方法で計算できます（詳細は第6章に戻って確認してください）。

するとシートは図7-20のようになります。

予測のカットオフ値が0.5の場合、つまり決定株の半分が「妊娠中である」に投票する場合、偽陽性率1パーセントで33パーセントの妊娠中の顧客を識別できます（あなたの結果は、アルゴリズムにランダム性があるため異なる場合があります）。単純な決定株にしてはかなり良い数値です。

また、第6章で行ったように、偽陽性率と真陽性率（列 E と F）を使用して ROC 曲線を加えることもできます。私の200個の決定株の場合、図7-21のようになりました。

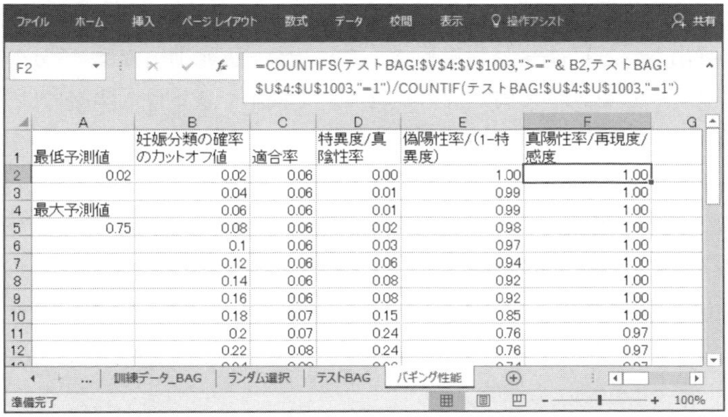

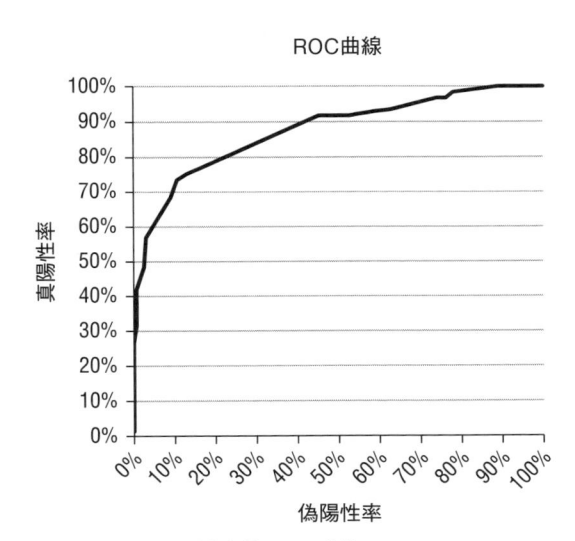

図**7-20**：バギングのパフォーマンス指標

ROC曲線

真陽性率 / 偽陽性率

図7-21：バギング決定株のROC曲線

■ パフォーマンス以外について

　このようなバギング決定株のモデルは、第10章で触れるRのrandomForestパッケージなど業界標準のパッケージでサポートされています。しかし、このような決定株と通常のランダムフォレストモデリングの設定には2つの相違点があるため、ここで説明しておきます。

- 基本的なランダムフォレストでは、通常、復元抽出が行われます。つまり、訓練データの同一の行が、1回以上ランダムサンプルに抽出される可能性があるということです。復元抽出では、3分の2に限定して抽出せずに、実際の訓練データセットと同じ数のレコードを抽出できます。実際には、復元抽出には優れた統計的性質がありますが、十分に大きいデータセットを使って作業をしている場合は、この2つの抽出方法に実質的な違いはありません。
- ランダムフォレストでは、デフォルトで、決定株ではなく完全な分類木が作成されます。完全な分類木では、データを2つのノードに分割した後、ある特徴を新たに選び、この2つのノードをさらに分割します。そしてこれを一定の停止基準に達するまで何度も行います。完全な分類木は、モデル化が可能な特徴の間に相互連関がある場合、決定株よりも優れています。

モデルの精度以外に話を進めるため、次にバギング手法の利点をいくつか挙げます。

- バギングは外れ値に強く、データに過剰適合しにくい傾向があります。過剰適合は、モデルがデータ内のシグナルだけでなく、ノイズにも適合してしまったときに発生します。
- 訓練プロセスは並行して実行できます。個々の弱学習器の訓練は、前の弱学習器の訓練に従属していないためです。
- この種のモデルは大量の決定変数を扱うことができます。

MailChimp でスパムと迷惑行為の予測に使用しているモデルは、ランダムフォレストモデルです。このモデルの訓練は、およそ100億行の生データを使用して並行して行います。このような処理は Excel には向きませんし、もちろんマクロを使って行ったりもしません。

私は randomForest パッケージで R プログラミング言語を使用しています。これについては、もしこれらのモデルのいずれかを組織で作成したいなら、次のステップとして学習することを強くお勧めします。実際、本章のモデルは、randomForest パッケージで復元抽出をオフにして、決定木の最大ノード数を2に設定するだけで実現できます（第10章を参照）。

↗ ブースティング：間違えたら、とにかく もう一度ブースティングしよう

バギングを行う理由は何だったでしょうか？

大量の決定株をデータセット全体で何度も訓練すれば、それらは同じものになってしまいます。データセットをランダムに選択することで、決定株にある程度のばらつきが導入され、最終的に訓練データ

の微妙な違いが取り込まれます。これは1つの決定株では決してできないことです。

さて、バギングがランダム選択で行うことを、ブースティングは重みで行います。ブースティングでは、データセットの一部をランダムに抽出することは行いません。訓練の各イテレーションではデータセット全体を使用します。ブースティングは、各イテレーションで、前の決定株が犯した失敗を解決するように決定株を訓練することに重点を置いています。手順は次のような形です。

- まず、訓練データの各行をまったく同じように集計します。各行の重みはどれも同じです。本書で使用している訓練データは1,000行あるので、最初はいずれの行も重みは0.001です。つまり重みは合計すると1になります。
- データセット全体の各特徴を評価して、最良の決定株を選択します。ただしブースティングでは、バギングとは違い、勝者とする決定株は「重み付け誤差」が最も低いものです。決定株候補が予測を誤った場合、予測を誤った行の重みと等しい分だけ決定株にペナルティーを与えます。これらのペナルティーの合計が重み付け誤差です。重み付け誤差が最も低い決定株を選択します。
- 重みは調整されます。選択した決定株が正確に行を予測した場合は、行の重みを減らします。選択した決定株が行の予測に失敗した場合は、その行の重みを増やします。
- 新しい重みを使用して決定株を新たに訓練します。こうすることで、アルゴリズムが進むにつれて、前の決定株が正しく判別しなかった訓練データ内の行に的が絞られていきます。決定株の訓練は、重み付け誤差が一定のしきい値を超えるまで続けます。

この説明にはあいまいな部分があるように見えますが、シート上で見ればきわめて明白にわかります。それではデータを見てみましょう。

≫ モデルを訓練する—すべての特徴をターゲットに

ブースティングでは、それぞれの特徴が各イテレーションで決定株の候補になります。今回は4つの特徴を選び出すことはしません。

まず、「**ブースト決定株**」という名前のシートを作成します。そこに、[ランダム選択] シートのG1〜H5にある特徴と予測応答の値の組み合わせを貼り付けます。

これらの値の横の行1に、特徴のインデックスの値(0〜18)を貼り付けます。するとシートは図7-22のようになります。

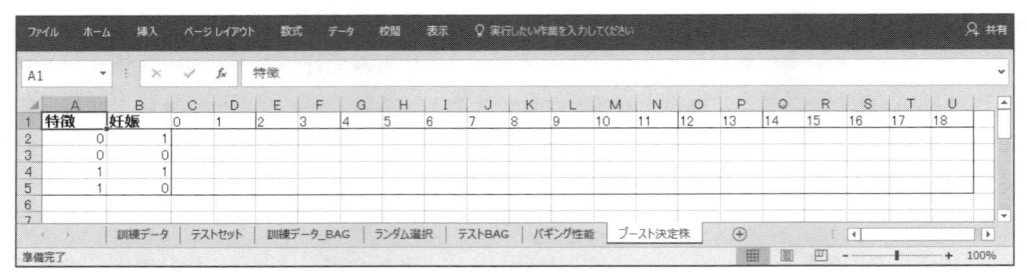

図7-22：［ブースト決定株］シートの最初の状態

　バギングのプロセスと同じように、それぞれのインデックスの下に、列AとBにある特徴の値と独立変数の値の4つの組み合わせに該当する訓練データセットの行の数を合計する必要があります。

　まずC2（特徴インデックス0）のセルに、特徴の値が0であり、かつ妊娠中に該当する訓練データ行の数を合計します。この数はCOUNTIFS関数を使用して集計できます。

```
=COUNTIFS(訓練データ!A$3:A$1002,$A2,訓練データ!$U$3:$U$1002,$B2)
```

　この数式には絶対参照を使用しているため、U5までコピーできます。するとシートは図7-23のようになります。

	A	B	C	D	E	F	G	H	I	J	K	L	M	N	O	P	Q	R	S	T	U
1	特徴	妊娠	0	1	2	3	4	5	6	7	8	9	10	11	12	13	14	15	16	17	18
2	0	1	327	231	254	293	431	481	472	396	388	483	486	444	476	425	478	447	394	480	389
3	0	0	272	274	258	287	494	379	387	498	484	499	496	487	494	483	425	493	476	397	480
4	1	1	173	269	246	207	69	19	28	104	112	17	14	56	24	75	22	53	106	20	111
5	1	0	228	226	242	213	6	121	113	2	16	1	4	13	6	17	75	7	24	103	20
6																					

図7-23：各特徴により訓練データがどのように分けられるか集計

　バギングの時と同じように、C6のセルで、特徴インデックス0について、特徴の値0および特徴の値1と関連する妊娠者の割合をそれぞれ調べることで、妊娠中であることと関連する値を判定します。

```
=IF(C2/(C2+C3)>C4/(C4+C5),0,1)
```

これについても行Uまでコピーできます。

次に、列Bに各データポイントの重みを入力します。まずB9に「現在の重み」というラベルを入力します。そしてその下に、訓練データの1,000行に合わせ、B1009まで0.001を入力します。行9に特徴名を[訓練データ]のシートからコピーして貼り付けて、それぞれの特徴名を把握できるようにしておきます。するとシートは図7-24のようになります。

決定株候補それぞれについて、重み付け誤差の割合を算出する必要があります。これは、誤って分類された訓練データ行を特定して、重みに応じて各決定株にペナルティーを課すことで行います。

たとえば、C10で訓練データ行の特徴インデックス0の最初の行の値（[訓練データ]シートのA3）を参照して、この値がC6の妊娠者を示す値と一致したならば、その行が妊娠者のデータでなかった場合にペナルティー（B10の重み）を課します。特徴の値がC6と一致しなかったならば、その行が妊娠者のデータであった場合にペナルティーを課します。この場合、次の2つのIF文を使用することになります。

```
=IF(AND(訓練データ!A3=C$6,訓練データ!$U3=0),$B10,0)+IF(AND(訓練データ!A3<>C$6,訓練データ!$U3=1),$B10,0)
```

この数式には絶対参照を使用しているため、U1009までコピーできます。各決定株候補の重み付け誤差は行7で算定するとよいでしょう。セルC7の重み付け誤差の計算式は次のようになります。

```
=SUM(C10:C1009)
```

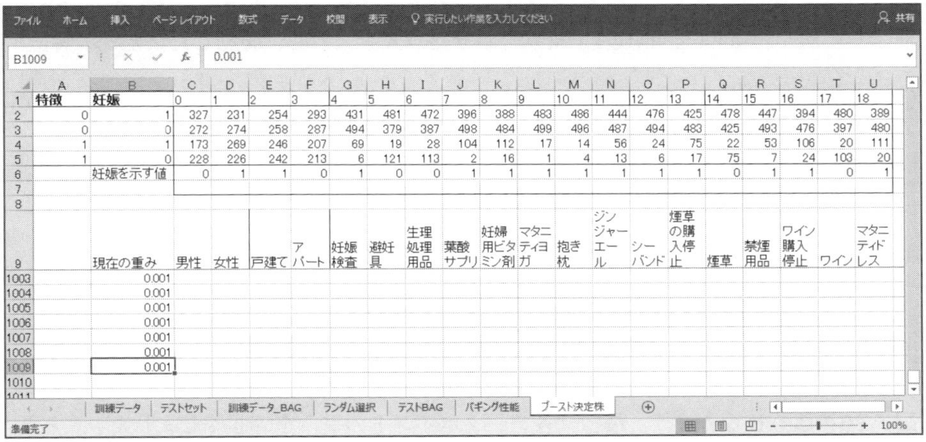

図7-24：訓練データ各行の重み

この式を U7 までコピーして、各決定株の重み付け誤差を出します（図7-25を参照）。

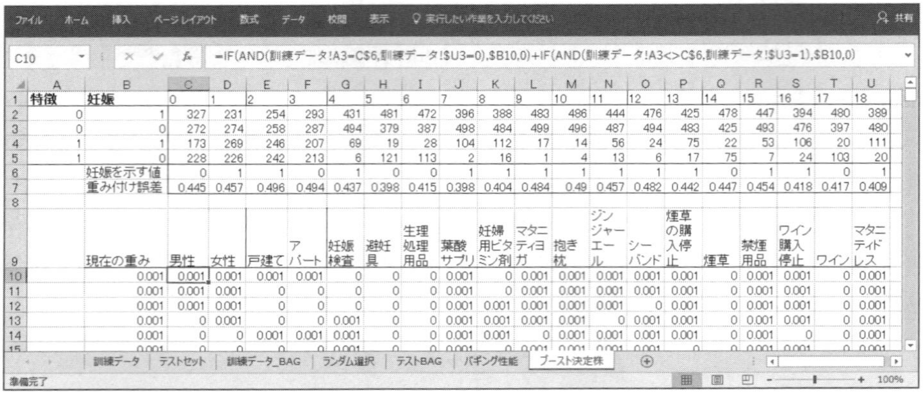

| ファイル | ホーム | 挿入 | ページレイアウト | 数式 | データ | 校閲 | 表示 | ♀ 実行したい作業を入力してください | | | | | | | | | | | 凡 共有 |

C10 `=IF(AND(訓練データ!A3=C$6,訓練データ!$U3=0),$B10,0)+IF(AND(訓練データ!A3<>C$6,訓練データ!$U3=1),$B10,0)`

	A	B	C	D	E	F	G	H	I	J	K	L	M	N	O	P	Q	R	S	T	U
1	特徴	妊娠	0	1	2	3	4	5	6	7	8	9	10	11	12	13	14	15	16	17	18
2	0	1	327	231	254	293	431	481	472	396	388	483	486	444	476	425	478	447	394	480	389
3	0	0	272	274	258	287	494	379	387	498	484	499	496	487	494	483	425	493	476	397	480
4	1	1	173	269	246	207	69	19	28	104	112	17	14	56	24	75	22	53	106	20	111
5	1	0	228	226	242	213	6	113	2	16	1	4	13	6	17	75	7	24	103	20
6		妊娠を示す値	0	1	1	1	0	1	0	1	1	1	1	1	1	1	1	1	0	1	1
7		重み付け誤差	0.445	0.457	0.496	0.494	0.437	0.398	0.415	0.398	0.404	0.484	0.49	0.457	0.482	0.442	0.447	0.454	0.418	0.417	0.409
8																					
9		現在の重み	男性	女性	戸建て	アパート	妊娠検査	避妊具	生理処理用品	葉酸サプリ	妊婦用ビタミン剤	マタニティヨガ	抱き枕	ジンジャーエール	シーバンド	煙草の購入停止	禁煙	禁煙用品	ワイン購入停止	ワインレス	マタニティドレス
10		0.001	0.001	0.001	0.001	0.001	0	0	0	0.001	0	0.001	0.001	0.001	0.001	0.001	0	0.001	0.001	0	0.001
11		0.001	0.001	0.001	0	0	0	0	0	0.001	0	0.001	0.001	0.001	0.001	0.001	0	0.001	0.001	0	0.001
12		0.001	0.001	0.001	0	0	0	0	0	0.001	0	0.001	0.001	0	0.001	0.001	0	0.001	0.001	0	0.001
13		0.001	0	0.001	0	0	0	0	0	0.001	0	0.001	0.001	0	0.001	0.001	0	0.001	0.001	0	0.001
14		0.001	0	0	0.001	0.001	0.001	0	0	0.001	0	0.001	0.001	0	0.001	0.001	0	0.001	0.001	0	0.001
15		0.001	0	0	0	0	0	0	0.001	0.001	0	0.001	0.001	0	0.001	0.001	0	0.001	0.001	0	0.001

訓練データ　テストセット　訓練データ_BAG　ランダム選択　テストBAG　バギング性能　ブースト決定株　⊕

準備完了

図7-25：各決定株の重み付け誤差の計算

■ 集計して勝者を決める

セル W1 に「**勝利した誤差**」というラベルを入力します。また X1 で、最も低い重み付け誤差の値を検索します。

```
=MIN(C7:U7)
```

バギングの時と同じく、X2 に INDEX と MATCH を組み合わせた数式を入力し、勝利した決定株の特徴インデックスを取得します。

```
=INDEX(C1:U1,0,MATCH(X1,C7:U7,0))
```

同様に X3 で、INDEX と MATCH を使用して、妊娠と関連するその決定株の値を取得します。

```
=INDEX(C6:U6,0,MATCH(X1,C7:U7,0))
```

するとシートは図7-26のようになります。最初は各データポイントの重みを等しくしました。すると、特徴インデックス5がトップの決定株に選ばれました。妊娠中であることを示す値は0です。［訓練デー

タ］シートに戻ると、これは避妊具であることがわかります。

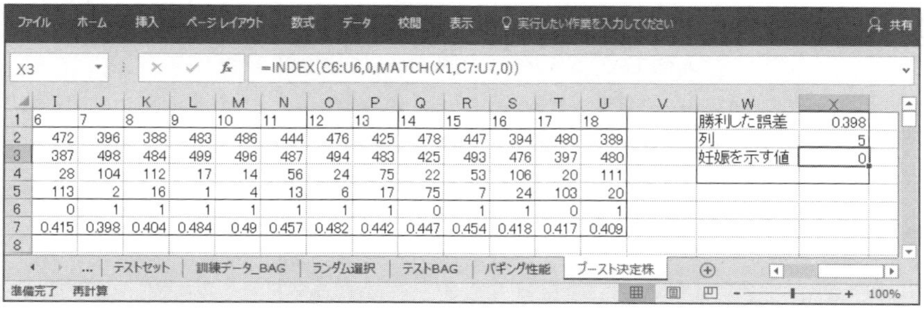

図7-26：ブースティングを行った決定株の最初の勝者

■ 決定株のアルファ値を計算する

　ブースティングでは、前の決定株によって誤った分類にされた訓練データの列に対して重みを与えます。ブースティングプロセスの最初の決定株は、より一般的に効果を発揮するものです。一方、訓練プロセスの最後の決定株は、より特殊化されたものになります。重みが変わり、訓練データ内の迷惑な箇所に集中するためです。

　特殊化された重みを持つこれらの決定株により、モデルはデータセット内の異常な箇所に適合したものになります。しかしそうすることで、重み付け誤差は、ブースティングプロセスの最初の決定株の重み付け誤差よりも大きいものになります。重み付け誤差の増大に伴い、決定株がモデルに貢献する全体的な改善効果は低下していきます。ブースティングでは、この関係をアルファという値を使って定量化します。

　　　アルファ = 0.5 * ln((1 − 決定株の重み付け誤差の合計)/決定株の重み付け誤差の合計)

　決定株の重み付け誤差の合計が増えるに従い、自然対数関数の内部の小数部が小さくなり、1に近づいていきます。1の自然対数は0であるため、アルファ値は徐々に小さくなっていきます。シートを使ってこれを確認しましょう。

　セルW4に「**アルファ**」というラベルを入力します。X4で、セルX1の重み付け誤差をアルファの計算式にかけます。

```
=0.5*LN((1-X1)/X1)
```

最初のこの決定株では、アルファ値0.207が最終的に得られました（図7-27を参照）。

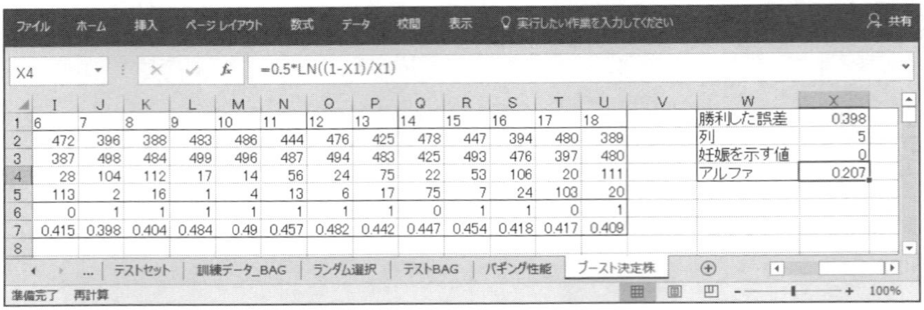

図7-27：最初のブースティングイテレーションのアルファ値

　このようなアルファ値は正確にはどのように使用されるのでしょうか？　バギングでは、それぞれの決定株は予測をする際に0か1で投票を行いました。ブースティングを行った決定株を使って予測する場合、各分類器は、0や1ではなく、当該の行の顧客が妊娠中であると判別した場合にアルファを出し、妊娠中でないと判別した場合に負のアルファを出します。したがって、最初のこの決定株をテストセットに対して使用すると、避妊具を購入しなかった顧客の場合は0.207ポイントが出され、購入した顧客の場合は -0.207ポイントが出されます。アンサンブルモデルの最終予測は、これらの正と負のアルファ値をすべて合計したものになります。

　この後お見せするとおり、総合的な妊娠予測を判定するために、個々の決定株の合計スコアに対してカットオフ値を設定します。各決定株は、予測に貢献するものとして、正か負のアルファ値のどちらかを返すため、通常は妊娠の分類しきい値には0が使用されますが、精度のニーズに応じて調整することもできます。

■ 重み付けを調整する

　1つの決定株が終わりましたので、次は訓練データの重みを調整します。これを行うために、この決定株が正しく判別した行と誤って判別した行を把握する必要があります。

　そこで列 V の V9に「**誤り**」というラベルを入力します。V10で、OFFSET の数式と、勝利した決定株の列のインデックス（X2）を使用して、訓練データ行の重み付け誤差を検索します。誤差が0でない場合、決定株はその行について誤っていることになるので、誤りを1に設定します。

```
=IF(OFFSET($C10,0,$X$2)>0,1,0)
```

この数式は訓練データ行の下までコピーできます（絶対参照を使用しています）。

さて、この決定株の元の重みは列Bにあります。誤りの列で1に設定した行に基づいて重みを調整するには、元の重みとexp（アルファ× 誤り）を掛けます（expは、第6章でロジスティック回帰解析を実行したときに使用した指数関数です）。

誤り列の値が0の場合、exp（アルファ× 誤り）は1になり、重みは変わりません。

誤りが1の場合、exp（アルファ× 誤り）は1より大きい値になるため、重み全体が増大します。列Wに「**アルファによる加重**」というラベルを入力し、W10でこの新しい重みを次の式で計算します。

```
=$B10*EXP($V10*$X$4)
```

この式をデータセットの下までコピーします。

残念ながら、この新しい重みを合計すると、前の重みのように1にはなりません。そのため標準化する必要があります（つまり合計したときに1になるように調整します）。そこで、X9に「**標準化**」というラベルを入力し、X10で増大した新しい重みを、新しい重みの合計で割ります。

```
=W10/SUM(W$10:W$1009)
```

こうすることで、新しい重みの合計が1になります。この数式を下までコピーします。するとシートは図7-28のようになります。

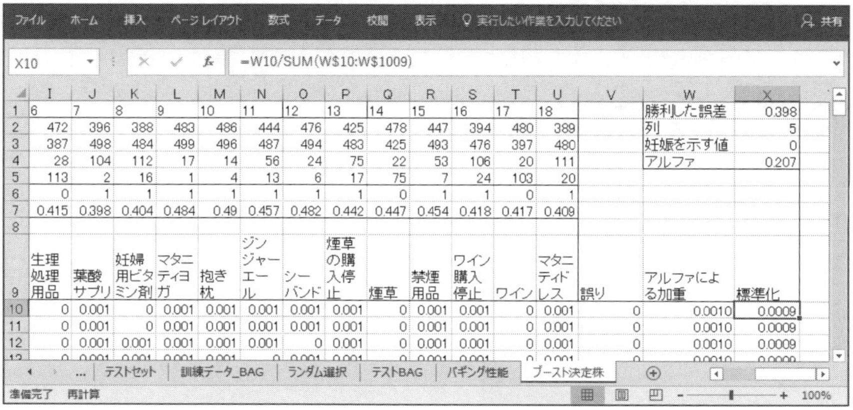

	I	J	K	L	M	N	O	P	Q	R	S	T	U	V	W	X
1	6	7	8	9	10	11	12	13	14	15	16	17	18		勝利した誤差	0.398
2	472	396	388	483	486	444	476	425	478	447	394	480	389		列	5
3	387	498	484	499	496	487	494	483	425	493	476	397	480		妊娠を示す値	0
4	28	104	112	17	14	56	24	75	22	53	106	20	111		アルファ	0.207
5	113	2	16	1	4	13	6	17	75	7	24	103	20			
6	0	1	1	1	1	1	1	1	0	1	1	0	1			
7	0.415	0.398	0.404	0.484	0.49	0.457	0.482	0.442	0.447	0.454	0.418	0.417	0.409			
8																
9	生理処理用品	葉酸サプリ	妊婦用ビタミン剤	マタニティヨガ	抱き枕	ジンジャーエール	シーバンド	煙草の購入停止	煙草	禁煙用品	ワイン購入停止	ワイン	マタニティドレス	誤り	アルファによる加重	標準化
10	0	0.001	0	0.001	0.001	0.001	0.001	0.001	0	0.001	0.001	0	0.001	0	0.0010	0.0009
11	0	0.001	0	0.001	0.001	0.001	0.001	0.001	0	0.001	0.001	0	0.001	0	0.0010	0.0009
12	0	0.001	0.001	0.001	0.001	0.001	0	0.001	0	0.001	0.001	0	0.001	0	0.0010	0.0009

図7-28：新しい重みの計算

■ 何度も何度も繰り返す

さて、2つめの決定株を作る準備が整いました。まず、前のイテレーションで勝利した決定株のデータを、X1〜X4からY1〜Y4に値貼り付けします。

次に、新しい重みを列Xから列Bに値貼り付けします。シート全体が更新され、新しい重みのセットに最も適した決定株が選ばれます。図7-29のとおり、2回目に勝利した決定株はインデックス7（葉酸サプリ）で、妊娠中であることを示す値は1となりました。

この決定株は、バギングのプロセスの時とほぼ同じ方法で200個訓練できます。列Yを新しく挿入し、X1〜X4の値をY1〜Y4に値貼り付けして、重みを行Xから行Bに値貼り付けするマクロを記録します。

200回のイテレーション後、重み付け誤差の割合は0.5近くまで上昇し、アルファ値は0.005まで減少しているでしょう（図7-30を参照）。最初の決定株のアルファ値は0.2でした。これはつまり、投票プロセスにおいてこれらの最終的な決定株が持つ力が、最初の決定株の40分の1になったということです。

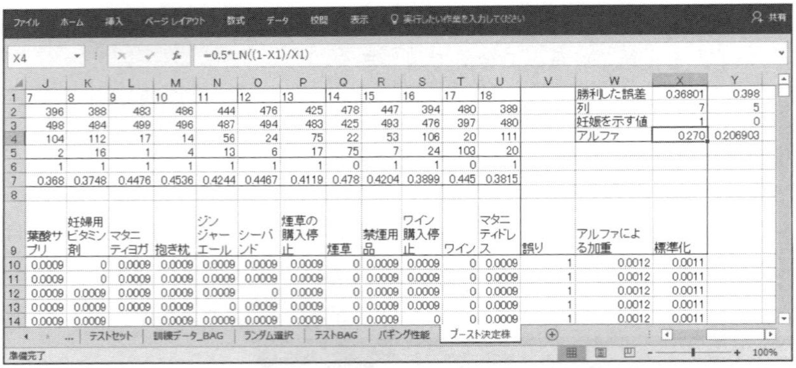

図7-29：2個目の決定株

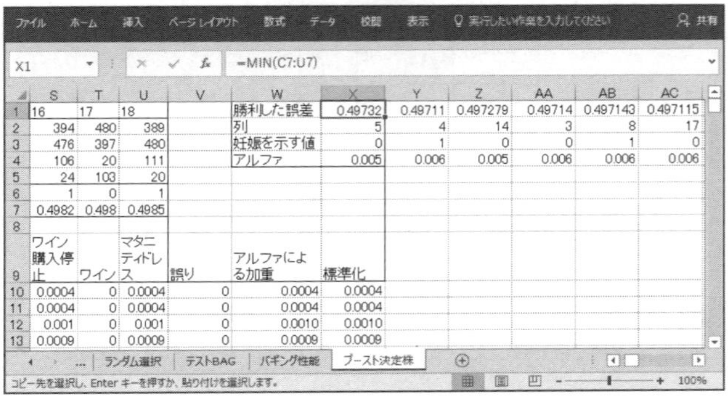

図7-30：200個目の決定株

≫ ブースティングモデルを評価する

　以上です。ブースティングを使った決定株モデルの訓練はこれで完了しました。パフォーマンス指標を確認することで、バギングを行ったモデルと比較することができます。比較のためには、まずテストセットデータに対してモデルを使用し、予測を行う必要があります。

■ テストセットでの予測

　最初に、［テストセット］シートを複製して、［テストブースト］と名前を付けます。一番上に4行の空行を挿入して、勝利した決定株のためのスペースを作ります。［ブースト決定株］シートの決定株（私の場合は200個すべて）をラベルごとコピーし、［テストブースト］シートのセルV1から値貼り付けします。するとシートは図7-31のようになります。

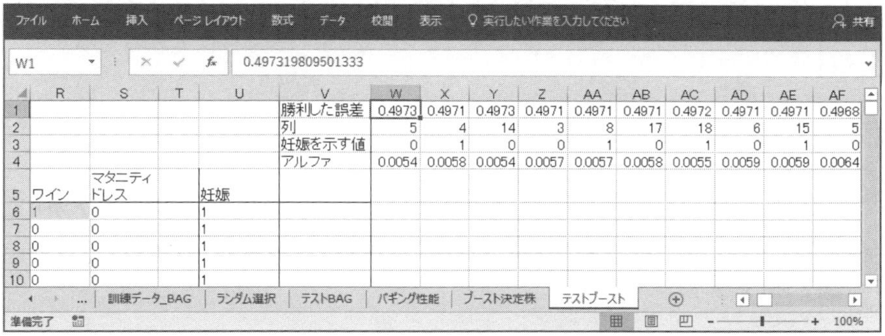

図7-31：［テストブースト］に貼り付けた決定株

　続いてW6で、バギングモデルと同様に、OFFSETを使用し、テストデータの1行目で最初の決定株を評価します。ただし今回は、妊娠中であると予測された場合は決定株のアルファ値（セルW4）が返され、妊娠中でないと予測された場合は負のアルファ値が返されます。

```
=IF(OFFSET($A6,0,W$2)=W$3,W$4,-W$4)
```

　この数式をすべての決定株に対してコピーし、さらにテストデータ行の一番下までコピーします（図7-32を参照）。1つの行について予測を行うため、各決定株の予測すべての値を合計します。

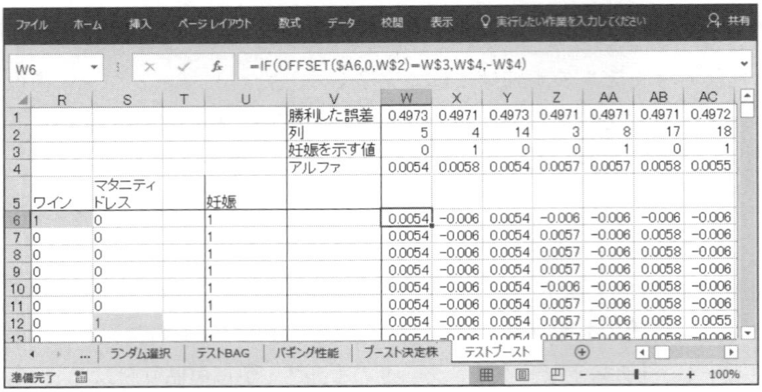

ファイル ホーム 挿入 ページレイアウト 数式 データ 校閲 表示 実行したい作業を入力してください 共有

W6 =IF(OFFSET($A6,0,W$2)=W$3,W$4,-W$4)

	R	S	T	U	V	W	X	Y	Z	AA	AB	AC
1					勝利した誤差	0.4973	0.4971	0.4973	0.4971	0.4971	0.4971	0.4972
2					列	5	4	14	3	8	17	18
3					妊娠を示す値	0	1	0	0	1	0	1
4					アルファ	0.0054	0.0058	0.0054	0.0057	0.0057	0.0058	0.0055
5	ワイン	マタニティドレス		妊娠								
6	1	0		1		0.0054	-0.006	0.0054	-0.006	-0.006	-0.006	-0.006
7	0	0		1		0.0054	-0.006	0.0054	0.0057	-0.006	0.0058	-0.006
8	0	0		1		0.0054	-0.006	0.0054	0.0057	-0.006	0.0058	-0.006
9	0	0		1		0.0054	-0.006	0.0054	0.0057	-0.006	0.0058	-0.006
10	0	0		1		0.0054	-0.006	0.0054	-0.006	-0.006	0.0058	-0.006
11	0	0		1		0.0054	-0.006	0.0054	0.0057	-0.006	0.0058	-0.006
12	0	1		1		0.0054	-0.006	0.0054	0.0057	-0.006	0.0058	0.0055

… ランダム選択 テストBAG バギング性能 ブースト決定株 テストブースト

準備完了 100%

図7-32：テストデータの各行に対する各決定株の予測

V5に「**スコア**」というラベルを入力します。続いてV6で、右側の予測結果を単純に合計してスコアを出します。

```
=SUM(W6:HN6)
```

この数式を下の方までコピーします。するとシートは図7-33のようになります。列Vのスコアが0を超えている場合は、「妊娠中でない」ではなく「妊娠中である」の方向に傾いたアルファ加重予測がより多いことを意味しています（図7-33を参照）。

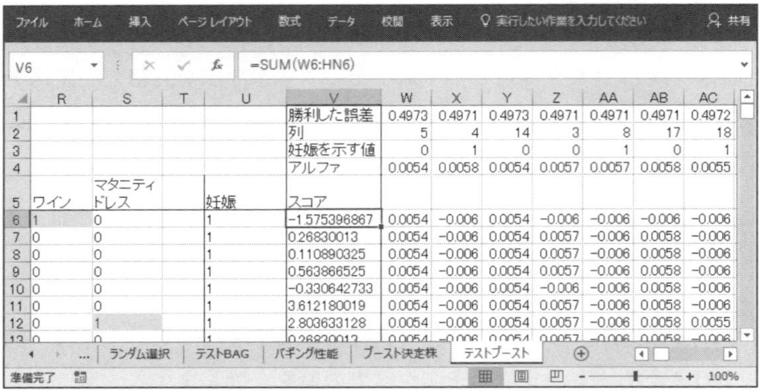

ファイル ホーム 挿入 ページレイアウト 数式 データ 校閲 表示 実行したい作業を入力してください 共有

V6 =SUM(W6:HN6)

	R	S	T	U	V	W	X	Y	Z	AA	AB	AC
1					勝利した誤差	0.4973	0.4971	0.4973	0.4971	0.4971	0.4971	0.4972
2					列	5	4	14	3	8	17	18
3					妊娠を示す値	0	1	0	0	1	0	1
4					アルファ	0.0054	0.0058	0.0054	0.0057	0.0057	0.0058	0.0055
5	ワイン	マタニティドレス		妊娠	スコア							
6	1	0		1	-1.575396867	0.0054	-0.006	0.0054	-0.006	-0.006	-0.006	-0.006
7	0	0		1	0.26830013	0.0054	-0.006	0.0054	0.0057	-0.006	0.0058	-0.006
8	0	0		1	0.110890325	0.0054	-0.006	0.0054	0.0057	-0.006	0.0058	-0.006
9	0	0		1	0.563866525	0.0054	-0.006	0.0054	0.0057	-0.006	0.0058	-0.006
10	0	0		1	-0.330642733	0.0054	-0.006	0.0054	-0.006	-0.006	0.0058	-0.006
11	0	0		1	3.612180019	0.0054	-0.006	0.0054	0.0057	-0.006	0.0058	-0.006
12	0	1		1	2.803633128	0.0054	-0.006	0.0054	0.0057	-0.006	0.0058	0.0055

… ランダム選択 テストBAG バギング性能 ブースト決定株 テストブースト

準備完了 100%

図7-33：ブースティングを行ったモデルによる最終予測

■ パフォーマンスを算定する

テストセットでブースティングを行ったモデルのパフォーマンスを測定するには、［バギング性能］シートを複製して「**ブースティング性能**」という名前を付け、数式の参照先を［テストブースト］の行6～行1005に変えて、カットオフ値をブースティングにより生成された最低スコアから最高スコアの範囲に設定します。私の場合、最小の予測スコア -8から最大の予測スコア4.5までの間で、カットオフ値を0.25ずつ増やしました。すると［ブースティング性能］シートは図7-34のようになります。

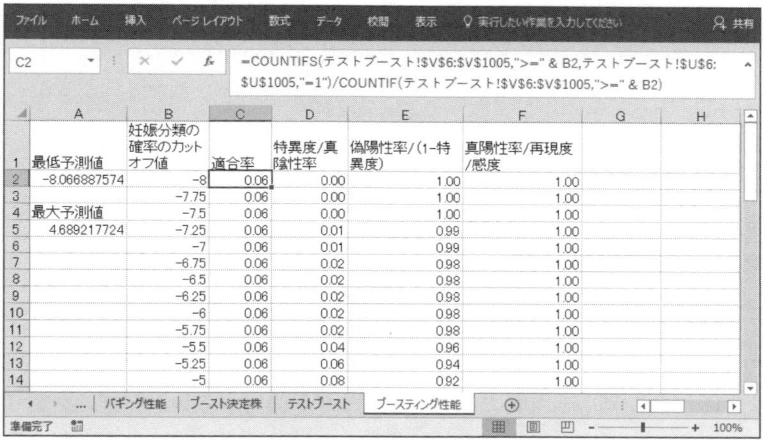

C2: =COUNTIFS(テストブースト!$V$6:$V$1005,">=" & B2,テストブースト!$U$6:$U$1005,"=1")/COUNTIF(テストブースト!$V$6:$V$1005,">=" & B2)

	A	B	C	D	E	F	G	H
1	最低予測値	妊娠分類の確率のカットオフ値	適合率	特異度/真陰性率	偽陽性率/(1-特異度)	真陽性率/再現度/感度		
2	-8.066887574	-8	0.06	0.00	1.00	1.00		
3		-7.75	0.06	0.00	1.00	1.00		
4	最大予測値	-7.5	0.06	0.00	1.00	1.00		
5	4.689217724	-7.25	0.06	0.01	0.99	1.00		
6		-7	0.06	0.01	0.99	1.00		
7		-6.75	0.06	0.02	0.98	1.00		
8		-6.5	0.06	0.02	0.98	1.00		
9		-6.25	0.06	0.02	0.98	1.00		
10		-6	0.06	0.02	0.98	1.00		
11		-5.75	0.06	0.02	0.98	1.00		
12		-5.5	0.06	0.04	0.96	1.00		
13		-5.25	0.06	0.06	0.94	1.00		
14		-5	0.06	0.08	0.92	1.00		

図7-34：ブースティングを行った決定木のパフォーマンス指標

このモデルでは、カットオフ値0に該当するスコアの場合、真陽性率は85％で、偽陽性率はわずか27％です。200個の愚かな決定株にしては悪くない結果です。

第6章と同様に、ブースティングを行ったモデルのROC曲線を、バギングを行ったモデルのROC曲線に加えて比較します。図7-35のとおり、どちらも200個の決定株の場合、グラフ上の多くの箇所で、ブースティングを行ったモデルがバギングを行ったモデルのパフォーマンスを上回っています。

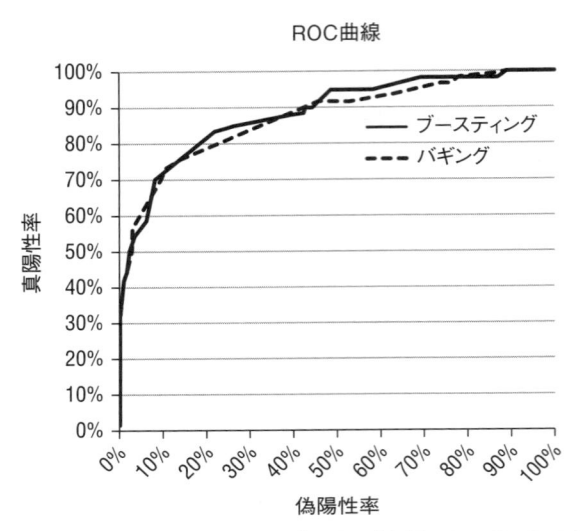

図7-35：ブースティングおよびバギングを行ったモデルのROC曲線

■ パフォーマンス以外について

　一般的に、ブースティングでは、優れたモデルを作成するのに必要となる決定木の数がバギングよりも少なくなります。実際には、ブースティングはバギングよりも普及していません。データを過剰に適合させてしまうリスクが若干高いためです。訓練データの毎回の重み付け調整は、前のイテレーションで誤って分類された箇所を基に行うため、データ内の数か所のノイズに過剰に反応した分類器を訓練してしまうことがあります。

　また、データの重み付けを繰り返すということは、バギングとは違って、複数のコンピューターやCPU コアで並列処理できないということでもあります。

　とはいえ、優れたブースティングを行ったモデルと優れたバギングを行ったモデルを互角に戦わせた場合、バギングを行ったモデルが勝利することは困難です。

↗ Wrapping Up

　ここまで見てきたとおり、大量の単純なモデルをバギングやブースティングで組み合わせることで、アンサンブルモデルを作成することができます。この2つのアプローチは1990年代半ばまで知られていませんでしたが、今日ではビジネスで最も利用されているモデリング技術となっています。

　さらに、弱学習器として使用するモデルならば、どのようなものでもブースティングやバギングを行

うことができます。モデルは決定株や決定木である必要はありません。たとえば、第3章で扱ったような
ナイーブベイズモデルのブースティングが最近よく話題になることがあります。

　第10章では、R プログラミング言語を使用しながらこの章で扱った内容の一部を実践します。

　このようなアルゴリズムについてさらに詳しく知りたい方は、『統計的学習の基礎—データマイニン
グ・推論・予測—』(Trevor Hastie、Robert Tibshirani、Jerome Friedman 著／英語版：Springer、2009年
／日本語版：共立出版、2014年) をお読みになることをお勧めします。

第 **8** 章

予想：当たらなくても
一息ついて落ち着こう

第 3章、第6章、第7章で見たとおり、教師あり機械学習では、過去のデータで訓練したモデルを使用して、値を予測したり観測データを分類したりしました。予想も同様です。もちろん、データがなくても予想はできます（星占いはいかがでしょうか？）。しかし定量的な予想では、過去のデータは将来の結果を予測するために使用します。たしかに、回帰（第6章で紹介）など、一部の手法はどちらの分野でも共通して使用されています。

しかし、予想と教師あり機械学習が大きく違うのは、それぞれの基本的な問題領域です。通常の予想問題では、何らかの経時的なデータポイント（売上、需要、供給、GDP、炭素排出量、人口など）を取り上げて、そのデータが将来どうなるかを予想します。その際、トレンドやサイクルの存在や偶発的な天災の発生により、将来のデータが過去に観測された範囲を大きく外れることがあります。

予想の問題点はそこにあります。第6章や第7章では、妊娠中の女性はおおよそ同じものを購入していましたが、そのような場合とは異なり、予想は、将来が過去とはまったく違うものになりやすい状況下で使用されます。

優れた住宅需要の予想ができたと思っても、住宅バブルが崩壊すれば、その予想はもう役に立ちません。優れた需要の予想ができたと思っても、洪水でサプライチェーンが混乱すれば、供給が限られて価格を上げざるを得なくなり、売上は完全に落ち込んでしまいます。将来の一連のデータは、これまで観測されたデータとは異なる可能性があり、また実際に異なるものになるでしょう。

予想において唯一確かなことは、予想は外れるということです。予想の世界では、そのような言葉をよく耳にするでしょう。しかし、だからといって試さないということにはなりません。ビジネスの計画に関して言えば、多く場合、何らかの予想が必要です。MailChimp は爆発的な成長が続くかもれませんし、またはアトランタの地下に穴が空き、それに飲み込まれてしまうかもしれません。それでも、当社のインフラストラクチャと人材パイプラインを計画できるよう、できる限り成長を予想する努力を行っています。遅れを取り戻すようなことはしたくないですからね。

本章でこれから見るとおり、将来を予想する一方で、予想に関する不確実性を定量化することもできます。予測区間を設けて予想の不確実性を定量化することは、きわめて重要であるにもかかわらず、予想の世界では無視されることが少なくありません。

ある博識な予想家が言ったように、「優れた予想家というのは、他の人よりも賢いわけではなく、自分が知らないことを整理するのが上手いだけ」です。

前置きはこれくらいにして、知らないことの整理に取り掛かりましょう。

↗ 剣の販売で大忙し

自分がもし『ロード・オブ・ザ・リング』の熱狂的なファンであったらと想像してみてください。何年も前に一作目の長編映画が公開されたときは、人工のホビットの足を身に付けて、初回のレイトショーを観るため何時間も行列に並んだことでしょう。映画を観たらすぐに掲示板上での会話に参加し、フロドは鷲に乗って滅びの山に行くことが可能だったかどうか議論をしたことでしょう。

ある日、何かお返しをしようと考えました。地域のコミュニティカレッジで金属加工のコースを取り、自分で剣の手作りを始めました。本に登場するお気に入りの剣は「西方の焔」、アンドゥリルです。手作りの鍛冶場で重たい幅広の剣をハンマーで打つのにも慣れ、Amazon、eBay、Etsy で剣を売り始めました。現在は、自分の模造品が目の肥えたマニアの間で人気が出て、ビジネスは大いに繁盛しています。

これまでは、手持ちの資材で需要に応えてきましたが、慌ただしい状態が続いています。そこで将来の需要を予想することにしました。予想を行うため、過去の売上データをスプレッドシートに入力しました。しかし、過去のデータをどのように使用して予想すればよいのでしょうか？

本章では、指数平滑法と呼ばれる一連の予想手法を見ていきます。これは今日ビジネスで最も広く使用されている手法であり、かつ最も単純な手法です。実際、自社のデータではこの手法が最も正確だという理由で、この手法で予想を行っているフォーチュン500に属する企業をいくつか思い浮かべることができます。

この正確さは、部分的には手法の単純さによるものです。この手法は、まばらな部分が多い過去データの過剰適合に強いという特徴を持ちます。さらに、指数平滑法による予想では、予測区間の計算が比較的簡単にできます。そこでこれについても少し扱います。

↗ 時系列データについて知る

> ✔ **注意**
> 本章で使用する Excel ファイルは、「CHAPTER08」フォルダーにある「剣の販売予想 .xlsx」です。作業を終えた完成状態のファイルは「剣の販売予想_ 完成.xlsm」となります。ダウンロード URL は「はじめに」の xii ページをご覧ください。

本章用のブックには、3年前の1月から始まる最近36か月間の剣の需要が記載されています。図8-1のとおり、データは [時系列] シートにあります。一定の時間間隔の観測データは時系列データと呼ばれます。時間間隔は、毎年の人口数や日々のガソリン価格など、扱う問題に合わせて定めることができます。

月	需要
1	165
2	171
3	147
4	143
5	164
6	160
7	152
8	150
9	159
10	169
11	173
12	203
13	169
14	166
15	162
16	147
17	188
18	161
19	162
20	169
21	185
22	188
23	200
24	229
25	189
26	218
27	185
28	199
29	210
30	193
31	211
32	208
33	216
34	218
35	264
36	304

時系列

図8-1：時系列データ

本章の例で扱うのは毎月の剣の需要データです。まず、図8-2のようにデータをプロットする必要があります。これを行うには、Excelの列Aと列Bを範囲選択して、[挿入]タブで[散布図]を選択します。図を右クリックして書式設定のオプションを選択すると、軸の範囲を調整できます。

では、図8-2から何が読み取れるでしょうか？ データは3年前の140台の数値から先月の304まで幅があります。つまり3年間で需要は倍増しています。したがって、需要は上向きであると考えてよいのでしょうか？ この点については少し後で再び考えます。

需要には若干の浮き沈みがあり、一定の季節的なパターンを見ることができます。たとえば、12か月目、24か月目、36か月目はすべて12月であり、各年で需要が最も高い月になっています。ただし、これは偶然かもしれませんし、傾向として見てよいものかもしれません。これについて考えてみましょう。

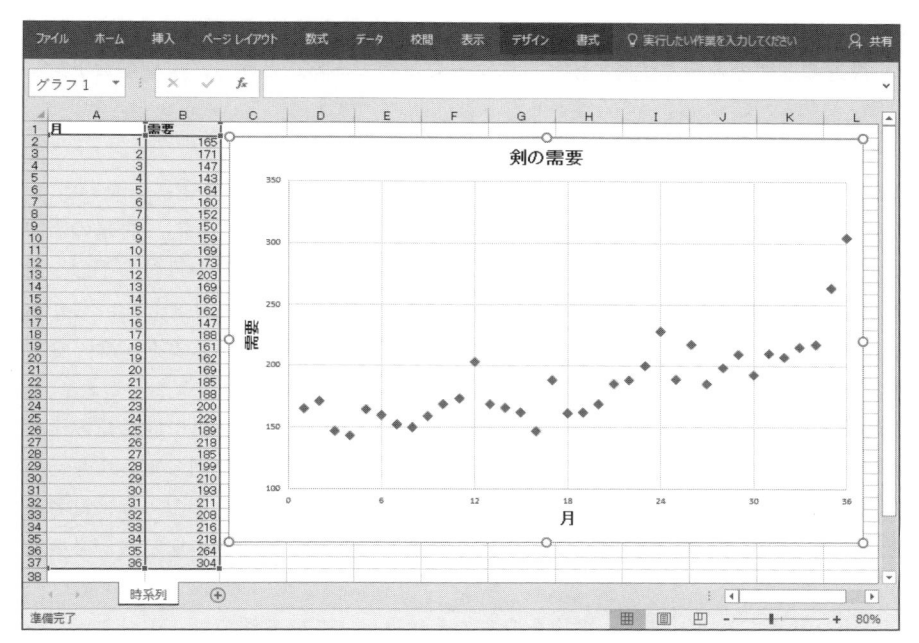

図8-2：時系列データの散布図

↗ 単純な指数平滑法からゆっくり始める

　指数平滑法では、過去のデータに基づいて将来の予想を行います。その際、古い観測データよりも最近の観測データに対して重みを多く与えます。このような重み付けは、平滑化定数により行います。これから挑戦してもらう一番目の指数平滑法は、単純指数平滑法（SES）と呼ばれるものです。後で取り上げるとおり、この方法では平滑化定数を1つ使用します。

　単純指数平滑法では、時系列データが基準値（または平均値）とその基準値を中心とした誤差の2つの要素で構成されていると仮定します。傾向や季節性は考慮せず、ただ基準値だけを考慮します。基準値を中心に、需要が誤差によってわずかに浮き沈みしていると考えます。SESでは、新しい観測データを優先することにより、基準値の変化を説明できるようにしています。式で表現すると、次のようになります。

期間tにおける需要 ＝ 基準値 ＋ 期間tにおける基準値を中心としたランダムな誤差

　そして、最近の期間の推定基準値が、将来の期間の予想値になります。現在が36か月目だとした場合、

38か月目の需要の推定値はどうなるでしょうか？ それは最近の期間の推定基準値です。では40か月目ではどうでしょうか？ 最近の期間の推定基準値です。このように単純であることから、単純指数平滑法と呼ばれています。

それでは、基準値はどのように推定するのでしょうか？

過去のデータの重要性がすべて同じであると仮定した場合は、単純に平均を取るだけです。

その場合、この平均値が基準値となり、将来の予想はこのように言うだけで終わりです。「将来の需要は過去の需要の平均です。」そしてこれを実際に行っている企業があるのです。各企業の毎月の予想を見ると、将来の月の需要が過去数年間の需要の平均と等しいというケースがいくつもありました。しかも遊び心から「補正係数」まで加えています。そう、予想はごまかしながら行われていることが少なくないのです。大手上場企業でさえ「補正係数」という言葉を今でも使っています。なんということでしょう。

ところで、基準値が時間と共に変化している場合、平均を取るときのように、各時点に同じ重みを与えるべきではありません。2018年の予想を行うとき、2012年から2017年まで、すべて同じ重みを与えるべきでしょうか？ そう思っている企業もあるようですが、ほとんどの企業はおそらくそのようには考えないでしょう。そのため、最近の需要実測値に対してより多くの重みを与える基準値の推定法が必要になります。

では、基準値の算定方法を考えてみましょう。平均を取るのとは違い、この方法では、データポイントが次の期間に順番に繰り越されることで、基準値の計算内容が順次更新されていきます。まず、基準値の初期推定値として、過去の一部のデータポイントの平均を求めます。この場合、最初の1年分のデータを取ります。この基準値の初期推定値を、基準値$_0$とします。

> 基準値$_0$ = 最初の年の需要の平均（1か月目〜12か月目）

すると剣の需要は163本になります。

さて、ここでは1か月目から36か月目までの需要はわかっていますが、指数平滑法では、直前の期間の予想値を使い、データ系列の最後まで、ひと月先の予想値を求めていきます。

そのため、基準値$_0$（163）を1か月目の需要の予想値とします。

期間1の予想が終わりましたので、次の期間へと進みます。実際の需要は165本だったため、2本ずれていることになりました。続いてこの誤差を算入するよう、基準値の推定値を更新します。単純指数平滑法では次の式を使用します。

> 基準値$_1$ = 基準値$_0$ + 一定のパーセンテージ ＊ （需要$_1$ − 基準値$_0$）

（需要$_1$ − 基準値$_0$）は、基準値の初期推定値を使って期間1を予想した時に得られる、実際の需要との誤差です。次の期間に進みます。

$$基準値_2 = 基準値_1 + 一定のパーセンテージ \star (需要_2 - 基準値_1)$$

さらに進みます。

$$基準値_3 = 基準値_2 + 一定のパーセンテージ \star (需要_3 - 基準値_2)$$

基準値に算入する誤差のパーセンテージが、平滑化定数です。基準値に対して使用されるものは、歴史的にアルファと呼ばれています。この値は、0から100（0から1）の任意の値にすることができます。

アルファを1に設定した場合、誤差全体を算入することになります。これはつまり、当期の需要がそのまま当期の基準値になるということです。

アルファを0に設定した場合、基準値の初期推定値に誤差の修正を一切行わないということになります。

この両極の中間の値を設定することをお勧めしますが、最適なアルファ値の選び方については後ほど学びます。

以上から、後の期間に順次適用できる計算式は次のようになります。

$$基準値_{当期} = 基準値_{前期} + アルファ \star (需要_{当期} - 基準値_{当期})$$

最終的には、以下のように、最終期の推定基準値である基準値$_{36}$が出ます。このとき、最終期の需要の観測データは重要度がより高くなります。この観測データの誤差調整部分には、アルファが何度も掛けられていないからです。

$$基準値_{36} = 基準値_{35} + アルファ \star (需要_{36} - 基準値_{35})$$

将来の数か月の予想に使用する値は、この最終期の推定基準値です。37か月目の需要は？ 基準値$_{36}$です。では40か月目の需要は？ 基準値$_{36}$です。45か月目は？ 基準値$_{36}$です。これでおわかりでしょう。最終期の推定基準値が将来の最善の予想であり、この値を使用することになります。

これをシート上で見てみましょう。

≫ 単純指数平滑法による予想の準備をする

まず、ブック内に「**SES**」という名前の新規シートを作成します。列 A と列 B の時系列データを行4から貼り付け、シートの上部にアルファ値用のスペースをいくらか残しておきます。セル A2 に、データの月の数（36）を入力し、C2にアルファ値の初期値を経験から推測して入れます。私は0.5にします。0と1のちょうど中間であり、いつもそうしているからです。

続いて、列 C に基準値の計算式を入力します。その前に、基準値の初期推定値用に、時系列データの最上部に行5を期間0として新たに挿入します。できたら、C5に次の計算式を入力します。

```
=AVERAGE(B6:B17)
```

この式により、最初の1年分のデータの平均値が出ます。この値が初期基準値です。するとシートは図8-3のようになります。

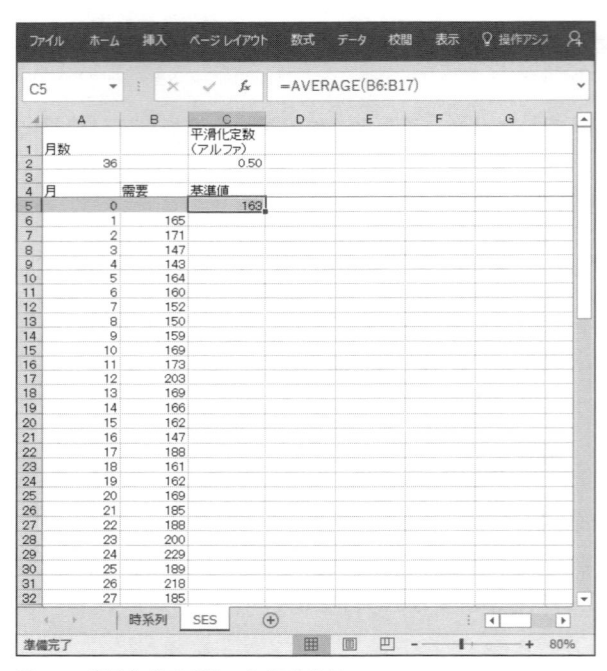

図8-3：単純指数平滑法の初期基準値

■ 一期先の予想値と誤差を追加する

初期基準値をシートに入れましたので、次は前節で説明した SES の数式を使用しながら、後の期間へと進んでいきます。これを行うためには、一期先の予想値の列（D）と予想誤差の列（E）の2列を追加する必要があります。期間1の一期先の予想値 D6 は、基準値$_0$と同じです（=C5）。誤差 E6 は、実際の需要から予想値を引いて計算します。

```
=B6-D6
```

期間1の推定基準値C6は、前期の基準値をアルファに誤差を掛けた値で補正して求めます。

```
=C5+C$2*E6
```

アルファ値の前に $ を付けましたので、数式をシートの下の方にドラッグしても、行の絶対参照によりアルファ値はそのまま維持されます。するとシートは図8-4のようになります。

図8-4：期間1における一期先の予想値、誤差、基準値の算出

■ 下へドラッグしよう

冗談に聞こえるかもしれませんが、やることはもうほとんどありません。C6〜E6を36か月目までドラッグすると、どうでしょう。基準値$_{36}$が出ました。

月番号37〜48を列Aに入力しましょう。次のこの12か月の予想値は、基準値$_{36}$と同じです。そこでB42に次のように入力します。

```
=C$41
```

予想値と同じく次の年までドラッグします。
すると図8-5のとおり、272という予想値が出ます。

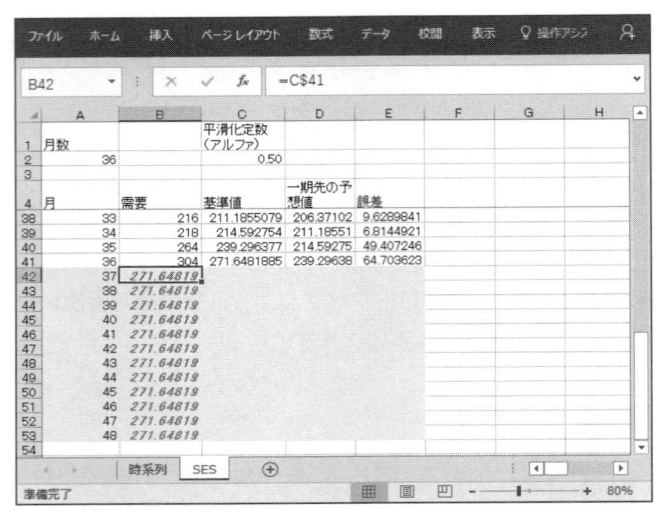

図8-5：単純指数平滑法による予想（アルファ値0.5）

　しかし、これでできることは終わりでしょうか？　いや、この予想の最適化が残っています。これはアルファ値を設定することで行います。アルファが大きいほど、古い需要のデータポイントの重要度が下がります。

■ 一期先の誤差を最適化する

　第6章の回帰直線のあてはめの際に使用した、二乗誤差の和を最小化する方法と同様に、予想に使う最適な平滑化定数は、一期先の予想値の二乗誤差の和を最小化することで発見できます。

　列Fに二乗誤差の計算式を入力しましょう。これは、列Eの値を二乗するだけです。計算式を36か月目まで下にドラッグし、セルE2で二乗誤差の合計（SSE）を出します。シートは図8-6のようになります。

　さらに、標準誤差をシートのセルF2に入力します。標準誤差は、SSEの平方根を35（36か月からモデルの平滑化定数の数を引いた値。単純指数平滑法の場合、平滑化定数は1つ）で割るだけで求められます。

　標準誤差は、一期先の誤差の標準偏差を推定したものです。標準偏差については第4章で最初に取り上げました。これは単に誤差のばらつき具合を測定したものです。

　データによくあてはまっている予想モデルならば、誤差の平均は0になります。これはつまり予想に偏りがないということです。またこれは、需要の過大見積もりと過小見積もりの頻度が同じということを表しています。標準誤差は、0を中心とした（予想に偏りがない場合）誤差のばらつきを定量的に表すものです。

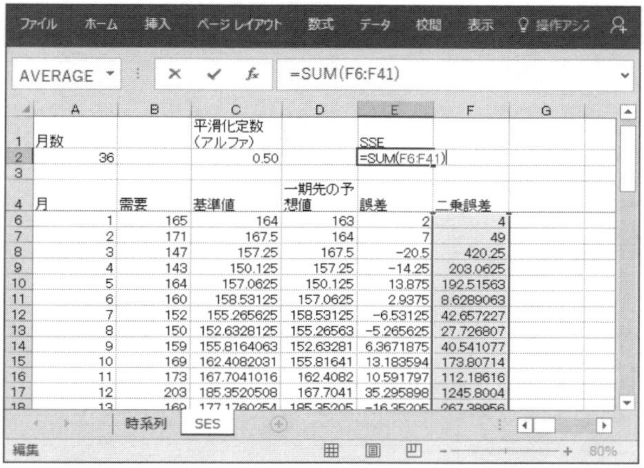

	A	B	C	D	E	F
1	月数		平滑化定数（アルファ）		SSE	
2	36		0.50		=SUM(F6:F41)	
3						
4	月	需要	基準値	一期先の予想値	誤差	二乗誤差
6	1	165	164	163	2	4
7	2	171	167.5	164	7	49
8	3	147	157.25	167.5	−20.5	420.25
9	4	143	150.125	157.25	−14.25	203.0625
10	5	164	157.0625	150.125	13.875	192.51563
11	6	160	158.53125	157.0625	2.9375	8.6289063
12	7	152	155.265625	158.53125	−6.53125	42.657227
13	8	150	152.6328125	155.26563	−5.265625	27.726807
14	9	159	155.8164063	152.63281	6.3671875	40.541077
15	10	169	162.4082031	155.81641	13.183594	173.80714
16	11	173	167.7041016	162.4082	10.591797	112.18616
17	12	203	185.3520508	167.7041	35.295898	1245.8004
18	13	169	177.1760254	185.35205	−16.35205	267.38956

図8-6：単純指数平滑法の二乗誤差の合計

そこでF2で、次の数式で標準誤差を計算します。

```
=SQRT(E2/(36-1))
```

アルファ値が0.5の場合、標準誤差は20.94になります（図8-7を参照）。第4章で話した正規分布の68－95－99.7のルールを思い出すと、68パーセントの一期先の予想誤差が、20.94より少なく、かつ-20.94より大きいことを表していることがわかります。

さて、必要なのは、適切なアルファ値を見つけ、このばらつきをできる限り小さくすることです。さまざまなアルファ値を単純にいくつも試すこともできます。しかし、ここでも本書で何度も使用してきたソルバーを使います。

ソルバーの設定は非常に簡単です。ソルバーを開き、目的セルをF2の標準誤差に、決定変数をC2のアルファに設定します。さらに、C2を1より小さくするという制約条件を追加し、決定変数を非負数にするようチェックボックスをオンにします。各予想誤差を出すために繰り返し行う基準値の計算結果は、かなり非線形的なものとなるため、アルファを最適化するにはエボリューショナリーアルゴリズムを使用する必要があります。

図8-7：標準誤差の計算

　ソルバーの設定は図8-8のようになるはずです。[解決]を押すと、アルファ値0.73が得られます。新しい標準誤差は20.39になります。大して改善していませんね。

図8-8：アルファを最適化するためのソルバーの定式

■ グラフ化しよう

　予想の「身体検査」を行う最良の方法は、過去の需要と並べたグラフを作成して、予測した需要がどれだけ実績値からずれているか見ることです。そこで、過去の需要データと予想値を選択してプロットします。私は Excel の直線付き散布図の見た目が好きでよく使います。まず、A6〜B41（過去のデータ）を範囲選択して、散布図（直線）を Excel のグラフセクションから選択します。

　グラフを追加したら、グラフの中央を右クリックして、［データの選択］を選択し、A42〜B53の予想値を使い新しい系列を追加します。好みで両軸にラベルを追加することもできます。すると、図8-9に似たグラフができているはずです。

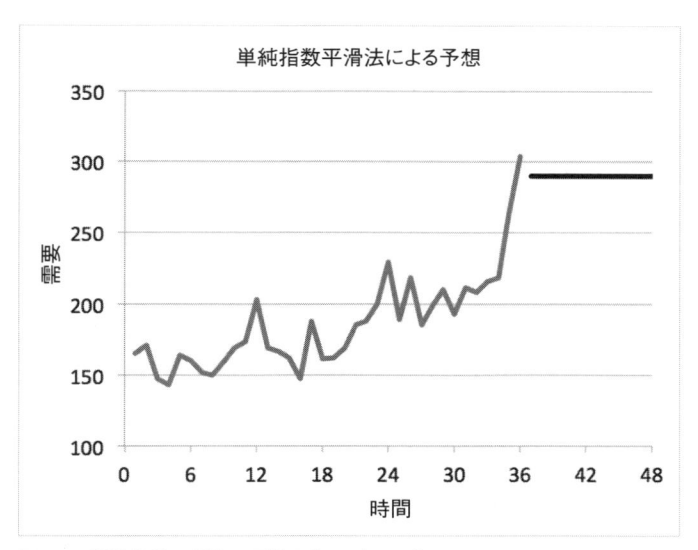

図8-9：単純指数平滑法の最終予想をグラフ化

↗ 傾向があるかもしれない

　グラフを見ると、いくつか目立つ点があります。まず、単純指数平滑法の予想結果は、単なる平坦な線、水平線です。しかし、過去36か月間の需要データを見ると、需要は増えています。特に最後の方に増加傾向があるように見えます。

　ヒトの目を軽視しているわけではありませんが、どうやって傾向があることを証明すればよいのでしょうか？

　それを証明するには、第6章で行ったように、需要データに回帰直線をあてはめ、その近似直線の傾きに対してt検定を実行します。

線の傾きがゼロ以外であり、統計的に有意であるならば（検定でp値が0.05より小さくなった場合）、そのデータに傾向があると自信をもって言うことができます。この文の意味がまったく理解できないという方は、第6章の統計的検定の節を参照してください。

　ブック内の［時系列］のシートに戻り、傾向の検定を実行します。

　さて、第6章では、F検定とt検定を手動で行ってもらい、やる気を証明してもらいました。これをもう一度やらせる人はいないでしょう。

　この章では、Excelに搭載されているLINEST関数を使用し、回帰線をあてはめて、傾き、傾きの係数の標準誤差、自由度を抽出します（これらの用語については第6章を参照）。そして第6章と同じように、t統計量を計算してTDIST関数にかけます。

　LINESTを使用したことがない場合は、Excelの関数に関するヘルプドキュメントが非常におすすめです。LINESTに対して、従属変数データ（列Bの需要）と独立変数データ（独立変数は列Aの時間だけしかありません）を与えます。

　さらにTRUEフラグを関数に与えて、回帰直線の切片のあてはめ方を関数に教える必要があります。そして2つめのTRUEフラグを与えて、標準誤差やR二乗値といった細かい統計値を返させます。［時系列］シートのデータの場合、線形回帰は次の式で実行できます。

```
=LINEST(B2:B37,A2:A37,TRUE,TRUE)
```

　ただし、LINESTは配列数式であるため、この式では回帰直線の傾きだけが返されます。LINESTはすべての回帰分析の統計値を配列形式で返すため、LINESTを配列数式として実行してシート上の選択範囲にすべてを出力させます。またはINDEX関数を介してLINESTを実行することで、欲しいデータを1つずつ抽出することもできます。

　たとえば、LINESTが出力する回帰直線の最初の要素は回帰係数です。そこで、次のようにLINESTをINDEXに通すことで、［時系列］シートのセルB39に回帰の傾きを抽出できます。

```
=INDEX(LINEST(B2:B37,A2:A37,TRUE,TRUE),1,1)
```

　すると2.54という傾きが返されます。これは、回帰直線が示す剣の需要が、毎月2.54本ずつ増加傾向にあるということを表しています。以上から傾きがあることがわかりました。しかし、これは統計的に有意なのでしょうか？

　t検定を行うため、傾きの標準誤差と回帰の自由度を抽出する必要があります。LINESTは標準誤差の値を、その実行結果の配列の行2・列1に出力します。そこで、B40に次の数式で抽出します。

```
=INDEX(LINEST(B2:B37,A2:A37,TRUE,TRUE),2,1)
```

　傾きの抽出と違うのは、INDEX 関数で、行1・列1の傾きではなく、行2・列1の標準誤差を抽出していることだけです。

　傾きの標準誤差は0.34と出ます。するとシートは図8-10のようになります。

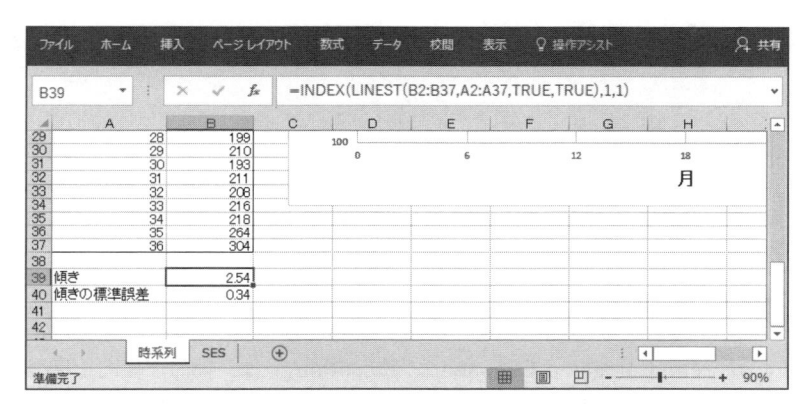

図8-10：過去の需要データにあてはめる回帰直線の傾きと標準誤差

　同様に、Excel の LINEST に関するドキュメントによると、回帰の自由度は、実行結果の配列の4番目の行および2番目の列に返されることがわかります。そこで、B41に次の数式で抽出します。

```
=INDEX(LINEST(B2:B37,A2:A37,TRUE,TRUE),4,2)
```

　すると自由度は34になるはずです（第6章で説明したとおり、これは36個のデータポイントから回帰直線の係数2を引いて算出されています）。

　これで、あてはめた傾向線の統計的有意性について、t検定を行うのに必要な3つの値が揃いました。第6章と同様に、検定の統計量は、傾きの値の絶対値をその傾きの標準誤差で割ることで算出できます。次のように TDIST 関数を使用して、自由度34のt分布で、この統計のp値をB42に抽出します。

```
=TDIST(ABS(B39/B40),B41,2)
```

　すると、ほぼ0のp値が返されます。これは、傾向が実際になかったとすれば（傾き0）、この回帰からこれほど極端な傾きが得られるはずがないことを示しています。以上の結果を図8-11に示します。

図8-11：傾向は確かに存在（数値は0.0000000117を示している）

大丈夫です。傾向はありました。あとはこの結果を予想に取り入れるだけです。

↗ ホルト傾向補正指数平滑法

　ホルト傾向補正指数平滑法（Holt's Trend-Corrected Exponential Smoothing）は、線的な傾向を持つデータから予想が出せるよう、単純指数平滑法を拡張したものです。これはしばしば二重指数平滑法とも呼ばれます。SES には平滑化パラメータ（アルファ）が1つであったのに対し、二重指数平滑法にはパラメータが2つあります。

　時系列データが線的な傾向を持っている場合、次のように定式化することができます。

期間tにおける需要 ＝ 基準値 ＋ t × 傾向値 ＋ tにおける基準値を中心としたランダムな誤差

　最近の推定基準値と推定傾向値（に期数を掛けた値）が、将来の期間の予想値です。現在が36か月目だとした場合、38か月目の需要の推定値はどうなるでしょうか？ 最近の推定基準値に2か月分の傾向値を足した値です。では40か月目ではどうでしょうか？ 推定基準値に4か月分の傾向値を足した値です。SES ほど単純ではありませんが、よく似ています。

　さて、単純指数平滑法と同様に、基準値と傾向値の初期推定値（基準値$_0$と傾向値$_0$）を求める必要があります。これらを求める1つの一般的な方法は、需要データの前半部分をプロットして、グラフの中に近似曲線を引くことです（第6章の猫アレルギーの例の時と同様）。近似曲線の傾きは傾向値$_0$、y 切片は基準値$_0$です。

　ホルト傾向補正平滑法では、各期間の値を順次求めていくにあたり、2つの更新式を使います。1つは基準値の式で、もう1つは傾向値の式です。基準値の式では、やはりアルファという平滑化パラメータを使用します。一方、傾向の式はしばしばガンマと呼ばれるパラメータを使用します。この2つの値の性質

はまったく同じです。0から1の間の値であり、一期先の予想誤差を推定基準値にどれだけ加えるかを調整するためのものです。

　新しくなった基準値の更新式は次のとおりです。

$$\text{基準値}_1 = \text{基準値}_0 + \text{傾向値}_0 + \text{アルファ} \times (\text{需要}_1 - (\text{基準値}_0 + \text{傾向値}_0))$$

(基準値$_0$ + 傾向値$_0$) は、初期値から求めた一期先（1か月目）の予想であるため、(需要$_1$ - (基準値$_0$ + 傾向値$_0$)) は一期先の誤差になります。この数式は、次の時間枠へと進むごとに一期分の傾向値を算入する点を除いて、SES の基準値の式と同じです。したがって、推定基準値の一般的な式は次のようになります。

$$\text{基準値}_{\text{当期}} = \text{基準値}_{\text{前期}} + \text{傾向値}_{\text{前期}} + \text{アルファ} \times (\text{需要}_{\text{当期}} - (\text{基準値}_{\text{前期}} + \text{傾向値}_{\text{前期}}))$$

　この新しい平滑化手法では、傾向値の更新式も必要です。最初の時間枠の式は次のようになります。

$$\text{傾向値}_1 = \text{傾向値}_0 + \text{ガンマ} \times \text{アルファ} \times (\text{需要}_1 - (\text{基準値}_0 + \text{傾向値}_0))$$

　このように、傾向値の式は基準値の更新式と似ています。前期の推定傾向値を、基準値の更新式に加えた分の誤差にガンマを掛けた値で調整しています（これは直感的にわかると思います。というのは、不十分な傾向推定や傾向推定の変化に帰することができるのは、基準値の調整に使用している分の誤差だけだからです）。

　したがって、推定傾向値の一般的な式は次のようになります。

$$\text{傾向値}_{\text{当期}} = \text{傾向期}_{\text{前期}} + \text{ガンマ} \times \text{アルファ} \times (\text{需要}_{\text{当期}} - (\text{基準値}_{\text{前期}} + \text{傾向値}_{\text{前期}}))$$

≫ シート上でホルト傾向補正平滑法の準備をする

　まず、「**ホルト平滑法**」という名前の新規シートを作成します。単純指数平滑法のシートと同じように、このシートの行4に時系列データを貼り付けて、行5に初期推定値用の空行を挿入します。

　列 C に再び推定基準値を入れ、列 D には推定傾向値を入れます。そこで、この2つの列の一番上にはアルファ値とガンマ値を入れます。これらの値は、後でソルバーを使って一瞬で最適化しますが、とりあえずは0.5を入れておきます。するとシートは図8-12のようになります。

　初期基準値と初期傾向値を求めて C5 と D5 に入れるため、最初の18か月分のデータで分散図を作成し、近似曲線と数式を追加しましょう（分散図に近似曲線を追加する方法がわからない場合は、たとえば第6章を参照してください）。すると、初期傾向値は0.8369、初期基準値（近似曲線の切片）は155.88になります。

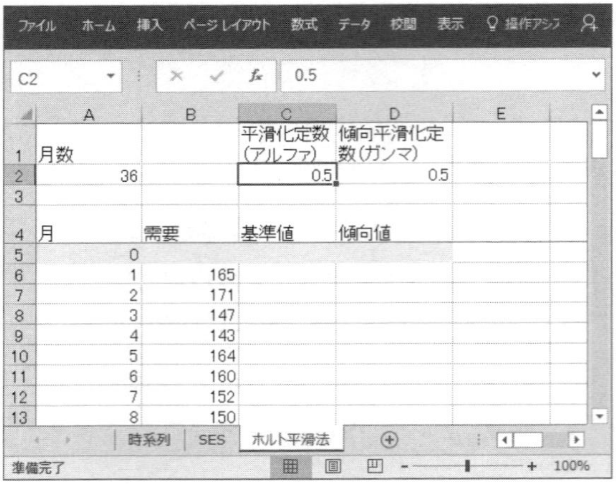

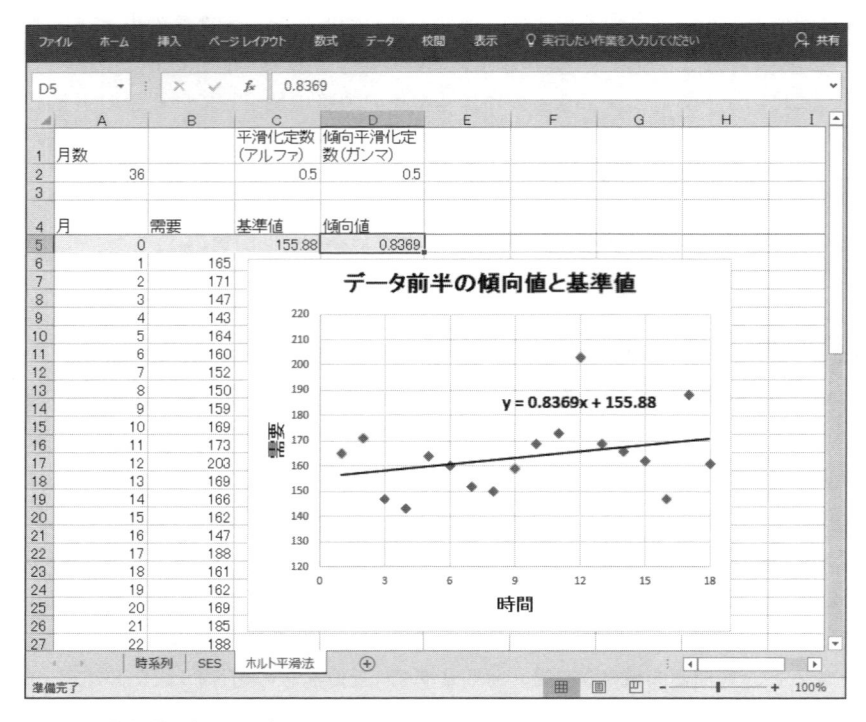

図8-12：まず平滑化パラメータを0.5に設定

　これらの値を D5 と C5 にそれぞれ入力すると、シートは図8-13のようになります。

図8-13：初期基準値と傾向値

次に、列Eと列Fに、一期先の予想値と予想誤差の列を追加します。行6を見てください。一期先の予想値（E6）は、直前の基準値と、直前の推定値を使用して出したひと月の傾向値をただ足して求めます。つまりC5+D5です。予想誤差は単純指数平滑法と同じです。F6では、実際の需要から一期先の予想値を引きます。つまりB6-E6となります。

続いてセルC6で、前期の基準値に、前期の傾向値と、アルファと誤差を掛けた値を足して、新しい基準値を求めます。

```
=C5+D5+C$2*F6
```

D6の新しい傾向値は、前期の傾向値に、ガンマとアルファと誤差を掛けた値を足して求めます。

```
=D5+D$2*C$2*F6
```

数式を下までドラッグできるよう、アルファとガンマには絶対参照を使用する必要があります。そうしたら、C6〜F6を36か月目まで下にドラッグします。すると図8-14のようになります。

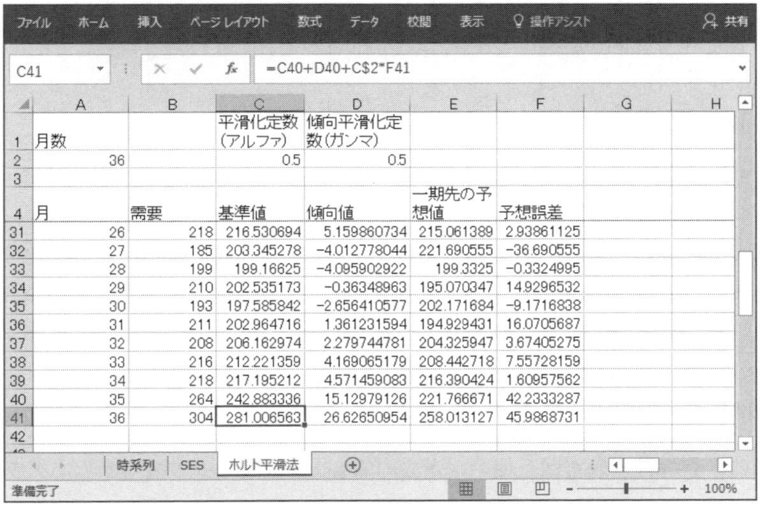

	A	B	C	D	E	F	G	H
1	月数		平滑化定数（アルファ）	傾向平滑化定数（ガンマ）				
2	36		0.5	0.5				
3								
4	月	需要	基準値	傾向値	一期先の予想値	予想誤差		
31	26	218	216.530694	5.159860734	215.061389	2.93861125		
32	27	185	203.345278	−4.012778044	221.690555	−36.690555		
33	28	199	199.16625	−4.095902922	199.3325	−0.3324995		
34	29	210	202.535173	−0.36348963	195.070347	14.9296532		
35	30	193	197.585842	−2.656410577	202.171684	−9.1716838		
36	31	211	202.964716	1.361231594	194.929431	16.0705687		
37	32	208	206.162974	2.279744781	204.325947	3.67405275		
38	33	216	212.221359	4.169065179	208.442718	7.55728159		
39	34	218	217.195212	4.571459083	216.390424	1.60957562		
40	35	264	242.883336	15.12979126	221.766671	42.2333287		
41	36	304	281.006563	26.62650954	258.013127	45.9868731		
42								

図8-14：基準値、傾向値、予想値、誤差の数式を下にドラッグ

■ 将来の期間を予想する

36か月目より後の期間の予想値を求めるには、最後の基準値（アルファとガンマが0.5の場合は281）と、予想する月の数に、最後の推定傾向値を掛けた値を足します。36か月目から予想したい月までの月数は、列Aの一方の月の数を他方の月の数から引くことで計算できます。

たとえば、B42で37か月目を予想するには、次の数式を使用します。

```
=C$41+(A42-A$41)*D$41
```

36か月目、最後の傾向値、および最後の基準値に絶対参照を使用することで、48か月目まで予想値をドラッグできます。するとシートは図8-15のようになります。

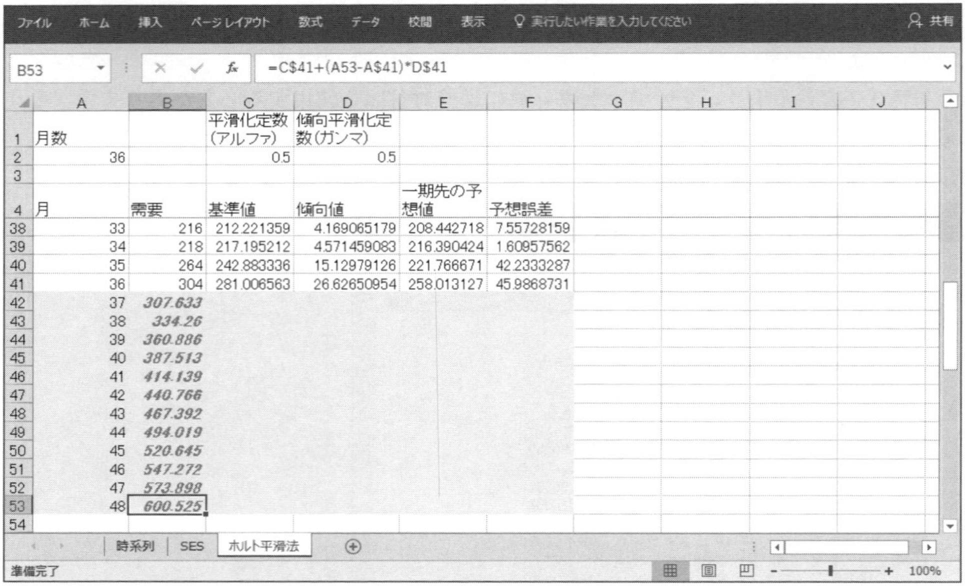

	A	B	C	D	E	F
1	月数		平滑化定数（アルファ）	傾向平滑化定数（ガンマ）		
2	36		0.5	0.5		
3						
4	月	需要	基準値	傾向値	一期先の予想値	予想誤差
38	33	216	212.221359	4.169065179	208.442718	7.55728159
39	34	218	217.195212	4.571459083	216.390424	1.60957562
40	35	264	242.883336	15.12979126	221.766671	42.2333287
41	36	304	281.006563	26.62650954	258.013127	45.9868731
42	37	307.633				
43	38	334.26				
44	39	360.886				
45	40	387.513				
46	41	414.139				
47	42	440.766				
48	43	467.392				
49	44	494.019				
50	45	520.645				
51	46	547.272				
52	47	573.898				
53	48	600.525				
54						

図8-15：ホルト傾向補正指数平滑法を使用した将来の月の予想

単純指数平滑法のシートと同様に、直線付き散布図を使い、過去の需要と予想を2つの系列としてグラフ化すると、図8-16のようになります。

アルファとガンマを0.5に設定しましたが、この予想は少しおかしく見えませんか？ 最後の月が終わる場所から始まり、そこからかなり速いペースで増加しています。おそらく平滑化パラメータを最適化

する必要があります。

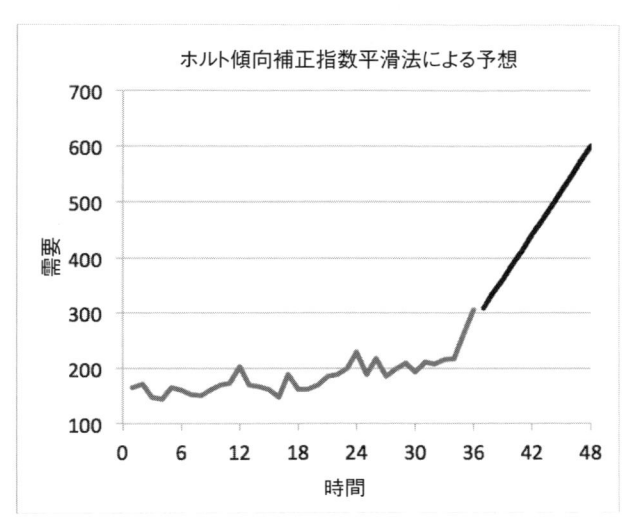

図8-16：アルファとガンマの初期値を使用した予想のグラフ

■ 一期先の誤差を最適化する

　単純指数平滑法で行ったように、二乗した予想誤差を列 G に入力します。F2 と G2 で、一期先の予想値の二乗誤差の合計と標準誤差を以前とまったく同じように計算します。ただし今回は平滑化パラメータが2つあるので、平方根を求める前に、SSE を 36-2 で割ります。

```
=SQRT(F2/(36-2))
```

　するとシートは図8-17のようになります。

　最適化の設定は、単純指数平滑法と同じです。ただし今回は、図8-18のとおり、アルファとガンマの両方を一緒に最適化します。

　解決すると、最適なアルファ値0.66と最適なガンマ値0.05が得られます。最適な予想は、図8-19の直線付き散布図に示したとおりです。

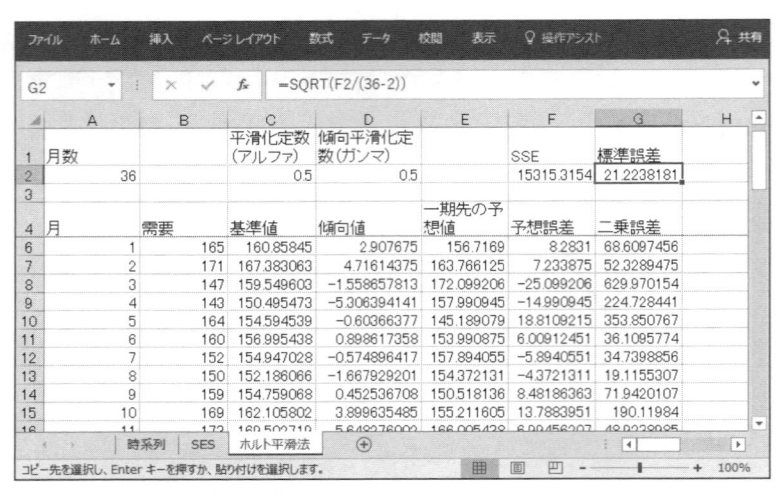

図8-17：SSEと標準誤差の計算

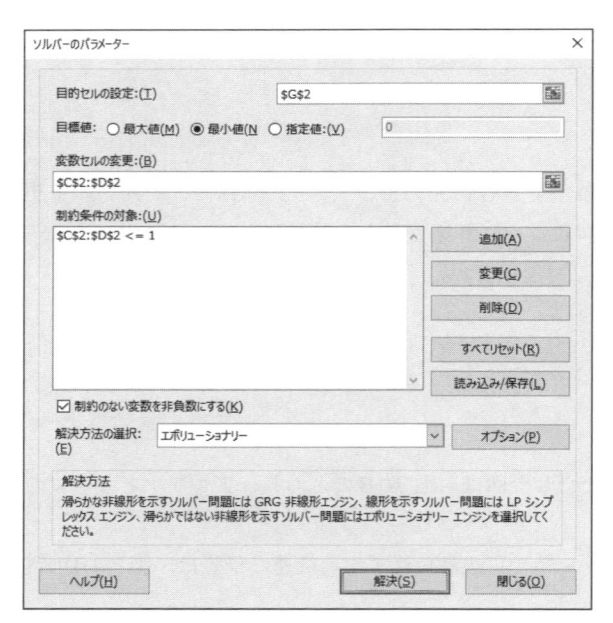

図8-18：ホルト傾向補正指数平滑法の最適化設定

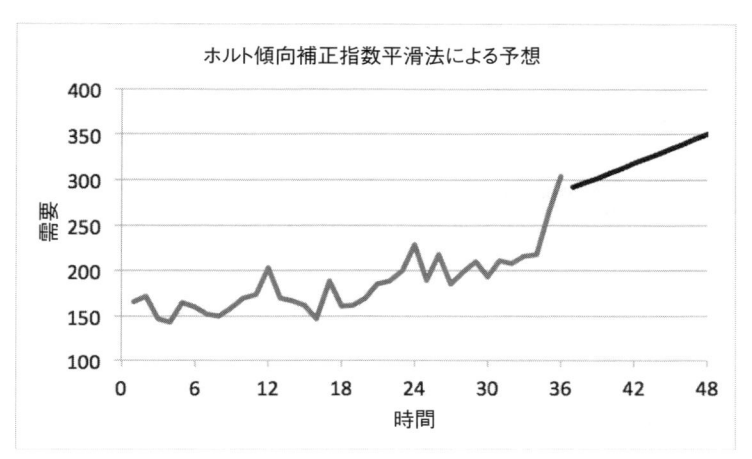

図8-19：最適化したホルト法による予想のグラフ

　この予想で使用している傾向値は、剣の販売数が毎月5本ずつ増えることを表しています。この傾向値が前のシートの近似直線で得られた傾向値の2倍になったのは、傾向補正指数平滑法では、最近のデータポイントがより優先されるためです。そしてこの場合、最近の需要のデータポイントはまさしく「トレンディ」なのです。

　この予想の開始点 (292) は、SES の予想の37か月目 (290) と非常に近い位置にあります。しかし、傾向補正を用いた予想のほうは、そこからすぐに上昇し始めています。傾向値を見た時点でこれは予想できたかもしれません。

》 これで終わり？　自己相関を確認する

　さて、これでできることは全部でしょうか？　すべてを考慮したでしょうか？

　優れた予想モデルであるかどうかを確認する方法の1つは、一期先の誤差を確認することです。この誤差がランダムな場合、やることは終わりです。しかし、誤差には隠れたパターン（一定間隔で繰り返される何らかの動き）があります。需要データには考慮されていない季節的な要素があるかもしれません。

　「誤差のパターン」という言葉で私が意味するのは、誤差を出してそれを並べ、1か月、2か月、または12か月とずらしていった場合、そのパターンは同期して移動するでしょうか？　このように、時間的にずらされた誤差が元の誤差と相関することを、自己相関 (autocorrelation) と呼びます (auto はギリシャ語で「自己」を意味します)。

そこでまず、「**ホルト自己相関**」という名前の新規シートを作成します。このシートの列Aに1から36までの月番号を、列Bに[ホルト平滑法]の予想誤差を値貼り付けします。

　B38の誤差の下のセルで、誤差の平均を計算します。するとシートは図8-20のようになります。

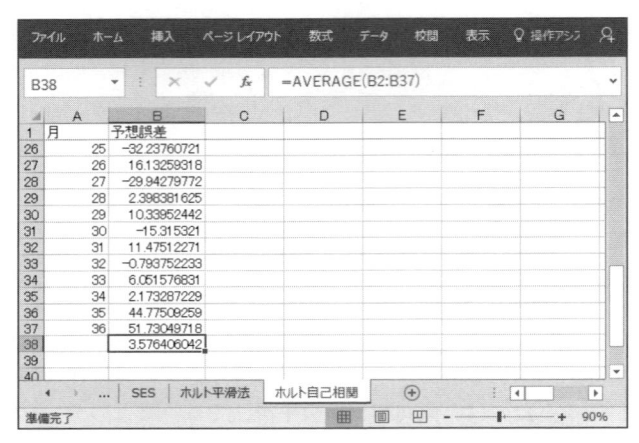

図8-20：月数と予想誤差

　列Cで、B38の平均を使い、列Bの各誤差の偏差を計算します。パターンが現れるのは、この一期先の誤差の平均からの偏差です。たとえば、毎年12月の予想誤差は平均を大幅に上回っているかもしれません。このような季節的なパターンがこの数値に表れるのです。

　そこでセルC2に、B2の誤差の平均からの偏差を次の数式で求めます。

```
=B2-B$38
```

　この数式を下までドラッグすれば、すべての平均偏差が出ます。セルC38で、偏差の二乗の合計を計算します。

```
=SUMPRODUCT($C2:$C37,C2:C37)
```

　するとシートは図8-21のようになります。

図8-21：ホルト法の予想誤差の平均偏差の二乗和

　次に、列Dに誤差の偏差を1か月ずつ「ずらし」ます。列Dに「**1**」というラベルを入力します。セル D2は空白のままにしておき、セルD3に次のように設定します。

```
=C2
```

　そしてこの数式をD37までドラッグして、D37がC36と同値になるようにします。すると図8-22のようになります。

図8-22：1か月ずらしたときの誤差の偏差

次は2か月ずらすため、D1〜D37を範囲選択し、列 E にドラッグします。同様に12か月までずらすため、選択範囲を列 O までドラッグします。簡単ですね。すると、ずらした誤差の偏差の値により、図8-23のような階段状の表ができあがります。

月	予想誤差	平均偏差の二乗和	1	2	3	4	5	6	7	8	9	10	11	12
1	8.28	4.71												
2	7.70	4.12	4.71	0.00	0.00	0.00	0.00	0.00	0.00	0.00	0.00	0.00	0.00	0.00
3	-22.77	-26.35	4.12	4.71	0.00	0.00	0.00	0.00	0.00	0.00	0.00	0.00	0.00	0.00
4	-12.36	-15.94	-26.35	4.12	4.71	0.00	0.00	0.00	0.00	0.00	0.00	0.00	0.00	0.00
5	16.62	13.04	-15.94	-26.35	4.12	4.71	0.00	0.00	0.00	0.00	0.00	0.00	0.00	0.00
6	0.92	-2.66	13.04	-15.94	-26.35	4.12	4.71	0.00	0.00	0.00	0.00	0.00	0.00	0.00
7	-8.47	-12.04	-2.66	13.04	-15.94	-26.35	4.12	4.71	0.00	0.00	0.00	0.00	0.00	0.00
8	-5.37	-8.95	-12.04	-2.66	13.04	-15.94	-26.35	4.12	4.71	0.00	0.00	0.00	0.00	0.00
9	6.87	3.30	-8.95	-12.04	-2.66	13.04	-15.94	-26.35	4.12	4.71	0.00	0.00	0.00	0.00
10	11.81	8.23	3.30	-8.95	-12.04	-2.66	13.04	-15.94	-26.35	4.12	4.71	0.00	0.00	0.00
11	7.08	3.50	8.23	3.30	-8.95	-12.04	-2.66	13.04	-15.94	-26.35	4.12	4.71	0.00	0.00
12	31.21	27.64	3.50	8.23	3.30	-8.95	-12.04	-2.66	13.04	-15.94	-26.35	4.12	4.71	0.00
13	-25.65	-29.23	27.64	3.50	8.23	3.30	-8.95	-12.04	-2.66	13.04	-15.94	-26.35	4.12	4.71
14	-13.14	-16.71	-29.23	27.64	3.50	8.23	3.30	-8.95	-12.04	-2.66	13.04	-15.94	-26.35	4.12
15	-9.41	-12.99	-16.71	-29.23	27.64	3.50	8.23	3.30	-8.95	-12.04	-2.66	13.04	-15.94	-26.35
16	-18.81	-22.39	-12.99	-16.71	-29.23	27.64	3.50	8.23	3.30	-8.95	-12.04	-2.66	13.04	-15.94
17	34.64	31.07	-22.39	-12.99	-16.71	-29.23	27.64	3.50	8.23	3.30	-8.95	-12.04	-2.66	13.04
18	-16.35	-19.92	31.07	-22.39	-12.99	-16.71	-29.23	27.64	3.50	8.23	3.30	-8.95	-12.04	-2.66
19	-5.16	-8.73	-19.92	31.07	-22.39	-12.99	-16.71	-29.23	27.64	3.50	8.23	3.30	-8.95	-12.04
20	4.84	1.26	-8.73	-19.92	31.07	-22.39	-12.99	-16.71	-29.23	27.64	3.50	8.23	3.30	-8.95
21	17.08	13.50	1.26	-8.73	-19.92	31.07	-22.39	-12.99	-16.71	-29.23	27.64	3.50	8.23	3.30
22	7.65	4.07	13.50	1.26	-8.73	-19.92	31.07	-22.39	-12.99	-16.71	-29.23	27.64	3.50	8.23
23	13.17	9.59	4.07	13.50	1.26	-8.73	-19.92	31.07	-22.39	-12.99	-16.71	-29.23	27.64	3.50
24	31.59	28.01	9.59	4.07	13.50	1.26	-8.73	-19.92	31.07	-22.39	-12.99	-16.71	-29.23	27.64
25	-32.24	-35.81	28.01	9.59	4.07	13.50	1.26	-8.73	-19.92	31.07	-22.39	-12.99	-16.71	-29.23
26	16.13	12.56	-35.81	28.01	9.59	4.07	13.50	1.26	-8.73	-19.92	31.07	-22.39	-12.99	-16.71
27	-29.94	-33.52	12.56	-35.81	28.01	9.59	4.07	13.50	1.26	-8.73	-19.92	31.07	-22.39	-12.99
28	2.40	-1.18	-33.52	12.56	-35.81	28.01	9.59	4.07	13.50	1.26	-8.73	-19.92	31.07	-22.39
29	10.34	6.76	-1.18	-33.52	12.56	-35.81	28.01	9.59	4.07	13.50	1.26	-8.73	-19.92	31.07
30	-15.32	-18.89	6.76	-1.18	-33.52	12.56	-35.81	28.01	9.59	4.07	13.50	1.26	-8.73	-19.92
31	11.48	7.90	-18.89	6.76	-1.18	-33.52	12.56	-35.81	28.01	9.59	4.07	13.50	1.26	-8.73
32	-0.79	-4.37	7.90	-18.89	6.76	-1.18	-33.52	12.56	-35.81	28.01	9.59	4.07	13.50	1.26
33	6.05	2.48	-4.37	7.90	-18.89	6.76	-1.18	-33.52	12.56	-35.81	28.01	9.59	4.07	13.50
34	2.17	-1.40	2.48	-4.37	7.90	-18.89	6.76	-1.18	-33.52	12.56	-35.81	28.01	9.59	4.07
35	44.78	41.20	-1.40	2.48	-4.37	7.90	-18.89	6.76	-1.18	-33.52	12.56	-35.81	28.01	9.59
36	51.73	48.15	41.20	-1.40	2.48	-4.37	7.90	-18.89	6.76	-1.18	-33.52	12.56	-35.81	28.01

図8-23：ずらした誤差の偏差による見事な階段状の表

このようなずらした列を用意したら、これらの列のうちのいずれかが列 C と「同期して動いている」と言えるのはどういう場合か考えてみてください。たとえば、列 D の1か月のずれを見てみます。この2列が同期して動くならば、片方が負の値になったときに、もう片方もそうなるはずです。また片方が正の値になったときは、もう片方も正の値になるはずです。これはつまり、この2つの列の値を掛けると、大きなプラスの数値が出るということです（負の値に負の値を掛ける、または正の値に正の値を掛けると、正の数値が出ます）。

これらの積を合計します。そして、ずらした列と元の偏差との積の和が、C38の偏差の二乗の合計に近いほど、ずらした誤差は元の誤差との同期性と相関性が高いということになります。

元の偏差が正の値であっても、ずらした偏差が負の値の場合、負の自己相関の値が出ることもあります。またその逆の場合もあります。この例では、SUMPRODUCT は大きな負の数値になります。

まず、セル C38 の SUMPRODUCT($C2:$C37,C2:C37) を列 O までドラッグします。列 C の絶対参照によ

り列は固定されているため、図8-24のように、ずらした各列と元の列との積の和が得られます。

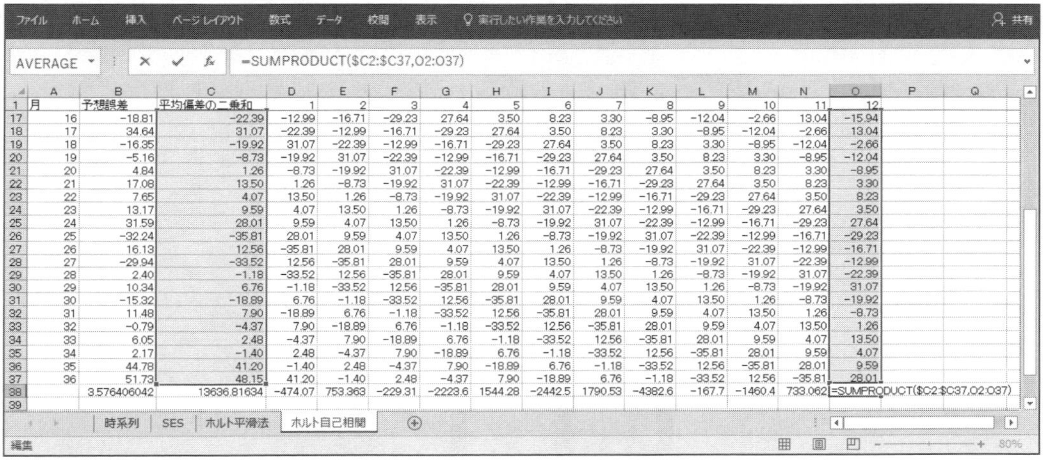

図8-24：ずらした偏差と元の偏差の積の和

ずらした偏差と元の偏差との積の和を C38の偏差の二乗の合計で割ることにより、各月のずれ量の自己相関を計算します。

たとえば D40で、1か月のずれの自己相関を次の数式で計算します。

```
=D38/$C38
```

この数式をドラッグすると、各ずれ量の自己相関が得られます。

D40〜O40を範囲選択して、図8-25のような棒グラフをシートに挿入します（値が負の月のラベルが読めない場合は、棒グラフを右クリックして［データ系列の書式設定］で棒グラフを塗りつぶしの色や不透明度を調整します）。この棒グラフはコレログラムと呼ばれるものです。このグラフは、各ずれ量（1年まで）の自己相関を表しています。（個人的に、コレログラムという言葉は本当にかっこいいと思っています。）

さて、それではどれが重要な自己相関の値なのでしょうか？ 通常、「2÷データポイント数の平方根」より大きい自己相関にのみ注目します。この場合、2/SQRT(36) = 0.333です。また、-0.333より小さい負の自己相関にも注目します。

グラフを眺めて、これらのしきい値を超える値またはそれに満たない値を探すこともできます。しかし予想を行うときは、通常、これらのしきい値の位置に破線などを描きます。美しい図が作れるように、

その方法をここでご紹介します。

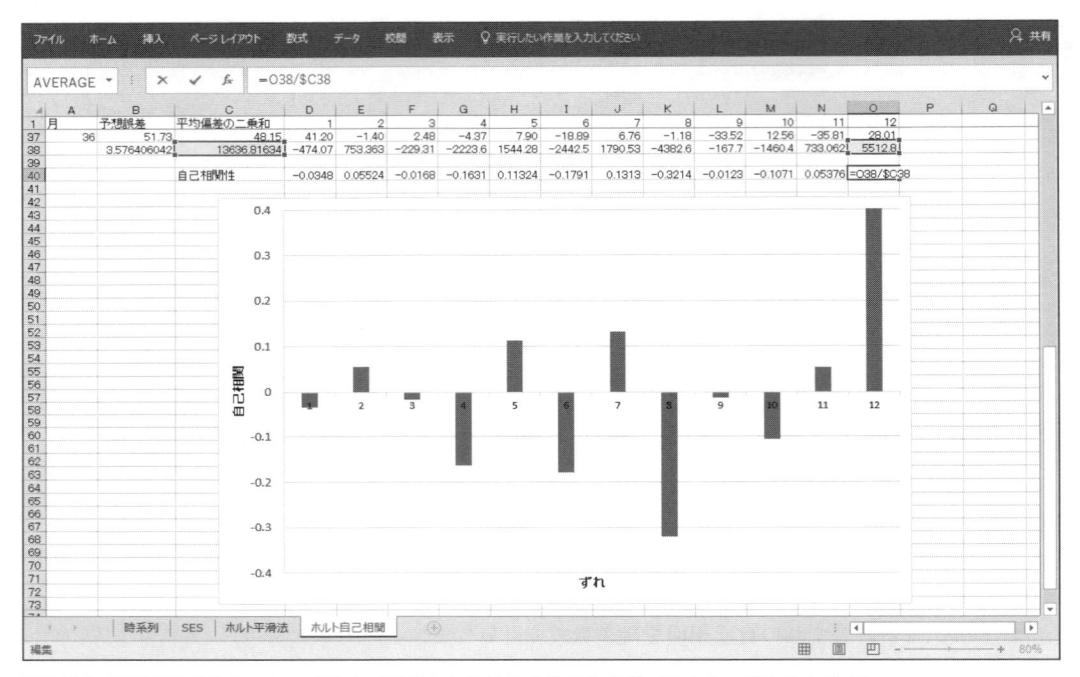

図8-25：著者が作成したコレログラム（同様のものは多くありますが、私にとってはこれです）

D41に =2/SQRT(36) を入力して、列Oまでドラッグします。D42でも同様に、ただしマイナスを付けて =-2/SQRT(36) と入力し、列Oまでドラッグします。すると自己相関のしきい値が、図8-26のように描かれます。

	A	B	C	D	E	F	G	H	I	J	K	L	M	N	O
1	月	予想誤差	平均偏差の二乗和	1	2	3	4	5	6	7	8	9	10	11	12
37	36	51.73	48.15	41.20	-1.40	2.48	-4.37	7.90	-18.89	6.76	-1.18	-33.52	12.56	-35.81	28.01
38		3.576406042	13636.81634	-474.07	753.363	-229.31	-2223.6	1544.28	-2442.5	1790.53	-4382.6	-167.7	-1460.4	733.062	5512.8
39															
40			自己相関性	-0.0348	0.05524	-0.0168	-0.1631	0.11324	-0.1791	0.1313	-0.3214	-0.0123	-0.1071	0.05376	0.40426
41				0.33333	0.33333	0.33333	0.33333	0.33333	0.33333	0.33333	0.33333	0.33333	0.33333	0.33333	0.33333
42				-0.3333	-0.3333	-0.3333	-0.3333	-0.3333	-0.3333	-0.3333	-0.3333	-0.3333	-0.3333	-0.3333	-0.3333

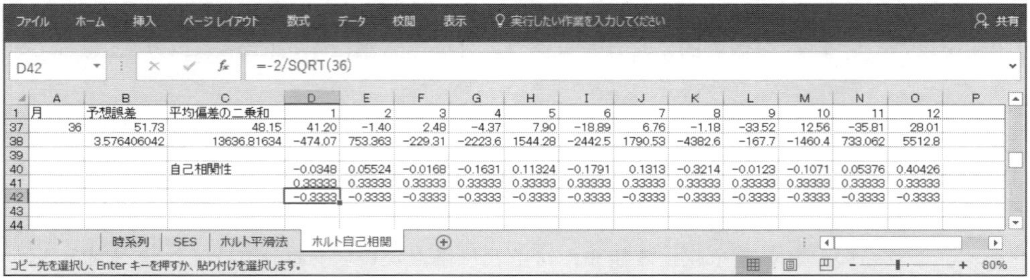

図8-26：自己相関のしきい値

自己相関の棒グラフを右クリックして、[データの選択]を選択します。表示されるウィンドウ内の[追加]ボタンを押して新しい系列を作成します。

　1つの系列には、y値としてD41～O41の範囲を選択します。3つめの系列にはD42～O42を使用します。するとグラフに2つの縦棒が追加されます。

　新しい縦棒の系列をそれぞれ右クリックして、[系列グラフの種類の変更]を選択し、[折れ線]を選択して縦棒から実線に変えます。これらの直線を右クリックして、[データ系列の書式設定]を選択します。ウィンドウ内の[線]オプションに移動します。このセクションで、図8-27のように線を破線に設定できます。

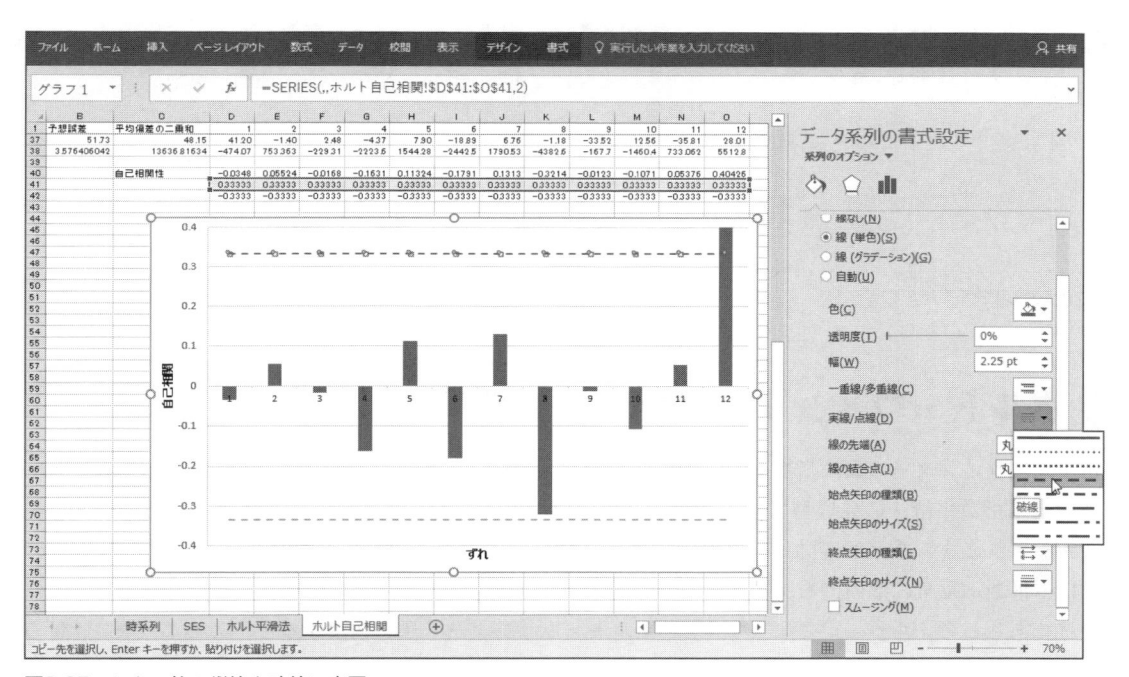

図8-27：しきい値の縦棒を破線に変更

　これでコレログラムにしきい値が描画され、図8-28のようになります。

　すると何がわかるでしょうか？

　しきい値を超えている自己相関は1つであることがはっきりわかります。それは12か月です。

　1年分ずらした誤差は自己相関があると言えます。ここから12か月の季節サイクルがあることがわかります。これはあまり驚くべきことではありません。[時系列]のシートの需要の図を見ると、毎年のクリスマスシーズンには山が、4月や5月には谷があることがはっきりとわかります。

そこで、季節性を考慮できる予想手法が必要になります。そしてやはり、そのための指数平滑法があるのです。

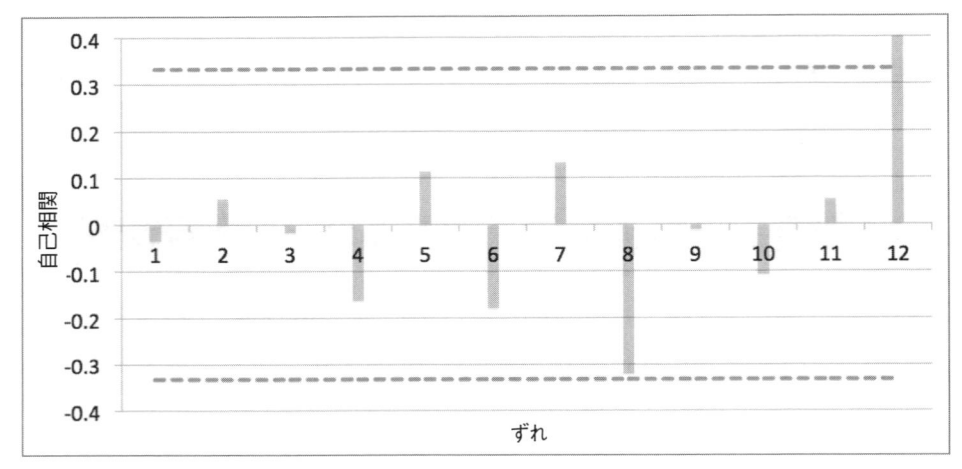

図8-28：コレログラムとしきい値

↗ ホルト・ウィンタース乗法指数平滑法

　ホルト・ウィンタース乗法指数平滑法（Multiplicative Holt-Winters Exponential Smoothing）は、ホルト傾向補正指数平滑法の発展型です。基準値と傾向値に加え、季節的変動による需要の規則的な浮き沈みが考慮されます。季節的変動は、この例のように12か月ごとである必要はありません。MailChimp の場合は、毎週木曜日に期間的な需要変動があります（木曜日はマーケティング電子メールを送信するのに良い日であると考えられているようです）。ホルト・ウィンタース法を使用すると、このような7日間のサイクルも考慮できます。

　さて、ほとんどの場合、固定的な季節的需要量をただ足し引きするだけでは、予想値は調整できません。もしビジネスが成長して毎月の売上が200本から2,000本にまで伸びたとしたら、それぞれのクリスマスシーズンの需要に20本足しても調整にはならないでしょう。そうではなく、季節調整は通常、乗数で行う必要があります。20本足すのではなく、予想値に120パーセントを掛けたほうがおそらくよいでしょう。このことから乗法指数平滑法と呼ばれます。この予想法での需要の考え方を次に示します。

　　　期間tにおける需要 ＝ （基準値 ＋ t ＊ 傾向値） ＊ 期間tにおける季節調整値 ＊
　　　考慮できない他の何らかの不規則的な調整項目

このように、ホルト傾向補正指数平滑法と同じく、やはり基準値と傾向値がありますが、需要が季節により調整されます。また、天災などによる需要の不規則的な変化は考慮できないため、これは考慮しません。

ホルト・ウィンタース法は、三重指数平滑法とも呼ばれます。ご想像のとおり、この手法では3つの平滑化パラメータを使うためです。アルファとガンマのパラメータもやはり使用しますが、今回の更新式には、季節指数と、デルタと呼ばれる係数があります。

誤差調整値が3つある式は、これまで見てきたものよりも若干複雑になりますが、少しずつ説明していきます。

始める前に、1つはっきりさせておきたいことがあります。これまでは、次期の予想と調整のために直前の基準値と傾向値を使用してきました。しかし、季節調整では直前の期間は見ません。その代わりに、直前のサイクル内の同じ期間の推定季節指数を見ます。本書の例の場合は、1か月前ではなく12か月前になります。

そうすると、もし現在が36か月目の12月であり、3か月先の39か月目を予想する場合、推定値は次のようになります。

$$\text{39か月目の推定値} = (\text{基準値}_{36} + 3 * \text{傾向値}_{36}) * \text{季節指数}_{27}$$

そう、ご覧のとおり季節指数$_{27}$を使います。この値は、直前の3月の推定季節指数です。季節指数$_{36}$は使用しません。これは12月の季節調整用のものです。

以上が将来を予想する方法です。次に更新式を詳しく見ていきましょう。まずは基準値です。必要なものは基準値$_0$と傾向値$_0$だけですが、実際には12個の初期季節指数、つまり季節指数$_{-11}$から季節指数$_0$までが必要です。

たとえば、基準値$_1$の更新式には、次のように1月の季節指数の初期推定値が必要です。

$$\text{基準値}_1 = \text{基準値}_0 + \text{傾向値}_0 + \text{アルファ} * (\text{需要}_1 - (\text{基準値}_0 + \text{傾向値}_0) * \text{季節指数}_{-11}) / \text{季節指数}_{-11}$$

この基準値の計算式には、見慣れた要素がいくつもあります。現在の基準値を求めるには、まず直前の基準値と直前の傾向値を足します（二重指数平滑法と同じ）。さらに一期先の予想誤差 (需要$_1$ - (基準値$_0$ + 傾向値$_0$) * 季節指数$_{-11}$) を季節指数$_{-11}$で割ることにより季節調整を行い、その値にアルファを掛けて足します。

そして次の期間に進み、次の月の基準値を以下の数式で求めます。

$$\text{基準値}_2 = \text{基準値}_1 + \text{傾向値}_1 + \text{アルファ} * (\text{需要}_2 - (\text{基準値}_1 + \text{傾向値}_1) * \text{季節指数}_{-10}) / \text{季節指数}_{-10}$$

したがって、一般的に基準値は次の式で求めることができます。

$$基準値_{当期} = 基準値_{前期} + 傾向値_{前期} + アルファ \star （需要_{当期} - （基準値_{前期} + 傾向値_{前期}）\star 季節指数_{直近の該当期}）/季節指数_{直近の該当期}$$

傾向値も、基準値との関連で、二重指数平滑法の時とまったく同じように更新することができます。

$$傾向値_{当期} = 傾向期_{前期} + ガンマ \star アルファ \star （需要_{当期} - （基準値_{前期} + 傾向値_{前期}）\star 季節指数_{直近の該当期}）/季節指数_{直近の該当期}$$

二重指数平滑法と同様に、当期の傾向値は、前期の傾向値に、基準値の更新式に加えた分の誤差にガンマを掛けた値を足して求めます。

さて、次は季節指数の更新式です。これは傾向値の更新式によく似ています。ただしこの式では、基準値と傾向値の更新式で無視された分の誤差にデルタを掛けた値を使用して、直近の当該期の季節指数を調整します。

$$季節指数_{当期} = 季節指数_{直近の当該期} + デルタ \star （1 - アルファ）\star （需要_{当期} - （基準値_{前期} + 傾向値_{前期}）\star 季節指数_{直近の当該期}）/（基準値_{前期} + 傾向値_{前期}）$$

ここでは、12か月前の当該期の季節指数を使用して、季節指数を更新します。一方で、基準値の更新式で無視された分の誤差にデルタを掛けた値を算入します。ただし、誤差は季節調整をする代わりに、前期の基準値と傾向値で割っています。一期先の誤差を「基準値と傾向値で調整」することで、季節指数と同じ大きさの乗数になるよう誤差を揃えています。

≫ 基準値、傾向値、季節指数の初期値を設定する

SES と二重指数平滑法の初期値の設定は非常に簡単でした。しかし今回は、時系列データから傾向に関係する値と季節性に関係する値を引き出す必要があります。これはつまり、この予想の初期値（基準値1つ、傾向値1つ、季節指数12個）を設定することは少し厄介だということです。これを簡単に行う（ただし誤っている）方法もいくつかあります。ここでは、季節サイクル2回分の過去データがあることを前提とし、ホルト・ウィンタース法の初期値を設定する優れた方法を紹介します。本書の例には3サイクル分のデータがあります。

これから行う手順は次のとおりです。

1. 2×12移動平均と呼ばれる手法を使用して、過去データを平滑化する
2. 平滑化後の時系列データと元のデータを比較して、季節要因を推定する

3. 季節指数の初期推定値を使用して、過去データを季節調整する
4. 済みのデータを用いた近似曲線を使用して、基準値と傾向値を推定する

まず、「**ホルト・ウィンタース初期値**」という名前の新規シートを作成して、最初の2列に時系列データを貼り付けます。次に、移動平均を使用して、時系列データの一部を平滑化する必要があります。季節性は12か月サイクルであるため、もちろん12か月の移動平均をデータに対して適用します。

12か月の移動平均とはどういうことでしょうか?

移動平均では、特定の月の需要とその月の前後の月の需要を取り、それを平均します。こうすることで、系列の異常な増減が抑えられます。

しかし、12か月の移動平均には問題があります。12は偶数です。7か月目の需要を平滑化する場合、1か月目から12か月目までの需要で平均を求めるべきなのか、それとも2か月目から13か月目までの需要で平均を求めるべきなのでしょうか? どちらの場合も、7か月目は完全には中央ではありません。中央がないからです。

これに対処するため、需要を平滑化するにあたり、「2×12移動平均」を使用します。これは、先に挙げた2つの可能性、つまり1か月目から12か月目までと、2か月目から13か月目までの両方の平均です(サイクルに含まれる期間の数が偶数の場合はこれと同様の方法を行います。サイクルに含まれる期間の数が奇数の場合、移動平均の「2×」の部分は不要であり、単純な移動平均が使用できます)。

最初の6か月のデータと最後の6か月のデータについてはそもそも不可能です。どちらの側にも6か月分のデータがないためです。平滑化できるのは、データセット内の中間の月だけです(この場合は7か月目から30か月目まで)。そのため、平滑化したデータを1年分得られるように、少なくとも2年分のデータが必要です。

以上から、7か月目を開始点として、次の数式を使います。

```
=(AVERAGE(B3:B14)+AVERAGE(B2:B13))/2
```

これは、7か月目とその月を中心とした12か月間の平均です。ただし、1か月目と13か月目のカウント回数は、他の月の半分です。こうする理由は、1か月目と13か月目は同じ1月であるため、仮にこの2つの1月をそれぞれカウントした場合、1月を移動平均に反映させ過ぎることになるからです。

この式を30か月目まで下にドラッグしてから、元のデータと平滑化したデータの両方を直線付き分散図でグラフ化します。するとシートは図8-29のようになります。私のグラフでは、2つの系列に「平滑化後」と「平滑化前」というラベルを付けました。平滑化後の線を見ると、データの中にある季節変動が、多かれ少なかれ平滑化されたことがはっきりとわかります。

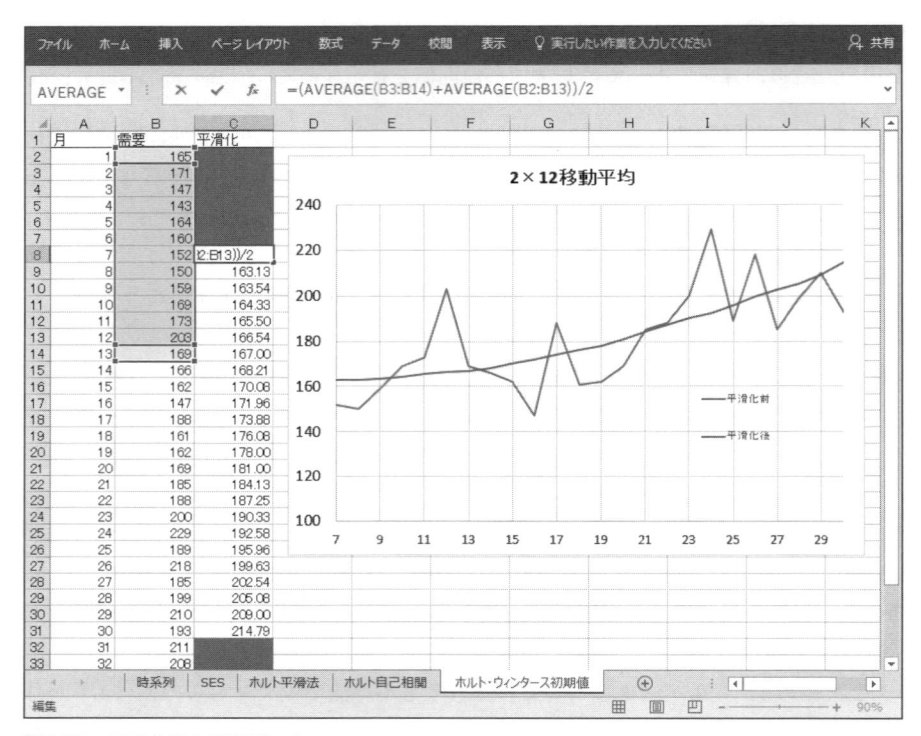

図8-29：平滑化後の需要データ

　次に列 D で、元の値を平滑化後の値で割り、季節指数の推定値を求めます。7か月目を開始点として、セル D8 に次の数式を入力します。

```
=B8/C8
```

　そしてこの数式を30か月目まで下にドラッグします。12か月目と24か月目（12月）の両方が、標準より約20パーセント多くなっており、一方で春季は落ち込んでいることがわかります。

　この平滑化手法により、季節指数の推定値が2つずつ得られました。列 E でこの2つの推定値を平均して、1つの値を求めます。この値がホルト・ウィンタース法で使う初期季節指数になります。

　たとえば、E2（1月）で、列 D の2つの1月の推定値（D14 と D26）を平均します。列 D の平滑化後のデータは、年の中間から始まっているので、この平均を下までドラッグすることはできません。たとえば、E8（7月）では、D8 と D20 の平均を求める必要があります。

　12個の季節指数を列 E で出したら、列 F でそれらの値から1を引き、セルの書式設定をパーセンテー

ジにします（範囲選択してから右クリックして［セルの書式設定］を選択）。すると、これらの要因が各月の需要をどれだけ上下させているか確認することができます。図8-30のように、これらの変動要因の棒グラフをシートに挿入することもできます。

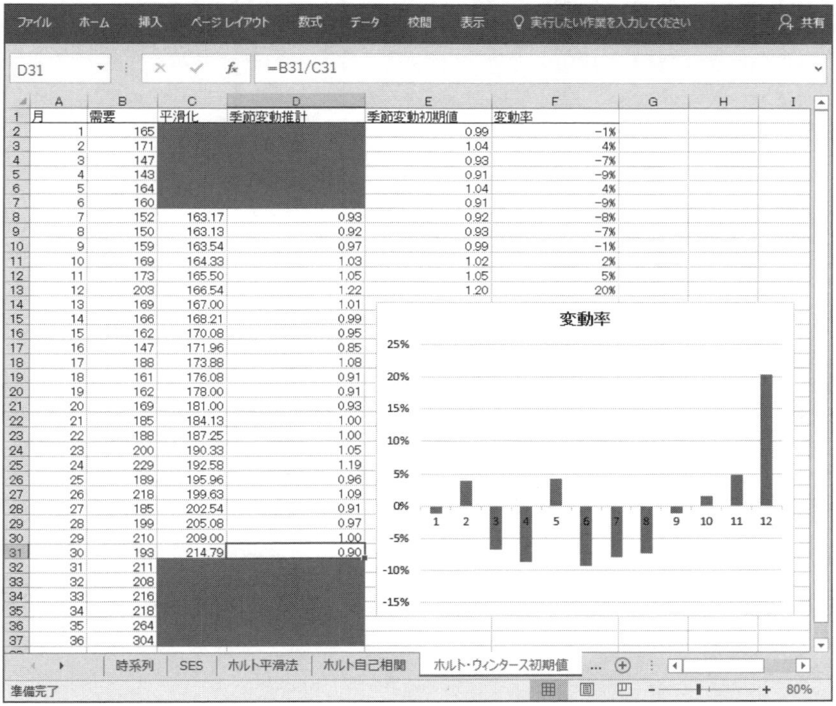

図8-30：推定される季節変動の棒グラフ

　これで初期季節変動値が得られたので、これらを使用して時系列データを季節調整することができます。時系列データ全体を季節調整したら、近似曲線を引き、傾きと切片を初期基準値と初期傾向値として使用します。

　まず、G2からG37に各月の適切な季節調整値を貼り付けます。実際にはE2～E13を列 G に3回連続で値貼り付けするだけです。続いて列 H で、列 B の元の系列を列 G の季節指数で割り（B2/G2）、データの中にあると推定された季節要因を排除します。するとシートは図8-31のようになります。

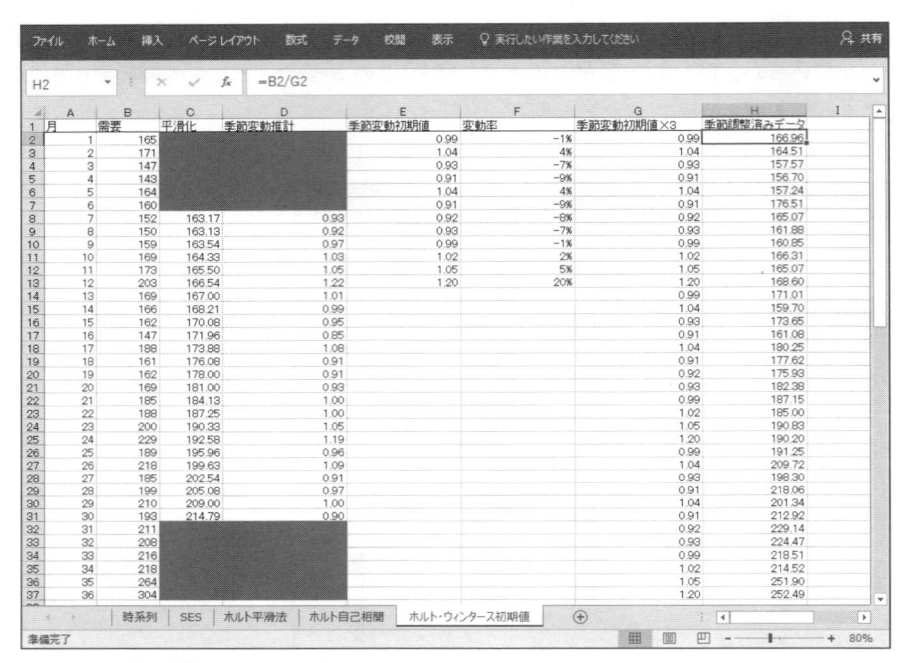

図8-31：季節調整済みの時系列データ

　次に、先のシートで行ったように、列 H の散布図を挿入して、グラフに近似曲線を追加します。グラフに近似曲線の数式を表示すると、初期推定傾向値（1か月あたりの剣の売上増加分）は2.29、初期推定基準値は144.42であることがわかります（図8-32を参照）。

≫ 予想に取り掛かる

　すべてのパラメータの初期値が用意できたので、次は「**ホルト・ウィンタース季節予測**」という新規シートを作成します。このシートの行4に、前の2つの予想手法の時と同様、まず時系列データを貼り付けます。

　時系列データの横の列 C、列 D、列 E には、それぞれ基準値、傾向値、季節指数を入れます。行5に新しい空白行を挿入するだけであった前のシートとは違い、今回はまず、行5から行16まで空白行を挿入し、列 A に時間枠 **-11** から **0** までのラベルを入力します。そして図8-33のように、先のシートの初期値をそれぞれの場所に貼り付けます。

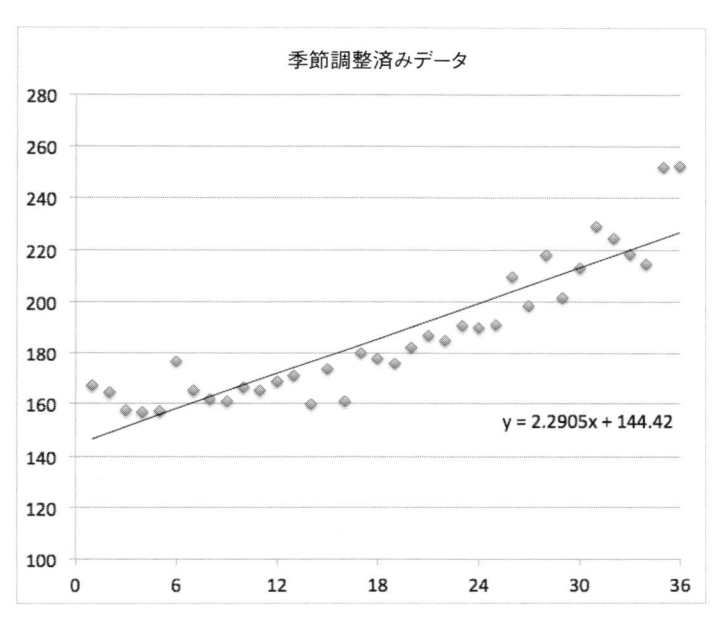

図8-32：季節調整済みの時系列データに基づく近似曲線を使用した初期推定基準値と初期推定傾向値

図8-33：ホルト・ウィンタース法で使用するすべての初期値

列 F では、一期先の予想値を出します。そこで期間1の値を出すために、C16の前期の基準値と D16の前期の傾向値を足します。ただしこの2つの値は、12行上の E5にある、1月の季節指数の推定値で調整します。したがって、F17に次のように入力します。

```
=(C16+D16)*E5
```

　G17の予想誤差は、次の数式で計算できます。

```
=B17-F17
```

　さて、これで基準値、傾向値、季節指数の計算を先に進める用意ができました。そこでセル C2〜E2に、アルファ値、ガンマ値、デルタ値を入力します（いつもどおり、私は0.5から始めます）。図8-34にシートを示します。

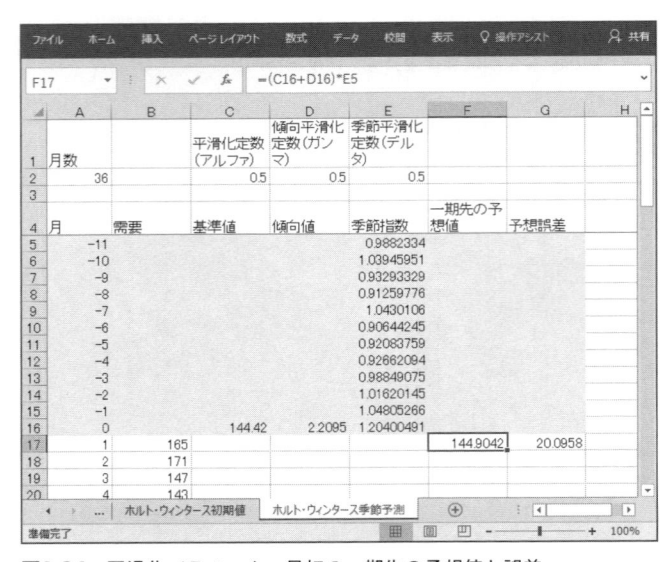

図8-34：平滑化パラメータ、最初の一期先の予想値と誤差

　次の期間へと進むにあたり、最初に計算する項目は、セル C17の期間1の新しい推定基準値です。

```
=C16+D16+C$2*G17/E5
```

前節で見たとおり、新しい基準値は、前期の基準値と前期の傾向値に、季節調整済みの予想誤差にアルファを掛けた値を足して求めます。D17に入る新しい傾向値もよく似ています。

```
=D16+D$2*C$2*G17/E5
```

ここでは、前期の傾向値に、季節調整済みの予想誤差にアルファとガンマを掛けた値を足しています。そして、1月の季節指数の更新式は次のようになります。

```
=E5+E$2*(1-C$2)*G17/(C16+D16)
```

この式では、前の1月の季節指数を、基準値調整の際に無視した分の誤差にデルタを掛けた値で調整した上で、前期の基準値と傾向値で割ることにより、季節指数と同じ大きさになるよう調整しています。

これら3つの数式では、いずれもアルファ、ガンマ、デルタを絶対参照で参照しているため、下までドラッグしても移動しません。C17〜G17を36か月目までドラッグすると、シートは図8-35のようになります。

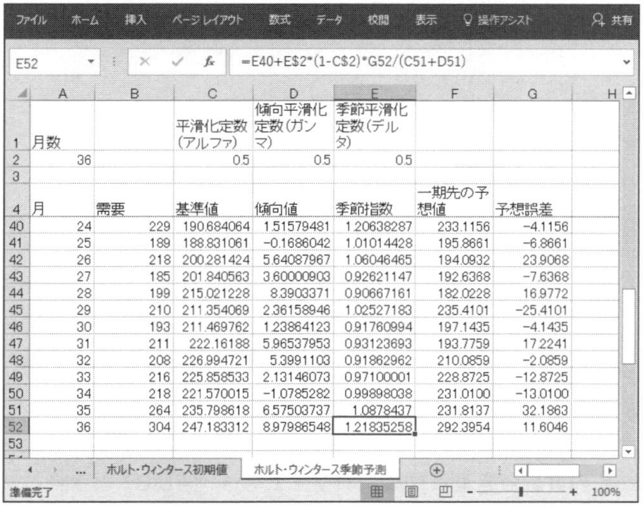

	A	B	C	D	E	F	G
1	月数		平滑化定数(アルファ)	傾向平滑化定数(ガンマ)	季節平滑化定数(デルタ)		
2	36		0.5	0.5	0.5		
3							
4	月	需要	基準値	傾向値	季節指数	一期先の予想値	予想誤差
40	24	229	190.684064	1.51579481	1.20638287	233.1156	−4.1156
41	25	189	188.831061	−0.1686042	1.01014428	195.8661	−6.8661
42	26	218	200.281424	5.64087967	1.06046465	194.0932	23.9068
43	27	185	201.840563	3.60000903	0.92621147	192.6368	−7.6368
44	28	199	215.021228	8.3903371	0.90667161	182.0228	16.9772
45	29	210	211.354069	2.36158946	1.02527183	235.4101	−25.4101
46	30	193	211.469762	1.23864123	0.91760994	197.1435	−4.1435
47	31	211	222.16188	5.96537953	0.93123693	193.7759	17.2241
48	32	208	226.994721	5.3991103	0.91862962	210.0859	−2.0859
49	33	216	225.858533	2.13146073	0.97100001	228.8725	−12.8725
50	34	218	221.570015	−1.0785282	0.99898038	231.0100	−13.0100
51	35	264	235.798618	6.57503737	1.0878437	231.8137	32.1863
52	36	304	247.183312	8.97986548	1.21835258	292.3954	11.6046
53							

図8-35：更新式を36か月目まで入力

基準値、傾向値、季節指数の最終期の推定値がこれで出ましたので、将来の1年分の需要の予想ができるようになりました。37か月目にあたるセルB53を起点として、次の数式を入力します（A53～64に37～48の月番号を入力しておきます）。

```
=(C$52+(A53-A$52)*D$52)*E41
```

　ホルト傾向補正平滑法と同様に、最終期の推定基準値と、直近の推定傾向値の期間から数えた期数に傾向値を掛けた値を足しています。唯一の違うのは、この推定値全体を直近の1月の季節指数（セル E41）で調整している点です。また、C$52の基準値と D$52の傾向値には絶対参照を使用しているため、式を下までドラッグしても参照先が移動しません。一方、季節指数の参照先（E41）は、11か月後まで予想式をドラッグしたときに移動するようにする必要があります。数式を下までドラッグすると、図8-36のような予想値が得られます。

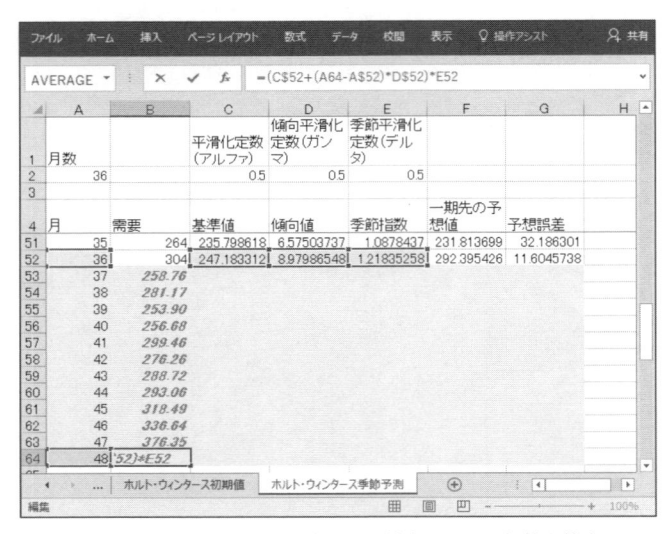

図8-36：ホルト・ウィンタース法による将来の月の予想値を算出

　前の2つの手法と同様に、この予想値を Excel の直線付き散布図でプロットします（図8-37を参照）。

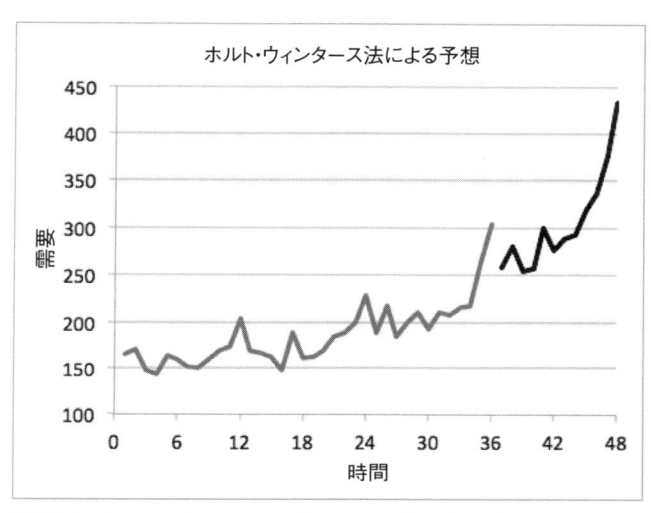

図8-37：ホルト・ウィンタース法による予想をグラフ化

≫ そして最適化する

これで終わりと思ったとしたら、それは間違いです。平滑化パラメータを設定する必要があります。そこで、前の2つの手法と同様に、SSE をセル G2に入れ、標準誤差を H2に入れます。

今回違う点は、平滑化パラメータが3つあるということだけです。そのため標準誤差は次の数式で求めます。

```
=SQRT(G2/(36-3))
```

するとシートは図8-38のようになります。

ソルバーの設定（図8-39に表示）については、今回は3つの平滑化パラメータを変えて H2を最適化します。前の手法のおよそ半分の標準誤差が得られます。予想の散布図（図8-40を参照）は見た目がよくありませんか？ 傾向と季節変動をたどった図になっています。非常に良いですね。

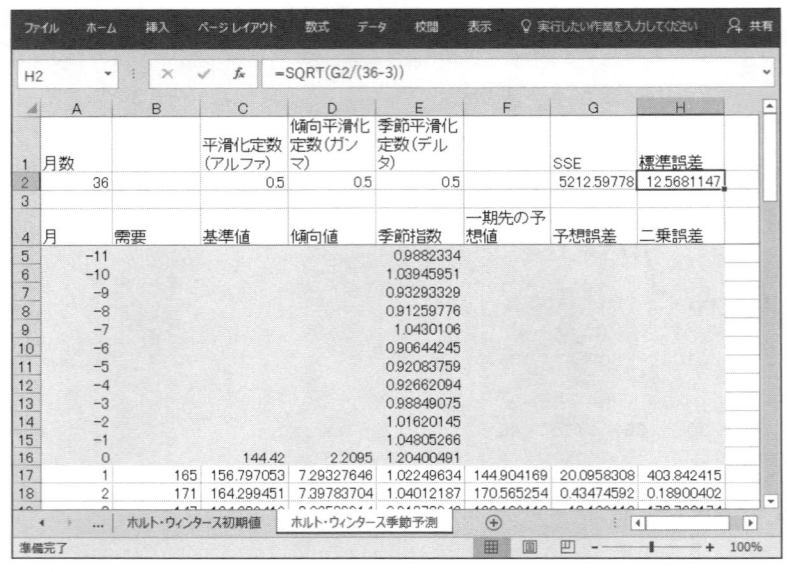

図8-38：SSEと標準誤差を追加

図8-39：ホルト・ウィンタース法のソルバー設定

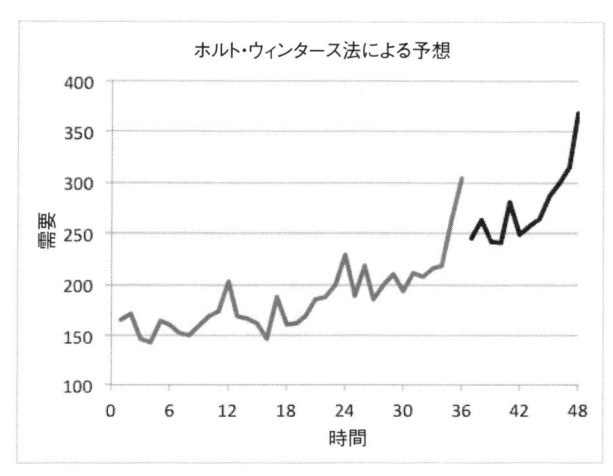

図8-40：最適化したホルト・ウィンタース法の予想

≫ もうひとふんばり

　次はこの予想の自己相関を確認する必要があります。自己相関のシートはもう準備してあるので、今回はそのコピーを作成して新しい誤差の値を貼り付けるだけです。

　［ホルト自己相関］シートを複製して、「**ホルト・ウィンタース自己相関**」という名前を付けます。そして［ホルト・ウィンタース季節予測］の列Gの誤差を、自己相関のシートの列Bに値貼り付けするだけです。すると図8-41のようなコレログラムができます。

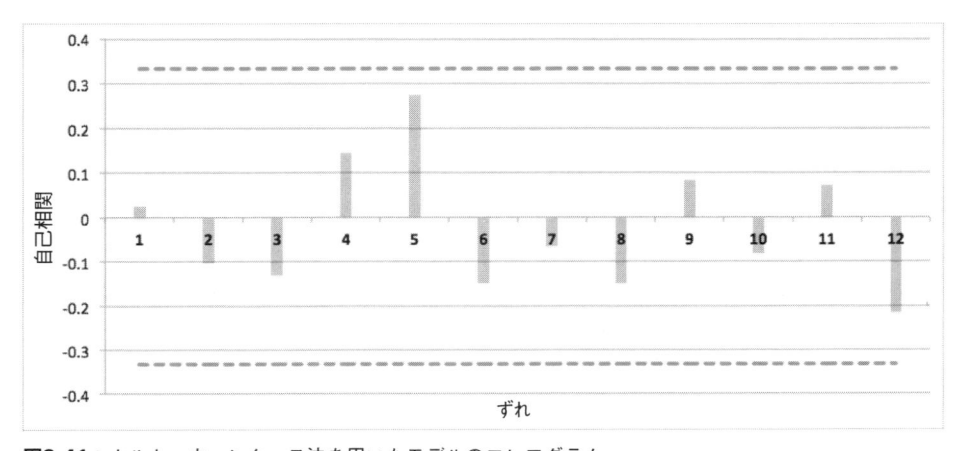

図8-41：ホルト・ウィンタース法を用いたモデルのコレログラム

やりました。しきい値0.33を超える自己相関はないので、このモデルは上手く需要の値の構造を捉えています。

≫ 予想の周囲に予測区間を描く

さて、これでデータによくあてはまる予想が手に入りました。では、上司と一緒に現実的な見通しを立てる際に使えるよう、この予想の上限と下限を設定するにはどうすればよいでしょうか?

ここでは第4章ですでに見たモンテカルロシミュレーションを通じてこれを行います。基本的には、将来の需要がどのようになるかという将来のシナリオを作成して、これらのシナリオの95%が該当する幅を割り出します。問題は、将来の需要のシミュレーションをどこから着手するかということです。これは実際には非常に簡単です。

まず、[ホルト・ウィンタース季節予測]シートを複製して、「**予測区間**」という名前を付けます。シート内のグラフは必要ないのですべて削除します。さらに、セルB53〜B64の予想値を消去します。この場所には「実際の」(とはいえシミュレートした)需要を入れます。

さて、本章の最初で言ったように、予想は常に外れるものです。必ず誤差があるからです。一方で、誤差がどのように分布するかはご存知でしょう。手元にあるのは、データによくあてはまる予想です。そのため、一期先の誤差の平均は(偏りがなく)0であると仮定できます。前のシートで計算したとおり、標準誤差は10.37です。

第4章と同様、NORMINV関数を使用すると、シミュレートした誤差を生成できます。将来の月のセルで、平均(0)、標準誤差(セルH\$2の10.37)、および0から1のランダムな数値をNORMINV関数に入力すると、正規分布曲線から誤差が抽出されます。(この仕組みの詳細については、第4章の累積分布関数に関する説明を参照してください。)

では、セルG53でシミュレートした一期先の誤差を次の数式で出しましょう。

```
=NORMINV(RAND(),0,H$2)
```

この数式をG64まで下にドラッグして、12か月間のシミュレートした誤差を出します。するとシートは図8-42のようになります(あなたがシミュレートした値は図とは違うものになっているはずです)。

予想誤差を出したので、将来の期間の基準値、傾向値、季節指数の推定値と、一期先の予想値を新たに求めるのに必要なものがすべて揃いました。そこでC52〜F52を範囲選択して、行64まで下にドラッグします。

ここで統計解析のすごい一面を見ることができます。ここまでで、シミュレートした予想誤差と一期先の予想値が出ています。そこで、列Fの予想値に列Gの予想誤差を加算すれば、各期間の需要をシミュ

レートできることになります。

したがって、B53に次の数式を入力します。

```
=F53+G53
```

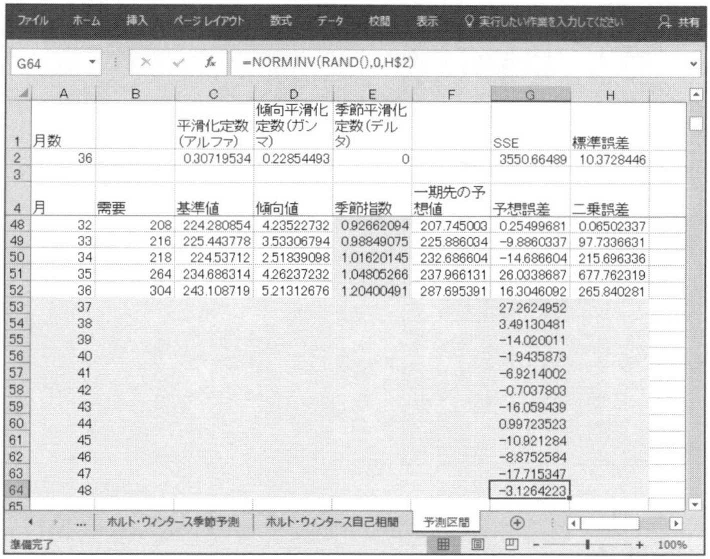

G64 =NORMINV(RAND(),0,H$2)

	A	B	C	D	E	F	G	H
1	月数		平滑化定数(アルファ)	傾向平滑化定数(ガンマ)	季節平滑化定数(デルタ)		SSE	標準誤差
2	36		0.30719534	0.22854493	0		3550.66489	10.3728446
3								
4	月	需要	基準値	傾向値	季節指数	一期先の予想値	予想誤差	二乗誤差
48	32	208	224.280854	4.23522732	0.92662094	207.745003	0.25499681	0.06502337
49	33	216	225.443778	3.53306794	0.98849075	225.886034	-9.8860337	97.7336631
50	34	218	224.53712	2.51839098	1.01620145	232.686604	-14.686604	215.696336
51	35	264	234.686314	4.26237232	1.04805266	237.966131	26.0338687	677.762319
52	36	304	243.108719	5.21312676	1.20400491	287.695391	16.3046092	265.840281
53	37						27.2624952	
54	38						3.49130481	
55	39						-14.020011	
56	40						-1.9435873	
57	41						-6.9214002	
58	42						-0.7037803	
59	43						-16.059439	
60	44						0.99723523	
61	45						-10.921284	
62	46						-8.8752584	
63	47						-17.715347	
64	48						-3.1264223	

図8-42：一期先の誤差のシミュレーション

この数式をB64まで下にドラッグして、12か月すべての需要の値を出します（図8-43を参照）。

1つのシナリオを作成した後は、シートを更新するだけで需要の値が変わるようになります。シナリオを別の場所に値貼り付けするだけで、シートは自動的に更新されます。これにより複数の将来の需要シナリオを作成することができます。

まず、セルA69に「**シミュレートした需要**」というラベルを入力します。またA70～L70に月を表す**37～48**を入力します。A53～A64をコピーして、[形式を選択して貼り付け]で行列を入れ替えてA70～L70に貼り付ければ、これを行うことができます。

同様に、B53～64の最初の需要シナリオをA71～L71に行列を入れ替えて値貼り付けします。2番目のシナリオを挿入するため、行71を右クリックして[挿入]を選択し、新しい空白の行71を挿入します。そして[形式を選択して貼り付け]でシミュレートした需要をさらに値貼り付けします（データを貼り付けると需要の値は更新されるはずです）。

この操作を続けて行い、将来の需要シナリオを必要な数だけ作成します。しかしこれは退屈です。代わりに簡単なマクロを記録しましょう。

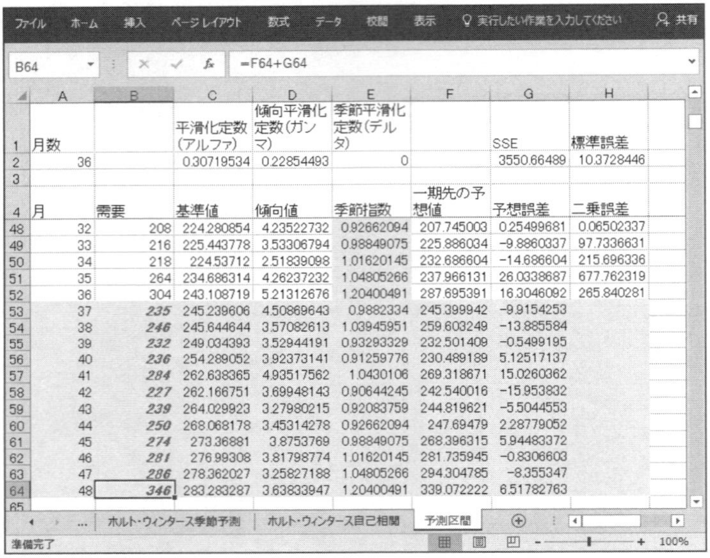

	A	B	C	D	E	F	G	H
1	月数		平滑化定数(アルファ)	傾向平滑化定数(ガンマ)	季節平滑化定数(デルタ)		SSE	標準誤差
2	36		0.30719534	0.22854493	0		3550.66489	10.3728446
3								
4	月	需要	基準値	傾向値	季節指数	一期先の予想値	予想誤差	二乗誤差
48	32	208	224.280854	4.23522732	0.92662094	207.745003	0.25499681	0.06502337
49	33	216	225.443778	3.53306794	0.98849075	225.886034	−9.8860337	97.7336631
50	34	218	224.53712	2.51839098	1.01620145	232.686604	−14.686604	215.696336
51	35	264	234.686314	4.26237232	1.04805266	237.966131	26.0338687	677.762319
52	36	304	243.108719	5.21312676	1.20400491	287.695391	16.3046092	265.840281
53	37	235	245.239606	4.50869643	0.9882334	245.399942	−9.9154253	
54	38	246	245.644644	3.57082613	1.03945951	259.603249	−13.885584	
55	39	232	249.034393	3.52944191	0.93293329	232.501409	−0.5499195	
56	40	236	254.289052	3.92373141	0.91259776	230.489189	5.12517137	
57	41	284	262.638365	4.93517562	1.0430106	269.318671	15.0260362	
58	42	227	262.166751	3.69948143	0.90644245	242.540016	−15.953832	
59	43	239	264.029923	3.27980215	0.92083759	244.819621	−5.5044553	
60	44	250	268.068178	3.45314278	0.92662094	247.69479	2.28779052	
61	45	274	273.36881	3.8753769	0.98849075	268.396315	5.94483372	
62	46	281	276.99308	3.81798774	1.01620145	281.735945	−0.8306603	
63	47	286	278.362027	3.25827188	1.04805266	294.304785	−8.355347	
64	48	346	283.283287	3.63833947	1.20400491	339.072222	6.51782763	

図8-43：将来の需要のシミュレーション

第7章と同様に、次の手順でマクロを記録します。

1. 行71に空白行を挿入する
2. B53〜B64をコピーする
3. 行71に行列を入れ替えて値貼り付けする
4. 記録を終了する

以上のキーストロークを記録したら、シナリオが大量に得られるまで、設定したマクロのショートカットキー（第7章を参照）を叩き続けます。ショートカットキーを押しっぱなしにすることもできます。シナリオは1,000個もあれば十分でしょう（コーディングに慣れている方は、マクロのコード編集画面で「For i=0 To 998」と「Next」ですでに書いてある処理を囲むと、ショートカットキーを1回押すだけで1000行のシナリオができます）。

最終的に、シートは図8-44のようになるはずです。

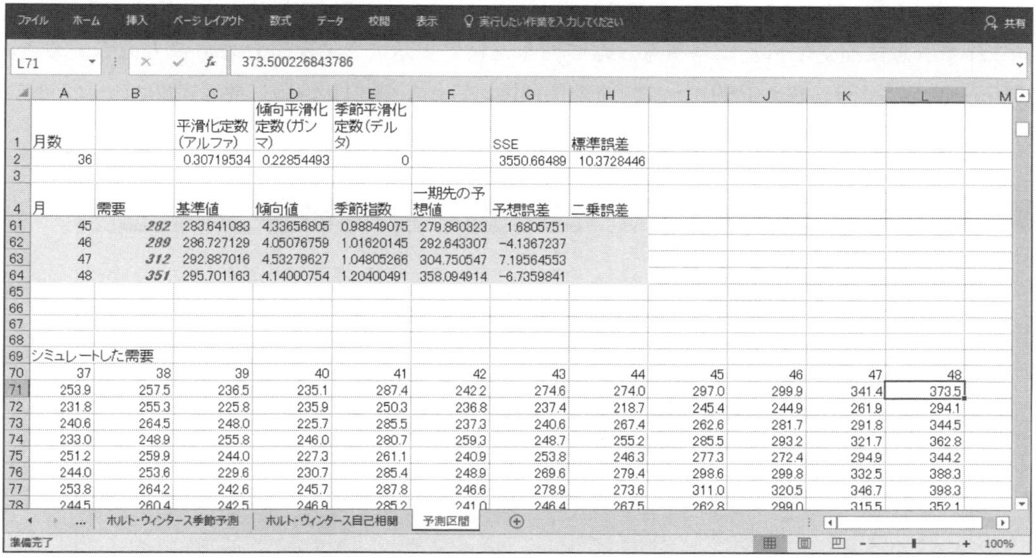

L71 | 373.500226843786

	A	B	C	D	E	F	G	H
1	月数		平滑化定数(アルファ)	傾向平滑化定数(ガンマ)	季節平滑化定数(デルタ)		SSE	標準誤差
2	36		0.30719534	0.22854493	0		3550.66489	10.3728446
3								
4	月	需要	基準値	傾向値	季節指数	一期先の予想値	予想誤差	二乗誤差
61	45	*282*	283.641083	4.33656805	0.98849075	279.860323	1.6805751	
62	46	*289*	286.727129	4.05076759	1.01620145	292.643307	-4.1367237	
63	47	*312*	292.887016	4.53279627	1.04805266	304.750547	7.19564553	
64	48	*351*	295.701163	4.14000754	1.20400491	358.094914	-6.7359841	
65								
66								
67								
68								
69	シミュレートした需要							

	A	B	C	D	E	F	G	H	I	J	K	L
70	37	38	39	40	41	42	43	44	45	46	47	48
71	253.9	257.5	236.5	235.1	287.4	242.2	274.6	274.0	297.0	299.9	341.4	373.5
72	231.8	255.3	225.8	235.9	250.3	236.8	237.4	218.7	245.4	244.9	261.9	294.1
73	240.6	264.5	248.0	225.7	285.5	237.3	240.6	267.4	262.6	281.7	291.8	344.5
74	233.0	248.9	255.8	246.0	280.7	259.3	248.7	255.2	285.5	293.2	321.7	362.8
75	251.2	259.9	244.0	227.3	261.1	240.9	253.8	246.3	277.3	272.4	294.9	344.2
76	244.0	253.6	229.6	230.7	285.4	248.9	269.6	279.4	298.6	299.8	332.5	388.3
77	253.8	264.2	242.6	245.7	287.8	246.6	278.9	273.6	311.0	320.5	346.7	398.3
78	244.5	260.4	242.5	246.9	285.2	241.0	246.4	267.5	262.8	299.0	315.5	352.1

図8-44：1,000個の需要シナリオを用意

各月のシナリオを用意したら、PERCENTILE関数を使用して、95パーセントのシナリオが該当する範囲の上限と下限を求めて、予測区間を作成します。

たとえば、37か月目の上のA66に、次の数式を入力します。

```
=PERCENTILE(A71:A1070,0.975)
```

すると、この月の97.5パーセンタイル（97.5%めの値）の需要の値が出ます。私のシートでは、約264になりました。そしてA67で、2.5パーセンタイル値を次の数式で求めます。

```
=PERCENTILE(A71:A1070,0.025)
```

A71～A1070を使用したのは、需要のシミュレーションシナリオが1,000個あるからです。人差し指の器用さによって、値が大きくなったり小さくなったりするかもしれません。私の場合、下限は約224になりました。

これはつまり、37か月目の予想値は245（[ホルト・ウィンタース季節予測］のB53）であるけれども、95パーセントのデータは224から264の間にあるということを意味します。

このパーセンタイルの数式を列Lの48か月目までドラッグして、予測区間全体を出します（図8-45を参照）。これで予想に加えて慎重に見積もった範囲を上司に提示できるようになりましたね。また、0.025と0.975を0.05と0.95に変えて90パーセントの予測区間にしたり、0.1と0.9に変えて80パーセントの予測区間にしたりすることもできます。

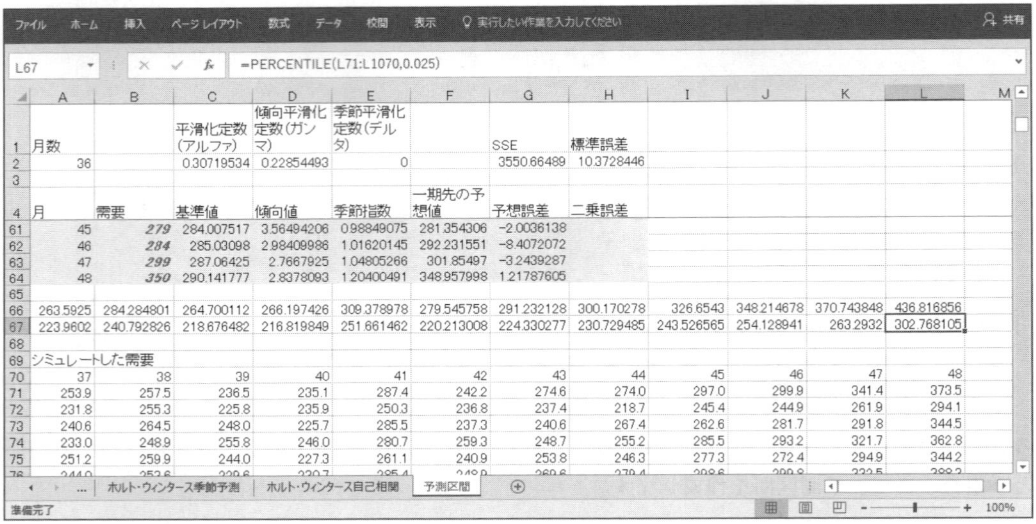

	A	B	C	D	E	F	G	H	I	J	K	L
1	月数		平滑化定数（アルファ）	傾向平滑化定数（ガンマ）	季節平滑化定数（デルタ）		SSE	標準誤差				
2	36		0.30719534	0.22854493	0		3550.66489	10.3728446				
3												
4	月	需要	基準値	傾向値	季節指数	一期先の予想値	予想誤差	二乗誤差				
61	45	279	284.007517	3.56494206	0.98849075	281.354306	-2.0036138					
62	46	284	285.03098	2.98409986	1.01620145	292.231551	-8.4072072					
63	47	299	287.06425	2.7667925	1.04805266	301.85497	-3.2439287					
64	48	350	290.141777	2.8378093	1.20400491	348.957998	1.21787605					
65												
66	263.5925	284.284801	264.700112	266.197426	309.378978	279.545758	291.232128	300.170278	326.6543	348.214678	370.743848	436.816856
67	223.9602	240.792826	218.676482	216.819849	251.661462	220.213008	224.330277	230.729485	243.526565	254.128941	263.2932	302.768105
68												
69	シミュレートした需要											
70	37	38	39	40	41	42	43	44	45	46	47	48
71	253.9	257.5	236.5	235.1	287.4	242.2	274.6	274.0	297.0	299.9	341.4	373.5
72	231.8	255.3	225.8	235.9	250.3	236.8	237.4	218.7	245.4	244.9	261.9	294.1
73	240.6	264.5	248.0	225.7	285.5	237.3	240.6	267.4	262.6	281.7	291.8	344.5
74	233.0	248.9	255.8	246.0	280.7	259.3	248.7	255.2	285.5	293.2	321.7	362.8
75	251.2	259.9	244.0	227.3	261.1	240.9	253.8	246.3	277.3	272.4	294.9	344.2

図8-45：ホルト・ウィンタース法の予測区間

≫ 効果を得るためにファンチャートを作成する

さて、最後のこの手順は必須ではありませんが、予想と予測区間は、ファンチャートというものを使ってよく表されます。このようなチャートはExcelで作成できます。

まず、「ファンチャート」という名前の新規シートを作成して、そのシートに月番号の37から48を行1に貼り付けます。続いて、［予測区間］シートの行66にある予測区間の上限値を行2に値貼り付けします。行3に［ホルト・ウィンタース季節予測］シートの実際の予想値を、行列を入れ替えて値貼り付けします。そして行4に、予測区間のシートの行67にある予測区間の下限値を値貼り付けします。

これで、月、予測区間の上限値、予想値、予測区間の下限値がすべて並びました（図8-46を参照）。

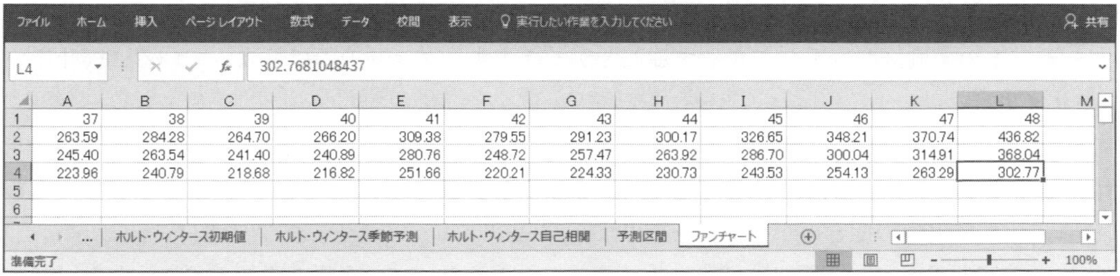

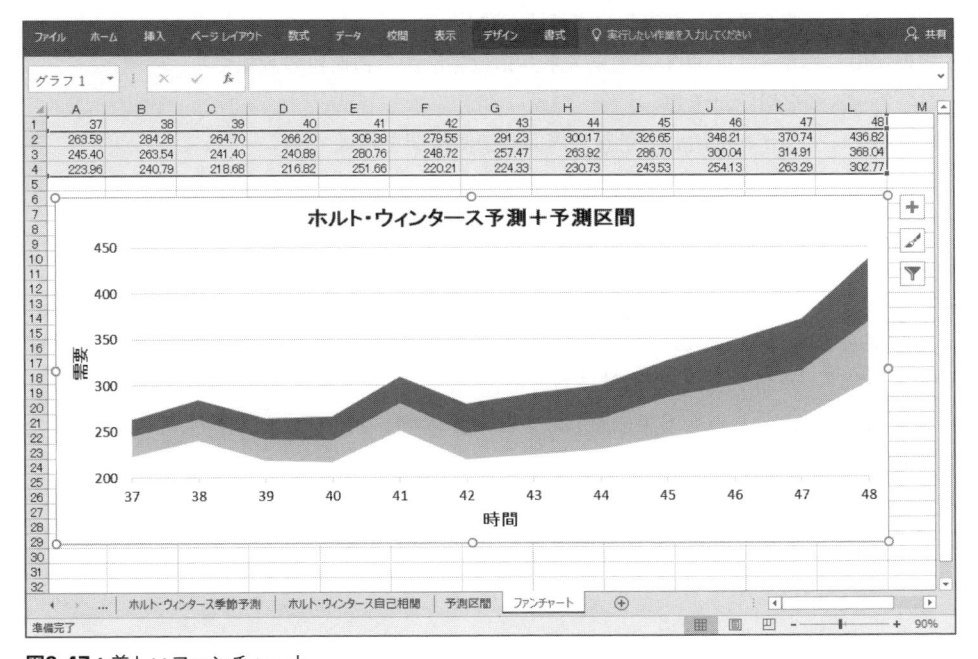

図8-46：予想値の上下に予測区間の値を入力

　A2〜L4を範囲選択して、Excelのグラフメニューから［面］（Windowsでは［折れ線］の中）のグラフを選択すると、塗りつぶされた領域が3つ重なったグラフが作図されます。いずれかの系列をクリックして、［データの選択］を選択します。いずれかの系列の［横（項目）軸ラベル］をA1〜L1に変更することで、正しい月のラベルをグラフに追加することができます。

　下限の系列を右クリックして、書式設定で塗りつぶしの色を白にします。一貫性を持たせるために、グラフからグリッド線を取り除きます。軸ラベルとタイトルを自由に追加します。するとファンチャートは図8-47のようになります。

図8-47：美しいファンチャート

ファンチャートの良い所は、予想と予測区間の両方を1つの簡単な図で示せることです。実際、色分けして80パーセントの予測区間も重ねて表示することができます。グラフの中で目立っている、興味深い点が2つあります。

- 時間が先に進むにつれて誤差が大きくなっています。これは理にかなっていることです。月が進むにつれて、不確実性の度合いが高まるためです。
- 同様に、季節的需要が高い期間は、絶対的に誤差が大きくなっています。需要が谷に沈むと、誤差の幅は狭まっています。

↗ Wrapping Up

本章では、以下のように多くの内容を取り上げました。

- 単純指数平滑法（SES）
- 時系列内での線形傾向を検証するため、回帰直線のt検査を実行
- ホルト傾向補正指数平滑法
- 自己相関の計算としきい値を表示したコレログラムの作成
- 2x12移動平均を使用したホルト・ウィンタース乗算指数平滑法の初期値の設定
- ホルト・ウィンタース法を用いた予想
- モンテカルロシミュレーションを用いて予想の周囲に予測区間を作成
- ファンチャートを使った予測区間のグラフ化

　本章の予想をすべてやり遂げたのでしたら、それはすごいことです。1つの章で扱うには多かったと本気で思います。

　生産現場での予想に関して言えば、無数の製品が世に出回っています。簡単な作業の場合は、迷わずExcelを使い続けてください。商品やSKUが大量にある場合は、コードを使うと便利でしょう。

　SASとR（第10章を参照）は、どちらも予想に適したすばらしいパッケージです。Rのコードを書いたハインドマン氏は予想についての無料の教科書やブログをオンラインで公開しており、指数平滑法の予測区間を計算する方法の統計的な基礎を考案した人物です。

　以上でおしまいです。「知らないことを整理していける」力が付いたと感じてもらえたなら幸いです。

第 **9** 章

外れ値の検出：
外れているからといって
重要でないわけではない

外れ値は、データセット内の奇妙なデータポイント、つまり、どういうわけか周囲になじまないデータポイントのことです。従来、外れ値とは極端な値のことを指していました。極端な値とは、データセット内の他の観測データと同じプロセスから得られたにしては、大きすぎたり小さすぎたりする値のことです。

人々が外れ値を気にかけてきたのは、ただそれを排除したかったからです。100年前の統計学者たちは、「外れ値は敵で、我々に従わせるか、死を選ばせる」と考えていた点で、独裁者に似ていました。しかし、これは正当な理由から行われています（統計学者の場合）。外れ値は平均を移動させ、データの広がり具合の測定の邪魔になるからです。外れ値除外の適例は体操です。体操では、審査員の最高点と最低点は、平均点を出す前にデータから必ず除外されます。

外れ値には機械学習モデルを台無しにする才能があります。たとえば、第6章と第7章では、購入データを基にして妊娠中の顧客を予測する方法を検討しました。もし薬局の棚の商品のコードが間違っていて、マルチビタミン剤の購入を葉酸サプリメントの購入として記録していたらどうなるでしょうか？ 購入ベクトルが誤っている顧客は、妊娠と葉酸購入の関係を変化させる外れ値であり、AIモデルの学習に悪影響を与えます。

以前私が政府機関の相談役を務めたときに、私の勤める会社が、米国がドバイで所有している貯水施設に何十億ドルもの価値があると評価されているのを見つけました。この資産価値が私の会社の分析結果を狂わせていた外れ値でした。これはだれかがデータベースに0を入力し過ぎたことによるものでした。

外れ値を気にかける理由の1つがこれです。つまり、データ解析とモデリングを手際よく行いやすくすることが目的です。

しかし、外れ値を気にかける理由はもう1つあります。外れ値はそれ自体で面白いということです。

↗ 外れ値も人間である（たとえ悪人であっても）

詐欺かもしれない取引をしてしまった後に、自分が利用しているクレジットカード会社から電話があったとします。クレジットカード会社はどうやって気づいたのでしょうか？ 過去の行動に基づき、その取引を外れ値として検知しているのです。クレジットカード会社は、外れ値だからといって取引を無視するのではなく、意図的に詐欺の可能性としてフラグを付け、それに対処しているのです。

MailChimpでは、これからスパムを送信しようとしているスパマーを予測するときに、外れ値で予測を行っています。こうしたスパマーは少人数のグループであり、その行動は我々が通常と考えるものから逸脱しています。私の会社では、第6章と第7章のモデルに似たものを訓練して、新しいユーザーがいつスパムを送信しようとするかを、過去の出来事に基づいて予測しています。

そのため MailChimp では、外れ値は、訓練データで予測可能な、母集団の中の少数ではあるものの既知のデータクラスとして扱われているにすぎません。しかし、探している対象がわかっていない場合はどうなるでしょうか？　たとえば、ラベルが間違っている葉酸サプリメントを購入した人はどうなるでしょう？　詐欺師は行動を頻繁に変えます。そのため、この種の人々に期待できるただ1つのことは、こちらが期待してないことです。そのような予想外のことがこれまで一度も起こっていなかったとしたら、どうやってその奇妙なデータポイントを最初に発見することができるのでしょうか？

この種の外れ値の検出は、教師あり学習とデータマイニングの応用例の1つです。これは本書の第2章と第5章で行った分析の反対側といった感じです。第2章と第5章では、ポイントのクラスターの検出を行いました。クラスター分析では、データポイントの仲間のグループを探し、そのグループを分析しました。外れ値の検出では、グループから外れているデータポイントに注目します。そのようなデータはどこか変であったり例外的であったりします。

本章ではまず、普通の一次元データの中にある外れ値を計算する、簡単かつ標準的な方法を取り上げます。次に、k 近傍 (kNN) グラフを使用して、多次元データの外れ値を検出します。これは、第5章でクラスターを作成するために r- 近傍グラフを使用した方法に似ています。

↗ ハドラム夫妻間の面白い訴訟事件

> **✔ 注意**
> ここで使用する Excel ファイルは、「CHAPTER09」フォルダーにある「妊娠期間.xlsx」です。作業を終えた完成状態のファイルは「妊娠期間_ 完成.xlsx」となります。ダウンロード URL は「はじめに」の xii ページをご覧ください。

1940 年代のことですが、ハドラム氏というあるイギリス人が戦争に赴きました。何日か後（実際には 349 日後）に、その妻のハドラム婦人が子どもを産みました。さて、平均的な妊娠期間は約 266 日間です。ハドラム婦人は 12 週間近く遅く出産したことになります。現代では、不快な期間がそれほどまでに長引くことに耐えられる人がいるとは思えないのですが、当時は陣痛の促進はそれほど一般的ではありませんでした。

さて、ハドラム婦人は単に例外的に妊娠期間が長くなっただけと主張しました。もっともなことです。

しかしハドラム氏のほうは、婦人が妊娠したのは自分がいない間に別の男と浮気したせいだと判断しました。というのも、349 日間の妊娠期間は異常であり、通常の妊娠期間の分布を考えると正当化できないからです。

そこで、もし妊娠に関するデータの用意があったとしたら、ハドラム婦人の妊娠を外れ値であると見なすべきかどうか、どのようにしたら手っ取り早く決めることができるでしょうか？

研究によると、妊娠期間は、およそ受胎後266日間を平均として正規分布するランダム変数であり、標準偏差は約9です。そこで、第4章で紹介した通常の累積分布関数（CDF）の値を求めて、349未満の値が発生する確率を出します。Excel では、これは次のように NORMDIST 関数を使用して求めます。

```
=NORMDIST(349,266,9,TRUE)
```

　NORMDIST 関数に、必要な値（この値のときの累積確率が出ます）、平均、標準偏差を与え、さらにフラグを TRUE に設定し、累積分布の値が出るようにします。

　この数式によって返される値は、1.000……と Excel の表示限界まで小数点以下の0が続く値です。これはつまり、ほぼすべての乳児が現在からこの先ずっと349日未満で出生するということを意味しています。次のようにして、この値から1を引きます。

```
=1-NORMDIST(349,266,9,TRUE)
```

　すると、0.0000000……とずっと0が続く値が出ます。つまり、人間の子がこれほどまで長い間胎児でいることはほぼ不可能ということです。

　確実にはわかりませんが、私は間違いなくハドラム婦人が何かしたのだと思います。面白いことに、裁判所は婦人に有利な判決を下し、それほど長い妊娠期間は非常に珍しいがそれでも可能であると言いました。

》テューキーの箱ひげ図

　以上のような「正規分布からはまず抽出されないデータポイント」という外れ値の概念から、テューキーの箱ひげ図と呼ばれる外れ値検出の経験則が生まれました。テューキーの箱ひげ図は簡単にチェックができ、またコード化も簡単です。これは、通常の正規分布曲線に適合するデータセット内にある誤ったデータポイントを特定および除外するために、世界中の統計パッケージで使用されています。

　テューキーの箱ひげ図の全体像は次のとおりです。

- 外れ値を見つけたいデータセット内の25パーセンタイル（小さい方から25%めに位置する値）と75パーセンタイルを算出します。この2つの値は、第1四分位数と第3四分位数とも呼ばれます。Excel ではこれらの値を PERCENTILE 関数で計算します。
- 第3四分位数から第1四分位数を引き、データの広がり具合の尺度を求めます。これは四分位範囲（IQR）とよばれます。IQR が優れているのは、前章で広がり具合を測定するために使用した通常の

標準偏差の計算とは異なり、広がり具合の尺度として、極端な値の影響を比較的受けにくい点です。

- 第1四分位数から1.5×IQRを引き、下側の内壁を求めます。第3四分位数に1.5×IQRを足し、上側の内壁を求めます。

- 同様に、第1四分位数から3×IQRを引き、下側の外壁を求めます。第3四分位数に3×IQRを足し、上側の外壁を求めます。

- 下側の壁に満たない値、または上側の壁を超える値が極端な値です。正規分布するデータでは、内壁の値未満のデータポイントはおよそ100個に1個の割合で見られますが、外壁を超えるデータポイントは50万個に1個しか見られないでしょう。

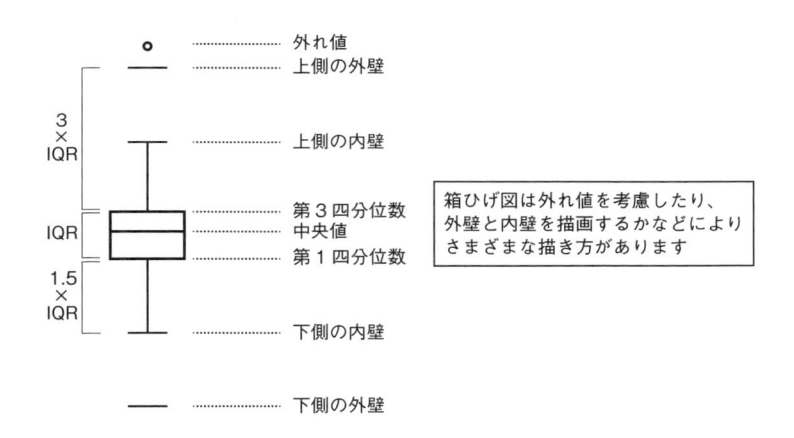

≫ テューキーの箱ひげ図をスプレッドシートで適用する

この手法を実際のデータに適用できるよう、妊娠期間.xlsx のファイルを開きます。シートの列Aには1,000件の妊娠期間のサンプルがあります。

ハドラム婦人の妊娠期間は、セルA2の349日間です。列Dに、要約統計量と壁の値をすべて入れることにします。まずは中央値（中間の値）から着手します。中央値は中心を表す統計値であり、平均値よりもロバストです（平均は外れ値により歪められている可能性があります）。

C1に「**中央値**」というラベルを入力し、D1で次の数式で中央値を計算します。

```
=PERCENTILE(A2:A1001,0.5)
```

これにより、50パーセンタイルの値 = 中央値が求められます。中央値の下で、第1四分位数と第3四分

位数を次の数式で計算します。

```
=PERCENTILE(A2:A1001,0.25)
=PERCENTILE(A2:A1001,0.75)
```

四分位範囲（IQR）はこの2つの値の差です。

```
=D3-D2
```

第1四分位数と第3四分位数に、それぞれ1.5×IQRと3×IQRを加える（または引く）ことで、すべての壁を計算することができます。

```
=D2-1.5*D4
=D3+1.5*D4
=D2-3*D4
=D3+3*D4
```

これらの値すべてのラベルを入力すると、シートは図9-1のようになります。

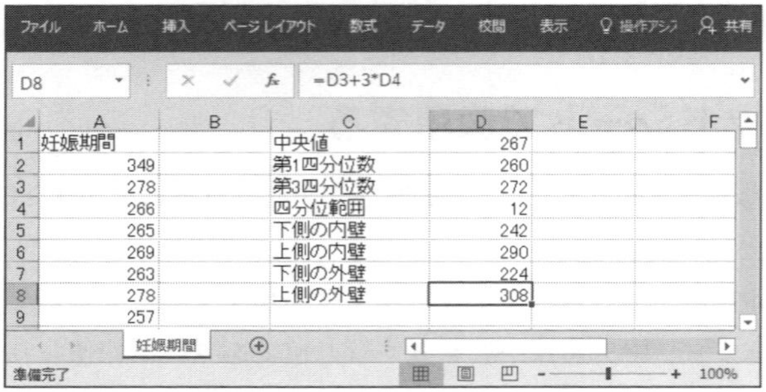

	A	B	C	D	E	F
1	妊娠期間		中央値	267		
2	349		第1四分位数	260		
3	278		第3四分位数	272		
4	266		四分位範囲	12		
5	265		下側の内壁	242		
6	269		上側の内壁	290		
7	263		下側の外壁	224		
8	278		上側の外壁	308		
9	257					

図9-1：妊娠期間のテューキーの箱ひげ図

ここで、シートに一定の条件付き書式を適用すると、これら壁の外側に該当するデータを見つけることができます。内壁から始めます。極端な値を強調表示するため、図9-2のとおり、［ホーム］タブの［条件付き書式］を選択し、［セルの強調表示ルール］、［指定の値より小さい］を選択します。

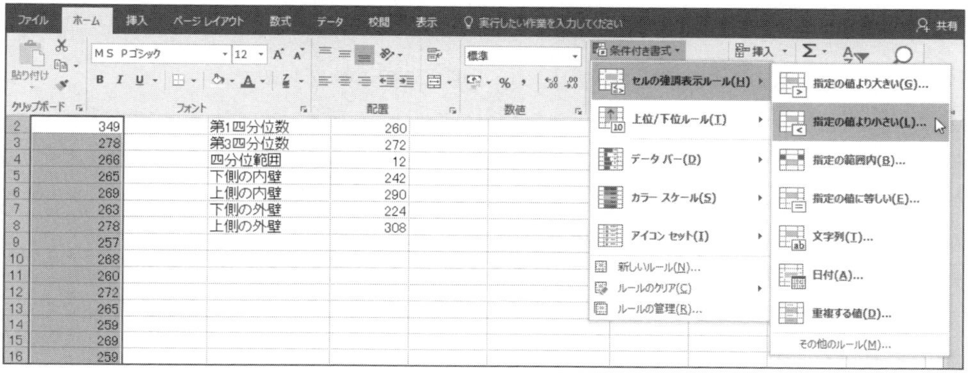

図9-2：外れ値に条件付き書式を追加

　下側の内壁を指定して、好きな強調表示の色を自由に選択してください（私は交通信号が好きなので、内壁には黄色の塗りつぶし色を、外壁には赤色の塗りつぶし色を選択します）。同様に、その他の3つの壁にも書式を追加します（Mac の場合は、［指定の範囲内］→［次の値の間以外］のルールを使用して、4つではなく2つのルールで書式を追加できます）。

　図9-3のとおり、ハドラム婦人のセルは赤色になりました。これは婦人の妊娠期間がきわめて極端であることを表します。下にスクロールすると、赤色の値は他にはありませんが、黄色の値は9つあることがわかります。この結果は、通常のデータではおよそ100個につき1個の割合で外れ値が見られるという目安にぴったりと一致します。

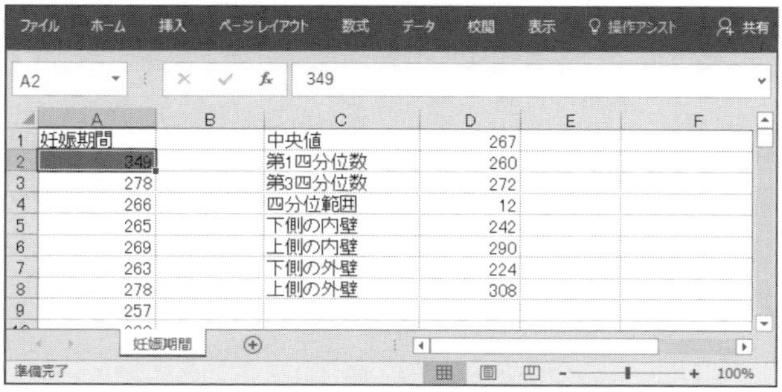

図9-3：ハドラム婦人が条件付き書式を適用したこのセルを見たらどう思うだろうか

≫ このような単純な手法の限界

テューキーの箱ひげ図は、次の3つの前提を満たしている場合にのみ役立ちます。

- データがおおむね正規分布している。完璧である必要はないが、正規分布曲線の形状になっていて、どちらか一方の裾野が長く突き出すことなく、左右対称であることが望ましい。
- 外れ値の定義が、分布の周辺部に位置する極端な値というものである。
- 一次元データを扱っている。

ここで、上記の最初の2つの前提に違反する外れ値の例を見てみましょう。

『指輪物語』の第一部、『旅の仲間』には、冒険者たちがついに一団を結成する場面があります（本のタイトルはここから来ています）。このとき冒険者たちは、エルフ族のリーダーのエルロンドが、自分たちが何者で自分たちの使命は何かを話している最中、小さなグループになって全員立っています。

このグループには、ガンダルフ、アラゴルン、レゴラス、ボロミールという4人の背が高い人間がいます。また背が低い者たちもいます。ホビットのフロド、メリー、ピピン、サムです。

その中間に1人のドワーフ、ギムリがいます。ギムリは人間よりも頭数個分低い身長ですが、ホビットよりは頭数個分高い身長です（図9-4を参照）。

映画では、このグループが私たちの前に初めて現れたとき、ギムリは身長の点で明らかに周りから外れていました。彼はどちらのグループにも属していないのです。

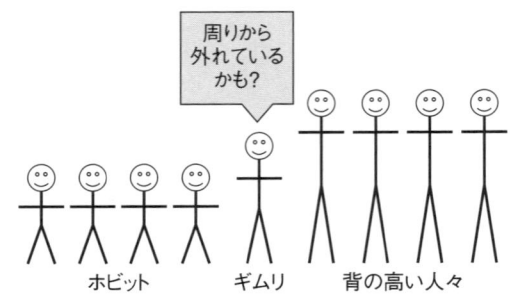

図9-4：グローインの息子ギムリはドワーフで外れ値

しかしギムリは外れ値なのでしょうか？　ギムリの身長は一番低くもなければ、一番高くもありません。実際はグループの平均に最も近い身長です。

一方、このグループの身長の分布は、とても正規分布とはいえません。むしろ、これは「多峰性」（複数の山がある分布）と呼びうるものです。そしてギムリが外れ値であるのは、その身長が極端であるから

ではなく、ピークの中間に位置しているからです。この種のデータポイントは、次元が複数ある場合に、発見がさらに困難になることがあります。

このような外れ値に欺かれることは、とてもよくあります。あまりに普通過ぎるために普通から外れる場合もあります。巨額詐欺事件を引き起こしたバーナード・マドフがこの好例です。ポンジ・スキームと呼ばれる詐欺の手口では、大抵の場合、20%以上の並外れた利回りが提示されます。マドフは周囲から浮かないように、信頼できる控えめな利回りを毎年提示しました。つまり彼はテューキーの壁を超えることはしなかったのです。しかし何年も経つ中で、その利回りの信頼性は、多くの面で外れ値的なものになっていました。

それでは、多峰性データや多次元データ（簡単に言うなら「現実世界のデータ」かもしれません）の場合、外れ値を見つけるにはどうすればよいでしょうか？

これに対処する優れた方法の1つは、第5章で行ったように、データをグラフのように扱い、データ内でクラスターを発見することです。考えてみてください。ギムリを外れ値として定義するものは、彼と他のデータポイントと関係です。より正確には、他のデータポイント間どうしの距離と比べて、ギムリがどれだけ他のデータポイントから離れているかということです。

これらの距離、つまり各データポイントとそれ以外の全データポイントとの距離により、グラフの辺が定義されます。このグラフを使用することで、孤立したポイントを探し出すことができます。そのため、最初に k 近傍（kNN）グラフを作成し、これを出発点とします。

↗ クビにはならない、でもすべて悪い

> ✔ **注意**
> ここで使用する Excel ファイルは、「CHAPTER09」フォルダーにある「サポートセンター.xlsx」です。作業を終えた完成状態のファイルは「サポートセンター_ 完成 .xlsx」となります。

本節に入るにあたり、ここで自分が巨大なカスタマーサポートコールセンターの管理者になったと想像してください。顧客から電話、電子メール、チャットが来るたびにチケットが作成されます。そして、各サポートチームのメンバーは、1日少なくとも140枚のチケットを処理することが求められます。顧客との対話の終了時には、顧客はサポート従業員を5つ星で評価することができます。サポート従業員は平均2を上回る評価を維持する必要があります。そうでなければ解雇されます。

厳しい基準ですね。

会社では、各従業員を対象に、他にも多くの指標を同様に追跡しています。昨年何度遅刻したか。チームのために夜勤と土日のシフトに何回入ったか。病欠を何回取ったか。またその中で金曜日は何回あっ

たか。会社では、社内の研修コース（40時間まで有給）を受けた時間数と、シフト交換のリクエストを出した回数や、他の従業員のリクエストに心優しく応じる提案をした回数まで追跡しています。

そして400名のコールセンター従業員全員について、これらの全データをスプレッドシート上に集めました。問題はどの従業員が外れ値であり、またその従業員がコールセンター従業員についてどのようなことを教えてくれるかということです。チケットと最小顧客評価の要件をすり抜け、まだつまみ出されていない不良従業員がいるでしょうか？　もしかしたら、外れ値がより良いルールの書き方を教えてくれるかもしれません。

サポートセンター.xlsxを開くと、［従業員］シート上に、先に述べたようなパフォーマンスデータの記録があります（図9-5を参照）。

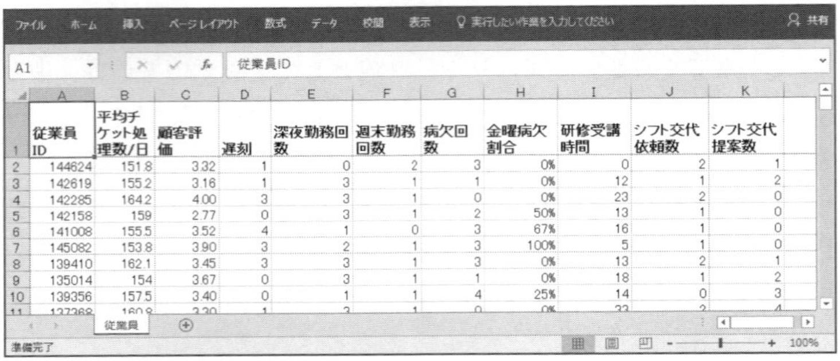

従業員ID	平均チケット処理数/日	顧客評価	遅刻	深夜勤務回数	週末勤務回数	病欠回数	金曜病欠割合	研修受講時間	シフト交代依頼数	シフト交代提案数
144624	151.8	3.32	1	0	2	3	0%	0	2	1
142619	155.2	3.16	1	3	1	1	0%	12	1	2
142285	164.2	4.00	3	3	1	0	0%	23	2	0
142158	159	2.77	0	3	1	2	50%	13	1	0
141008	155.5	3.52	4	1	0	3	67%	16	1	0
145082	153.8	3.90	3	2	1	3	100%	5	1	0
139410	162.1	3.45	3	3	1	3	0%	13	2	1
135014	154	3.67	0	3	1	1	0%	18	1	2
139356	157.5	3.40	0	1	1	4	25%	14	0	3

図9-5：多次元の従業員パフォーマンスデータ

≫ グラフ化するデータを準備する

パフォーマンスデータには、ある問題があります。各列の尺度が大幅に異なると、だれが「外側に」いるか発見するために、従業員間の距離を測定することできません。2名の従業員の平均チケット数の差が5である一方で、顧客の評価の差が0.2であったとしたら、そこに何か意味が見いだせるでしょうか？　そこで各列を標準化して、それぞれの値を同一の中心と広がりに近づける必要があります。

通常、データの列は次の方法で標準化します。

1. 各観測データから列の平均を引く
2. 各観測データを列の標準偏差で割る

正規分布するデータの場合、データの中心は0（この場合平均は0）であり、標準偏差は1です。平均が0、標準偏差が1の正規分布は標準正規分布と呼ばれます。

ロバストな中心性の指標と尺度の指標を使用した標準化

尺度を変更する対象のデータは、必ずしも始めから正規分布しているわけではありません。平均を引いて標準偏差で割れば、それなりにうまくいく傾向があります。しかし、外れ値は平均と標準偏差の計算を狂わせることがあります。そのため標準化の計算で、中心を表す統計値（データの「中央」）を引き、尺度や統計的ばらつき（データの広がり具合）の指標で割る際に、よりロバストな値を使用する場合があります。

ここでは、一次元データの外れ値を扱う場合に、平均値よりも有効な中心の計算方法をいくつか紹介します。

- 中央値—50パーセンタイル
- ミッドヒンジ—25パーセンタイルと75パーセンタイルの平均
- 3項平均—中央値とミッドヒンジの平均。知的に聞こえるので私はこれが好きです。
- トリム平均/切断平均—上位および下位のN個のデータポイント、または上位および下位の一定割合のデータポイントを切り捨てて求めた平均です。これはスポーツで多く見られます（最高点と最低点を切り捨てる体操のことを思い出してください）。上位および下位の25％を切り捨て、中間の50％のデータの平均を求めた場合、その平均は中央平均（IQM）と呼ばれます。
- ウィンザライズド平均—トリム平均に似ていますが、大きすぎたり小さすぎたりするデータポイントを切り捨てる代わりに、それらをある限界値で置き換えます。

ロバストな尺度の指標として、標準偏差の代わりに使う価値のあるものを次にいくつか紹介します。

- 四分位範囲—本章で先に紹介しました。これは、データ内の75パーセンタイルから25パーセンタイルを引いて求めます。それ以外のパーセンタイルを使用することもできます。たとえば、90パーセンタイルと10パーセンタイルを使用すれば、十分位範囲が得られます。
- 中央絶対偏差（MAD）—データの中央値を取ります。続いて中央値と各データポイントの差の絶対値を求めます。この偏差の中央値がMADです。これは中央値を使って求めた標準偏差のようなものです。

それではまず、［従業員］シートの一番下で、各列の平均と標準偏差を計算します。最初はB402で、1日あたりの処理チケット数の平均を求めます。次の数式で表すことができます。

```
=AVERAGE(B2:B401)
```

そしてその下に、列の標準偏差を次の数式で求めます。

```
=STDEV(B2:B401)
```

この2つの数式を列 K までドラッグすると、シートは図9-6のようになります。

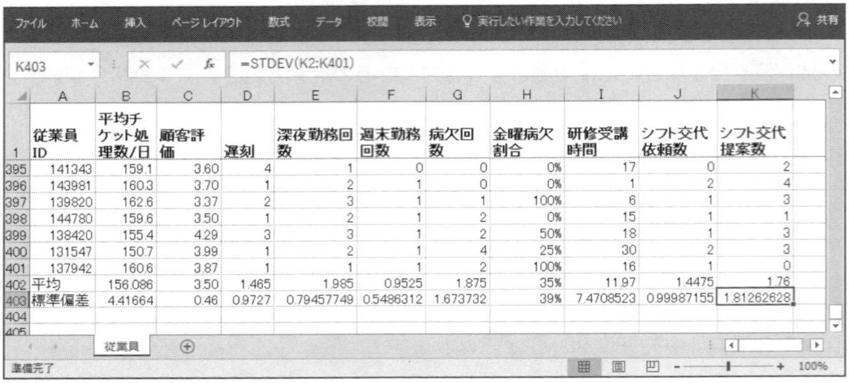
K403 =STDEV(K2:K401)

	A	B	C	D	E	F	G	H	I	J	K
1	従業員ID	平均チケット処理数/日	顧客評価	遅刻	深夜勤務回数	週末勤務回数	病欠回数	金曜病欠割合	研修受講時間	シフト交代依頼数	シフト交代提案数
395	141343	159.1	3.60	4	1	0	0	0%	17	0	2
396	143981	160.3	3.70	1	2	1	0	0%	1	2	4
397	139820	162.6	3.37	2	3	1	1	100%	6	1	3
398	144780	159.6	3.50	1	2	1	2	0%	15	1	1
399	138420	155.4	4.29	3	3	1	2	50%	18	1	3
400	131547	150.7	3.99	1	2	1	4	25%	30	2	3
401	137942	160.6	3.87	1	1	1	2	100%	16	1	0
402	平均	156.086	3.50	1.465	1.985	0.9525	1.875	35%	11.97	1.4475	1.76
403	標準偏差	4.41664	0.46	0.9727	0.79457749	0.5486312	1.673732	39%	7.4708523	0.99987155	1.81262628

図9-6：各行の平均と標準偏差

「**標準化**」という名前の新規シートを作成し、列のラベルを行1から、また従業員 ID を列 A からコピーします。値の標準化は、セル B2で Excel の `STANDARDIZE` 関数を使って行います。この関数は、元の値、中間の値、広がりの尺度を受け取り、元の値から中間の値を引き、広がりの尺度で割った値を返します。そこで B2に次のように入力します。

```
=STANDARDIZE(従業員!B2,従業員!B$402,従業員!B$403)
```

平均と標準偏差には行の絶対参照を使用しているため、数式を下にコピーしても参照先が変わりません。数式を横方向にコピーすると、位置に応じて参照先の列が変わります。

B2を K2までコピー& ペーストし、その範囲を選択したら、ダブルクリックして K401まで計算式を入力します。標準化後のデータセットは図9-7のようになります。

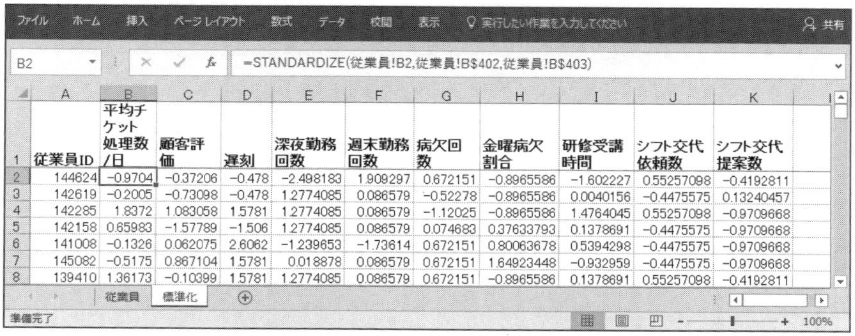

	A	B	C	D	E	F	G	H	I	J	K
1	従業員ID	平均チケット処理数/日	顧客評価	遅刻	深夜勤務回数	週末勤務回数	病欠回数	金曜病欠割合	研修受講時間	シフト交代依頼数	シフト交代提案数
2	144624	−0.9704	−0.37206	−0.478	−2.498183	1.909297	0.672151	−0.8965586	−1.602227	0.55257098	−0.4192811
3	142619	−0.2005	−0.73098	−0.478	1.2774085	0.086579	−0.52278	−0.8965586	0.0040156	−0.4475575	0.13240457
4	142285	1.8372	1.083058	1.5781	1.2774085	0.086579	−1.12025	−0.8965586	1.4764045	0.55257098	−0.9709668
5	142158	0.65983	−1.57789	−1.506	1.2774085	0.086579	0.074683	0.37633793	0.1378691	−0.4475575	−0.9709668
6	141008	−0.1326	0.062075	2.6062	−1.239653	−1.73614	0.672151	0.80063678	0.5394298	−0.4475575	−0.9709668
7	145082	−0.5175	0.867104	1.5781	0.018878	0.086579	0.672151	1.64923448	−0.932959	−0.4475575	−0.9709668
8	139410	1.36173	−0.10399	1.5781	1.2774085	0.086579	0.672151	−0.8965586	0.1378691	0.55257098	−0.4192811

図9-7：標準化した従業員のパフォーマンスデータ

≫ グラフを作成する

グラフは頂点と辺で構成されたものにすぎません。この場合、各従業員がノードにあたります。まず、全員の間に辺を引きましょう。辺の長さは、2人の従業員の間のユークリッド距離です。ここでは標準化したパフォーマンスデータを使用して求めます。

第2章で見たように、2点間のユークリッド距離（直線距離）を出すには、2つの点それぞれの列の値の差の二乗を計算し、その和の平方根を求めます。

「**距離**」という名前の新規シートに、従業員間の距離の表を、第2章とまったく同じように、OFFSET関数を使用して作成します。

まず、A3を下方向の、C1を横方向の開始セルとして、各従業員の番号を0から399まで入力します。（ヒント：最初の3つのセルに0、1、2と入力し、この3つのセルを範囲選択して下または横にドラッグします。すると、Excelは賢いので残りを自動で埋めてくれます。）次に、オフセット値の隣に従業員IDを貼り付けます（[形式を選択して貼り付け]で行列を入れ替えて貼り付け）。すると図9-8のような空の表ができあがります。

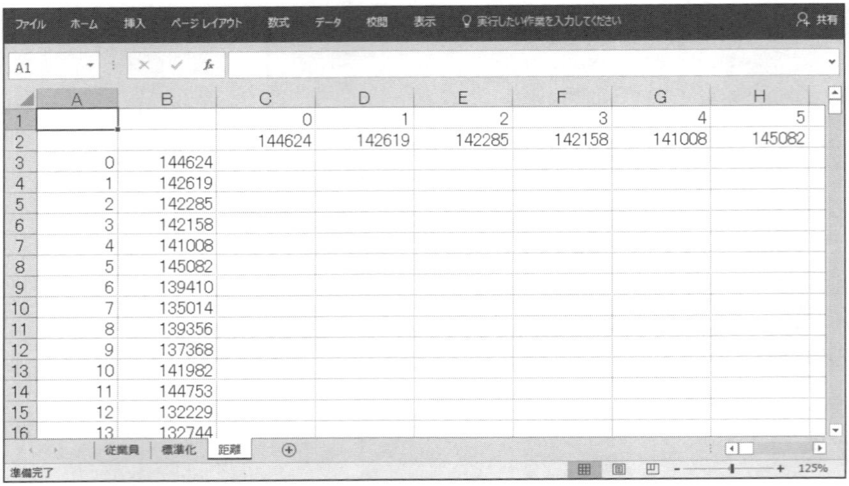

	A	B	C	D	E	F	G	H
1			0	1	2	3	4	5
2			144624	142619	142285	142158	141008	145082
3	0	144624						
4	1	142619						
5	2	142285						
6	3	142158						
7	4	141008						
8	5	145082						
9	6	139410						
10	7	135014						
11	8	139356						
12	9	137368						
13	10	141982						
14	11	144753						
15	12	132229						
16	13	132744						

図9-8：入力前の従業員間の距離の表

この表を埋めるため、まずセルC3で最初の距離を求めましょう。ここには、従業員144624とその人自身との間の距離を入れます。

ここでの距離の計算はすべて、次のように、標準化した従業員データの1行目を参照先としたOFFSET関数で行います。

```
OFFSET(標準化!$B$2:$K$2,行番号,0行)
```

セルC3の場合は、標準化!$B$2:$K$2が従業員144624の計算に必要な実際の列です。そこで、この従業員とその人自身との差は、OFFSET関数を使用して次のようにして求めます。

```
OFFSET(標準化!$B$2:$K$2,距離!$A3,0)-OFFSET(標準化!$B$2:$K$2,距離!C$1,0)
```

この数式の前半部分では$A3という値を使い、参照先の列を移動させています。一方、後半部分ではC$1という値を使い、OFFSET関数の参照先を別の従業員に移動させています。どちらの値にも適切な位置に絶対参照が使用されているため、この数式をシート上でコピーしても、列Aおよび行1の行オフセットが参照されます。

この差の計算式を二乗し、和を出してから、その平方根を取り、ユークリッド距離を求める必要があります。

```
{=SQRT(SUM((OFFSET(標準化!$B$2:$K$2,距離!$A3,0)-OFFSET(標準化!$B$2:$K$2,距離!C$1,0))^2))}
```

この計算式は、行全体どうしの差を求めるものであるため、配列数式です。そこで、[Ctrl]+[Shift]+[Enter] キー（Mac の場合は [command]+[shift]+[return] キー）を押して配列数式として確定します。

従業員144624の自分自身とのユークリッド距離は、当然0です。この数式は、OL2までコピー&ペーストできます。そしてその範囲を選択し、セルの右下隅をダブルクリックすると、計算式がOL402まで入力されます。するとシートは図9-9のようになります。

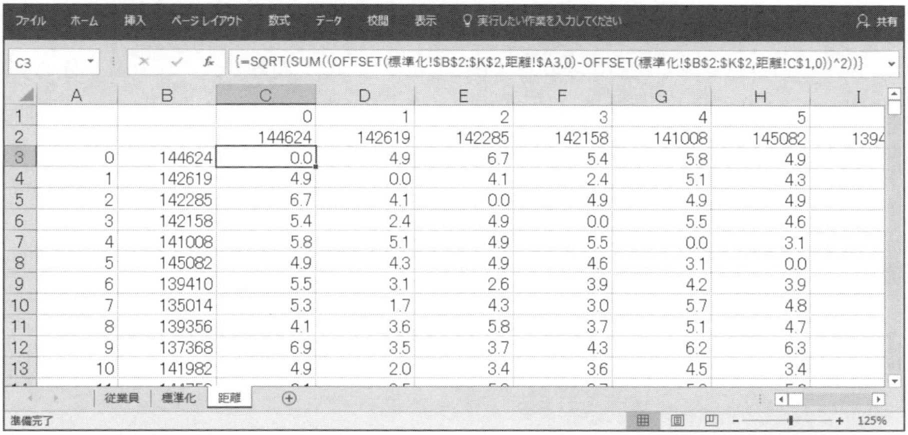

	A	B	C	D	E	F	G	H	I
1			0	1	2	3	4	5	
2			144624	142619	142285	142158	141008	145082	1394
3	0	144624	0.0	4.9	6.7	5.4	5.8	4.9	
4	1	142619	4.9	0.0	4.1	2.4	5.1	4.3	
5	2	142285	6.7	4.1	0.0	4.9	4.9	4.9	
6	3	142158	5.4	2.4	4.9	0.0	5.5	4.6	
7	4	141008	5.8	5.1	4.9	5.5	0.0	3.1	
8	5	145082	4.9	4.3	4.9	4.6	3.1	0.0	
9	6	139410	5.5	3.1	2.6	3.9	4.2	3.9	
10	7	135014	5.3	1.7	4.3	3.0	5.7	4.8	
11	8	139356	4.1	3.6	5.8	3.7	5.1	4.7	
12	9	137368	6.9	3.5	3.7	4.3	6.2	6.3	
13	10	141982	4.9	2.0	3.4	3.6	4.5	3.4	

図9-9： 従業員間の距離の表

以上でおしまいです。これで従業員を縦横に並べた表が用意できました。第5章で行ったように、Gephiをエクスポートしてグラフを見てみることもできますが、グラフには辺が1万6,000個あるのに対して頂点が400個しかないため、乱雑なグラフになるでしょう。

第5章で距離行列からr-近傍グラフを作成した方法に似ていますが、本章では、外れ値を発見するため、各従業員に最も近いk個の近傍点にのみ注目します。

最初の手順は、各従業員の距離を他の従業員と比べて順位付けすることです。順位付けは、グラフ上の外れ値を目立たせるため、最初に行う最も基本的な方法です。

≫ k 近傍を求める

「**ランク**」という名前の新規シートを作成します。従業員 ID を A2 から下に、B1 から横に貼り付け、前のシートのように表を作成します。

次に、列 A の各従業員までの距離に基づいて、各従業員の順位付けを上から順に行う必要があります。順位は 0 から始め、順位 1 以降が他の実際の従業員に与えられるようにします。0 はすべて表の対角線上に並びます（自己との距離が常に最も近いため）。

まず B2 から、従業員 144624 の自己自身に対する順位を、次のように RANK 関数を使って求めます。

```
=RANK(距離!C3,距離!$C3:$OL3,1)-1
```

数式の末尾の -1 により、この自己距離を順位 1 ではなく 0 にしています。［距離］シートの列 C から列 OL までが絶対参照で固定されているため、この数式を右までコピーすることができます。

この数式を 1 つ右（C2）にコピーすると、従業員 144624 からの距離に基づく従業員 142619 の順位が出ます。

```
=RANK(距離!D3,距離!$C3:$OL3,1)-1
```

この数式で、400 位中 194 位が返されます。したがって、この 2 人は必ずしも仲間とは言えません（図 9-10 を参照）。

図9-10：従業員 144624 との距離に基づく従業員 142619 の順位

この数式をシート全体にコピーします。全順位が埋まった表は図 9-11 のようになります。

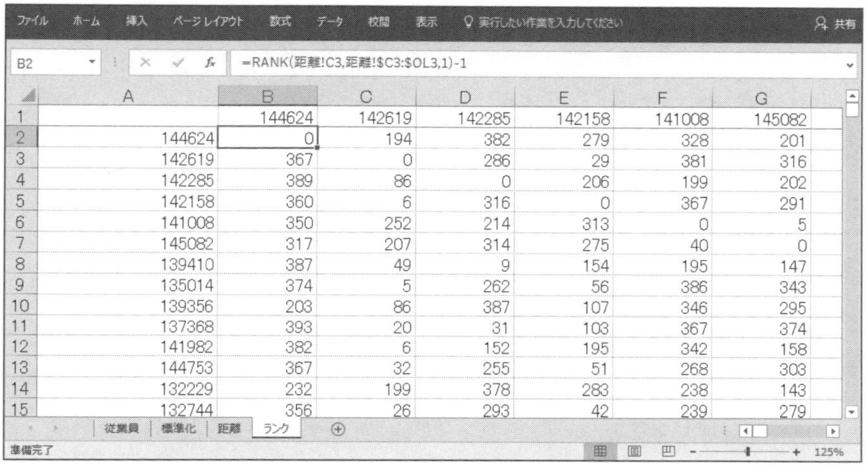

| ファイル | ホーム | 挿入 | ページ レイアウト | 数式 | データ | 校閲 | 表示 | 実行したい作業を入力してください | | 共有 |

B2　　　　=RANK(距離!C3,距離!$C3:$OL3,1)-1

	A	B	C	D	E	F	G
1		144624	142619	142285	142158	141008	145082
2	144624	0	194	382	279	328	201
3	142619	367	0	286	29	381	316
4	142285	389	86	0	206	199	202
5	142158	360	6	316	0	367	291
6	141008	350	252	214	313	0	5
7	145082	317	207	314	275	40	0
8	139410	387	49	9	154	195	147
9	135014	374	5	262	56	386	343
10	139356	203	86	387	107	346	295
11	137368	393	20	31	103	367	374
12	141982	382	6	152	195	342	158
13	144753	367	32	255	51	268	303
14	132229	232	199	378	283	238	143
15	132744	356	26	293	42	239	279

従業員　標準化　距離　ランク　⊕

準備完了

図9-11：各行の従業員との距離に基づく各列の従業員の順位

≫ グラフの外れ値検出方法1：入次数を使う

　［距離］と［ランク］シートを基にk近傍（kNN）グラフを組み立てるならば、必要なことは、［距離］シート内のkを超える順位の辺を削除する（そのセルを空白にする）ことだけです。k=5とした場合、［ランク］シート内で順位が6位以上の距離をすべて削除することになります。

　この状況で、どのような値が「外れ値である」と言えるのでしょうか？　外れ値は、「最近傍点」として選択されることがそれほど頻繁ではない値ではないでしょうか。

　仮に5NNのグラフを作成した場合は、5位以下の順位の辺だけが残ります。たとえば従業員144624の列Bなど、列を下にスクロールしてください。最終的にこの従業員は、その他の全従業員の上位5位以内に何回入ったのでしょうか？　言い換えれば、何名の従業員が144624を上位5つの近傍点に選んでいるのでしょうか？　それほど多くはありません。目を凝らして見ていますが、実際のところ、対角線上の自己距離の0位（これは無視してよいものです）を除き、1つもありません。

　それでは、10NNで考えた場合はどうなるでしょうか？　この場合は行23の従業員139071が、144624を9番目の近傍点と見なしています。これはつまり、5NNのグラフでは、従業員144624の入次数が0となり、10NNのグラフでは、従業員144624の入次数は1になるということです。

　入次数は、グラフ上の任意のノードに入っていく辺の数を数えたものです。入次数が小さいほど、だれもその近所にいないということなので、外れ値的な性質が強くなります。

　［ランク］シートの列Bの一番下で、グラフの近傍数を5、10、20とした場合の従業員144624の入次数をカウントします。これは簡単なCOUNTIF関数でできます（無視している対角線上の自己距離の1を引き

ます）。そこでたとえば、5NN のグラフの従業員 144624 の入次数をカウントするため、セル B402 で次の数式を使用します。

```
=COUNTIF(B2:B401,"<=5")-1
```

同様に、その下のセルで次の数式を使い、10NN のグラフを作成する場合の従業員の入次数を計算することができます。

```
=COUNTIF(B2:B401,"<=10")-1
```

さらにその下で、20NN の場合を計算します。

```
=COUNTIF(B2:B401,"<=20")-1
```

実際は、1 から総従業員数までの間なら、どのような k の値でも選択することが可能です。しかしさしあたりは、5、10、20 で続けましょう。［条件付き書式］メニューを使用して、カウントが 0（その近傍数のグラフでは頂点に入ってくる辺が 1 つもないことを表す値）のセルを強調表示できます。従業員 144624 の計算結果は、図9-12 のようになります。

図9-12：グラフの近傍数を3パターンに変えたときの入次数

B402〜B404を範囲選択して、計算式を列 OK まで右にドラッグできます。スクロールして結果を見ると、5NN の場合は何名かの従業員を外れ値と見なすことができますが、10NN の場合はその従業員を必ずしも外れ値と見なすことはできません（外れ値を入次数が0の従業員と定義した場合です。お望みなら別の数値を使うこともできます）。

20NN のグラフでも入ってくる辺が1つもないという従業員は、わずか2人です。この2人は、だれかの上位20位以内の近傍にさえ入っていません。これは非常に距離がありますね。

2人の ID は137155と143406です。［従業員］シートに戻れば調べることができます。137155は行300です（図9-13を参照）。この人は、平均チケット数が多く、顧客評価が高く、また同僚をよく思いやる人のようです。土日シフトと夜勤に何度も入っており、さらにシフト交換が必要であった従業員に対して交換の提案を7回もしています。いい人ですね。この人物はいくつもの面で並外れていることから、他の従業員の上位20位の距離にも入っていなかったのです。これはなかなか見事です。この従業員のために、ピザパーティーか何かを開くべきかもしれません。

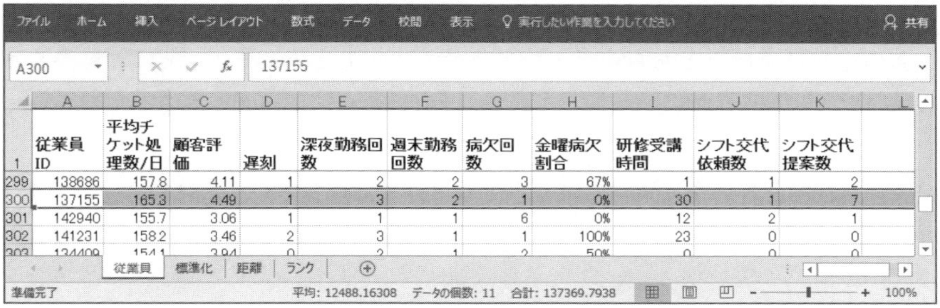

図9-13：従業員137155のパフォーマンスデータ

ではもう1人の従業員、143406はどうでしょうか？　この従業員は行375です。前の従業員と興味深い対比を示しています（図9-14を参照）。どの指標を見ても解雇するほどではありませんが、そうは言っても、チケット数は平均より2標準偏差以上低く、また同様に顧客評価も標準偏差の分布のいくらか下に位置しています。遅刻回数は平均を超えており、6回の病欠うち5回を金曜日に取っています。うーん。

この従業員は従業員育成コースを多く取っています。この点はプラスです。しかしこれは、チケットの処理から逃げて得をしているだけかもしれません。おそらく育成コースに成績付けを導入する必要があるでしょう。また、シフト交換を4回リクエストしていますが、他の人に交換の提案はしていません。

この従業員は、システムをうまく利用していると考えていることでしょう。従業員に求められる最低限の要件は満たしているものの（テューキーの壁を越えてはいません）、どの分布でも悪い方の裾野で楽をしているようです。

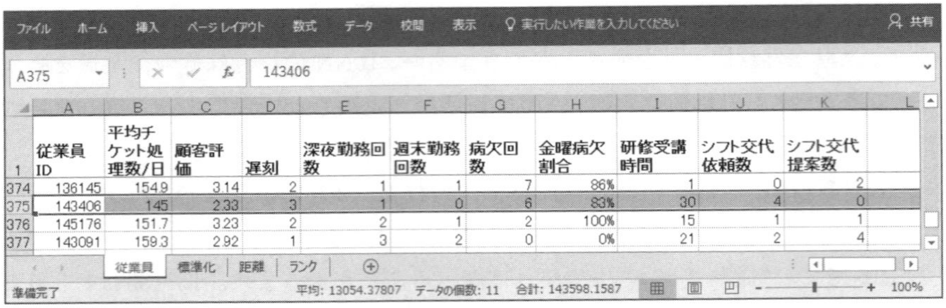

	従業員ID	平均チケット処理数/日	顧客評価	遅刻	深夜勤務回数	週末勤務回数	病欠回数	金曜病欠割合	研修受講時間	シフト交代依頼数	シフト交代提案数
374	136145	154.9	3.14		1		7	86%	1	0	2
375	143406	145	2.33	3		0	6	83%	30	4	0
376	145176	151.7	3.23		2	1	2	100%	15	1	1
377	143091	159.3	2.92	1	3	2	0	0%	21	2	4

図9-14：従業員143406のパフォーマンスデータ

≫ グラフの外れ値検出方法2：k- 距離で微妙な違いを出す

前の方法の欠点は、kNN グラフを一定に定めたときに、他の人から入ってくる辺があるかないかしか わからないという点です。これはつまり、選択した k 値によって、外れ値に該当する人とそうでない人 が大きく変わるということです。この例では、2名の従業員だけが残るまでに、5、10、20を試すことに なりました。では、この2名の従業員では、どちらが最大の外れ値なのでしょうか？　さっぱりわかりま せん。どちらも20NN の場合に入次数が0でしたから、この2つは何らかのつながりがあるのではないで しょうか。

欲しいのは、外れ値を表す連続的度合いを従業員に割り当てるような計算式です。次に取り上げる2つ の方法で、このことを試みます。最初に、k- 距離と呼ばれる数量を使用した外れ値の順位付けを取り上 げます。

k- 距離とは、ある従業員から、その k 番目の近傍までの距離です。

単純ですが、順番ではなく距離が返されるため、この値から優れたランキングを作ることができます。 「**k- 距離**」という名前の新規シートを作成し、実際に確認しましょう。

k の値は5を使用します。つまり、全員の5番目に近い近傍点までの距離を取得するということです。 たとえば、自分が住んでいる地区に自分の家と5件の隣人の家があるとして、その地区にどれくらいの広 さがあるかと考えるとわかりやすいかもしれません。もし自宅から5番目に近い家に到着するまでに徒歩 で30分かかる場合、おそらく住んでいる所は田舎でしょう。

そこで A1に「**近所に何人の従業員がいるか？**」というラベルを入力し、B1に**5**を入力します。この値 は k 値です。

A3に「**従業員 ID**」というラベルを入力して、その下に従業員 ID を貼り付けます。続いてセル B4で、 まずは従業員144624から k- 距離の計算を始めます。

さて、144624と5番目に近い近傍点までの距離を計算するにはどうすればよいでしょうか？　5番目に

近い従業員は、［ランク］シートの行2（144624の行）で5位になっている従業員です。そこでIF文を使用して、5位の値を1のベクトルとし、その他の値をすべて0のベクトルとします。さらにこのベクトルに、［距離］シート内の144624の距離の列を掛けます。最後にすべてを合計します。

したがって、B4には次の数式を入れます。

```
{=SUM(IF(ランク!B2:OK2=$B$1,1,0)*距離!C3:OL3)}
```

B1のk値は絶対参照で固定されているため、この数式は下にコピーできます。また、IF文が値の配列全体を参照しているので、これは配列数式です。

数式をダブルクリックしてシートの下までコピーし、条件付き書式を適用して遠い距離を強調表示します。前節の2つの外れ値が再びトップになります（図9-15を参照）。

図9-15：k値が5のときは従業員143406の距離の値が最も高い

ただし今回は、もう少し多くのことを見て取ることができます。この1つのリストから、不良従業員である143406が137155よりも大きく離れていること、また両者の値が次に大きい値である3.53よりもかなり大きいことがわかります。

しかし、この手法には欠点があります。図9-16ではこれを視覚的に表現しています。k-距離を単純に使うだけで、データ全体の外れ具合がわかります。これはつまり、すべてのデータポイントの中で、近傍点との距離が最も大きいデータポイントを明らかにできるということです。しかし図9-16を見ると、三角形の点は明らかに外れ値であるにもかかわらず、その k-距離は一部のダイヤ型の点間の距離よりも小さくなるでしょう。

ダイヤは三角形よりも外れているように見えるでしょうか？　私の目にはそうは見えません。

　ここでの問題は、三角形は全体における外れ値ではなく、むしろ局所的な外れ値であるということです。この点が外れているように見える理由は、それが丸い点の密集に最も近いからです。三角形が間隔の広いダイヤの中にあったとしたら、問題はなかったでしょう。しかしそうではありません。三角形はダイヤの円形の近傍にあるようにはまったく見えません。

　そこで、局所外れ値因子（LOF）と呼ばれる最先端の手法が登場します。

図9-16：k-距離では局所的な外れ値を検出できない

≫ グラフの外れ値検出方法3：局所外れ値因子の要点

　k-距離を使用したときと同様に、局所外れ値因子では、各点に対して1つのスコアを出します。スコアが大きいほど、外れ値的な性質が強いということになります。ただし、LOFにはk-距離よりも少し優れた点があります。比率のスコアで表され、1に近いほど、点はその局所では普通だと見なされます。スコアが増えるに従い、その点は普通であるとは見なされなくなり、むしろ外れ値と見なされます。またk-距離とは違い、この「1が普通である」ということは、グラフの規模や尺度に関わらず変わりません。この点は実に優れています。

この手法の仕組みを大まかに言うとこういうことです。つまり、ある点とそのk番目の近傍点との距離が、近傍点の近隣の点どうしの距離よりも離れている場合、この点は外れ値とされます。このアルゴリズムでは、点の友人と、友人の友人が考慮されるということです。そしてこのようにして「局所」が定義されます。

　図9-16を見返すと、まさにこの手法によって三角形は外れ値になりませんか？　k-距離が最も大きいのは三角形ではないかもしれません。しかし、三角形からその最近傍点までの距離と、この近傍点間どうしの距離との比率は極めて高い数値になります（図9-17を参照）。

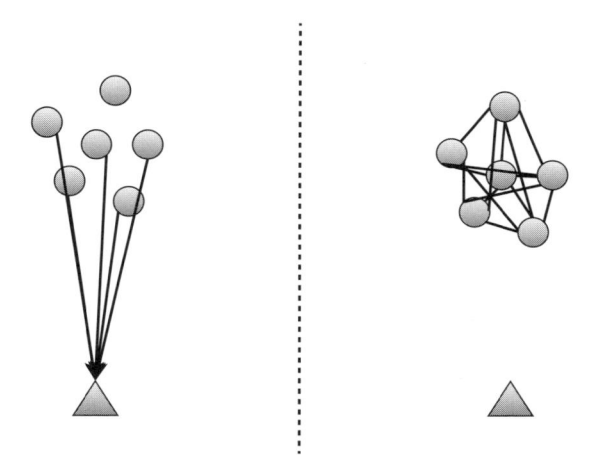

図9-17：三角形と近傍点との距離は、近傍点間どうしの距離よりも近くない

■ 到達距離から始める

　各従業員の局所外れ値因子を求める前に、到達可能距離と呼ばれる値のセットをもう1つ計算する必要があります。

　従業員Bに対する従業員Aの到達可能距離は、その2つの間の通常の距離です。ただし、AがBのk-距離の近傍内に存在する場合、到達可能距離はBのk-距離になります。

　言い換えると、もしAがBの近傍内にある場合は、AからBまでの距離を、Bの近傍の大きさに丸めます。近傍内にない場合はそのままにします。

通常の距離ではなく、到達可能距離を使用することで、局所外れ値因子の計算を少し安定させることができます。

　「到達可能距離」という名前の新規シートを作成して、［距離］シートの距離を到達距離で新たに置き換えます。

　まず、［K-距離］シートの値を、［到達可能距離］シートのB1に［形式を選択して貼り付け］で行列を入れ替えて値貼り付けします。続いて、［距離］シートのように、従業員を縦横に並べた表を列3から貼り付けます。すると図9-18のような空の表ができあがります。

図9-18：入力前の到達距離のシート

　セルB4に、144624の自己自身に対する距離を、［距離］シートから読み込みます（距離 !C3）。ただし、この距離が上にあるB1のk-距離より小さい場合は除きます。これはMAX関数を使い簡単に行うことができます。

```
=MAX(B$1,距離!C3)
```

　k-距離の絶対参照により、数式をシート全体にコピーすることができます。この数式をOK4までコピーしたら、行4のセルを選択してダブルクリックし、行403までコピーします。すると到達距離がすべて埋まり、図9-19のようになります。

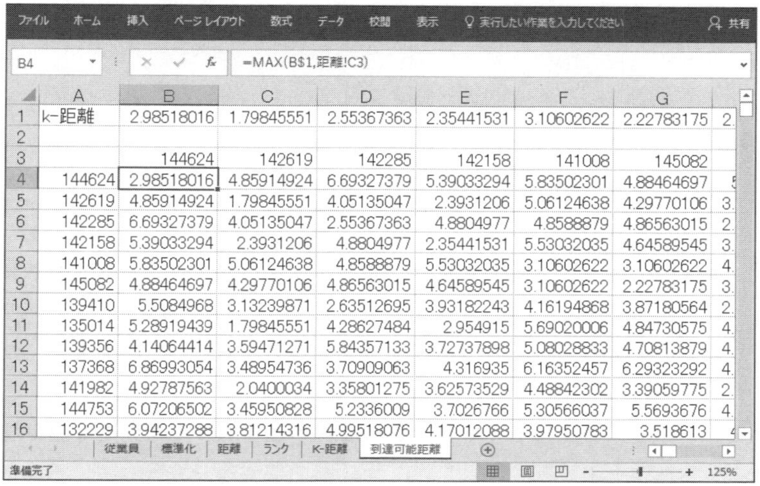

B4 =MAX(B$1,距離!C3)

	A	B	C	D	E	F	G	
1	k-距離	2.98518016	1.79845551	2.55367363	2.35441531	3.10602622	2.22783175	2.
2								
3		144624	142619	142285	142158	141008	145082	
4	144624	2.98518016	4.85914924	6.69327379	5.39033294	5.83502301	4.88464697	5
5	142619	4.85914924	1.79845551	4.05135047	2.3931206	5.06124638	4.29770106	3.
6	142285	6.69327379	4.05135047	2.55367363	4.8804977	4.8588879	4.86563015	2.
7	142158	5.39033294	2.3931206	4.8804977	2.35441531	5.53032035	4.64589545	3.
8	141008	5.83502301	5.06124638	4.8588879	5.53032035	3.10602622	3.10602622	4.
9	145082	4.88464697	4.29770106	4.86563015	4.64589545	3.10602622	2.22783175	3.
10	139410	5.5084968	3.13239871	2.63512695	3.93182243	4.16194868	3.87180564	2.
11	135014	5.28919439	1.79845551	4.28627484	2.954915	5.69020006	4.84730575	4.
12	139356	4.14064414	3.59471271	5.84357133	3.72737898	5.08028833	4.70813879	4.
13	137368	6.86993054	3.48954736	3.70909063	4.316935	6.16352457	6.29323292	4.
14	141982	4.92787563	2.0400034	3.35801275	3.62573529	4.48842302	3.39059775	2.
15	144753	6.07206502	3.45950828	5.2336009	3.7026766	5.30566037	5.5693676	4.
16	132229	3.94237288	3.81214316	4.99518076	4.17012088	3.97950783	3.518613	4

図9-19： すべての到達距離

■ 局所外れ値因子を求める

これで各従業員の局所外れ値因子を計算する準備ができました。まず、「**局所外れ値因子**」という新規シートを作成して、従業員IDを列Aの下にコピーします。

先に述べたように、局所外れ値因子は、ある点が他の近傍点によりどう見られているかということと、これらの近傍点どうしがお互いをどう見ているかということを評価します。私が街から30マイル離れた場所に住んでいたとしたら、最も近い隣人は私のことを田舎者と考えているかもしれません。一方、その隣人は近隣住民にコミュニティーの一員と考えられているでしょう。これはつまり、この地域では私は隣人たちによって、どちらかというと外れ値と見なされているということです。捉える必要があるのはこのような現象です。

局所外れ値因子は、各従業員のk個の近傍点までの到達可能距離の平均で決まります。

行2の従業員144624を考えましょう。kはすでに5に設定したので、問題は、従業員144624に最も近い5つの近傍点までの144624の平均到達可能距離です。

これを計算するため、［ランク］シートから144624に最も近い5名の従業員を参照して、そのベクトルを1とし、その他の全員のベクトルは0とします（［K-距離］シートで行ったことと同様）。このようなベクトルは、`IF`関数を使用して最上位の近傍点を取り出しつつ、他の従業員を排除して作成します。

```
IF(ランク!B2:OK2<='K-距離'!B$1,1,0)*IF(ランク!B2:OK2>0,1,0)
```

この指標ベクトルと144624の到達距離を掛け、その積の和を求めてからk=5で割ります。そこでセルB2に次の数式を入力します。

```
{=SUM(IF(ランク!B2:OK2<='K-距離'!B$1,1,0)*
IF(ランク!B2:OK2>0,1,0)*
到達可能距離!B4:OK4)/'K-距離'!B$1}
```

k-距離の計算の時と同様、これは配列数式です。この数式をダブルクリックして、シートの下までコピーします（図9-20を参照）。

これでこの列は、各従業員に最も近い5名の近傍点が、どのようにその従業員を見ているかを表すものになりました。

局所外れ値因子は、ある従業員の平均到達可能距離をその従業員のk個の近傍点の平均到達可能距離で割った比率を平均して求めます。

図9-20：各従業員の近傍点までの到達可能距離の平均

まずセルC2で、従業員144624のLOFの計算に取り掛かります。前の計算と同様に、次のIF文で、144624の上位5位の近傍点に1のベクトルを与えます。

```
IF(ランク!B2:OK2<='K-距離'!B$1,1,0)*IF(ランク!B2:OK2>0,1,0)
```

続いて、144624の平均到達距離を各近傍点の平均到達可能距離で割った比率を掛けます。

```
IF(ランク!B2:OK2<='K-距離'!B$1,1,0)
  *IF(ランク!B2:OK2>0,1,0)*B2/TRANSPOSE(B$2:B$401)
```

ここでは、比率の分母の範囲B2〜B401で参照されている近傍点の到達可能距離を、数式内の`IF`文から出力されるベクトルに合わせて、列が行になるように変換しています。

和を求めてからkで割り、この比率の平均を出します。

```
{=SUM(IF(ランク!B2:OK2<=
   'K-距離'!B$1,1,0)
   *IF(ランク!B2:OK2>0,1,0)
   *B2/TRANSPOSE(B$2:B$401))/'K-距離'!B$1}
```

この数式は配列数式であるため、中括弧が付いています。[Ctrl]+[Shift]+[Enter]キー（Macでは[command]+[shift]+[return]キー）を押すと、144624のLOFが返されます。

LOFは1.34となります。これは1を若干超えた値であり、この従業員がその近傍で少し外れ値的であることを示しています。

この数式をダブルクリックして、シートの下までコピーし、その他の従業員を確認します。条件付き書式を使えば、最も大きい外れ値を目立たせることができます。

驚いたことに、下にスクロールすると、社内の怠け者である従業員143406は、LOFが1.97となり、最も外れた点となりました（図9-21を参照）。この従業員と隣人の距離は、隣人どうしの距離よりも2倍離れているということになります。これは集合からかなり離れていると言えます。

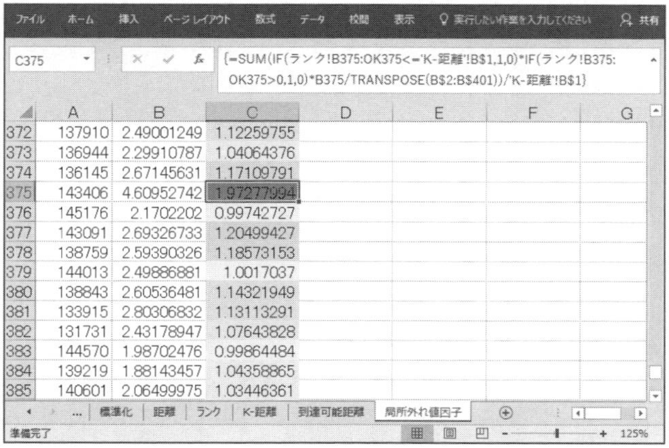

	A	B	C	D	E	F	G
372	137910	2.49001249	1.12259755				
373	136944	2.29910787	1.04064376				
374	136145	2.67145631	1.17109791				
375	143406	4.60952742	1.97277994				
376	145176	2.1702202	0.99742727				
377	143091	2.69326733	1.20499427				
378	138759	2.59390326	1.18573153				
379	144013	2.49886881	1.0017037				
380	138843	2.60536481	1.14321949				
381	133915	2.80306832	1.13113291				
382	131731	2.43178947	1.07643828				
383	144570	1.98702476	0.99864484				
384	139219	1.88143457	1.04358865				
385	140601	2.06499975	1.03446361				

図9-21：各従業員のLOF。2に届きそうな従業員が見られる

以上でおしまいです。これで、近隣の点からの外れ具合に応じて従業員を順位付ける1つの値を、各従業員に与えることができました。またこの値は、グラフの規模に関係なく機能する尺度になっています。非常に優れていますね。

↗ Wrapping Up

グラフのモジュール性を扱った章から外れ値検出を扱った本章まで、データの「グラフ化」、つまり観測データの間に距離と辺を与えることによりデータセットを分析することの力を紹介してきました。

クラスタリングの章では、知見を得るために関連する点のグループを分析しましたが、本章では集団の外側にある点を求めてデータを分析しました。入次数のような単純なものでも、周囲に仲間が多い点と孤立している点を明らかにする力があることをおわかりいただけたと思います。

外れ値の検出では、一般的に、最適化モデルのような理不尽に長い手順が必要になることはありません。LOF を求める手順の数は有限であるため、実稼働環境ではデータベースを利用しつつ、この種の処理をきわめて簡単にコード化することが可能です。

このような処理を行うのに適したプログラミング言語を探しているならば、R をお勧めします。R の bplot 関数を使うと、標準実装のテューキーの箱ひげ図機能で、データのボックスプロットを作成できます。箱ひげ図を視覚的に作図することは、Excel では大変骨が折れるため、本書ではわざわざ取り上げることはしませんでした。そのため、bplot 関数は R を使う大きなメリットです。

第 10 章

スプレッドシートから
R に移行する

こまで9章を費やして読者のみなさんを Excel 漬けにしてきましたが、ここで私は「Excel を使うのはやめよ」と言うことにします。正直に言って、Excel はあらゆる解析タスクに適しているわけではありません。

Excel は学習分析には非常に向いています。入力から出力まで、データがアルゴリズム内で変化していく様子を手に取るように見ることができるためです。しかし、ここまで来た方はもう理解も学習も済んでいます。これまでの手順を毎回手動で1つずつ行うことは、はたして必要なことでしょうか？ たとえば、ロジスティック回帰のあてはめを行うのに、自分で最適化の公式を作る必要があるでしょうか？ コサイン類似度の定義をすべて自分で入力する必要があるでしょうか？

これらについてはもう学んだのですから、手を抜いてだれかがやってくれたものを利用してもいいでしょう。自分が超有名シェフになったと想像してみてください。彼は自分のレストランで、すべてひとりで調理しているでしょうか？ それはないと思います。ここまで学習してきたのですから、他の人のアルゴリズムの実装を気兼ねなく利用していいはずです。

だからこそ、Excel からアナリティクスを重視したプログラミング言語の R を使う価値があるのです（1つの単語でデータテーブル全体を参照できることなど、理由は他にも多数あります）。

本章では、これまでの章のいくつかの分析を、Excel ではなく R で行います。データとアルゴリズムはそのままで、環境だけが変わるということです。どれだけ簡単にできるか今にわかるでしょう。

ところで注意しておきますが、本章は R のチュートリアルではありません。1つの章で複数のアルゴリズムを扱うので、時速1,000マイルで話を進めます。総合的な紹介が必要な場合は、本章の最後でお勧めしている書籍を参照してください。

また前章までのデータ、問題、手法についてすでに熟知していることを前提に話を進めているため、これまでの章をまだ読んでいない方はこの先の話はまったく理解できないでしょう。本書はゲームブックではありませんので、ほかの章をすべて読み終えたうえで、ぜひここに戻ってきてください。

↗ R の準備と実行

まず、R をダウンロードするために、https://www.r-project.org/ へアクセスします。「download R」のリンクをクリックして、一覧から近くのミラーサイト（日本の方なら Japan）をクリックします。ご利用の OS に合ったファイルをダウンロードしてください。

ダウンロードしたらインストーラーを実行し（Windows ではソフトウェアを管理者権限でインストールすることをお勧めします）、アプリケーションを開くと、R のコンソールがロードされます。これは図10-1のような見た目です。

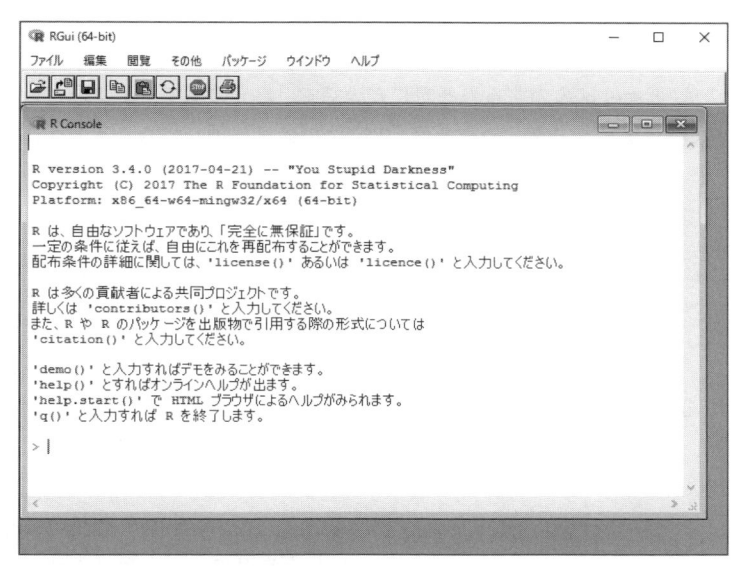

図10-1：Windows版のRのコンソール

　Rのコンソールでは、システムに何かを実行させるには、プロンプト（「>」）にコマンドを入力して[Enter] キーを押します。以下にいくつか例を挙げます。

```
> print("No regrets.Texas forever.")
[1] "No regrets.Texas forever."
> 355/113
[1] 3.141593
```

　print 関数を呼び出すと、テキストを表示することができます。また、算術記号を直接入力して計算することもできます。普段私は次のような手順でR を使います。

1. データを R に入れる
2. データを使いデータサイエンス的なことを行う
3. 他の人が利用できるように、または他のプロセスで利用できるように R から出力する

　データを R に入れるという最初の手順に関しては、あらゆる種類の選択肢がありますが、変数とデータタイプを理解するために、ここではまず、単純に手で入力してみましょう。

≫ 簡単な手入力

データをRに入力する最も簡単な方法は、Excelに入力するのと同じ方法です。自分の指でタイプ入力して、この入力内容をどこかに記録するのです。まずは次のように、変数に1つの値を格納してみましょう。

```
> almostpi <- 355/113
> almostpi
[1] 3.141593
> sqrt(almostpi)
[1] 1.772454
```

このちょっとしたコードで、355÷113を almostpi という名前の変数に格納しています。ここで、変数をコンソールに再度タイプ入力して [Enter] キーを押すと、その内容が表示されます。さらにこの変数に対してさまざまな関数（この例では平方根を呼び出しています）を使って操作することができます。

Rリファレンスカード（http://cran.r-project.org/doc/contrib/Short-refcard.pdf・英語版のみ）を見ると、Rに標準搭載されている関数（パッケージをロードすることなく使用できる関数。これから使用してもらいます）の大部分をすばやく参照できます。

関数の機能を知るには、関数をコンソールに入力するときに、関数名の前にクエスチョンマークを付けます。

```
> ?sqrt
```

すると、その関数の Help ページがブラウザ、またはポップアップで表示されます（sqrt の Help ページについては図10-2を参照）。

次のように関数名の前にクエスチョンマークを2つ入力すると、情報が検索されます。

```
> ??log
```

log を検索したときの結果を図10-3に示します。

✔ 注意

R で利用できる関数とパッケージを見つける際は、?? で表示される長ったらしい説明の他にも、さまざまな優れた英語のリソースがあります。たとえば、rseek.org は R 関連コンテンツの優れた検索エンジンです。また、stackoverflow.com（http://stackoverflow.com/questions/tagged/r を参照）や R メーリングリスト（http://www.r-project.org/mail.html を参照）では、個別の質問を投稿することができます。
日本語では RjpWiki（http://www.okadajp.org/RWiki/）で意見交換が行われています。

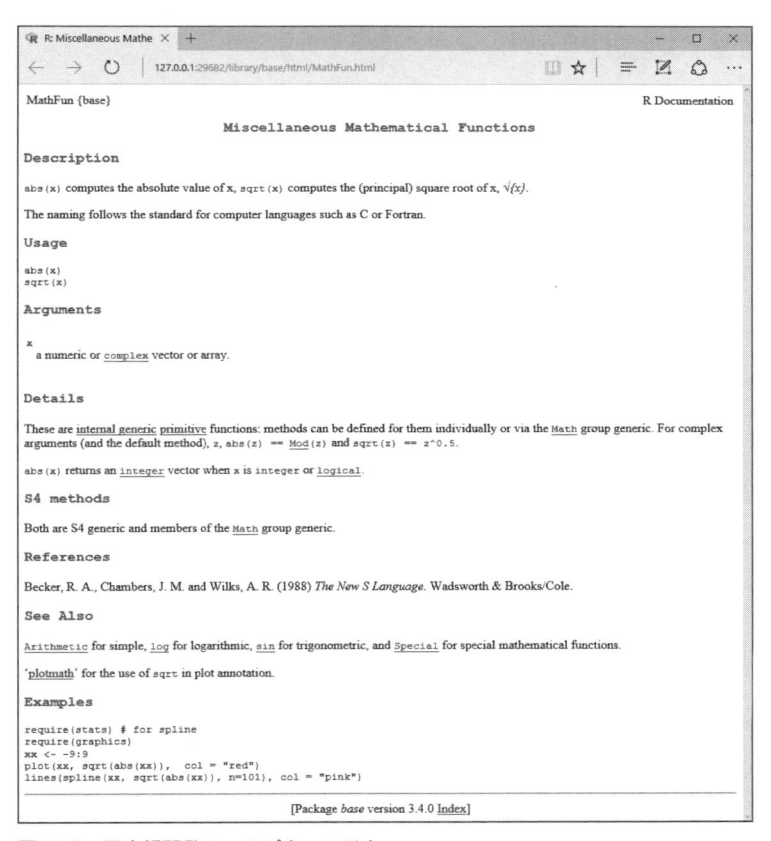

図10-2：平方根関数のヘルプウィンドウ

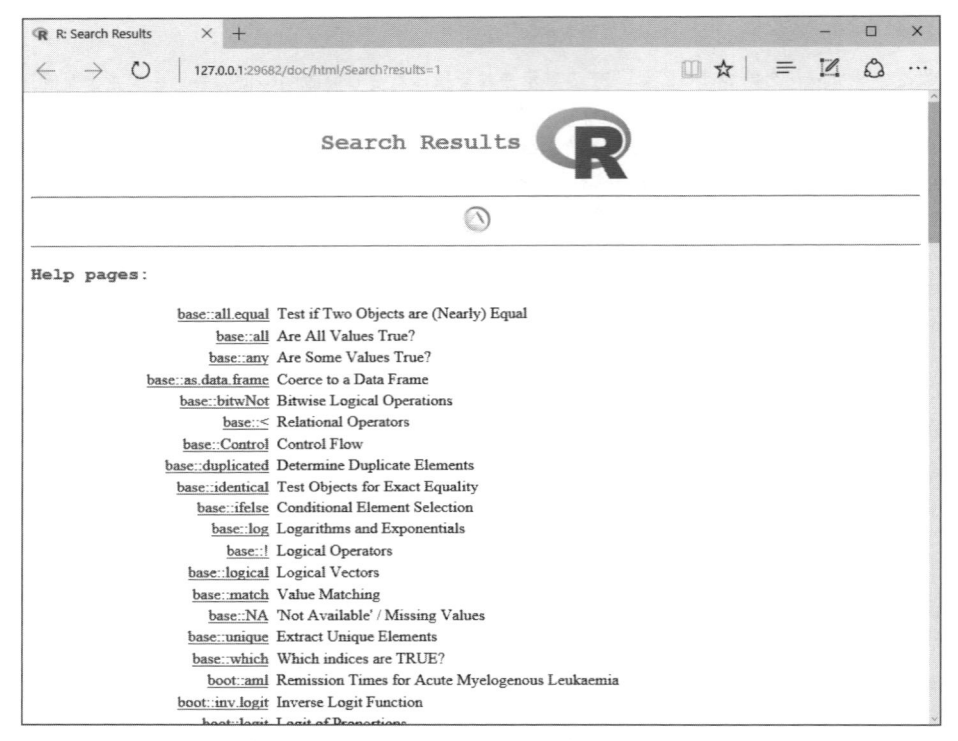

図10-3：logの検索結果（Macでは異なる画面が表示されます）

■ ベクトルの演算と因子化

c()関数を使用すると、数値のベクトルを加えることができます（「c」は「combine（結合）」を表します）。次のようにして、変数に素数を入れます。

```
> someprimes <- c(1,2,3,5,7,11)
> someprimes
[1]  1  2  3  5  7 11
```

Length()関数を使用すると、ベクトル内にある要素の数をカウントできます。

```
> length(someprimes)
[1] 6
```

次のように括弧記号を使い、ベクトル内の1つの値を参照することもできます。

```
> someprimes[4]
[1] 5
```

これを入力すると、ベクトル内の4番目の値が返されます。この場合は5です。次のように、c()関数を使用してインデックスのベクトルを生成することができます。または「:」を使用すると範囲を指定できます。

```
> someprimes[c(4,5,6)]
[1]  5  7 11
> someprimes[4:6]
[1]  5  7 11
```

どちらの場合も、ベクトルの6つの値の4番目から6番目までの値を取得しています。論理記号を使用して値を抽出することもできます。たとえば、7未満の素数だけが欲しい場合は、次のようにwhich()関数を使用して、そのインデックスを返させることができます。

```
> which(someprimes<7)
[1] 1 2 3 4

> someprimes[which(someprimes<7)]
[1] 1 2 3 5
```

データを変数に格納したら、データセット全体に対して操作を実行できます。結果は新しい変数に格納できます。たとえば、次のようにデータ全体に2を掛けることができます。

```
> primestimes2 <- someprimes*2
> primestimes2
[1]  2  4  6 10 14 22
```

Excelではこれをどのように行うか考えてみてください。数式を隣の列に入力して下にコピーするでしょう。Rでは、そのデータの列や行の名前を指定して、その変数を1つのエンティティとして操作できます。これはいいですね。

入力データの歪みを確認するのに便利な関数の1つは、summary 関数です。

```
> summary(someprimes)
   Min. 1st Qu.  Median    Mean 3rd Qu.    Max.
  1.000   2.250   4.000   4.833   6.500  11.000
```

また、次のようにテキストデータも操作できます。

```
> somecolors <- c("blue","red","green","blue","green","yellow","red","red")
> somecolors
[1] "blue"   "red"    "green" "blue"   "green" "yellow" "red"    "red"
```

somecolors を要約すると、次のように記述データが出力されます。

```
> summary(somecolors)
  Length    Class     Mode
       8 character character
```

ただし、「因子化」することで、これらの色をカテゴリとして扱い、このベクトルをカテゴリカルデー
タにすることができます。

```
> somecolors <- factor(somecolors)
> somecolors
[1] blue   red    green blue   green yellow red    red
Levels: blue green red yellow
```

データを要約すると、次のようにそれぞれの「レベル」の集計が返されます（レベルは実質的にはカテ
ゴリです）。

```
> summary(somecolors)
  blue  green    red yellow
     2      2      3      1
```

■ 二次元の行列

　これまで扱ってきたベクトルは一次元的なものでした。R においてスプレッドシートに近いものは何かと言えば、それは行列でしょう。これは数値の二次元配列です。行列は、次のように matrix 関数を使用することで構成できます。

```
> amatrix <- matrix(data=c(someprimes,primestimes2),nrow=2,ncol=6)
> amatrix
     [,1] [,2] [,3] [,4] [,5] [,6]
[1,]    1    3    7    2    6   14
[2,]    2    5   11    4   10   22
```

次のようにすると、列と行をカウントすることができます。

```
> nrow(amatrix)
[1] 2
> ncol(amatrix)
[1] 6
```

　行列を入れ替える場合（本書でこれまで使ってきた、Excel の［形式を選択して貼り付け］の行列入れ替えと同様の操作）は、t() 関数を使用します。

```
> t(amatrix)
     [,1] [,2]
[1,]    1    2
[2,]    3    5
[3,]    7   11
[4,]    2    4
[5,]    6   10
[6,]   14   22
```

　個々のレコードまたは範囲を取得するには、次のように同じ括弧記号を使います。ただし、参照先の行と列をコンマで区切ります。

```
> amatrix[1:2,3]
[1]  7 11
```

このように入力すると、列3の行1から行2までが返されます。ただし、行は行1と行2しかないので、これらを参照する必要はありません。参照先を指定せずに括弧の中を空白にしておくと、すべての行が出力されます。

```
> amatrix[,3]
[1]  7 11
```

rbind() と cbind() 関数を使用すると、次のように新しいデータ行と列を結合して行列を作成できます。

```
> primestimes3 <- someprimes*3
> amatrix <- rbind(amatrix,primestimes3)
> amatrix
             [,1] [,2] [,3] [,4] [,5] [,6]
                1    3    7    2    6   14
                2    5   11    4   10   22
primestimes3    3    6    9   15   21   33
```

ここでは、新しいデータ行（primestimes3）を作成し、rbind() を amatrix 変数に使用して、この変数に primestimes3 を追加し、その結果を amatrix に再び代入しています。

■ 数ある中で最高のデータタイプ：データフレーム

データフレームは、現実の世界のデータを扱う最適な方法です。これは R のデータベーステーブル型のデータです。R のデータフレームは、「リスト」データタイプが特殊化したものです。では、「リスト」とは何でしょうか？ リストとは、R のオブジェクトの集合であり、さまざまなタイプから構成することが可能です。たとえば、以下は私自身の情報のリストです。

```
> John <- list(gender="male", age="ancient", height = 72,
  spawn = 3, spawn_ages = c(.5,2,5))
> John
$gender
[1] "male"

$age
[1] "ancient"

$height
[1] 72
```

```
$spawn
[1] 3

$spawn_ages
[1] 0.5 2.0 5.0
```

　データフレームは、Excel シートに不気味なほど似ているリストのタイプです。これは基本的には、二次元の列を中心としたデータシートです。列は数値ベクトルまたはカテゴリカルベクトルとして扱うことができます。データフレームは、インポートした一連のデータかオブジェクトに代入した一連のデータに対し、data.frame() 関数を呼び出すことで作成できます。ジェームズ・ボンドの映画のデータを使用して以下に例示します。まず、ベクトルをいくつか作成します。

```
> bondnames <- c("connery","lazenby","moore","dalton","brosnan","craig")
> firstyear <- c(1962,1969,1973,1987,1995,2006)
> eyecolor <- c("brown","brown","blue", "green", "blue", "blue")
> womenkissed <- c(17,3,20,4,12,4)
> countofbondjamesbonds <- c(3,2,10,2,5,1)
```

　この時点で、5つのベクトルができました。テキストや数値のベクトルで、どれも同じ長さです。次のように、これらを bonddata という名前の1つのデータフレームに結合します。

```
> bonddata <- data.frame(bondnames,firstyear,eyecolor,womenkissed,
  countofbondjamesbonds)
> bonddata
  bondnames firstyear eyecolor womenkissed countofbondjamesbonds
1   connery      1962    brown          17                     3
2   lazenby      1969    brown           3                     2
3     moore      1973     blue          20                    10
4    dalton      1987    green           4                     2
5   brosnan      1995     blue          12                     5
6     craig      2006     blue           4                     1
```

　data.frame 関数の処理により、これらの列のうちどれが因子でどれが数値であるか認識されます。この違いは、str() 関数と summary() 関数（str は「structure（構造）」を表します）を呼び出すことで確認できます。

```
> str(bonddata)
'data.frame' : 6 obs. of  5 variables:
 $ bondnames               : Factor w/ 6 levels "brosnan","connery",..: 2 5 6 4 1 3
 $ firstyear               : num  1962 1969 1973 1987 1995 ...
 $ eyecolor                : Factor w/ 3 levels "blue","brown",..: 2 2 1 3 1 1
 $ womenkissed             : num  17 3 20 4 12 4
 $ countofbondjamesbonds: num  3 2 10 2 5 1

> summary(bonddata)
bondnames  firstyear       eyecolor womenkissed     countofbondjamesbonds
brosnan:1  Min.   :1962  blue :3  Min.   : 3.00  Min.   : 1.000
connery:1  1st Qu.:1970  brown:2  1st Qu.: 4.00  1st Qu.: 2.000
craig  :1  Median :1980  green:1  Median : 8.00  Median : 2.500
dalton :1  Mean   :1982           Mean   :10.00  Mean   : 3.833
lazenby:1  3rd Qu.:1993           3rd Qu.:15.75  3rd Qu.: 4.500
moore  :1  Max.   :2006           Max.   :20.00  Max.   :10.000
```

年は数値として扱われていることに注意してください。数値ではなくカテゴリ的に扱いたい場合は、factor() を使用することでこの列を因子化することができます。

データフレームの優れているところの1つは、次のように、$ 記号に列名を付けることで各列を参照できるという点です。

```
> bonddata$firstyear <- factor(bonddata$firstyear)
> summary(bonddata)
  bondnames firstyear   eyecolor  womenkissed     countofbondjamesbonds
brosnan:1  1962:1   blue :3  Min.   : 3.00  Min.   : 1.000
connery:1  1969:1   brown:2  1st Qu.: 4.00  1st Qu.: 2.000
craig  :1  1973:1   green:1  Median : 8.00  Median : 2.500
dalton :1  1987:1            Mean   :10.00  Mean   : 3.833
lazenby:1  1995:1            3rd Qu.:15.75  3rd Qu.: 4.500
moore  :1  2006:1            Max.   :20.00  Max.   :10.000
```

このように summary 関数を実行すると、年についてはデータの分布ではなくカテゴリの数によって集計が行われます。また、データフレームの行列を入れ替えると、別のデータフレームになるのではなく、古き良き二次元行列になるということを覚えておいてください。入れ替えたジェームズ・ボンドのデータは、各列で一貫したデータタイプにはならないため、これは当然のことです。

≫ R でデータを読み込む

✔ **注意**

ここで使用する CSV ファイルは、「CHAPTER10」フォルダーにある「ワイン K 平均 .csv」です。ダウンロード URL は「はじめに」の xii ページをご覧ください。

さて、ここまででさまざまなデータタイプに手動でデータを入れる方法について学びました。しかし、ファイルからデータを読み込むにはどうすればよいのでしょうか？　まずは作業ディレクトリについて理解する必要があります。作業ディレクトリは、R コンソールが検索および読み込むことができるようにデータを入れることが可能なフォルダーです。次のように、getwd() 関数を使うと、現在の作業ディレクトリを表示できます。

```
> getwd()
[1]"c:/Users/johnforeman/RHOME/"
```

現在の作業ディレクトリが気に入らない場合、setwd() コマンドで変更することができます。Windows マシンの場合、R ではスラッシュでディレクトリパスを指定することが求められることを覚えておいてください。以下がその例です。

```
> setwd("c:/Users/johnforeman/datasmartfiles/")
```

このコマンドを使用して、作業ディレクトリをデータを入れたい場所に設定します。まずはダウンロードしたワイン K 平均 .csv ファイルを、指定したディレクトリに配置します。このコンマ区切りファイルには、第 2 章の k 平均法クラスタリングのブックの［行列］シート内のデータが入っています。また、ダウンロードした CSV ファイルのテキストエンコーディング（文字コード）は「UTF-8」に設定されています。

では、ファイルを読み込んで確認しましょう。データを読み込むには、次のように read.csv() 関数を使います。

```
> winedata<-read.csv("ワインK平均.csv", fileEncoding="UTF-8")
```

ファイル名とファイルのテキストエンコーディングを指定しています。なお、Excel から CSV ファイルを書き出した場合は、ファイルのテキストエンコーディングが Shift-JIS になっている場合があります。

この場合は fileEncoding="Shift_JIS" を指定して読み込みましょう。

このデータは、第2章の［行列］シートとまったく同じように表示されるはずです。そのため、最初の数行を表示すると（ここではページに合わせて9行にしました）、以下のように、32回の売り出しそれぞれについての記述データと、顧客のクリックのベクトルが列の形で表示されます。

```
> winedata[,1:9]
     番号  キャンペーン                  品種 最低量 割引率      生産地 ピーク過ぎ Adams Allen
1      1      January              Malbec    72    56       France     FALSE    NA    NA
2      2      January         Pinot Noir    72    17       France     FALSE    NA    NA
3      3     February           Espumante   144    32       Oregon      TRUE    NA    NA
4      4     February           Champagne    72    48       France      TRUE    NA    NA
5      5     February  Cabernet Sauvignon   144    44  New Zealand      TRUE    NA    NA
6      6        March            Prosecco   144    86        Chile     FALSE    NA    NA
7      7        March            Prosecco     6    40    Australia      TRUE    NA    NA
8      8        March           Espumante     6    45 South Africa     FALSE    NA    NA
9      9        April          Chardonnay   144    57        Chile     FALSE    NA     1
10    10        April            Prosecco    72    52   California     FALSE    NA    NA
11    11          May           Champagne    72    85       France     FALSE    NA    NA
12    12          May            Prosecco    72    83    Australia     FALSE    NA    NA
13    13          May              Merlot     6    43        Chile     FALSE    NA    NA
14    14         June              Merlot    72    64        Chile     FALSE    NA    NA
15    15         June  Cabernet Sauvignon   144    19        Italy     FALSE    NA    NA
16    16         June              Merlot    72    88   California     FALSE    NA    NA
17    17         July         Pinot Noir    12    47      Germany     FALSE    NA    NA
18    18         July           Espumante     6    50       Oregon     FALSE     1    NA
19    19         July           Champagne    12    66      Germany     FALSE    NA    NA
20    20       August  Cabernet Sauvignon    72    82        Italy     FALSE    NA    NA
21    21       August           Champagne    12    50   California     FALSE    NA    NA
22    22       August           Champagne    72    63       France     FALSE    NA    NA
23    23    September          Chardonnay   144    39 South Africa     FALSE    NA    NA
24    24    September         Pinot Noir     6    34        Italy     FALSE    NA    NA
25    25      October  Cabernet Sauvignon    72    59       Oregon      TRUE    NA    NA
26    26      October         Pinot Noir   144    83    Australia     FALSE    NA    NA
27    27      October           Champagne    72    88  New Zealand     FALSE    NA     1
28    28     November  Cabernet Sauvignon    12    56       France      TRUE    NA    NA
29    29     November        Pinot Grigio     6    87       France     FALSE     1    NA
30    30     December              Malbec     6    54       France     FALSE     1    NA
31    31     December           Champagne    72    89       France     FALSE    NA    NA
32    32     December  Cabernet Sauvignon    72    45      Germany      TRUE    NA    NA
```

Windows を利用している場合は［編集］→［GUI プリファレンス］を選んで、「Font」を「MS Gothic」などに設定すると表が見やすくなります。

どのデータもありますね。しかし、購入ベクトル（Excel では0として扱われています）が空白の箇所は、NA という値になっていることに気づいたと思います。これらの NA の値を0にする必要があります。

これを行うには、次のように is.na() 関数を括弧内で使います。

```
> winedata[is.na(winedata)]<-0
> winedata[1:10,8:17]
   Adams Allen Anderson Bailey Baker Barnes Bell Bennett Brooks Brown
1      0     0        0      0     0      0    0       0      0     0
2      0     0        0      0     0      0    1       0      0     0
3      0     0        0      0     0      0    0       0      1     0
4      0     0        0      0     0      0    0       0      0     0
5      0     0        0      0     0      0    0       0      0     0
6      0     0        0      0     0      0    0       0      0     0
7      0     0        0      1     1      0    0       0      0     1
8      0     0        0      0     0      0    0       1      1     0
9      0     1        0      0     0      0    0       0      0     0
10     0     0        0      0     1      1    0       0      0     0
```

やりました。NA の値が0になりました。

↗ 実際のデータサイエンスを行う

　ここまでで、変数とデータタイプの操作方法、データを扱う方法、CSV からデータを読み込む方法を学びました。しかし、本書でこれまで学んだアルゴリズムを実際に使用するにはどうすればよいのでしょうか？　ワインのデータをすでに読み込ませましたので、ちょっとした k 平均クラスタリングから始めましょう。

≫ ワインデータを使用した球面 k 平均法

　本節では、コサイン類似度に基づくクラスタリング（球面 k 平均法とも呼ばれます）を行います。R では、skmeans という名前の球面 k 平均パッケージをロードできます。しかし、skmeans はあらかじめ R に用意されているわけではありません。これは、R にロードして使用できるよう、サードパーティがパッケージとして書いたものです。基本的にはこのような天才たちが他の人のためにすべてやってくれているので、その肩の上に乗ればよいだけです。

　ほとんどの R のパッケージと同じく、Comprehensive R Archive Network（CRAN）でこのパッケージについて調べてインストールすることができます。CRAN は、ロードすることで R の機能を拡張できる便利なパッケージが数多くあるレポジトリです。CRAN からダウンロードできるパッケージの全リストは、http://cran.r-project.org/web/packages/ から利用できます。

　rseek.org で「spherical k means」（球面 k 平均法）と検索すると、最初の検索結果にパッケージの説

明に関する PDF が出ます。そこに skmeans() という名前の関数があります。必要なのはこれです。

　R は初期設定でパッケージを CRAN からダウンロードするよう設定されるので、次のように install.packages() 関数を使用するだけで、必要としている skmeans パッケージを入手できます（最初にこれを行うときに個人ライブラリの設定を求められる可能性があります）。

```
> install.packages("skmeans",dependencies=TRUE)
 --- このセッションで使うために、CRAN のミラーサイトを選んでください ---

<中略・ミラーサイト選択画面で近くのミラーサイトを選択>
 ダウンロードされたパッケージは、以下にあります
        C:\Users\johnforeman\AppData\Local\Temp\Rtmpct4obj\downloaded_packages
```

　インストールの呼び出しで dependencies = TRUE と設定しているのがわかると思います。こうすることで、skmeans のパッケージが他のパッケージと依存関係にある場合、R がそのパッケージも同時にダウンロードします。この呼び出しで、ダイアログで選んだミラーサイトから私の R 環境に適したパッケージがダウンロードされます。

　さらに、次のように library() 関数を使用してパッケージをロードできます。

```
> library(skmeans)
```

　skmeans() 関数の使用法は、? の呼び出しを使うことで調べることができます。英語のドキュメントには、skmeans() は各行がクラスタリング対象のオブジェクトに対応している場合に行列を受け取るということが明記されています。

　一方、手元にあるデータは列を中心としたものであり、またアルゴリズムにとって不要な、売り出しに関する記述子が最初から大量に含まれています。そこで、行列を転置する必要があります（転置関数は、データフレームから無理やり行列を作るものであることに注意してください）。

　ncol() 関数を使用すると、顧客の列が列 107 まで続いていることが確認できます。そこで、列 8 から列 107 までのデータを転置して、winedata.transposed という名前の新しい変数に入れることで、購入ベクトルだけを各顧客の行として切り離します。

```
> ncol(winedata)
[1] 107
> winedata.transposed<-t(winedata[,8:107])
> winedata.transposed[1:10,1:10]
         [,1] [,2] [,3] [,4] [,5] [,6] [,7] [,8] [,9] [,10]
Adams       0    0    0    0    0    0    0    0    0     0
Allen       0    0    0    0    0    0    0    0    1     0
Anderson    0    0    0    0    0    0    0    0    0     0
Bailey      0    0    0    0    0    0    1    0    0     0
Baker       0    0    0    0    0    0    1    0    0     1
Barnes      0    0    0    0    0    0    0    0    0     1
Bell        0    1    0    0    0    0    0    0    0     0
Bennett     0    0    0    0    0    0    0    1    0     0
Brooks      0    0    1    0    0    0    0    1    0     0
Brown       0    0    0    0    0    0    1    0    0     0
```

skmeans 関数をデータセットに対して呼び出し、5つの平均値と遺伝的アルゴリズムを使用することを指定します（Excel で使用したアルゴリズムに類似したものです）。次のように、結果を winedata. clusters という名前のオブジェクトに再び代入します。

```
> winedata.clusters<-skmeans(winedata.transposed,5,method="genetic")
```

オブジェクトを再度コンソールに入力すると、その内容の要約が得られます（最適化アルゴリズムが原因で結果が異なる場合があります）。

```
> winedata.clusters
A hard spherical k-means partition of 100 objects into 5 classes.
Class sizes: 21, 23, 23, 16, 17
Call: skmeans(x = winedata.transposed, k = 5, method = "genetic")
```

str() をクラスターオブジェクトに対して呼び出すと、実際のクラスター割り当てが、オブジェクトの「cluster」リスト内に格納されます。

```
> str(winedata.clusters)
List of 7
 $ prototypes: num [1:5, 1:32] 0 0.116 0.178 0 0.09 ...
  ..- attr(*, "dimnames")=List of 2
  .. ..$ : chr [1:5] "1" "2" "3" "4" ...
  .. ..$ : NULL
 $ membership: NULL
 $ cluster   : Named int [1:100] 1 2 5 1 2 2 5 4 4 1 ...
  ..- attr(*, "names")= chr [1:100] "Adams" "Allen" "Anderson" "Bailey" ...
 $ family    :List of 7
  ..$ description: chr "spherical k-means"
  ..$ D          :function (x, prototypes)
  ..$ C          :function (x, weights, control)
  ..$ init       :function (x, k)
  ..$ e          : num 1
  ..$ .modify    : NULL
  ..$ .subset    : NULL
  ..- attr(*, "class")= chr "pclust_family"
 $ m         : num 1
 $ value     : num 37.9
 $ call      : language skmeans(x = winedata.transposed, k = 5, method = "genetic")
 - attr(*, "class")= chr [1:2] "skmeans" "pclust"
```

　そこでたとえば、行4のクラスター割り当てを引き出す場合は、次のように行列記号をクラスターベクトルに対して使います。

```
> winedata.clusters$cluster[4]
Bailey
     1
```

　ところで、各行には顧客の名前のラベルが付いています（read.csv() 関数で読み込んだ際にラベルが付けられたため）。そのため、次のように row.names() 関数と which() 関数を併用することで、名前を使って割り当てを引き出すこともできます。

```
> winedata.clusters$cluster[which(row.names(winedata.transposed)=="Wright")]
Wright
     2
```

　いいですね。さらに、お望みならば、write.csv() 関数を使い、これらのクラスター割り当てをすべて書き出すこともできます。使い方を知るには、? を使用してください。ばらしてしまいますが、これは

read.csv() と同様です。

　さて、Excel ではクラスターを把握する主な方法は、クラスターを定義する売り出しの記述子のパターンを把握することでした。各クラスターの中に入れられた売り出しの合計を集計して並べ替えました。同様のことを R で行うにはどうすればよいでしょうか？

　集計を行うには、aggregate() 関数を使用します。このとき、「by（〜ごと）」フィールドにクラスターの割り当てを指定します。これは、「購入を割り当てごとに集計する」ということを表します。また、集計の種類を平均値、最小値、最大値、中央値などではなく、次のように合計に指定する必要があります。

```
aggregate(winedata.transposed,by=list(winedata.clusters$cluster),sum)
```

　transpose を使用してこの集計を5列に格納します（Excel で行ったときと同様）。クラスターの割り当て名が返される集計の最初の列は切り取ります。そして次にように、これらすべてを winedata.clustercounts という名前の変数として再び格納します。

```
> winedata.clustercounts<-t(aggregate(winedata.transposed,by=list(winedata.
clusters$cluster),sum)[,2:33])
> winedata.clustercouts
     [,1] [,2] [,3] [,4] [,5]
V1      0    3    5    0    2
V2      0    0    3    0    7
V3      1    2    0    3    0
V4      0    4    7    1    0
V5      0    0    4    0    0
V6      0   10    1    1    0
V7     14    3    0    2    0
V8      3    1    0   16    0
V9      0    6    4    0    0
V10     1    4    0    1    1
V11     0    0   12    1    0
V12     1    0    3    0    1
V13     4    0    0    2    0
V14     0    4    5    0    0
V15     0    2    4    0    0
V16     0    0    4    0    1
V17     0    0    0    0    7
V18     9    1    0    4    0
V19     0    4    0    1    0
V20     0    1    5    0    0
V21     1    2    0    1    0
V22     0   11    8    2    0
V23     0    4    0    0    1
```

```
V24      0      0      0      0     12
V25      0      0      6      0      0
V26      0      0      3      0     12
V27      0      6      1      1      1
V28      1      0      5      0      0
V29     12      0      1      4      0
V30     11      1      5      5      0
V31      0     13      3      1      0
V32      0      2      2      0      0
```

　いいでしょう。これでクラスターごとの売り出しの集計ができました。この7列の記述データを、次のように列結合関数の cbind() を使用して売り出しデータに戻しましょう。

```
> winedata.desc.plus.counts<-cbind(winedata[,1:7],winedata.clustercounts)
> winedata.desc.plus.counts
      番号　キャンペーン              品種  最低量  割引率        生産地  ピーク過ぎ  1  2  3  4  5
V1      1    January            Malbec     72     56        France      FALSE   0  3  5  0  2
V2      2    January        Pinot Noir     72     17        France      FALSE   0  0  3  0  7
V3      3   February         Espumante    144     32        Oregon       TRUE   1  2  0  3  0
V4      4   February         Champagne     72     48        France       TRUE   0  4  7  1  0
V5      5   February Cabernet Sauvignon   144     44   New Zealand       TRUE   0  0  4  0  0
V6      6      March          Prosecco    144     86         Chile      FALSE   0 10  1  1  0
V7      7      March          Prosecco      6     40     Australia       TRUE  14  3  0  2  0
V8      8      March         Espumante      6     45  South Africa      FALSE   3  1  0 16  0
V9      9      April        Chardonnay    144     57         Chile      FALSE   0  6  4  0  0
V10    10      April          Prosecco     72     52    California      FALSE   1  4  0  1  1
V11    11        May         Champagne     72     85        France      FALSE   0  0 12  1  0
V12    12        May          Prosecco     72     83     Australia      FALSE   1  0  3  0  1
V13    13        May            Merlot      6     43         Chile      FALSE   4  0  0  2  0
V14    14       June            Merlot     72     64         Chile      FALSE   0  4  5  0  0
V15    15       June Cabernet Sauvignon   144     19         Italy      FALSE   0  2  4  0  0
V16    16       June            Merlot     72     88    California      FALSE   0  0  4  0  1
V17    17       July        Pinot Noir     12     47       Germany      FALSE   0  0  0  0  7
V18    18       July         Espumante      6     50        Oregon      FALSE   9  1  0  4  0
V19    19       July         Champagne     12     66       Germany      FALSE   0  4  0  1  0
V20    20     August Cabernet Sauvignon    72     82         Italy      FALSE   0  1  5  0  0
V21    21     August         Champagne     12     50    California      FALSE   1  2  0  1  0
V22    22     August         Champagne     72     63        France      FALSE   0 11  8  2  0
V23    23  September        Chardonnay    144     39  South Africa      FALSE   0  4  0  0  1
V24    24  September        Pinot Noir      6     34         Italy      FALSE   0  0  0  0 12
V25    25    October Cabernet Sauvignon    72     59        Oregon       TRUE   0  0  6  0  0
V26    26    October        Pinot Noir    144     83     Australia      FALSE   0  0  3  0 12
V27    27    October         Champagne     72     88   New Zealand      FALSE   0  6  1  1  1
V28    28   November Cabernet Sauvignon    12     56        France       TRUE   1  0  5  0  0
V29    29   November       Pinot Grigio     6     87        France      FALSE  12  0  1  4  0
```

								1	2	3	4	5
V30	30	December	Malbec	6	54	France	FALSE	11	1	5	5	0
V31	31	December	Champagne	72	89	France	FALSE	0	13	3	1	0
V32	32	December	Cabernet Sauvignon	72	45	Germany	TRUE	0	2	2	0	

order() 関数をデータフレームの括弧の中で使用することで並べ替えることができます。ここでは、クラスター1の最も人気の高い売り出しを発見するために並べ替えます（降順に並べ替えるため、データの前にマイナス記号を付けています。または、order() 関数内で decreasing=TRUE とフラグを指定することもできます）。

```
> winedata.desc.plus.counts[order(-winedata.desc.plus.counts[,8]),]
```

	番号	キャンペーン	品種	最低量	割引率	生産地	ピーク過ぎ	1	2	3	4	5
V7	7	March	Prosecco	6	40	Australia	TRUE	14	3	0	2	0
V29	29	November	Pinot Grigio	6	87	France	FALSE	12	0	1	4	0
V30	30	December	Malbec	6	54	France	FALSE	11	1	5	5	0
V18	18	July	Espumante	6	50	Oregon	FALSE	9	1	0	4	0
V13	13	May	Merlot	6	43	Chile	FALSE	4	0	0	2	0
V8	8	March	Espumante	6	45	South Africa	FALSE	3	1	0	16	0
V3	3	February	Espumante	144	32	Oregon	TRUE	1	2	0	3	0
V10	10	April	Prosecco	72	52	California	FALSE	1	4	0	1	1
V12	12	May	Prosecco	72	83	Australia	FALSE	1	0	3	0	1
V21	21	August	Champagne	12	50	California	FALSE	1	2	0	1	0
V28	28	November	Cabernet Sauvignon	12	56	France	TRUE	1	0	5	0	0
V1	1	January	Malbec	72	56	France	FALSE	0	3	5	0	2
V2	2	January	Pinot Noir	72	17	France	FALSE	0	0	3	0	7
V4	4	February	Champagne	72	48	France	TRUE	0	4	7	1	0
V5	5	February	Cabernet Sauvignon	144	44	New Zealand	TRUE	0	0	4	0	0
V6	6	March	Prosecco	144	86	Chile	FALSE	0	10	1	1	0
V9	9	April	Chardonnay	144	57	Chile	FALSE	0	6	4	0	0
V11	11	May	Champagne	72	85	France	FALSE	0	0	12	1	0
V14	14	June	Merlot	72	64	Chile	FALSE	0	4	5	0	0
V15	15	June	Cabernet Sauvignon	144	19	Italy	FALSE	0	2	4	0	0
V16	16	June	Merlot	72	88	California	FALSE	0	0	4	0	1
V17	17	July	Pinot Noir	12	47	Germany	FALSE	0	0	0	0	7
V19	19	July	Champagne	12	66	Germany	FALSE	0	4	0	1	0
V20	20	August	Cabernet Sauvignon	72	82	Italy	FALSE	0	1	5	0	0
V22	22	August	Champagne	72	63	France	FALSE	0	11	8	2	0
V23	23	September	Chardonnay	144	39	South Africa	FALSE	0	4	0	0	1
V24	24	September	Pinot Noir	6	34	Italy	FALSE	0	0	0	0	12
V25	25	October	Cabernet Sauvignon	72	59	Oregon	TRUE	0	0	6	0	0
V26	26	October	Pinot Noir	144	83	Australia	FALSE	0	0	3	0	12
V27	27	October	Champagne	72	88	New Zealand	FALSE	0	6	1	1	1
V31	31	December	Champagne	72	89	France	FALSE	0	13	3	1	0

最上位の売り出しを見ると、クラスター1はピノ・ノワールのクラスターであることが明らかになります（あなたの結果は異なる可能性があります。遺伝的アルゴリズムは毎回同じ回答を出すわけではありません）。

　私のもったいぶった説明を省いて、以上の内容を繰り返してまとめます。次のRのコードを使うと、本書第2章の大部分を再現できます。

```
> setwd("c:/Users/johnforeman/datasmartfiles/")
> winedata<-read.csv("ワインK平均.csv", fileEncoding="UTF-8")
> winedata[is.na(winedata)]<-0
> install.packages("skmeans",dependencies=TRUE)
> library(skmeans)
> winedata.transposed<-t(winedata[,8:107])
> winedata.clusters<-skmeans(winedata.transposed,5,method="genetic")
> winedata.clustercounts<-t(aggregate(winedata.transposed,by=list(winedata.
  clusters$cluster),sum)[,2:33])
> winedata.desc.plus.counts<-cbind(winedata[,1:7],winedata.clustercounts)
> winedata.desc.plus.counts[order(-winedata.desc.plus.counts[,8]),]
```

　データの読み込みからクラスターの分析まで、これだけで完了します。驚きですね。これだけで完了するのは、skmeans() の呼び出しにより、この手法の複雑な部分がすべて削ぎ落とされているからです。学習用としては最低ですが、作業用としては最高です。

≫ 妊娠データを用いた AI モデルの作成

✔ 注意

ここで使用する CSV ファイルは、ダウンロードデータの「CHAPTER10」フォルダーにある「妊娠 .csv」と「妊娠 _test. csv」です。

　本節では、第6章と第7章で作成した妊娠予測モデルの一部を再現します。具体的には、ロジスティックリンク関数と組み合わせた glm() 関数（一般線形モデル）と randomForest() 関数（randomForest() によるバギングツリー。単純な決定株から完全な決定木まで作成可）を使い、2つの分類器を作成します。

　訓練データおよびテストデータは、妊娠.csv と妊娠_test.csv という名前の2つの CSV ファイルに分けられています。2つのファイルを作業ディレクトリに保存して、次のようにいくつかのデータフレームに読み込みます。

```
> PregnancyData<-read.csv("妊娠.csv",fileEncoding="UTF8")
> PregnancyData.Test<-read.csv("妊娠_test.csv",fileEncoding="UTF8")
```

　さらに、データに対して summary() と str() を実行して、データの様子を見ることもできます。性別と住所タイプのデータはカテゴリカルデータとして読み込まれていることがすぐにわかります。一方、str() の出力からわかるように、回答の変数（1は妊娠中、0は妊娠中でないことを表します）は、2つの異なるクラスではなく、数値として扱われています。

```
> str(PregnancyData)
'data.frame':   1000 obs. of  18 variables:
 $ 性別              : Factor w/ 3 levels "F","M","U": 2 2 2 3 1 1 2 1 1 1 ...
 $ 住居              : Factor w/ 3 levels "A","H","P": 1 2 2 2 1 2 2 2 2 2 ...
 $ 妊娠検査           : int  1 1 1 0 0 0 0 0 0 0 ...
 $ 避妊具            : int  0 0 0 0 0 0 1 0 0 0 ...
 $ 生理処理用品        : int  0 0 0 0 0 0 0 0 0 0 ...
 $ 葉酸サプリ          : int  0 0 0 0 0 0 1 0 0 0 ...
 $ 妊婦用ビタミン剤      : int  1 1 0 0 0 1 1 0 0 1 ...
 $ マタニティヨガ       : int  0 0 0 0 1 0 0 0 0 0 ...
 $ 抱き枕            : int  0 0 0 0 0 0 0 0 0 0 ...
 $ ジンジャーエール     : int  0 0 0 1 0 0 0 0 1 0 ...
 $ シーバンド         : int  0 0 1 0 0 0 0 0 0 0 ...
 $ 煙草の購入停止       : int  0 0 0 0 0 1 0 0 0 0 ...
 $ 煙草             : int  0 0 0 0 0 0 0 0 0 0 ...
 $ 禁煙用品          : int  0 0 0 0 0 0 0 0 0 0 ...
 $ ワイン購入停止       : int  0 0 0 1 0 0 0 0 0 0 ...
 $ ワイン            : int  0 0 0 0 0 0 0 0 0 0 ...
 $ マタニティドレス      : int  0 0 0 0 0 0 1 0 1 0 ...
 $ 妊娠             : int  1 1 1 1 1 1 1 1 1 1 ...
```

　randomForest() 関数のために、データを整数として扱うのではなく、回答の変数を因子化して2つのクラス（0のクラスと1のクラス）を作成するのがベストです。次のようにしてデータを因子化することができます。

```
> PregnancyData$妊娠<-factor(PregnancyData$妊娠)
> PregnancyData.Test$妊娠<-factor(PregnancyData.Test$妊娠)
```

　さて、妊娠の列を要約すると、次のとおり、0と1があたかもカテゴリのように扱われ、ただクラスの集計が返されるだけです。

```
> summary(PregnancyData$妊娠)
  0   1
500 500
```

　ロジスティック回帰分析を行うには、glm() 関数が必要です。この関数は、R に標準搭載されている
パッケージ内にあります。ただし、randomForest() 関数については、randomForest パッケージが必要
になります。また、第6章と第7章で作成した ROC 曲線も作成するとよいでしょう。ROCR という、この
ようなグラフの作成用に特別に設計されたパッケージがあります。次のように入力して、この2つのパッ
ケージをインストールしてロードしてください。

```
> install.packages("randomForest",dependencies=TRUE)
> install.packages("ROCR",dependencies=TRUE)
> library(randomForest)
> library(ROCR)
```

　データを用意してパッケージをロードしました。さっそくモデルの作成に取り掛かりましょう。まず
はロジスティック回帰分析から始めます。

```
> Pregnancy.lm<-glm(妊娠~.,data=PregnancyData,family=binomial("logit"))
```

　glm() 関数によって線形モデルが作成されます。モデルは family=binomial("logit") オプションを
使い、ロジスティック回帰として指定しています。また、data=PregnancyData フィールドを使用して関
数にデータを与えています。さてここで、「妊娠 ～ .」が何を意味しているのか疑問に思うかもしれませ
ん。これは R の式です。この式は「他のすべての列を使用して妊娠列を予測するようモデルを訓練する」
ということを意味しています。「～」は「使用する」ということ、ピリオドは「他のすべての列」を表してい
ます。次のように、列の名前を入力することで一部の列を指定することもできます。

```
> Pregnancy.lm<-glm(妊娠~
性別+
住居+
妊娠検査+
避妊具+,
data=PregnancyData,family=binomial("logit"))
```

しかし、ここではすべての列を使用してモデルを訓練したいので、「妊娠 ~.」の記号を使用します。

線形モデルが作成されたら、次のようにモデルの要約統計量を求めることで係数を確認し、どの変数が統計的に有意か解析することができます（第6章で行ったt検定に似たもの）。

```
> summary(Pregnancy.lm)

Call:
glm(formula = 妊娠 ~ ., family = binomial("logit"), data = PregnancyData)

Deviance Residuals:
    Min       1Q    Median       3Q      Max
-3.2012  -0.5566  -0.0246   0.5127   2.8658

Coefficients:
                  Estimate Std. Error z value Pr(>|z|)
(Intercept)      -0.343597   0.180755  -1.901 0.057315 .
性別M            -0.453880   0.197566  -2.297 0.021599 *
性別U             0.141939   0.307588   0.461 0.644469
住居H            -0.172927   0.194591  -0.889 0.374180
住居P            -0.002813   0.336432  -0.008 0.993329
妊娠検査          2.370554   0.521781   4.543 5.54e-06 ***
避妊具           -2.300272   0.365270  -6.297 3.03e-10 ***
生理処理用品      -2.028558   0.342398  -5.925 3.13e-09 ***
葉酸サプリ         4.077666   0.761888   5.352 8.70e-08 ***
妊婦用ビタミン剤    2.479469   0.369063   6.718 1.84e-11 ***
マタニティヨガ      2.922974   1.146990   2.548 0.010822 *
抱き枕            1.261037   0.860617   1.465 0.142847
ジンジャーエール    1.938502   0.426733   4.543 5.55e-06 ***
シーバンド         1.107530   0.673435   1.645 0.100053
煙草の購入停止     1.302222   0.342347   3.804 0.000142 ***
煙草            -1.443022   0.370120  -3.899 9.67e-05 ***
禁煙用品          1.790779   0.512610   3.493 0.000477 ***
ワイン購入停止     1.383888   0.305883   4.524 6.06e-06 ***
ワイン          -1.565539   0.348910  -4.487 7.23e-06 ***
マタニティドレス    2.078202   0.329432   6.308 2.82e-10 ***
---
Signif. codes:  0 '***' 0.001 '**' 0.01 '*' 0.05 '.' 0.1 ' ' 1

(Dispersion parameter for binomial family taken to be 1)

    Null deviance: 1386.29  on 999  degrees of freedom
Residual deviance:  744.11  on 980  degrees of freedom
AIC: 784.11

Number of Fisher Scoring iterations: 7
```

これらの係数のうち、横に「*」が1つもないものは価値が疑わしいものです。

同様に、randomForest() 関数を使用してランダムフォレストモデルを訓練できます。

```
> Pregnancy.rf<-randomForest(妊娠~.,data=PregnancyData,importance=TRUE)
```

これは、glm() 関数と基本的に同じシンタックスを持っています（ツリーの数と深さの詳細については、?randomForest を実行してください）。呼び出しの importance=TRUE に注意してください。こうすることで varImpPlot() というまた別の関数を使用して変数の重要さをグラフ化できるようになります。この関数で重要な変数と影響が弱い変数を把握することができます。

randomForest パッケージでは、各変数がノードの不純度の減少に平均でどれだけ貢献しているか確認することができます。変数の貢献度が高いほど、その変数の有益性も高くなります。これを利用して、別のモデルに与える変数を絞り込んで選択することができます。このデータを確認するには、次のように varImpPlot() 関数の引数を type=2 に設定して、第7章で紹介したノードの不純度計算に基づいて順位を抽出します（? コマンドを使用して type=1 と type=2 の違いについて調べてみてください）。

```
> varImpPlot(Pregnancy.rf,type=2)
```

すると図10-4のような順位図が表示されます。葉酸サプリが1位となり、その後に妊婦用ビタミン剤と避妊具が続いています。

モデルを作成しましたので、これを使って R の predict() 関数で予測を行うことができます。この関数を呼び出して結果を2つの変数に保存することで、モデルを比較できます。一般的に predict() 関数は、次のように、モデル、予測に使うデータセット、モデル固有のオプションを入力して実行します。

```
> PregnancyData.Test.lm.Preds<-predict(Pregnancy.lm,PregnancyData.Test,
    type="response")
> PregnancyData.Test.rf.Preds<-predict(Pregnancy.rf,PregnancyData.Test,type="prob")
```

ご覧のとおり、この2つの predict() 関数の呼び出しには、それぞれ異なるモデル、テストデータ、および各モデルに必要なタイプパラメーターが与えられています。線形モデルの場合は、type="response" とすることで、元の妊娠の値のように、予測で返される値が0から1の間に設定されます。ランダムフォレストの場合は、type="prob" とすることで、クラスの確率（妊娠中である確率の列と妊娠中でない確率の列の2列のデータ）を返されます。

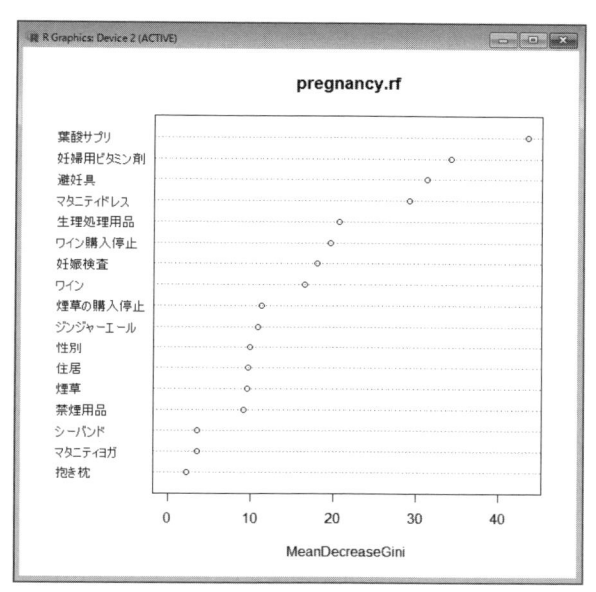

図10-4：Rを使用した変数の重要度のプロット

　この2つの出力結果は若干異なりますが、これはやはり別々のアルゴリズムやモデルなどを使用しているためです。理解するにはこれらを色々と試して、ドキュメントも読むことが重要です。

　以下は予測の出力の要約統計量です。

```
> summary(PregnancyData.Test.lm.Preds)
    Min.  1st Qu.   Median     Mean  3rd Qu.     Max.
0.001179 0.066194 0.239459 0.283077 0.414253 0.999211
> summary(PregnancyData.Test.rf.Preds)
       0               1
 Min.   :0.0020   Min.   :0.0000
 1st Qu.:0.7560   1st Qu.:0.0080
 Median :0.9480   Median :0.0520
 Mean   :0.8087   Mean   :0.1913
 3rd Qu.:0.9920   3rd Qu.:0.2440
 Max.   :1.0000   Max.   :0.9980
```

　ランダムフォレストの予測結果の2番目の列は、妊娠中の確率です（もう一方は妊娠中でない確率）。そのため、こちらの列がロジスティック回帰分析の予測結果に近いものです。次のように括弧記号を使うことで、個々のレコードやレコードセットを引き出し、その入力データと予測を確認できます（見やすくするため行を入れ替えました）。

```
> t(PregnancyData.Test[1,])
                      1
性別               "U"
住居               "A"
妊娠検査           "0"
避妊具             "0"
生理処理用品       "0"
葉酸サプリ         "0"
妊婦用ビタミン剤   "0"
マタニティヨガ      "0"
抱き枕             "0"
ジンジャーエール   "0"
シーバンド         "1"
煙草の購入停止     "0"
煙草               "0"
禁煙用品           "0"
ワイン購入停止     "1"
ワイン             "1"
マタニティドレス    "0"
妊娠               "1"

> t(PregnancyData.Test.lm.Preds[1])
                 1
[1,] 0.6735358

> PregnancyData.Test.rf.Preds[1,2]
[1] 0.562
```

　入力行を表示する際、列のデータをすべて表示するため、角括弧内の列のインデックスを空白（[1,]）にしています。この特定の顧客は、性別が不明で、アパートに住んでおり、シーバンドとワインを購入していますが、ワインの購入をやめています。ロジスティック回帰分析では0.67というスコアが出ていますが、ランダムフォレストでは0.5強です。実際はこの顧客は妊娠中でした。ロジスティック回帰分析が一歩リードしましたね。

　2つのクラス確率のベクトル（各モデルに対応したもの）が用意できたので、本書の前の章で行ったように、モデルの偽陽性率と真陽性率を比較することができます。ただ幸運なことに、RのROCRパッケージで計算してROC曲線をプロットできるので、自分で行う必要はありません。ROCRパッケージはすでにロードしたので、まず必要なことは、ROCRの予測オブジェクトを2つ作成することです（次のようにROCRのprediction()関数を使用します）。これはただクラス確率のさまざまなカットオフレベルで正と負のクラス予測を集計したものです。

```
> pred.lm<-prediction(PregnancyData.Test.lm.Preds,PregnancyData.Test$妊娠)
> pred.rf<-prediction(PregnancyData.Test.rf.Preds[,2],PregnancyData.Test$妊娠)
```

　2つめの呼び出しでは、先ほど説明したランダムフォレストオブジェクトのクラス確率の2列目を対象としています。続いて、これらの予測オブジェクトを performance() 関数にかけることにより、ROCR のパフォーマンスオブジェクトに変換します。パフォーマンスオブジェクトは、テストセットを使用したときにモデルが出す、さまざまなカットオフ値の場合の分類を受け取り、この分類を使用して選択した曲線（この場合は ROC 曲線）を組み立てます。

```
> perf.lm<-performance(pred.lm,"tpr","fpr")
> perf.rf<-performance(pred.rf,"tpr","fpr")
```

> ✔ **注意**
> performance() 関数には、tpr と fpr の値のほかにもオプションがあります。たとえば、適合率を求める prec や再現率を求める rec などです。詳細については、ROCR パッケージのドキュメントをお読みください。

　そうしたら、この曲線を R の plot() 関数でプロットできます。まずは線形モデル曲線です（x 軸と y 軸の上限と下限を指定するには、xlim と ylim の引数を使用します）。

```
> plot(perf.lm,xlim=c(0,1),ylim=c(0,1))
```

　ランダムフォレストの曲線は、add=TRUE と指定してその上に重ねて追加し、また lty=2 と指定して（lty は「line type（線種）」を表します。詳細は ?plot で参照してください）、この線を破線にします。

```
> plot(perf.rf,xlim=c(0,1),ylim=c(0,1),lty=2,add=TRUE)
```

　すると図10-5のように、2つの曲線（破線はランダムフォレストのパフォーマンス）が重なった形で作成されます。ほとんどの箇所で、ロジスティック回帰分析がランダムフォレストに勝っています。ランダムフォレストはグラフの右端に上回っている箇所がわずかにあります。

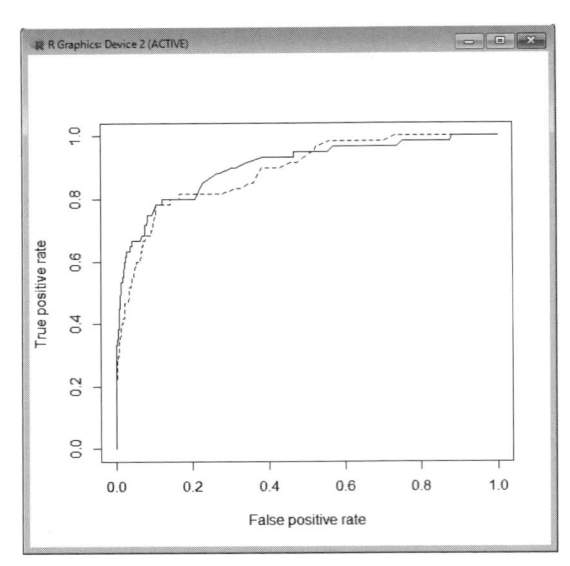

図10-5：Rでグラフ化した再現度と適合率

　さて、ここで以上の内容をまとめます。ここまでで、2つの予測モデルを訓練し、そのモデルをテストセットで使用し、さらに適合率と再現度を次のコードで比較しました。

```
> PregnancyData<-read.csv("妊娠.csv",fileEncoding="UTF8")
> PregnancyData.Test<-read.csv("妊娠_test.csv",fileEncoding="UTF8")
> PregnancyData$妊娠<-factor(PregnancyData$妊娠)
> PregnancyData.Test$妊娠<-factor(PregnancyData.Test$妊娠)
> install.packages("randomForest",dependencies=TRUE)
> install.packages("ROCR",dependencies=TRUE)
> library(randomForest)
> library(ROCR)
> Pregnancy.lm<-glm(妊娠~.,data=PregnancyData,family=binomial("logit"))
> summary(Pregnancy.lm)
> Pregnancy.rf<-randomForest(妊娠~.,data=PregnancyData,importance=TRUE)
> varImpPlot(Pregnancy.rf,type=2)
> PregnancyData.Test.lm.Preds<-predict(Pregnancy.lm,PregnancyData.Test,
  type="response")
> PregnancyData.Test.rf.Preds<-predict(Pregnancy.rf,PregnancyData.Test,type="prob")
> pred.lm<-prediction(PregnancyData.Test.lm.Preds,PregnancyData.Test$妊娠)
> pred.rf<-prediction(PregnancyData.Test.rf.Preds[,2],PregnancyData.Test$妊娠)
> perf.lm<-performance(pred.lm,"tpr","fpr")
> perf.rf<-performance(pred.rf,"tpr","fpr")
> plot(perf.lm,xlim=c(0,1),ylim=c(0,1))
> plot(perf.rf,xlim=c(0,1),ylim=c(0,1),lty=2,add=TRUE)
```

非常に単純明快です。Excel と比べて、2つのモデルを比較するのがどれだけ簡単か考えてみてください。こちらはかなり優れていると言えます。

≫ R を使った予想

✔ 注意
ここで使用する CSV ファイルは、ダウンロードデータの「CHAPTER10」フォルダーにある「剣の需要 .csv」です。

この節は大変です。なぜでしょう？　第8章の指数平滑法による予想をものすごい速さで再現するからです。あまりに速いので頭がくらくらするでしょう。

最初に剣の需要データを剣の需要 .csv から読み込んで、コンソールに表示します。

```
> sword<-read.csv("剣の需要.csv",fileEncoding="UTF8")
> sword
   剣の需要
1       165
2       171
3       147
4       143
5       164
6       160
7       152
8       150
9       159
10      169
11      173
12      203
13      169
14      166
15      162
16      147
17      188
18      161
19      162
20      169
21      185
22      188
23      200
24      229
25      189
26      218
27      185
```

```
28          199
29          210
30          193
31          211
32          208
33          216
34          218
35          264
36          304
```

　これで36か月の需要データが読み込まれました。単純ですね。まず必要なことは、このデータが時系列データであることをRに教えることです。このためにts()という関数が用意されています。

```
> sword.ts<-ts(sword,frequency=12,start=c(2014,1))
```

　この呼び出しでは、ts()関数に対して、データ、頻度の値（単位時間あたりの観測値の個数。この場合は年間12個）、開始点（この例では2014年1月を使用）を与えています。
　sword.tsとターミナルに入力して表示すると、月ごとの表の形で表示されます。

```
> sword.ts
     Jan Feb Mar Apr May Jun Jul Aug Sep Oct Nov Dec
2014 165 171 147 143 164 160 152 150 159 169 173 203
2015 169 166 162 147 188 161 162 169 185 188 200 229
2016 189 218 185 199 210 193 211 208 216 218 264 304
```

　いいですね。
　次のようにデータをプロットすることもできます。

```
> plot(sword.ts)
```

　すると図10-6のようなグラフが作図されます。

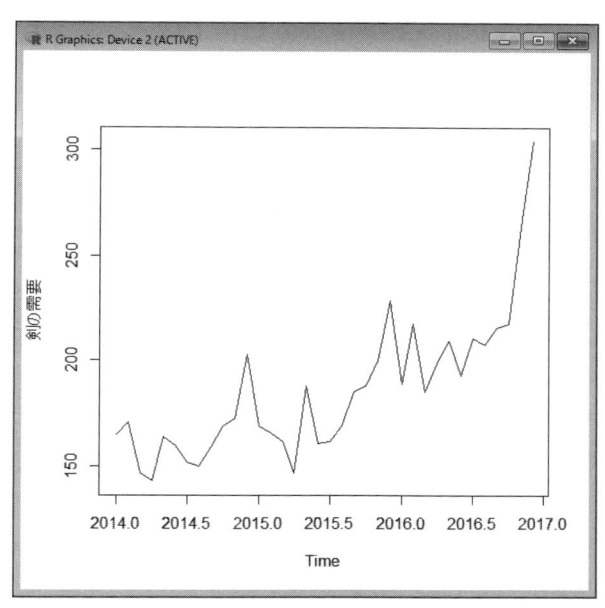

図10-6：剣の需要のグラフ

　ここまでで予想を行う準備が整いました。予想は forecast という優れたパッケージを使って行うことができます。CRAN（http://cran.r-project.org/package=forecast）で調べてみてください。またはパッケージの作者による説明を YouTube の動画（http://www.youtube.com/watch?v=1Lh1HlBUf8k）でご覧ください（いずれも英語です）。

　forecast パッケージを使った予想は、ただ forecast() 関数に時系列オブジェクトを与えるだけで実行できます。forecast() の呼び出しは、適した手法を検出するように設定されています。本書で扱ったいくつかの手法は、最後まで実行するのにどれだけかかったか覚えていますか？　次にように入力すれば、forecast() 関数がすべて代わりにやってくれます。

```
> install.packages("forecast",dependencies=TRUE)
> library(forecast)
> sword.forecast<-forecast(sword.ts)
```

　これだけで終わりです。予想結果は sword.forecastobject に保存されます。次のようにして結果を表示できます。

```
> sword.forecast
          Point Forecast     Lo 80     Hi 80     Lo 95     Hi 95
Jan 2017       244.1713  231.3368  257.0057  224.5426  263.7999
Feb 2017       260.8426  246.7573  274.9278  239.3010  282.3841
Mar 2017       234.5847  221.3760  247.7935  214.3837  254.7858
Apr 2017       237.2936  223.1608  251.4263  215.6794  258.9078
May 2017       274.9643  257.4349  292.4937  248.1554  301.7732
Jun 2017       252.8392  235.4355  270.2428  226.2226  279.4557
Jul 2017       255.1925  236.1250  274.2601  226.0312  284.3538
Aug 2017       262.7502  241.3852  284.1152  230.0752  295.4252
Sep 2017       277.9828  253.3744  302.5913  240.3474  315.6183
Oct 2017       288.0382  260.3085  315.7678  245.6294  330.4469
Nov 2017       314.5003  281.6423  347.3582  264.2484  364.7522
Dec 2017       367.3739  325.8306  408.9172  303.8389  430.9088
Jan 2018       304.3355  267.1914  341.4797  247.5285  361.1426
Feb 2018       323.8215  281.3020  366.3410  258.7935  388.8495
Mar 2018       290.1068  249.2513  330.9623  227.6237  352.5899
Apr 2018       292.3704  248.3419  336.3990  225.0347  359.7062
May 2018       337.5737  283.3705  391.7769  254.6771  420.4704
Jun 2018       309.3386  256.5239  362.1534  228.5655  390.1118
Jul 2018       311.1754  254.8291  367.5217  225.0011  397.3497
Aug 2018       319.3562  258.1753  380.5372  225.7880  412.9245
Sep 2018       336.8144  268.7032  404.9256  232.6473  440.9815
Oct 2018       347.9413  273.8291  422.0535  234.5964  461.2861
Nov 2018       378.7925  293.9782  463.6069  249.0802  508.5048
Dec 2018       441.2169  337.5625  544.8714  282.6911  599.7428
```

　これで予測区間付きの予想結果が手に入りました。そして、sword.forecast オブジェクトの method 値を表示することで、実際に使用された予想手法を表示することができます。

```
> sword.forecast$method
[1] "ETS(M,A,M)"
```

　「M,A,M」は、乗法的誤差、加法的傾向値、乗法的季節調整が使用されていることを表します。forecast() 関数が実際にホルト・ウィンタース乗法指数平滑法を選択して実行していますね。こちらで何もする必要はありませんでした。これを作図すると、図10-7のようなファンチャートが自動的に得られます。

```
> plot(sword.forecast)
```

まとめとして、第8章の内容を再現するコードを以下に示します。

```
> sword<-read.csv("剣の需要.csv",fileEncoding="UTF8")
> sword.ts<-ts(sword,frequency=12,start=c(2014,1))
> install.packages("forecast",dependencies=TRUE)
> library(forecast)
> sword.forecast<-forecast(sword.ts)
> plot(sword.forecast)
```

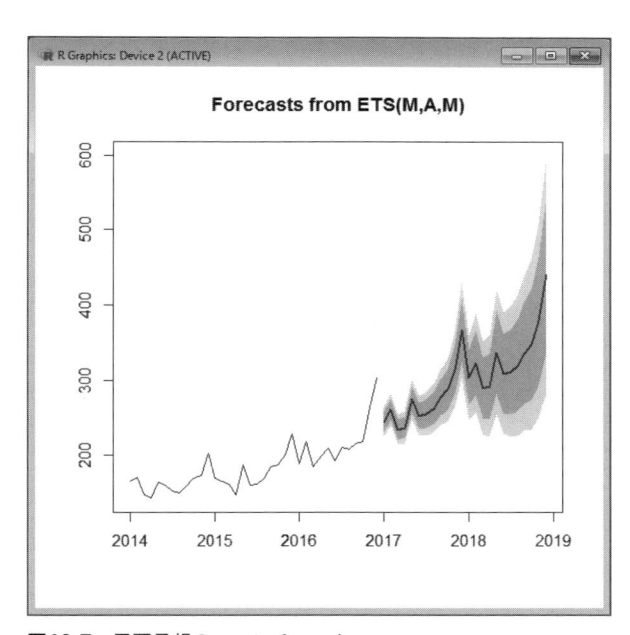

図10-7：需要予想のファンチャート

　すばらしいですね。これこそ、他の人たちがこの操作を実行するために書いたパッケージを利用するメリットです。

≫ 外れ値を検出する

> **✔ 注意**
> ここで使用する CSV ファイルは、ダウンロードデータの「CHAPTER10」フォルダーにある「妊娠期間 .csv」と「コールセンター.csv」です。

本節では、R の容易さを強調するため、本書のもう 1 つの章の内容を R で行います。まず次のようにして、妊娠期間.csv の妊娠期間のデータを読み込みます。

```
> PregnancyDuration<-read.csv("妊娠期間.csv",fileEncoding="UTF8")
```

第9章では、中央値、第1四分位数、第3四分位数、テューキーの箱ひげ図の内壁と外壁を計算しました。四分位数は、次のようにデータの要約統計量を出すことで取得できます。

```
> summary(PregnancyDuration)
    妊娠日数
 Min.   :240.0
 1st Qu.:260.0
 Median :267.0
 Mean   :266.6
 3rd Qu.:272.0
 Max.   :349.0
```

次のように入力し、272 から 260 を引いた値を四分位範囲とします。

```
> PregnancyDuration.IQR<-272-260
> PregnancyDuration.IQR
[1] 12
```

または、妊娠日数列に対して標準搭載の IQR() 関数を呼び出してもかまいません。

```
> PregnancyDuration.IQR<-IQR(pregnancyDuration$妊娠日数)
```

続いて箱ひげ図の上側の壁と下側の壁を計算します。

```
> LowerInnerFence<-260-1.5*PregnancyDuration.IQR
> UpperInnerFence<-272+1.5*PregnancyDuration.IQR
> LowerInnerFence
[1] 242
> UpperInnerFence
[1] 290
```

R の which() 関数を使うと、壁を超えている点とそのインデックスを簡単に割り出すことができます。以下がその例です。

```
> which(PregnancyDuration$妊娠日数>UpperInnerFence)
[1]    1 249 252 338 345 378 478 913
> PregnancyDuration$妊娠日数[which(PregnancyDuration$妊娠日数>UpperInnerFence)]
[1] 349 292 295 291 297 303 293 296
```

言うまでもなく、この解析を行う最良の方法の1つは、R の boxplot() 関数を使うことです。boxplot() 関数は、中央値、第1および第3四分位数、箱ひげ図の壁、外れ値をグラフ化します。この関数は、次のように妊娠日数の列を入れるだけで使用できます。

```
> boxplot(PregnancyDuration$妊娠日数)
```

すると図10-8のように視覚化されます。

箱ひげ図の「外側」は、boxplot の呼び出しで range オプションを変えることで修正できます（デフォルトは IQR×1.5 です）。range=3 に設定すれば、内壁の端点から IQR×3 の距離だけ離れた位置に外壁が描画されます。

```
> boxplot(PregnancyDuration$妊娠日数,range=3)
```

図10-9のとおり外れ値は1つだけです。これはハドラム婦人の妊娠期間の349日間です。

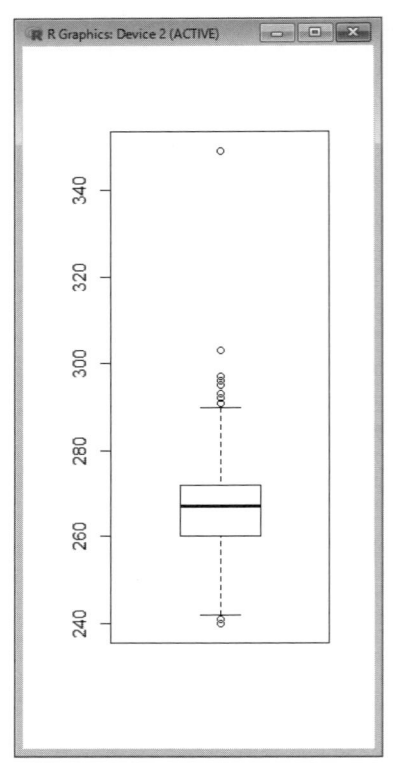 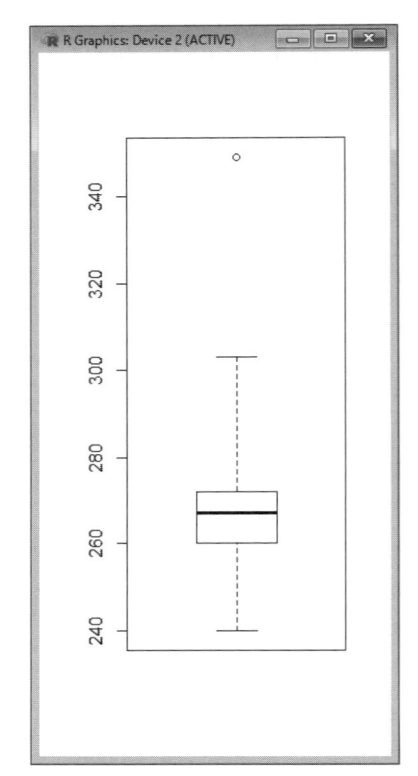

図10-8：妊娠期間のデータの箱ひげ図　　**図10-9**：IQR×3で外壁を描画した箱ひげ図

　プロットする代わりに、このデータを boxplot からコンソールに抽出することもできます。次のように stats リストを表示することで、壁と四分位数が得られます。

```
> boxplot(PregnancyDuration$妊娠日数,range=3)$stats
     [,1]
[1,]  240
[2,]  260
[3,]  267
[4,]  272
[5,]  303
attr(,"class")
        1
"integer"
```

out リストを表示すると、外れ値のリストが得られます。

```
> boxplot(PregnancyDuration$妊娠日数,range=3)$out
[1] 349
```

　以上、妊娠期間の問題について少し取り上げました。次に、コールセンター従業員のパフォーマンスデータの外れ値を発見するという、さらに難しい問題に移りましょう。このデータはコールセンター.csv の中にあります。データをロードして要約統計量を取得すると、次のようになります。

```
> CallCenter<-read.csv("コールセンター.csv",fileEncoding="UTF8")
> summary(CallCenter)
       ID          平均チケット処理数   顧客評価           遅刻           深夜勤務回数        週末勤務回数
 Min.   :130564   Min.   :143.1     Min.   :2.070   Min.   :0.000   Min.   :0.000   Min.   :0.0000
 1st Qu.:134402   1st Qu.:153.1     1st Qu.:3.210   1st Qu.:1.000   1st Qu.:1.000   1st Qu.:1.0000
 Median :137907   Median :156.1     Median :3.505   Median :1.000   Median :2.000   Median :1.0000
 Mean   :137946   Mean   :156.1     Mean   :3.495   Mean   :1.465   Mean   :1.985   Mean   :0.9525
 3rd Qu.:141771   3rd Qu.:159.1     3rd Qu.:3.810   3rd Qu.:2.000   3rd Qu.:2.000   3rd Qu.:1.0000
 Max.   :145176   Max.   :168.7     Max.   :4.810   Max.   :4.000   Max.   :4.000   Max.   :2.0000
   病欠回数         金曜病欠割合       研修受講時間     シフト交代依頼数 シフト交代提案数
 Min.   :0.000    Min.   :0.0000    Min.   : 0.00   Min.   :0.000   Min.   :0.00
 1st Qu.:0.000    1st Qu.:0.0000    1st Qu.: 6.00   1st Qu.:1.000   1st Qu.:0.00
 Median :2.000    Median :0.2500    Median :12.00   Median :1.000   Median :1.00
 Mean   :1.875    Mean   :0.3522    Mean   :11.97   Mean   :1.448   Mean   :1.76
 3rd Qu.:3.000    3rd Qu.:0.6700    3rd Qu.:17.00   3rd Qu.:2.000   3rd Qu.:3.00
 Max.   :7.000    Max.   :1.0000    Max.   :34.00   Max.   :5.000   Max.   :9.00
```

　第9章と同様に、データの尺度調整と中心化を行う必要があります。これは、次のように scale() 関数を使うだけで実行できます。

```
> CallCenter.scale<-scale(CallCenter[2:11])
> summary(CallCenter.scale)
 平均チケット処理数     顧客評価            遅刻            深夜勤務回数         週末勤務回数
 Min.   :-2.940189   Min.   :-3.08810   Min.   :-1.5061   Min.   :-2.49818   Min.   :-1.73614
 1st Qu.:-0.681684   1st Qu.:-0.61788   1st Qu.:-0.4781   1st Qu.:-1.23965   1st Qu.: 0.08658
 Median :-0.008094   Median : 0.02134   Median :-0.4781   Median : 0.01888   Median : 0.08658
 Mean   : 0.000000   Mean   : 0.00000   Mean   : 0.0000   Mean   : 0.00000   Mean   : 0.00000
 3rd Qu.: 0.682476   3rd Qu.: 0.68224   3rd Qu.: 0.5500   3rd Qu.: 0.01888   3rd Qu.: 0.08658
 Max.   : 2.856075   Max.   : 2.84909   Max.   : 2.6062   Max.   : 2.53594   Max.   : 1.90930
   病欠回数            金曜病欠割合         研修受講時間       シフト交代依頼数     シフト交代提案数
 Min.   :-1.12025   Min.   :-0.8963    Min.   :-1.602227   Min.   :-1.4477    Min.   :-0.9710
 1st Qu.:-1.12025   1st Qu.:-0.8963    1st Qu.:-0.799106   1st Qu.:-0.4476    1st Qu.:-0.9710
 Median : 0.07468   Median :-0.2601    Median : 0.004016   Median :-0.4476    Median :-0.4193
 Mean   : 0.00000   Mean   : 0.0000    Mean   : 0.000000   Mean   : 0.0000    Mean   : 0.0000
 3rd Qu.: 0.67215   3rd Qu.: 0.8088    3rd Qu.: 0.673283   3rd Qu.: 0.5526    3rd Qu.: 0.6841
 Max.   : 3.06202   Max.   : 1.6486    Max.   : 2.948793   Max.   : 3.5530    Max.   : 3.9942
```

データの準備ができたので、lofactor() 関数に通せるようになりました。この関数は DMwR パッケージに含まれています。

```
> install.packages("DMwR",dependencies=TRUE)
> library(DMwR)
```

　lofactor() 関数の呼び出しでは、関数にデータと k 値を与えます（この例では、第9章と同じく5を使用しています）。すると関数が LOF を吐き出します。

```
> CallCenter.lof<-lofactor(CallCenter.scale,5)
```

　最も高い局所外れ値因子を持つデータ（LOF は通常1前後です）が、最も大きく外れている点です。たとえば次のようにすると、LOF が1.5以上の従業員のデータを明らかにすることができます。

```
> which(CallCenter.lof>1.5)
[1] 299 374
> CallCenter[which(CallCenter.lof>1.5),]
        ID 平均チケット処理数 顧客評価 遅刻 深夜勤務回数 週末勤務回数 病欠回数 金曜病欠割合 研修受講時間
299 137155              165.3    4.49    1          3            2        1         0.00           30
374 143406              145.0    2.33    3          1            0        6         0.83           30
    シフト交代依頼数 シフト交代提案数
299                1                7
374                4                0
```

　第9章で扱った2名の従業員が外れ値として出ました。しかし、第9章と大きく異なるのは、これを出すまでに要したコードの行数です。

```
> CallCenter<-read.csv("コールセンター.csv",fileEncoding="UTF8")
> install.packages("DMwR",dependencies=TRUE)
> library(DMwR)
> CallCenter.scale<-scale(CallCenter[2:11])
> CallCenter.lof<-lofactor(CallCenter.scale,5)
```

　必要なのはたったこれだけです。

↗ Wrapping Up

本章では、Rでできることの一部をものすごい勢いで紹介しましたが、これは次の3つを理解するだけでできることです。

- Rでのデータの読み込みと操作
- 関連するパッケージの検索とインストール
- このパッケージの関数をデータセットに対して呼び出す操作

知る必要があるRの操作方法はこれだけでしょうか? いえ、これだけではありません。本章では、独自の関数を書く方法、数多くの作図法、データベースへの接続方法、apply() 関数の多くの利用方法などは扱いませんでした。とはいえ、本章で学習を進める感触をつかんでもらえたなら幸いです。その場合、Rに関する書籍が数多く出回っていますので、本章の補足として読む価値があるでしょう。以下に日本語版が出ているものを2冊ほど挙げます。

- 『Rクイックリファレンス 第2版』ジョセフ・アドラー著 (O'Reilly、2012年)
- 『入門 機械学習』ドリュー・コンウェイ (Drew Conway)、ジョン・マイルス・ホワイト (John Myles White) 著 (O'Reilly、2012年)

ぜひRをいじくり回してみてください。

終わりに

↗ 習得したスキルと学習した内容

本書を読み始める前でも、あなたは数学や表計算ソフトによるモデル化について一般的なスキルはお持ちだったと思います。でも、ここまで読み進まれて実際に演習をされていれば（さらに 10 章までを飛ばしていなければ）、表計算ソフトを使ったモデリングの達人となっているはずです。また、さまざまなデータサイエンスの手法を習得されていることでしょう。

本書で説明した手法は、伝統的な演算の研究材料（最適化、モンテカルロ法、予測）から、教師なし学習（外れ値検出、クラスタリング、グラフ）、さらに教師あり AI（回帰、決定株、ナイーブベイズ）などにわたります。読者は、このような高いレベルで表計算ソフトを使用することに自信を持たれたに違いありません。

また、第 10 章の内容も読まれて、第 10 章のデータサイエンスの手法とアルゴリズムも理解されていることを期待します。その手法は、プログラミング言語の R などで簡単に使用できる手法です。

そして、本書の中で、特に興味を持った話題があったら、さらに学習を進めてください。もっと知りたいのは R 言語ですか？　最適化ですか？　それとも機械学習ですか？　掘り下げたい分野があれば、ぜひそれらを解説している専門書や Web ページを読んでみてください。用語がある程度わかるだけでも、理解が進みやすくなるはずです。学習する題材は数多くあります。本書では、分析手法の表面的な部分を集めたにすぎません。

ただし、学習を進める前に次の節も確認してください。

↗ さらなる学習の前に

本章では、データサイエンスを現実の世界で実践することの意味を少し考えてみたいと思います。これは、単純に数学を知っているだけでは不十分なためです。

私の知り合いならだれでも、私がデータサイエンスの分野で最高の分析家ではないことを知っています。私の定量化のスキルは並のレベルですが、私よりもかなり優れた人たちに、分析家のプロとして働くには大きな問題がある人たちがいました。それは、いくら技術に優れていても、ビジネスの環境で技術的な努力を無駄にしてしまうちょっとしたポイントを知らなかったためでした。したがって、ここではそのノウハウに近い情報について説明しましょう。そのノウハウは分析のプロジェクトやキャリアの成否に大きく影響します。

≫ 問題の把握

　私が今までで一番好きな映画は、1992年に公開された『スニーカーズ』という映画です。この映画の主役は、ペネトレーション（侵入）をテストする専門家集団のリーダー、ロバート・レッドフォードであり、彼はRSA暗号化データをクラッキングする「ブラックボックス」を盗み出します。それから怒涛の展開が立て続けに起こります（まだ見ていないのならうらやましい限りです。初めて見るチャンスが残されているわけですから）。

　この映画では、ロバート・レッドフォードが、研究施設内でロックされたドアに取り付けられた電子キーパッドに出くわすシーンがあります。彼はそのロックを解除して通り抜けなければなりません。

　彼は、ヘッドセットでチームと会話します。チームのメンバーは建物の外のバンの中で待機していました。

　「電子キーパッドを破ったことがある奴はいるか」と彼はたずねます。

　「そいつは無理だ」シドニー・ポワチエが叫びます。でも一緒にバンの中にいたダン・エイクロイドがあるアイデアを思い着きます。チームのメンバーがヘッドセット経由でその複雑な手順をレッドフォードに説明しました。

　レッドフォードはうなずいて、「わかった、やってみる」と言い、キーパッドを無視して、ドアを蹴破ります。

　おわかりのとおり、問題は電子キーパッドを破ることではまったくありませんでした。部屋の中に入ることです。ダン・エイクロイドには問題の意味がわかったのです。

　これは、分析の根本的な課題です。すなわち、実際に解決する必要があるのは何かを理解しなければなりません。状況、過程、データ、および背景をよく把握する必要があります。理想的な解が何かを正確に理解するために、できる限り問題に関係するあらゆることを明確にする必要があります。

　データサイエンスでは、次のようにしばしば「設定が不十分な問題」が発生します。

1. ある人が業務上の問題に直面します。
2. その人は過去の経験と、（おそらく十分とは言えない）分析知識を使用して問題を組み立てます。
3. その問題の構想を、あたかも確定しており適切に提示されているかのごとく、分析家に渡します。
4. 分析担当者は、提示されたとおりに問題を受け入れて、解決します。

　これで業務としては成立します。ただし、理想的とは言えません。解決するように頼まれる問題は、解決が必要な問題ではないことがよくあるからです。渡された問題が、本当に問題なのであれば、分析担当者が受け身になってはいけません。

　ビジネス環境では、渡されたとおりに問題を受け取るだけではだめです。自分自身が、問題を「丸投げ」される分析者にならないでください。問題を依頼した人たちと、真の問題を解決できるように協力して

取り組んでください。業務の手順と、生成および保存されるデータを確認し、そして現在、問題がどのように処理され、どのような測定基準を使用して成果が測定されているか（またはまったく行われていないか）を把握します。

正しい問題（しかしながら往々にして誤って伝えられる問題）を解決しましょう。これは、数学的モデルだけではわからない問題です。数学的モデルは、「この最適化モデルを数式化してくれてありがとう。でもやり方を変えてもう一度やり直すべきだと思うよ」とは言ってくれません。そして、この課題は次のポイントにつながります。それはコミュニケーション方法を学ぶことです。

》 もっとコミュニケーションが必要

読者が本書を読み終えれば、分析について1つまたは2つのことを理解したといって間違いないでしょう。使用可能なツールの使い方を習得しました。モデルのプロトタイプを作成しました。さらに、分析で実現可能なことを見分けられるようになったため、分析の機会を特定することについて他のたいていの人よりも上手にできます。だれかが分析の機会を持ってくるまで待たなくても、実際の業務に出て、それらの機会を見つける能力を身に付けました。

でも、コミュニケーション能力がなければ、他の人が抱えている課題を理解したり、何が可能かを明確に伝えたり、今行っている作業について説明したりすることも難しくなります。

今日のビジネス環境では、多くの場合1つのことに熟達しているだけでは十分とは言えません。データサイエンティストは数学、コード、および業務上の会話（またはスポーツの例えばかりの話……うーん）に精通していることが期待されます。そして、他の人と話すことが得意になるには、数学が得意になるのと同じように練習するしかありません。

公式な会議でも日常会話でも、他の人と分析について話す機会をできる限り逃さないでください。相手に何をやってもらい、自分は何をし、さらに共同作業をどう行うか、職場で他の人と話し合う方法を身につけましょう。部署の集まりでも、自分がなにをするかを話してください。案件ごとのビジネス文脈に沿って分析構想を明瞭に説明する方法を見つけましょう。

組織の上層部にかけあい、計画や業務開発の打ち合わせに参加させてもらいます。分析の専門家は、プロジェクトの方針が決まった後で依頼されることがとても多いですが、分析の専門家が持っているテクニックやデータは、計画の早期の段階でも欠くことのできない存在となります。

問題を遠くから受け取るだけの数値演算マシン担当者ではなく、打ち合わせに招く価値がある人として見られるように振る舞ってください。組織で分析担当者が業務に深くかかわり、コミュニケーションを積極的に取れば、分析担当者の存在価値はより高まります。

非常に長い期間、分析担当者はビクトリア王朝時代の女性のように扱われて、ビジネスの詳細な作業からは遠ざけられてきました。これは、おそらく分析担当者がすべてを理解できるわけではないためで

しょう。でも、それらの人たちに分析者の幅広いスキルがもつ重みをわかってもらいましょう。他の人たちが複雑な計算ができないからといって、分析者がPowerPointのスライドについて議論できないことにはなりません。初期の段階からプロジェクトに深く関わって、他の人たちと話せるようにしてください。

≫ ツール、性能、数学的完成度という3つ首のおたく怪獣に注意

職場で分析の使用を妨害するものは数多くあります。それは政治的要因や内部の対立かもしれません。あるいは以前関わった「エンタープライズ化、ビジネス統合化、クラウドダッシュボード化」プロジェクトの苦い経験が原因かもしれませんし、仕事がなくなることを恐れて、自分の「隠れた業務」を最適化または自動化することを望んでいない同僚かもしれません。

分析の専門家としてすべてのハードルを制御することはできないでしょう。でも、そのいくつかは可能です。分析の専門家が、自分自身の仕事を阻害する3つの大きな要因は、過度に複雑なモデル化、ツールへの強いこだわり、および性能への固執です。

■ 複雑さ

数か月前、私はとあるフォーチュン500掲載企業で供給チェーンの最適化モデルに取り組んでいました。このモデルは、自分で言うのも何ですが、かなり厄介でした。クライアントからすべてのビジネスルールを収集して、出荷プロセス全体を混合整数プログラムとしてモデル化しました。将来の需要さえも正規分布によりモデル化しました。これには新しい方法を採用し、その方法は最終的に公表されました。

しかし、そのモデルは失敗でした。立ち上げてすぐに役に立たなくなりました。「役に立たなくなった」というのは、そのモデルが不能だったというより、使用されなかったということです。率直に言うと、分析の専門家が引き上げた後、その社内には、累積的な予測誤差の平均や標準偏差を更新する人がいませんでした。我々専門家によるかなりの量のトレーニングむなしく、現場作業をする人たちは理解できなかったのです。

これが、学術界と産業界の違いです。学術的世界では、成功は実用性によって測定されるわけではありません。今までにない最適化モデルは、供給チェーンの分析担当者が運用を続けるには複雑すぎる場合でも、それ自体で価値があります。

しかし、産業界では、分析は結果を追及する行為です。また、モデルはその新しさと同じくらい実用的価値でも判断されます。

この場合では、会社の供給チェーンを最適化する複雑な数学を使うことにとても長い時間をかけましたが、モデルを最新の状態に維持できる人がいないという問題には現実的に対応していませんでした。

真の分析専門家の証は、真の芸術家の証ととても似ていて、いつ修正を加えるかを知ることにあります。映画の編集室のように、複雑なモデルの一部を切り離してやめることはいつ判断すべきでしょうか。ありきたりな助言ですが、分析においても、「最善は善の敵」です。最高のモデルとは、機能性と保守性のバランスが適切であるものです。分析モデルは使用されることがなければ、まったく価値のないものです。

■ ツール

　今日、分析の分野では（「データサイエンス」、「ビッグデータ」、「ビジネスインテリジェンス」、「XXXクラウド」など、いずれの呼び方でもかまいませんが）、ツールとアーキテクチャが注目されるようになりました。

　ツールは重要です。ツールによって、分析やデータ指向の製品を実現できるからです。でも、人々が「仕事に最適なツール」について話すとき、あまりに多くの場合、仕事ではなくツールに注目していることがあります。

　ソフトウェアやサービス企業は、ソリューションを売ることをビジネスにしており、まだ直面していない問題のソリューションでも売ろうとします。さらに困ったことに、分析専門家の多くにはハーバードビジネスレビューなどの業界誌を読む上司がいて、担当者に向かってこう言うのです。「我が社にはこのビッグデータのようなソリューションを運用する必要がある。何か製品を購入して、ハドゥープ（Hadoop）を活用し始めよう」

　結局これが、今日のビジネスに危険な風潮をもたらしています。経営陣はツールが分析を行っている証と考えています。しかし、プロバイダーは分析を実行できるツールを売ることだけしか考えておらず、さらに実際に分析が行われていることの説明責任はほとんど問われません。

　このため、次のように簡単なルールを定めます。「ツールを購入する前に、取り扱う分析の機会をできるだけ詳しく確認する」

　Hadoop は必要ですか。抱えている問題には、大量の構造化されていないデータに対する分割統治と集約が必要ですか？　必要ではないなら、おそらく Hadoop は不要でしょう。状況をしっかりと把握する前にツールを購入して（あるいはオープンソースツール専用のコンサルタントを雇って）、「さて、これでどうすればいいんだ？」などと言うことのないようにしてください。

■ 性能

　もし私が MailChimp で乱用防止モデルに R 言語を使用しているとだれかに告げて、その人が驚くごとに 5 セントをもらえるとしたら、マウンテンデュー 1 缶が買えたでしょう。多くの人は、製品の設定に R 言語は適切ではないと考えています。また、もし私が高速に株取引を行うとしたら、おそらく R 言語は

使わず、すべてを C 言語でコーディングする可能性が高いでしょう。私は実際はそのような株取引は行っておらず、今後もしないでしょうが。

MailChimp の場合、R 言語を使った開発にはさほど時間はかかっていません。時間をかけたのは、AI モデルによるデータの移動です。AI モデルの実行、特に AI モデルの訓練には時間がかかりません。

私は速度を過度に重視する人たちに会ったことがあります。彼らは、ソフトウェアによって人工知能モデルを訓練する速度を重視していました。モデルを並列で、低レベルの高速言語で、実稼働環境で訓練できるのか？

このような人たちは、この必要性について自問自答をし続け、代わりに分析プロジェクトの間違った部分に長い時間を費やすことになるのです。

MailChimp では、3か月に1回オフラインにしてモデルを再訓練し、テストしてから、製品に組み込みます。R 言語で、モデルを訓練するのかかる時間は数時間です。さらに、私の会社には何テラバイトものデータが蓄積されていますが、モデルの訓練セットは、一度準備すれば10ギガバイト程度なので、ノートパソコン上でもモデルを訓練できます。

このような状況ですから、R 言語の訓練速度をどうこうすることに時間は浪費しません。より重要な、モデル精度の向上などに集中します。

性能について考慮する必要はないとは言いませんが、集中すべき事項に目を向けてください。性能が特に問題にならない状況では、それをほっといてもかまいません。

≫ 分析担当者が組織で最も重要な役割ではない

さて、注意すべき点として3つを挙げました。ですが、より一般的なこととして、多くの企業は分析を行うことが本業ではない、という点も心に留めておきましょう。それらの企業は他の方法で収入を得ており、分析はそれらの工程を支援するものとして使用されています。

データサイエンティストは、「今世紀でも最もセクシーな仕事である」という話をどこかで聞いたことがあるでしょう。これは、いかにデータサイエンスが産業界にとって役立つかを表しています。この「役立つ」ということが重要です。

航空業界について考えてみてください。航空会社は、数十年にわたってビッグデータ分析を行ってきました。目的は、ぎりぎり座れる座席から1円でも多くの収益を上げることでした。そしてこの分析はすべて、収益最適化モデルによって計算されています。これは数学の大きな勝利です。

でも重要なことを忘れてはいけません。航空会社の最も重要な業務は、飛行機を飛ばすことです。組織が販売する製品やサービスの売り上げの方が、売り上げに数円を加えるだけのモデルよりも重要です。本来の目的はデータを使用して、ターゲティング、予測、価格設定、意思決定、報告、規則や法令の順守などの業務を向上することです。言い換えると、データサイエンスは組織の他の部門と共同で業務を

向上するために行うもので、分析担当者自身のために行うものではありません。

↗ ぜひご意見をお聞かせください

　データサイエンスは聡明な知恵です。ここまでの章を努力して進んでこられたなら、ソリューションの構想を練り、プロトタイプを作成し、実装するための優れた基盤を築き上げました。ビジネスで発生する分析の機会に適用しましょう。仕事仲間とコミュニケーションを取って、創造性を高めてください。今まで直感や手動作業でつぎはぎが繰り返されてきた課題を、分析なら解決できるかもしれません。取り組んでみるべきです！

　そして、日常の業務で本書で紹介した手法やその他の手法を実践しているなら、私に知らせてください。Twitter の @John4man で待っています。体験談や本書の感想をお聞かせください。あらゆるフィードバックを歓迎します。

　データについての議論ができれば喜ばしい限りです！

索 引